U0246354

THE UNNATURAL HISTORY OF THE SEA

Callum Roberts

〔英〕卡鲁姆·罗伯茨 著

吴佳其 译

假如海洋空荡荡

一部自我毁灭的人类文明史

北京大学出版社
PEKING UNIVERSITY PRESS

著作权合同登记号　图字：01-2014-8697

图书在版编目 (CIP) 数据

假如海洋空荡荡：一部自我毁灭的人类文明史 /（英）罗伯茨（Roberts，C.）著；吴佳其译 .
—北京：北京大学出版社，2016.4
（培文·历史）
ISBN 978-7-301-27014-1

Ⅰ. ①假 …　Ⅱ. ①罗 …　②吴 …　Ⅲ. ①海洋环境 - 环境保护　Ⅳ. ① X55

中国版本图书馆 CIP 数据核字（2016）第 067454 号

书　　　名	假如海洋空荡荡：一部自我毁灭的人类文明史
	Jiaru Haiyang Kongdangdang
著作责任者	[英]卡鲁姆·罗伯茨（Callum Roberts）著　吴佳其 译
责 任 编 辑	徐文宁　于海冰
标 准 书 号	ISBN 978-7-301-27014-1
出 版 发 行	北京大学出版社
地　　　址	北京市海淀区成府路 205 号　100871
网　　　址	http://www.pup.cn　新浪微博：@ 北京大学出版社 @ 培文图书
电 子 信 箱	pkupw@qq.com
电　　　话	邮购部 62752015　发行部 62750672　编辑部 62750112
印 刷 者	三河市国新印装有限公司
经 销 者	新华书店
	720 毫米 ×1020 毫米　16 开本　26.25 印张　360 千字
	2016 年 6 月第 1 版　2018 年 4 月第 3 次印刷
定　　　价	68.00 元

目 录

导读序

方力行 / 台湾海洋生物博物馆创馆馆长

读《假如海洋空荡荡》这本书，感觉像看荷马的史诗，道尽海洋生命的兴衰；感觉像看莎翁的戏剧，悲伤层层卷来，结局尚未现，遗憾已无尽；感觉像看自己心爱的亲人，躺在急救台上，全身遭千刀万剐，辗转呻吟，危在旦夕，但救命之道，却还遥不可及。

不过，其实这是一本说理的书，作者通过深入的文献收集和诠释，将一些千年以前早已被人们忘记了的渔业记述史料，一一找出，细细编排，娓娓道来，重现了一再发生却又一再被遗忘的海洋生物历史伤痕。我忍不住想，现今社会中轰轰烈烈、有关海洋保护的各项作为，会不会像早在1289年法国就颁布的禁渔令，以及其后的各次渔业保护法令与运动一样，不断被提出又不断被遗忘。看似江山代有才人出，其实不过是一部人类思潮和发展的辩证史，最终仍留海洋独憔悴？希望罗伯茨这本完整的海洋自然历史呈现，终可让能人志士看出其中无法落实的问题，将海洋保护毕其功于一役。"以古为鉴，可以知兴替"，《假如海洋空荡荡》一书，或许是海洋自然史中第一次让人能看到全貌的"古"吧！

全书是从大海牛消失的故事开始，这也是所有海洋生物学家感到最迷人也像谜一样的生物，就像陆地上新西兰的度度鸟、澳洲的袋狼、马达加斯加的象鸟，在大多数现代学者出生前，它们就已经消失了。大海牛的缩小版就是现在美国佛罗里达州儒艮的模样，只是其体长可以达到惊人的7—9米。海牛也被认为是"美人鱼"传说产生的原因，在风急浪高的海洋中，据传浮在浪头的大海牛会用前鳍将小宝宝搂在胸前哺乳，以防被海浪打散，远远看去，就像抱着孩子的"美人"一样。如此凄美的动物，居然在1741年被发现后不到30年间，就遭人类猎杀灭绝了，真是令人不胜唏嘘！然而事实却要比这更为残酷：远在16世纪之前，原本广泛分布的大海牛，就是因为人类的捕猎和栖息地消失，而退聚到了白令岛这最后一个据点，不幸再碰上一群不习前人历史的傲慢人类，自大地以为这是他们的伟大发现，自以为是地给予致命的一击，终于导致大海牛这一种族永远绝灭。

　　看完这个300年前发生的例子，有没有觉得跟我们现在身边发生的环保案例似曾相识？变的是不同的受害物种，不变的是人性中有我无他、永远觉得历史需要从自己手中开始的傲慢。

　　读完海龟消失的过程，也令我大吃一惊，以往加勒比海的海龟可以多到3000万只至6亿只，在以前也是岛民或美洲沿海印第安人利用的食物，上万年来双方一直相安无事，可是自打西方国家的商业行为出现在这里，从一艘帆船要装上75只陆龟和170只海龟来作为新鲜食物开始，到买卖龟肉、龟脂及龟汤罐头……居然将曾经上亿的龟族都捕杀得濒临绝种。对比前后两个世代可知，并不是说我们不能利用自然界的生物，而是说我们完全可持续利用，问题是在利用时如何驾驭我们那颗贪婪的心。

　　海洋从满海的鲸鱼，到现在都已濒临绝种，也是一个非常类似的过程，书中的一句话"鲸鱼油是发现石油之前西方最重要的油脂及能量来源"令人瞠目结舌，欧美如此巨大的人类文明社群，都要靠着杀戮可怜的鲸鱼来维持，还要加上海豹、海狮、海象等众多海洋哺乳类的陪葬，难怪海中生物都几乎被吃干抹净了。好在20世纪中叶以后，西方的保护（或赎罪）意识逐渐抬头，推广保护概念不遗余力，也忙着要求其他国家共同建立保护法规和制度，以确保世界资源的绵延不绝。不过，既然全球鲸鱼、海豚、海龟、海獭、海狗，甚至企鹅、海象的大量屠杀与濒临绝灭，都不是东方民族的罪过（根据书中所言，日本除外），那我们是不是也就不需要如此全力推动去保护那些国际上的明星生物，而是应该将国内有限的资源和能量，更多地投入到对本土物种的关爱上呢？西方发展出来的"善待及保护野生动物"观念是放诸四海而皆准的原则，只是在进入在地行动之后，可能不宜一路盲从，而是需要进行更深的了解、思考与判断，才能做到又对、又好、又真正有利于地区生物及生态。

不过，若是讲到海洋中的鱼，台湾就不可能置身事外了；从 1960 年代起，台湾的远洋渔业船队就开始纵横四海，从捕鲔鱼、鱿鱼、鲭鱼、鲣鱼、鲨鱼……到使用大型拖网、围网、流刺网、延绳钓，各种渔业无一不在世界上名列前茅，渔获量也都是数一数二，这为当年穷困的台湾，带来了无限的海外资源和巨额的外汇。不过，时过境迁，海洋早已枯竭，人心却依旧近利，缺乏保护及资源管理意识的台湾大型渔业公司，一如书中所言的西欧国家掠夺非洲鱼源般，借助高科技捕鱼设备，以合作或购买渔权的方式进入未经开发的海域，顶着别人的帽子搜刮世界上仅存的海洋资源。我亲眼见过他们的探鱼科技设备：海洋温度卫星照片、GPS、海水温盐仪、海流剖面仪、电子海底地形图、彩色声纳鱼探……应有尽有，在如此辽阔大洋上洄游的鱼群，本应有非常大的躲藏空间，居然毫无逃避的机会，甚至有些不良厂商还会超额捕捞，通过走私贩售不合法的鱼虾获利，所赚到的钱又都存在海外，成为个人或家族的资产。记得新闻中曾经报道过，2011 年绿色和平组织"彩虹勇士号"访台的时候，就曾趁着月黑风高，跑到台湾一家国际上公认为恶名昭彰的渔业公司运输船上去悬挂抗议标语，只是长久以来台湾社会对国际事务漠不关心，以至于在岛内没有掀起一丝涟漪。因此，我们在看这本书时，也千万不要觉得现今的海洋资源枯竭只有西方是罪魁祸首——在 1950 年以后海洋因为科技突飞猛进而惨遭竭泽而渔的年代中，台湾也曾奋勇向前，而且由于整体资源保护和社会公益观念严重缺乏，至今未尝稍歇。或许这本书可以唤醒大家，除了自己先实践海洋保护外，也应要求当局对台湾以外的全球渔业，从限制不良厂商开始，尽一分力。

在通篇叙述杀戮海洋生物的历史之后，罗伯茨在全书结尾时提出了几个具体的解决办法，不过，因为他本身是许多国家的海洋保护区顾问，所以他将足够而严格执法的"海洋保护区"设置，视为最重要而且是最终的解决之道。作为一名以台湾或热带地区为主要研究对象的海洋生物学家，我觉得在海洋保护知识的传播上，可能还需要更周全和积极的做法，罗伯茨忽略了现今全球暖化已是一个海洋学者无法不正视的问题，对大洋性的鱼类和深海生物来说或许还有退路，但对热带珊瑚礁生态系统中无法移动的关键物种珊瑚而言，变暖变酸的海水势必会对其造成严重伤害，就算它们身在保护区，也难逃灭亡的命运。因此，2004 年，少数具有前瞻性的科学家，已经通过保种、选种、人工培育、易地保护等各种实验，来建立热带海洋生态系统的保护技术与方案，让社会知道，海洋可持续丰盈的环境在经过人类各种各样的摧残改变之后，消极的保护固然必要，积极的作为更是我们不可推卸的责任。

本书描述的海洋史中也指出，许多物种的灭绝固然是由于人类的贪婪捕猎，但却更是由于生态系统中显现出环环相扣的复杂性，进而反映出人们单向思考的愚昧。比如，海獭由于生活在沿岸易被人类猎捕而减少，直接导致它们捕食的海胆数量增加，由此造成海藻减少，进而导致吃海藻的大海牛族群变少，从而也就更容易被发现它们的人们一下子就消灭了。再比如，人类捕杀大型鲸鱼，以大型鲸类为食的虎鲸就只得改吃海獭，连带造成海獭的族群无法恢复。至于捕光大型掠食性鱼类或草食性鱼类，造成无脊椎动物增加、海藻生长、珊瑚消失或外来物种兴盛的例子，大家更是耳熟能详。这些连锁性反应直接告诉人类，如果任意破坏自然，我们将永远都不会知道伤害会在哪儿发生、扩散到何处、又会何时停止。在自然史上，一千年前就已出现的教训，人们好像无法记取，而每一次略有新的科技进展出现时，就又忙着再次大张旗鼓地重演压榨自然生命的历史。原因到底是什么呢？或许真正在伤害海洋的，不是没有想法，也不是没有宣导，更不是没有法律，而是那缺乏知识、缺乏伦理、缺乏自制的人性吧！

这或许也正是本书副标题"一部自我毁灭的人类文明史"的真意，作者文字上讲的是海洋生物的兴衰、保护自然的理念，以及脱离困境的方法，但是人们如果不能通过外在生命的变动甚至灭绝来观照我们的内心，地球上就是有再多的资源，也不够"智人"这个失控的物种去挥霍。

推荐序

廖鸿基 / 黑潮海洋文教基金会创会董事长

海洋辽阔深邃，一个人即使穷尽一辈子时光认真努力地航行，也航不遍大海的每个角落；长久以来，人类对外太空的探索远超过对内太空（深海）的了解。如此夐辽空间里蕴藏的自然资源，好几个世纪来，一直被许多人认定为"取之不尽、用之不竭"。

而在众多的海洋自然资源中，渔产又属于可再生资源。确实如此，若取之有道，人类确实拥有永远也抓不完的渔获。

但是，问题恐怕就出在是否"取之有道"上。

《假如海洋空荡荡》这本书，讲述了人类数百年来如何荼毒、糟蹋老天赐予人类的海洋渔产资源。作者罗伯茨搜集了早期许多探险家、海盗、商人、渔民和游人的海洋游历经验及渔捞等各种文字记录，这些记录普遍提及过去鱼类资源无比丰茂的情况，若是拿来对比如今鱼源枯竭的萧条惨境，简直有天壤之别。这些昔日记录，如一笔笔血淋淋的见证，见证了人类如何短视近利地、如何残暴地、如何几近倾家荡产地糟蹋了原本不虞匮乏的大海资源。

那是多么让人怀念的年代啊：用鱼叉以纯手工方式在海边短短时间就能

叉到渔获，鱼多到随便抓一堆上来，吃不完就堆着任其腐败当作农作物肥料，那年代，鱼多到可挑可选。

如今，我们已经失去了 90% 属于海洋食物链高层且有生态指标意义的鲨鱼，也就是说，我们大海的食物链金字塔已经到了崩毁的边缘。我们的渔捞方式不再是凭借渔夫经验和一辈子打渔累积的传统渔捞技术，如今是依赖先进的渔船、渔具和仪器，进行掠夺式的强势捕捞。如今，我们的渔具随随便便就能下探到数百米，甚至一两千米深，许多深海鱼种尚未被海洋生态学界充分认知前就已完全消失。如今我们采捕、食用的渔产，有许多都是上个世代用来诱鱼的饵料，我们往下挖掘，已经在动摇我们的海洋根基。

本书广泛地将地球上的主要渔场、主要渔捞、主要渔产，包括沿海、近海、远洋，以及水表渔捞、底栖渔捞、大洋渔捞，分别一一列举，呈现出从过去到现在的渔捞状况、渔捞方式的差别。本书所写下的，几乎就是人类行为造成鱼类资源从极盛到枯竭的一部急速衰竭的海洋倾荡史。

衰败的原因十分明显：过渔（过度渔捞）及开发、污染扩及海洋。

工业革命使得渔船航行能力大增，材料革命使得渔具轻巧耐用，管理革命让渔业得以最少人力发挥最大渔捞效率，电子革命将闭着眼的探索式渔捞，转变为睁着眼的巧取豪夺。

当捕捞量大于鱼类资源的繁衍量，无节制地追逐渔获量，也就是所谓的"取之无道"，这样的渔业，注定要走向萧条，走向孤寂。

台湾渔业发达，无论沿海、近海或远洋，我们同样都已走过全盛时期，并已走到必须面对鱼源枯竭这一窘境的地步。本书帮助我们拉开视野，拉开观看时间，以史书的纵深力度，让我们了解到现今的鱼类资源状况，我们的确已经走到了必须正视渔业问题的关键时刻。

不能再随机发展，必须要积极管理。不应再进行细微末节的探讨，而应大刀阔斧重点改革。划定有效执行的海洋生态（鱼类资源）保护区，至少达到国际标准（覆盖海域面积达 20%）。有效执行渔捞管理：渔捞量、渔捞季节、渔捞方法、渔具限制、鱼体尺寸，等等。禁止捕捞食物链低层的饵料鱼类，例如鲔仔鱼等，因为它们是吸引鱼类靠近我们沿海的最大诱因。

　　本书呈现了深刻的全球海洋问题、鱼类资源问题、渔捞问题，也告诉了我们可以采取的补救措施。但是说起来简单，如果缺乏积极作为，很快就会走到尽头。台湾渔业若是想要继续走下去，必须要"取之有道"，必须要尊重和珍视老天赐予海岛的鱼类资源，并进行积极管理，因为只有这样，我们的渔业才有继续走下去的机会。

前　言

　　1798 年 6 月末的一个夜晚，船舱甲板上方突然响起一阵急促的敲击声，惊醒了正在睡梦中的爱德蒙·范宁（Edmund Fanning）船长。他迅速召集水手们回到各自的岗位上，当他跑上甲板，瞭望员正在大声呼叫："碎浪来了！"由于风的关系，范宁的船跑得飞快，他们在黑暗中看到危险时，船险些就要被推上浪尖。一阵暴雨过后，远方隐约露出一串如同项链般的岛屿。太平洋上汹涌的浪涛拍打在珊瑚上形成的泡沫，几乎连成一片地包围着这些岛屿。

　　范宁跟他的船员们险些没能逃脱这场毁灭性的灾难。他的手下改变航向，沿着发出雷鸣般声响的碎浪的边缘行进，直到他们发现群岛下风处有一片平静的海面。第二天享用早餐时，松了一口气的船员们看到了大约五十座小岛，围绕着三个浅浅的、不深于两米的潟湖，陆地上到处都是长得很高的皮孙木属 ① 树木所组成的森林，海岸边缘则密布着可可椰子树，树下堆积着厚厚的掉落多年且已腐烂的椰子，不曾受到人类的干扰。

　　帕迈拉环礁几乎就位于太平洋的正中心。自从 1519 年麦哲伦首次成功地

---

① 皮孙木属 (Pisonia)，属名源自荷兰植物学家威廉·皮索 (William Piso)，高可达 18 米，材质松软易腐，又叫黏鸟树；果实呈纺锤形，中肋五条沟可分泌黏液，鸟类、蜥蜴与昆虫一旦被黏住无法挣脱就会缓慢死去。——编注　（书中注释未加编注、译注者均为原注。）

航行穿越这里，接下来 180 年间，对在太平洋上来回穿行的探险家们来说，这里仍是一个谜。范宁之所以能发现它，是因为这座环礁与智利外海的胡安·费尔南德斯群岛及中国形成一条直线，而他正在前往中国。来自美国康涅狄格州斯托宁顿的范宁跟他的手下们，在费尔南德斯群岛生活了四个月，在那里宰杀海狗（即毛皮海豹），取得毛皮好卖到广东。当装满毛皮的船只终于启航时，船舱和前甲板上几乎没有船员们的下脚之地。

中午时分，范宁登上一艘小船，跟着登陆小队去勘探帕迈拉。后来在他的回忆中，这里数量极其丰富的鱼群让他感到相当震惊[1]：

> 这里的鲨鱼非常多，当时我们的船正航向海湾，在进入湾口之前，围在船边的鲨鱼们变得极其贪婪，就像饿坏了似的，频繁地冲撞船只，并且咬住船的舵和桨不松口，在上面留下很多它们尖锐的齿痕和颚痕。不过，船一离开湾口、驶进湾内，鲨鱼们就掉头而去，船边立马又挤满各式各样的鱼，它们没有鲨鱼那么贪婪，但却比鲨鱼更有价值。

当其手下上岸搜集椰子时，范宁则在忙着捕捉乌鱼（学名鲻鱼，俗称乌鱼）。船的四周有很多乌鱼，他不需要投掷鱼叉，只需手拿鱼叉就可以刺到它们。他抓到 50 多条重 2—5 公斤的鱼——原本还可以抓得更多，只是再多抓的话，船员们也吃不完，只能任其腐烂。

自从范宁发现了帕迈拉后，又过了两个多世纪，当地的管辖权从美国手中移交到法国，后来又转给了夏威夷，但它从来没有被殖民过，而这也许只是因为，就太平洋岛屿的标准而言，它的地理位置太过偏僻。它曾在第二次世界大战中短暂地充当过美国海军的空中指挥基地，战时留下的残骸仍然散布在岛屿和潟湖上，但在水下，这里的状况几乎仍像范宁所形容的一样。帕迈拉浅水海域是世界上所剩不多的海洋生物数量多且多样性高之处，其面貌仍然维持着 18 世纪时的样子。现在，有幸进入这一环礁周围海域的潜水员，等于是进行了一趟时光倒流之旅，回到了人类尚未进行海洋渔捞之前的时代。在不停涌动的海浪之下，由珊瑚礁建构而成的巨大"城墙"，面对着无边的海洋。"城墙"上面蔓延覆盖着色泽明亮的片状、丘状、瘤状、丛状和皱褶状的珊瑚群落，在其上方，无数条小鱼正在食用水中的浮游生物。数量众多形成壮观群体的绿刺尾鲷（横带刺尾鱼），有着黑白相间的条纹，每一条都有手掌般大，一直分布到远方，看上去既没有开端，也没有尽头；一群 40 多条的蓝绿色隆头鹦哥鱼（铁头鱼），游过跟人一样大的波纹唇鱼的聚集地；在鹦哥鱼的上方，成群地绕着圈圈的鲹鱼，用它们充满掠食欲望的眼睛窥视着下方的鱼；鲨鱼则穿梭在视线内外，毫不费力地滑行在珊瑚礁之间，它们一经过，就会在密布如云的鱼群间划出一条条通道。

比起科学上所知的其他礁岩，帕迈拉有着更多的顶级掠食者，比如像鲨鱼、鲹鱼和石斑鱼等大型鱼类。加总在一起，这里礁岩中的大鱼数量比其他礁岩平均多了近 20 倍。2000 年，帕迈拉被"大自然保护协会"（TNC）购买下来，成为一处可以造福人类的野生动物庇护所；除了少量捕捉后放回的休闲垂钓活动，这里至今仍然维持着不受渔捞干扰的状态。

帕迈拉由于地处偏远，得以幸免于人类的过度捕捞。保护人士的警戒，对于保持其原始状态是必要的。附近还有像凤凰群岛（菲尼克斯群岛）等环礁，仅仅在几个星期里，那边的鲨鱼就被没有执照、四处流窜的海盗船捕捞一光。他们的作业方式与范宁及其同伴猎捕海豹和鲸鱼的方式非常相似，他们在大海上到处漂荡，寻找有利可图之地。斯托宁顿和十几个其他新英格兰港口的大规模住宅区，均是由一桶一桶的鲸脂、海豹皮和盐渍鳕鱼打造而成，然而，目前在世界上很多地方，渔业已经不再是守法的船长们能够获取财富的行业。

过去 50—100 年间，也就是相当于一个人的寿命期间，人类耗尽了来自海洋的财富，尽管过度捕捞可以追溯到更早之前。在我们这一代人所成长的年代中，周遭的海岸和海床上有着拖网耙过数千遍后留下的伤疤，原本丰富的海洋变得日益空旷，对我们来说，这一切看起来都很正常。

每年我都会带上一班学生前往英格兰林肯郡海岸的格里姆斯比，在那里，我们会筛出滩地泥沙里的蠕虫。这个曾在维多利亚时代显赫一时的渔港，位于面对北海的亨伯河河口。它的渔港码头像极了一个伸到泥滩地的楔形物，由 19 世纪的工程师所建造，用来供数百艘渔船使用。在其鼎盛期，船只挤满了港口，5—10 艘船并排靠在一起，岸边挤满了渔民、拍卖渔获的鱼贩、商人和搬运工。天色一亮，鱼类市场的地上就会铺满巨大的鳕鱼和大比目鱼（康鲽），它们的体型大到要一条一条单独出售。然而，如今这座码头却是显得空空荡荡，尽管格里姆斯比仍是鱼类销售中心，但其渔获却是来自远方的冰岛、非洲，甚至是太平洋岛屿周围的海洋。

我带学生们到这里来看"海岸线紧缩"（coastal squeeze）所造成的影响，这个地方如今由于海平面上升，海岸生物的生存场所被限制在紧邻码头石桥墩的狭长区域。错落的岩石和海藻装点着一片单调的泥泞，其中夹杂着被海浪冲蚀长达一个世纪而日趋平滑的牡蛎壳。现在的亨伯河中已经没有活的牡蛎了。河口受到海浪冲击而形成的渠道中留存下来的，仅是表面已被磨平的牡蛎礁岩，它们是由数千世代的牡蛎建构而成。那些破碎残存的部分，则是数个世纪前牡蛎渔民从岩礁上扯下的，他们在进行捕捞的同时也摧毁了这些动物的栖息地，在几十年间，磨损礁岩，直到仅剩下满地的泥巴，牡蛎栖息所需要的硬底质全都消失不见。

本书的主要内容是人类渔业的历史及其对海洋所造成的影响。在书中，我会带着大家航行在过往的时空之间，从 11 世纪欧洲商业性海洋捕捞之初，一直到近代。当今媒体上充斥着关于几百年或更长时间以来供养人类的鱼源已经崩溃或即将毁灭的尖锐报道。我的目的则是想要向大家展现，我们与海洋生物之间这么糟糕的关系究竟是怎样形成的。为了实现这个目的，我将精力主要花费在关注那些有足够完整的考古和历史资料的地方，来了解海洋改变的历程，以及促成这一历程的一连串事件。我采用了很多美洲和欧洲的例子，同时也随着海豹猎人、捕鲸人和现代化的远洋渔船一起在全球航行。不过，我没能找到足够的资料来详细描写亚洲海洋的变化，对于想要了解这一部分情况的读者朋友我要致以歉意。不过，可以肯定的一点是，亚洲海域与我所描述的海域有着大致相同的匮乏状态，读者朋友可以推测：在那里发生的应该也是类似的过程。

作为一名科学家，我发现，即便是渔业生态学家，或者是海洋保护人士之类的专业人士，也很少有人真正明白海洋从过去未受人类干扰的状态到现在已经发生了多么大的改变。因为很少会有人去翻阅古籍和报告，对于我们身边环境的变化，只要超过十年以上，大家就会"集体失忆"。人们最信任的是自己的亲眼所见，这常常导致人们认为很久或不久前记录中提到的大鱼或是充满生命的海洋，不过是一些牵强附会的故事。"变动的环境基线"中最糟糕的部分是，我们认为海洋状态变差是正常状况，负责维护海洋的人则为自己设下毫无雄心的目标，仅仅是试图阻止海洋资源减少，而不是重新建立起像过去一样乃至更为丰富、更有生产力的海洋生态。如果我们想要走出递减的海洋收益与对海洋的期待降低这一状态，我们就应清楚而全面地了解，海洋的丰富状况是如何被改变的，以及我们究竟损失了些什么。

本书并不是一首写给海洋的安魂曲，正如我在书中的描述，我们还有时间来改造我们进行渔业管理和保护海洋生命的方式，我对未来仍持乐观态度。国内和国际间的海洋保护区网络的建立，再加上一些捕鱼方式上的简单革新，就能让这些不幸不再延续下去；这需要一致的舆论压力，而政治将会改变数百年来既有的态度。但是，如果我们这一代人没能抓住这一机会，我们的子孙可能就不会再有这样的机会了，因为许多目前正在减少中的物种将会不可避免地走向灭绝。

我们已经无法让海洋再回到未受人类干扰的原始状态，但是恢复一些丰富度受损的海洋生物，将会给每个人都带来好处。渔民、海鲜饕客、浮潜和水肺潜水员是受益名单上排在最前列的一群人，而且我们每个人都拥有健康海洋的部分股份。数个世代以来，人们一直都在赞赏海洋里的"居民们"之巨大、凶猛、有力和美丽。然而，遗憾的是，我们太晚才意识到，海洋动植物不仅是让人觉得不可思议的装饰品，它们对于海洋健康和人类社会都是不可或缺的。具有多样性和完整性的海洋生态，要比受损的海洋更有生产力、更健康，也更有韧性。近年来海洋和沿海发生的过度捕捞，是造成许多负面影响的重要因素。比如说，这些负面影响包括"死区"①、有毒的"藻华"②、噬肉菌、海滩上

---

① 死区是指含氧量过低的水体，生物无法在其中生存的区域。——译注

② 藻华是指在水中养分过高的情况下，引起藻类大量繁殖的现象。——译注

覆盖着有机物质组成的"黏液团"①、水母数量爆增，等等。如今，我们正在为数百年来忽视海洋保护而付出代价。想要让我们的星球保持健康，我们需要恢复丰富的海洋生命，让海洋生态系统有机会进行自我复原。

　　我花了五年时间来写本书，在此过程中欠下了不少人情。Jeremy Jackson 的研究让我大开眼界，了解了过度捕捞是如何从很久以前就开始改变海洋，并启发我着手写作本书。他慷慨无私地向我提供了他所拥有的知识和资料，让我有了一个很好的开始。皮尤慈善信托基金会（Pew Charitable Trusts）提供的研究资助则支持了我初期的写作，我很感谢 Cynthia Robinson 促成了这项资助。哈佛大学恩斯特·迈尔图书馆（Ernst Mayr Library）中无价的资料是写作本书的重要素材，并且我要感谢 Steve Palumbi、E. O. Wilson、有机体与进化生物学系和保护生物学的赫迪客座教授奖助金，协助我在哈佛进行研究。皮尤研究中心的许多研究员和其他人员，通过进行讨论，提出意见、建议和想法，提供案例研究，给了我很大帮助，他们包括：Angel Alcala, Jeff Ardron, Peter Auster, Bill Ballantine, Nancy Baron, James Barrett, Chuck Birkeland, Jim Bohnsack, George Branch, Rodrigo Bustamante, Chris Davis, Paul Dayton, Sylvia Earle, Jim Estes, Fiona Gell, Kristina Gjerde, Richard Hoffmann, Jeff Hutchings, Dan Laffoley, Han Lindeboom, Jane Lubchenco；已故的 Ram Myers, Elliott Norse, Rupert Ormond, Richard Page, Daniel Pauly, Stuart Pimm, Peter Pope, Andrew Price, Alison Rieser, Murray Roberts, Garry Russ, Yvonne Sadovy, Andrea Saenz-Arroyo, Carl Safina, Bob Steneck, Greg Stone, Amanda Vincent, Les Watling, David Wilcove, Jon Witman, Boris Worm。

　　Shearwater Books 的 Jonathan Cobb 是许多作家都想拥有但却难得一遇的编辑，我深深感谢他对本书的兴趣和热情，与我分享他丰富的经验，从我身上诱导出比较可读的文字。同时也要感谢 Emily Davis 和岛屿出版社的其他员工提供协助，使本书得以顺利出版。

　　最后，也是最重要的，我要感谢我的妻子 Julie，她与我进行了无数次的

---

① 黏液团是由活的和死的有机生物胶结而成，因海水温度上升，其出现有增加趋势。——译注

讨论，阅读本书草稿，给予我无尽的爱心、耐心和信心；没有她的不断鼓励，我不可能坚持到最后。她容忍我长时间埋头写作，忍受我长时间除了找寻和阅读越来越多的古籍毫无进展。现在，她怀疑我得了一种不治之症，就是狂热地迷上了尘封已久的古代巨著；并怀疑我会为了追求那些书中艰涩的内容，在我的后半生耗尽她的积蓄。但幸运的是，Google Books 使其他数以千计跟我一样的人，不再需要所费不赀才能拥有那些古籍，这种方式同时也有助于促进家庭婚姻和谐。书中涉及的主题和更多资讯，均可在 www.york.ac.uk/res/unnatural-history-of-the-sea 这个网址上找到。

第一部
资源丰富时代的
探险家与掠夺者

01 第一章

杀戮的号角

　　海浪从后方将白令^①的船抬起，紧跟着就将船推到一堵水墙前。海浪将船推到浪头最高处后又降下，一道绿色的、珍珠般的海水激流灌入船头，水花喷洒在一个紧扒着索具的孤单身影上。他的上方仅有桅帆还在悬挂着，在 10 月下旬强风的吹袭下，破旧的桅帆随时都有可能断裂。尽管要面对北太平洋海域的强风和小山一样高的海浪，斯特拉^②还是宁可待在甲板上，也不愿待在那散发着恶臭又有大批虫子出没的船舱中。

　　斯特拉此时的心情就像周围的海水一样暗淡。这是 1741 年秋末他与上尉指挥官白令远征北美洲的一趟旅程。离开俄国最边缘的堪察加半岛后，时间已经过去了五个月，这位 31 岁的德国自然学家兼医生此前在俄国科学委员会工作，他在这趟旅程中被寄予厚望：在白令的远征中，他将协助填补世界地图上少数仍是空白的部分。这趟远征已经成功地发现了北美洲的海岸线，但在日复一日可怕的天气中，船员们时时都得为生存而奋斗，并未感到丝毫凯旋的荣耀。他

---

① 维图斯·白令 (Vitus Bering, 1681—1741)，著名航海探险家，生于丹麦霍尔森斯，1704 年起在俄国海军服役，白令海峡、白令海、白令岛、白令地峡等均以他的名字命名。——编注

② 格奥尔格·斯特拉 (Georg Steller)，德国博物学家、医学家、探险家，白令船长探险队成员，第一个对大海牛进行描述的科学家，大海牛也因此被称为"斯特拉海牛"。——编注

们中的大多数人都为坏血病所苦，斯特拉建议采集药草来进行治疗，但是白令并未听取他的意见，现如今，几乎每天都有人死去，被丢弃在一边。"我们的船就像是块死木，没有人指引它；我们只能随着风浪四处漂荡。"白令得了重病后，负责指挥的第一指挥官史温·瓦克斯威尔（Sven Waxell）这样记录道：

> 当一个人轮到负责掌舵时，他就会被另外两个身体羸弱但还能走动的人拖到舵前坐下。他必须尽其所能地掌舵，当他再也不行时，就会被另一个情况比他好不到哪儿去的人取代……年末的风是如此猛烈，夜晚又黑又长，更不用说暴雪、冰雹和骤雨。我们不知道自己在前方会遇到什么样的困难，只能设想我们可能会在某一刻全都死去。① [1]

18 世纪初，在经过 200 年的探险之后，欧洲人已经大致描绘出了整个世界的海岸线，但从俄国东部经过日本，一直到北美洲的北太平洋，以及南极附近的南冰洋，仍是未知的领域，吸引着那个时代的探险家们。北太平洋尤其令人好奇，因为那里可能存在一条"西北航道"，可以缩短欧洲到中国的贸易距离；许多探险家从格陵兰那一端开始寻找这条通道，1610 年亨利·哈德森（Henry Hudson）甚至为此赔上了自己的性命，但那时尚未有人尝试从西方寻找这条通道，而亚洲与北美洲是否相连，也仅止于推测。1717 年，当俄国的彼得大帝出访法国时，法国学者想要征求他的首肯前去探索亚洲东部的土地，但却遭到拒绝。彼得大帝宣布，他会自己去探索并寻找答案，并会在此过程中绘制其帝国的极东版图。

从圣彼得堡到堪察加半岛近 8000 公里的区域，是人迹罕至的森林、山区和沼泽，彼得大帝兑现了他的承诺，对这片广袤的土地进行了无数次探查，并在 1725 年临死前的病榻上起草了海洋探险命令，以确定俄国与北美洲是否相连。他的妻子凯瑟琳女皇了解他的心愿，指派了 44 岁的丹麦裔俄国海军军官白令为探险领队。经过三年准备，白令在 1728 年 7 月 14 日从堪察加半岛出

---

① 瓦克斯威尔的探险手稿当年并未出版。这份手稿遗失 200 年后，于 1938 年在圣彼得堡一家书店的橱窗中被发现。

发。由于担心航道被冰封，他在通过亚洲最东端的楚科奇半岛（即今天的白令海峡）后即回航。凯瑟琳的继位者安娜女皇同意赞助白令进行第二次探险，这次探险很快就超越了第一次的范围，预告了俄国在 20 世纪太空探险计划的规模与野心。白令一共负责过四次探险，第一次是探索俄国的北极海岸，第二次是在地图上标出堪察加半岛，第三次是从堪察加向南航行到日本，第四次就是他前往美洲的航行。[2] 这些探险总共耗时 9 年并付出了 3000 人的努力，航行所需人力大都来自囚犯。

斯特拉在美洲探险的晚期加入团队，替代一位觉得极东边疆探险生活太严苦的自然科学家。年轻、热情又有活力的斯特拉，很快就和白令成为好朋友，他身上流露出一种探险的激情，期待这场探险可以提升他身为自然科学家的声望。

1740 年 6 月 4 日，在白令的命令下，"圣彼得号"（St. Peter）与"圣保罗号"（St. Paul）两艘姊妹船开始了寻找美洲的航行。然而，没过多久，这两艘船就因遇上风暴而被迫分开。此时已经 59 岁的白令，也因连着历经十年紧张的辛劳而变得有些疲惫不堪。[3]

一直航行在阿留申群岛南方的"圣彼得号"已经快有一个月都没能看到陆地，斯特拉不断地在甲板上踱步并注视着海平面。7 月 15 日，他看到远方有一座高耸的山脉，但当他呼叫其他人时，山脉却被迷雾挡住了，大家以为他看到的是幻象遂不予理会。第二天，云雾消散，露出了阿拉斯加的面貌。

船员们个个兴高采烈，唯有白令仍是闷闷不乐，他后来告诉斯特拉，他非常担忧船和船员们的安全状况。他们离家非常遥远，食物供给短缺，反向风将会延误他们的回程。但对斯特拉来说，此行的发现令他非常兴奋。由于离岸风的阻挠，直到 7 月 20 日他们才登上陆地，白令有些不大情愿地同意斯特拉加入登陆小队，到独木舟岛（Kayak Island）上取水。斯特拉非常生气地说："我们只是来取美洲的水回亚洲！"[4] 而拒绝为时仅有短短一天的登陆。白令也故意开了一个玩笑，当斯特拉下船的时候，命令船上吹起代表胜利的号角。虽然为时较短，但是斯特拉在其哥萨克仆人的帮助下进行探险，将此行进行到了极致。他们沿着海岸线采集标本并进入森林，结果发现了一处美洲土著仓促放弃的隐匿供给站和燃尽的火堆。

　　第二天，白令一早便来到甲板上，反常地命令船只启航，此时船上的储水桶都还没有装满一半。然而，几周后的一场风暴又把"圣彼得号"刮回岸边，白令担心岸边的浅水区域会让船只搁浅，于是向南行驶。根据斯特拉的记录，这一决定浪费了好几天原本可以把他们推向西方的顺风。斯特拉尽其所能，花了许多时间记下了生活在这片处女海域的丰富生命。

　　　　快要接近陆地沿岸时，不断看到非常多的海狗、海豹、海獭、海狮
　　　　和鼠海豚……我也常常看到鲸鱼，不是单独一只，而是成对忽左右忽前
　　　　后地移动……这让我想到这段时间应该是它们交配的季节。[5]

8月底的一场强风暴阻碍了他们继续前行。饮用水越来越少，再加上坏血病，船员们一个接一个地倒下，白令也是其中之一。8月30日，船只在一处岛屿群中下锚，船员们在这里掩埋了第一批死于坏血病的人。斯特拉是最先登陆寻找水源小队中的一员，他在离岸较远处发现了一处干净的水源，但让人难以置信的是，船员和军官们却都不愿听从他的建议，反而在岸边一处水塘中舀取有咸味的水来装满水桶。斯特拉知道这是一个足以致命的错误决定，这些水甚至可能会使坏血病进一步恶化，但是他也没有办法去做什么。他想多带些人手帮着采集治疗坏血病的药草的请求也被驳回，因此他和他的助手普兰尼斯纳（Plenisner）只好尽其所能地采集药草。然而，采集的药草仅够他们自己和病榻上的白令使用。这次停留成为这次探险中船员们与美洲土著之间进行的唯一一次接触，斯特拉非常高兴终于在最后时刻找到了土著，并与他们交换了一些小东西。但当土著试图把两名船员扣留在岸上时，船员们鸣枪警告，"圣彼得号"火速起程离开。

　　从9月下旬开始，一场接一场的风暴猛烈地袭击着"圣彼得号"，疾病与死亡在船员间散布开来；有段时间看起来，白令和他的船员们都会就这么死去，他们的探险故事将永远不会有人知晓；然而到了11月5日，就在大家都快绝望的时候，他们却看到了陆地！根据斯特拉的记录：

> 看到陆地那一刻每个人内心深处的那种喜悦真是难以言语，就连半死不活的人也都爬出船舱翘首张望陆地，但已病入膏肓的总指挥官却是一点也开心不起来。[6]

许多军官相信这里就是堪察加，但是斯特拉、白令和一部分人则都有些怀疑，他们把船驶入唯一可见的港湾，在月光下抛了锚。然而，放松的心情仅仅维持了一会儿，半个小时后，强劲的海浪将锚索一条条扯断。更让人不可思议的是，一波巨浪将船只抬高越过港嘴的岩礁，推送到一处平静的水面上，在投下船上剩下的最后一个锚后，他们终于安全了。

斯特拉跟他的哥萨克仆人因为吃过预防坏血病的药草，成为船上仅有的还能行动的人。第二天，他俩坐着小船航向岸边进行侦察，斯特拉留下了记录：

> 我们还未登陆前，就感觉到有东西在撞击我们，奇怪的是，那是一群从岸边朝着我们游向大海的海獭。[7]

对斯特拉来说这很奇怪，因为他们在堪察加猎捕到的海獭都很胆小，而这里的海獭则像是从来没有遇见过人类。由此他得出结论，认为这里不是堪察加，他的论点稍后获得了支持，因为普兰尼斯纳射死了八只北极狐，它们的数量、肥胖度和一点都不怕人，都让他大感意外。而最终确认这里不是堪察加的原因则是他们首次遇到了大海牛，普兰尼斯纳发誓他从未在堪察加见过这种生物。斯特拉后来发现，他们其实是被困在了一座岛上。这座岛后来被命名为"白令岛"，位于堪察加以东约 200 公里处。

困住他们的这座岛屿是一个多山而贫瘠、没有一棵树的地方。他们登陆之处，是陡峻的峭壁与又深又窄的峡谷交错的岛屿东岸，除了"圣彼得号"停泊的海湾，涨潮时的海岸线几乎无法通行，而低潮时露出海面的则是 2—5 公里的暗礁，如果他们选择在其他地方停泊，船只一定会马上毁掉，斯特拉发现他们能够活下来不能不说是一个奇迹。

斯特拉和几个还能行动的人开始搭建营地，他们知道船只无法再挺过另一场大风暴的袭击，此时大雪已经覆盖了山顶，冬天正在向他们逼近。这时候，斯特拉跟堪察加土著一起生活的经验成了无价之宝。他复制堪察加人所用的草皮屋顶和半穴居的小屋给船员们作为避难所，这一次大家接受了他的建议，居住在挖空的沙丘与延伸出去的帆布中间，以抵挡恶劣的天气，并在中间留出一个洞让烟散出去。

在挖沙丘的同时，生着病的船员被带到岸边，躺在几乎没有遮蔽的地方，任由寒风冷雨侵袭。死人和得了坏血病而无法动弹的活人，则是遭到徘徊在营地周围的北极狐的攻击。在这可怕的时刻，斯特拉写道：

> 有一个人在尖叫，因为他很冷；另一个人也在尖叫，因为感到饥饿和口渴。剧痛让他们没法吃东西，他们的嘴巴因为得了坏血病而处于一种非常糟糕的状态，牙龈肿得就像棕黑色的海绵一样覆盖住牙齿。[8]

他们面临的最紧迫的问题是如何活下去。他们组成猎捕小队带回松鸡与海獭，斯特拉则是担心即将来到的冬天，而赶紧采集药草以治疗坏血病。虽然还是有人死去，但有许多人在接下来几周都已渐渐康复。到了 12 月，坏血病已不再是船员们的死因。不过，斯特拉仍然没能救得了半埋在沙滩里、无法动弹的白令。当大家想要把他挖出来时，他抗议道："埋得越深，我就觉得越暖和。"[9] 他死于 12 月 8 日。根据斯特拉的记录，"他是因为饥饿、寒冷、口渴、寄生虫及悲伤而死，而不是因为疾病"[10]。78 位跟着白令一起出发的船员，这时只剩下了 46 位。

当冬天降临，大地覆盖上厚厚的白雪，大家的食物仍很充足，这些食物主要是海洋哺乳类。天真的海獭仍旧可以很轻易地靠近并用棍棒捕猎。斯特拉写道：

> 一年四季都可以发现海獭，它们在冬天比在夏天更常离开海面，在陆地上睡觉、休息、与其他海獭玩耍……它们这种生物既漂亮又可亲，个性狡猾、有趣又热情。它们奔跑起来的时候，毛发的光泽远胜于黑色的天鹅绒。[11]

探险队刚到白令岛时，海獭的数量还非常丰富，通常都是一群几十只，甚至上百只。但是，随着捕猎的展开，海獭的数量快速减少，余下的海獭也开始变得警觉起来，迫使人们必须走得更远才能找到猎物，而且还要在捕猎到手后穿越恶劣的地段将猎物拖回。11 月和 12 月时，只要在距离营地 3—4 公里的地方就能捕到海獭；1 月的时候，就需要走到营地外 6—8 公里的地方；到了 2 月，已经需要走到营地外 20 公里的地方；而到了 3 月和 4 月，他们必须走至少 40 公里远才能捕到海獭。

整个冬天，海獭为探险队员提供了稳定的食物来源，然而，它们丰厚的毛皮却也助长了一种新的"疾病"——赌博。贪婪折磨着无聊的人们，他们开始大肆杀害他们的食物来源，斯特拉觉得这样做很不道德，并对事情竟会发展到这一步感到很是震惊。数以百计的海獭被杀死，只为获取它们的毛皮，它们的残骸则留给狼群清除，而海獭数量这样大量减少的后果则威胁到他们逃离这座岛屿的机会。由于运气很好，"圣彼得号"才没有被摧毁，而是被风暴卷上安全的海滩，探险队决定在春天到来后建造一艘新船来取代旧船，也好离开这座岛屿。但当积雪融化后，营地附近的食物已经很少了，他们必须花更多时间去进行捕猎以取得食物，这样一来，用在造船上的时间也就减少了。

一开始，其他可以选择的食物看起来很少，虽然之后被命名为"斯特拉"的海狮①在岛上整年都能见到，但是它们体型庞大又很凶猛，人们不敢去攻击它们。幸运的是，四五月间大量抵达岛屿繁殖的海狗给人们提供了另一种食物来源，但是海狗主要集中在岛屿西海岸，捕获后仍需艰苦跋涉、翻山越岭才能运回营地。直到这时人们才开始注意到另一种整个冬天都在不远处活动的生物：大海牛。大海牛被发现后仅仅存活了一段非常短暂的时间，因而斯特拉对大海牛的描述也就成了唯一关于大海牛的文字记录：

> 整个岛屿的沿岸，特别是河流入海的地方，生长着各种各样的
> 海藻，异常繁茂。整年都可以看到数量庞大的成群大海牛……最大的

———————————

① 即北海狮。

大海牛身长 7—9 米，肚脐下方是它们身上最肥厚的地方，约有 2.25 米。①[12] 肚脐以上看起来像是陆生动物，肚脐以下到尾巴处则像是鱼类，头的骨架跟马差不多，但还覆盖着皮肉，看起来有点像是水牛头，特别是它的嘴唇。这种动物的眼睛没有眼皮，跟绵羊的眼睛差不多大……腹部非常肥大，而且无论何时它们的肚子都塞得满满的，并向外凸出，发出嘶嘶声，从比例来看，像是青蛙的肚子。

　　这种动物群聚在海里，就像陆地上的牛一样，公母通常都是成双成对，并把它们的幼兽推在前方。它们只为食物而忙碌，在水面上可以看到它们的背或是半个肚子，它们就跟陆生动物一样，得花很长的时间缓慢而持续地咀嚼，它们用脚从岩石上刮下海藻，然后不断地咀嚼……退潮时，它们从海滩游入海里；涨潮时，它们就回到海滩。通常我们和它们是如此接近，甚至拿根棒子就可以打到它们……它们一点都不怕人。当它们想要在水面上休息时，它们会躺在靠近小海湾边的安静海面上，随着波浪轻轻漂动。[13]

起初并没有人想过要杀大海牛来当食物吃，因为他们有更容易获取的食物。但是，随着营地周围的食物来源越来越少，而且可能要在岛上多待一个冬季，迫使船员们将注意力转到大海牛身上。他们造出一个大铁钩，绑上很长的绳子，然后把钩子投向正在进食的大海牛。可是大海牛的皮实在是太厚了，钩子很难顺利地钩在大海牛身上，而且当大海牛逃到海里时，还会把钩子连绳子都一起带走。斯特拉回想起关于格陵兰人捕鲸的描述，并利用那种方法，将鱼叉绑在长绳末端，由岸边的 40 个人抓紧，六个人乘船悄悄靠近大海牛，把鱼叉往大海牛身上插；等到大海牛一被击中，岸边的人就开始用力把大海牛拖上岸，船上的人则用刀子和刺刀攻击它。

　　大海牛的血像喷泉一样涌出，然后它就会渐渐变得虚弱下来；接

---

① 据斯特拉估计，最大的大海牛重约 8000 磅或 3.5 吨。

着，在涨潮的时候，就可以把大海牛快速拖上岸……我们发现自己终于不再有食物短缺问题了，进行造船工作的人力也随之增加了一倍。[14]

大海牛虽然非常温驯，但在遭到攻击时也会进行反抗，斯特拉这样描述道：

> 我没看出它们有很高的智慧……但它们确实超乎寻常地彼此相爱，当它们中的一头受到攻击，一些大海牛会上前去救它，并在它身旁围成一圈，努力不让它被拖上岸，另一些大海牛则试图把小船弄翻，有些大海牛会压住绳子，有些则试着把鱼叉拔出，有时候，它们真的成功地救出了受到攻击的大海牛。我们也观察到，一头公大海牛连着两天来到岸上，凝望着已经死去的母大海牛。然而，无论有多少头大海牛被杀害，它们都还是生活在同样的地方。[15]

或许是因为这时船员们早就吃腻了船上的饼干和冬天的海洋哺乳类动物，他们发现大海牛的肉非常美味，就连一向比较挑剔的斯特拉都忍不住大加赞赏：

> 这种动物的脂肪毫不油腻，也不松弛，而是紧实且雪白，在太阳底下晒上几天后，就会变成黄色，风味类似美味的荷兰奶油，煮沸后的脂肪，甜度与口味都要超过牛油，它的颜色和流动度就像是新鲜的橄榄油，尝起来则像是甜杏仁油，而且香气和养分十足，我们喝上一杯也不会觉得恶心……老海牛肉的口感跟牛肉差不多，但不同于其他海洋及陆地动物，即使在最热的夏天，将它放在户外半个月以上都不会腐烂，尽管上面早已爬满苍蝇跟蠕虫。[16]

其他的部分，历史都有记述，斯特拉和他的伙伴们最终造好了新船，并在1742年8月逃离白令岛。仅仅过了三天，他们就看到了堪察加；他们带回了700张海獭皮，但是由于船上空间不足，斯特拉煞费苦心收集的科学标本，有很大一部分都被丢弃了。

新发现的土地上有着数量丰富的海獭、海豹，不可避免地吸引了人们的注意力。很快，前往那里的狩猎探险活动便增加了许多。仅仅 12 年后，斯特拉的助手克拉舍宁尼科夫 ① 便这么描述白令岛：

> 众所周知，有很多堪察加人会到那边进行海獭和其他动物的交易。[17]

很多猎人都在岛上过冬，他们用跟白令的船员们一样的方法猎捕大海牛充当食物。[18]

大海牛的数量曾经多到用斯特拉的话来说"足以供给所有堪察加人"，然而这种情形并没有维持很久。1755 年，工程师贾卡列夫（Jakovlev）前往白令岛及其附近的铜岛寻找矿藏，他对于大海牛消失的速度感到非常震惊，甚至向堪察加政府请愿限制猎捕大海牛，然而这却并未能阻止事态进一步恶化。1802年，马丁·索尔（Martin Sauer）在白令海的探险中写道："白令岛上最后一头大海牛在 1768 年被杀，从此以后，再也没有人见过大海牛。"[19]

更可悲的是，斯特拉也和大海牛一样遭遇不幸。回到堪察加后，他在那里待了三年，进行科学观察写作，后因反对俄国政府压迫堪察加人而先后两次被捕。最终他被判无罪释放，然而就在 1746 年返回圣彼得堡的途中，由于喝酒过多，加之感冒高烧，结果斯特拉死在了他的雪橇上。他的身体被雪橇狗分食殆尽，残骸最后则被图拉河冲走。虽然斯特拉的结局非常不幸，但他身为一位自然科学家的传奇故事却是一直流传到了今天。

＊　　　＊　　　＊

今天，我们从考古挖掘调查中得知，大海牛曾经分布的地方从日本一直延续到加州，白令岛是它们最后的根据地。早在白令的航行之前，其他地方的大海牛就已经绝迹了，原因可能是土著过度捕猎，但更可能与它们的栖息地——巨藻森林生态系统的消失有很大关系。我将会在全书最后几章中向大家

---

① 史蒂芬·克拉舍宁尼科夫（Stepan Krasheninnikov），俄国著名人种学者、地理学家、旅行家，西伯利亚和堪察加半岛的发现者。——编注

呈现，人类猎捕海獭是间接造成大海牛栖息地消失的原因。

对一些人来说，大海牛的消失，就跟度度鸟和大海雀（北极大企鹅）的灭绝一样，是无可避免的。它们的经济价值，或者说是作为食物的价值很高，以及它们又傻又无防御能力的特性，即使人类只使用很粗糙的武器，都绝对可以灭掉它们整个族群。大海牛快速消失的确是一个特殊的例子，但却并不是唯一的例子。就像我将会在后面的内容中所呈现的，令人惊讶的是，人类导致的物种族群衰减，竟然是从很早以前就开始了。

很多人都熟知人类对陆地野生动物及生态系统造成影响和冲击的历史。在新西兰恐鸟这种没有飞行能力的巨型鸟类的灭绝上，人类扮演了很重要的角色。在人类进行殖民后，澳洲所有的大型有袋动物都消失了，就像曾经分布在北美洲一带的猛犸象、乳齿象和剑齿虎在更新世（从更新世最后的 150 万年左右，到距今 1 万年前上个冰河期结束时为止）时消失一样。

人类行为对海洋生物的影响，常被视为是一种近代才有的现象，是过去半个世纪的污染及工业化捕鱼的结果。然而在接下来的章节中，我将会回溯到更加久远之前的地理大发现、海盗及追求财富的时代，以便向大家呈现，其实人类早在好几个世纪前就已在对海洋生物造成影响。在许多地方，甚至在科学家开始撰写海洋生态系统的文章之前，或是在现代人第一次把他们的脚趾浸入大海之前，海洋就已经被人类改变了。我们轻率地以为自然且没有人为破坏的海洋，其实早就已经被极度改变过。早期的海洋探险记录带给我们关于海洋的新观点，而今天摆在我们面前的挑战则是：如何重新思考管理和保护海洋领域的方法。我们已知的是，由于人类而减少的海洋生物的数量早已超出我们的想象，我们设定用来恢复鱼类和其他濒绝生物数量的保护目标往往都是远远不够。人类活动全面地破坏了海洋栖息地环境，不但损及渔业生产力，更危及海洋提供人类维系生命的重要能力。如果想要让我们的后代也能分享到我们与前人所拥有的丰富海洋，我们必须赶紧改变我们的行为，因为留给我们反转这种情况的时间已经非常有限了！

第二章
密集捕捞之始

3月下旬的一个晚上，温暖的炉火火光在木墙上轻轻摇曳，两盏油灯冒出的黑烟，袅袅地飘升到黑色的屋顶。屋中的六个人，一边喝着蜂蜜酒，一边热切地讨论着金属制品生意。这里是11世纪英国的大城市约克，此地的铜门有非常著名的工匠，吸引着远方的商人。今晚有两名男子是来自欧陆的买家，在达成交易的庆功宴上，主人特意准备了一道鱼拼盘，盘中有鲷鱼、鳗鱼、狗鱼，这些很受欢迎的美味佳肴都来自当地的河流和池塘，其中比较特别的是摆放在拼盘中央的鳕鱼，它是从120公里外的北海沿着河流被带到这里来的。这些人津津有味地品尝着这些陌生的鱼，然后扭头把鱼骨吐在泥地上。

9个世纪后，20世纪的约克中心地带，一位考古学家蹲在一个深坑底部，拂去掩在一片古老鱼骨上的泥土，发现这是一块鳕鱼的脊椎骨。由这块鱼骨的尺寸推知，这条鱼的长度至少超过一米，依照今天的标准来说，这是一条非常巨大的鳕鱼。一群工人在挖掘购物中心的地基时发现了维京时期残存的木架构后，考古学家便开始研究这处铜门遗址。在这里发现了成千上万副鱼骨，其中就包括11世纪那顿晚餐的残余物。这些骨头和其他一些偶然留存下来的文字记录及日记等资料，给我们提供了了解过去日常生活的证据。根据这些资料，我们可以将鱼类在人类食物来源中的重要性、人们对不同鱼种的偏好、鱼类贸易模式的发展，以及捕鱼细节等等的变化制成图表。例如，约克大学考古学家詹姆斯·巴雷特（James Barrett）和他的同事艾莉森·洛克（Alison Locker），就通过汇集 127 处横跨英格兰考古地点的资料，包括铜门的鱼骨记录在内，来追踪公元 600—1600 年间人类的鱼类消费模式[1]。他们惊讶地发现，约在 1050 年代的几十年间，人类从食用淡水鱼和洄游鱼类，开始转变为食用海洋鱼类。7—10 世纪的鱼骨记录中，大都是来自河流和池塘中的鱼，像狗鱼、鳟鱼、须鳑、鲷鱼和鲈鱼，以及在河川与海洋间迁徙的物种，如鲑鱼、鳗鱼、胡瓜鱼和海鳟。但从 11 世纪起，它们便开始被鲱鱼、鳕鱼和其他类似鳕鱼的鱼，如无须鳕、黑线鳕和舒鳕所取代。海洋渔业革命从那时开始席卷英格兰，虽然欧陆的记录并不是很完整，但却多少也与英格兰的情况类似，呈现出海洋渔业突然增加的态势。今天密集的海洋渔捞，早在 1000 多年前就已经开始了。

是什么让欧洲渔民在 10 个世纪前开始出海去？在第一个千禧年的末期，中世纪欧洲发生了非比寻常的变化，不仅仅是渔捞行为上的改变。数百年来，当人们掌控了生活环境后，人口就会迅速增长；农夫会开垦森林，耕种土地，种植更多作物，生产过剩的粮食和肉类养活更大的聚落，并会通过贸易、服务和金钱换取日常生活用品。在由此发展出来的经济体制下，人类开始分工，出现捕鱼、金属加工和皮革鞣制等行业；政治体系则从封建制度逐渐演变成中央集权，如 10 世纪的英国就是由阿尔弗雷德大帝的后裔统治。

除了这些变化，在第二个千禧年之初，基督教掌控了几乎整个欧洲北部。鱼类一直是一种重要而理想的蛋白质来源，由于基督教禁止在某些日子食用四足动物，从而也增加了对鱼类的需求。本笃教会认为，与其他动物的肉相比，鱼肉没有太多血气，较少会引起情欲。有些基督徒，像巴伐利亚泰根湖修道院的本笃教会修士们，除了鱼类，其他肉类一概不沾。[2] 而对大多数基督徒来说，则是禁止在星期五和重大节日前，如四旬斋的 40 天中食用肉类。根据基督教不同教派的规定，每年有 130—150 天不能吃鱼类以外的肉类。

鱼同时也是一种象征着威望与地位的食物，这可能是一种古罗马人占领时期遗留下来的传统。古罗马贵族常好通过享用昂贵到让人觉得不可思议的豪华鱼料理来彼此较量，他们中的许多人都拥有私家池塘，可以囤积稀少而受欢迎的鱼类，其中最好的鱼可以换到与鱼等重的白银。古罗马将军卢库勒①在古罗马阿波罗厅中举办鱼餐宴，就花费了 5 万德拉克马（drachmas）（古希腊货币，约合今天的 4.8 万英镑[3]或 8 万美元）。古罗马精英偏好海鱼，受其影响，"古典时代"的地中海就已经有了大型商业海鱼渔捞活动。当时技艺精湛的镶嵌画和壁画上都绘有鲔鱼、章鱼、鲉科鱼类、海豚、鲷鱼和许多其他种类的鱼，即可作为佐证。

位于北方的国家开始有海洋渔业的时间要比古罗马人晚，大约是在中世纪欧洲人开始品尝到海鲜之前。当时的北欧人并不像古罗马人那样奢侈地享用美食，但他们仍然愿意为好鱼付出好价钱。虽然乡下人家早就可以捕捞自己所需的鱼，但在 11—12 世纪，他们也开始能够通过把鱼卖给富人来赚些钱。[4]

11 世纪时，由于宗教因素及地位象征，人类食用鱼类作为蛋白质的需求高涨，在城市中发展出一定的市场规模，从而也就意味着人们很快就开始以捕鱼为生。鱼类交易的商业行为几乎与城市发展同步，而鱼市通常都是中世纪城镇的繁华地带。巴雷特和洛克的考古证据证实，鱼类贸易进入内陆地区，主要是提供城镇所需。例如，1200 年左右，快速的驿站系统只需 6—9 个小时就能把鲜鱼从诺曼底海岸运送到 150 公里之外的巴黎。不过，海洋鱼骨出现在内陆农村地区则较晚，一直要到 14 世纪才开始出现鳕鱼骨。

可是，为什么在 11 世纪时，人类会从食用淡水鱼转变为食用海水鱼呢？这里面有几种可能的原因，包括海水鱼供应量增加、引进新的捕鱼技术，以及淡水鱼供不应求。鳕鱼和鲱鱼的数量丰富度与气候条件息息相关，然而，这又跟这样的转变有什么关联呢？这两种鱼都生活在冷凉的北方海域，其分布区域的最南边是北海和波罗的海沿岸。虽然海洋渔业革命始于英格兰，但其高峰期却出现在"中世纪暖期"，当时欧洲沐浴在温暖的气候中，这样的气候条件使得鳕鱼的分布区域更往北移，而南方区域即早期英格兰渔民的渔场范围则有所

---

① 卢库勒（Lucullus，前 118—约前 57），古罗马共和国末期著名将领，前 74 年当选执政官，著有战史著作，以巨富和举办豪华大宴著称。——编注

缩减。鲱鱼的产量在这个地区可能同样有所减少，因此，可以排除"渔民是因海洋鱼类的增加而出海"这一因素。

有些历史学家认为，中世纪海洋渔业的兴起与"流网"①的发明有关。流网就像是浮在水中的一道墙，可以阻挡通过的鱼群。虽然鲱鱼面对这种渔具毫无招架之力，但鳕鱼则不然。早在 11 世纪之前的几百年间，渔民们就已在用流网捕捞，所以这也不可能是突然引发海洋渔业革命的原因。在北欧船只增加之时，海洋渔获也在同时增加。有证据表明，1000—1025 年间，海洋渔获量从每年 18 吨增加到 55 吨。② [5] 然而，渔获的增加可能是海洋渔业活动扩张的果，而不是因。

或许是因为 11 世纪前的海洋渔业活动已经为突然扩张的"渔获努力"③铺平了道路，9—11 世纪，维京人横扫北欧的斯堪的纳维亚半岛，将维京的海洋文化带到冰岛、英国、爱尔兰和诺曼底。斯堪的纳维亚的密集捕捞渔业活动，可以追溯到更为久远的 8—9 世纪。[6] 当维京人抵达英国和诺曼底时，他们已经是熟练的渔夫了。

巴雷特的研究拼接出了在公元 800—1500 年维京人入侵苏格兰后，苏格兰北部的鱼类捕捞和消费的变化[7]。公元 800 年前的铁器时代遗址中很少出现海洋鱼骨，而且出现的主要种类是隆头鱼、短角床杜父鱼和比目鱼等沿岸就能捕捞到的种类。此后的"维京时代"则宣布了捕捞远洋鱼时代的来临，所捕捞及消费的鱼包括需要在渔船上用手钓渔具捕抓的大型鳕鱼、单鳍鳕、舒鳕和黑线鳕。此外，沉积物中的鱼骨越来越多，表明从铁器时代到维京时代，人类的捕捞强度在急剧增加；同时鱼骨在所有动物骨头中的比例也在增加，表明食物来源更加趋向海洋化。由海洋化学物质的踪迹增加也可看出这一趋势。从 11 世纪开始，渔业捕捞强度不断提高。14 世纪早期，苏格兰北部可能已经开始把鳕鱼输送到英国的其他地方。[8]

---

① 流网(drift net)，又叫漂网，渔网的一种，由数十至数百片网连成长带形放在水中直立呈墙状，随水流漂移，把游动的鱼挂住或缠住，用来捕捞各种水层的鱼类。——编注
② 1 美吨≈1.016 吨，因为两种度量差异不大，本书仅标注公制单位。
③ 渔获努力 (fishing effort)，学术名词，单位时间内投入渔捞的标准渔具或渔船的数量及强度。——译注

1550 年代的鲱鱼捕捞。鲱鱼鱼群在波罗的海是如此稠密，就是扔把斧头下去，斧头甚至都会在鱼群中保持直立。资料来源：Magnus, O (1555) *Historical de Gentibus Septentrionalibus. Description of the Northern People.* Volume III. Translated by P. Fisher and H. Higgens, Hakluyt Society, London, 1996.

英国很有可能是在 11 世纪开始把其渔业重心转为海洋渔捞，但它这样做的动机又是什么呢？人们对鱼类需求的增加速度肯定是越来越快，但为什么传统的淡水资源无法满足这样的需求呢？加拿大多伦多约克大学历史学家理查·霍夫曼（Richard Hoffmann）认为，淡水鱼的供应在此期间出现衰退，主要是陆域环境改变与物种过度使用的共同结果。霍夫曼仔细翻阅了几百年间的文献资料和考古证据，详细地梳理了中世纪欧洲的渔业状况。他的研究成果是一个很好的渠道，可以帮助我们了解导致海洋渔业革命发生的环境条件变化。

古罗马帝国灭亡后第一个世纪（约公元 400 年）所留下的可供我们重建历史事件的文字记录和考古学证据很少，但我们知道，相当面积的森林早在青铜器时代和铁器时代就已经被砍光了。当恺撒在公元前 55 年抵达英格兰时，他形容英格兰南部的人口"非常多""地面上满满覆盖着聚落"。[9] 但在中世纪早期，森林、灌木林再次覆盖欧洲的大片土地，中间则零星分布着一些聚落，人口增长处于停滞状态。然后，瘟疫在 7 世纪开始蹂躏欧洲。据估计，公元前 200 年，英格兰人口约有 3500 万，但到公元 650 年，其人口已经下降到了 1800 万左右。[10] 由于农业需求减少，人们放弃了贫瘠的山坡、沼泽和森林边缘的土地。广阔的森林植被能够保护土壤不受降雨侵蚀并可吸收雨水，让降水缓慢地流入河流。当森林保持完好时，河水清澈沁凉，流量均匀稳定。高卢古罗马作家奥索尼乌斯（Ausonius）描写 4 世纪后期的摩泽尔河"水就像是在水晶杯中般清澈明亮"，并指出，他的"视线可以穿透河面直达底部，看穿它的秘密"。[11] 在这段时间，人们在河流中可以钓到很多鱼，尤其是在河流与海洋间迁徙的鱼种。整个欧洲，数以千计的鲑鱼、鲥鱼和白鲑洄游到河流中产卵；数量庞大的鳗鱼往反方向移动，到中大西洋的海洋产卵场；巨大的鲟鱼则是洄游到河口孕育下一代。1 世纪时，老普林尼[①]描述波河中的鲟鱼"几乎重达半吨，要靠一队的牛才能把它们从河里拉上来"[12]。这些鱼类都是渔民的目标，他们用网、矛、篮子、陷阱、堰（横跨河流的低坝）、手钓渔具等工具进行捕捞。

第一个千禧年后期，人口快速增长，加上农业兴起，对淡水生物产生了深远的影响。森林滥伐与深耕农田，使得土壤侵蚀问题日渐严重。村落的扩大与连接其间的道路使得土壤暴露增加，从池塘、沼泽、河口取出的沉积物岩芯中也可以看出沉积物在这一时期开始迅速增加。古罗马时期使用的港口，由于淤积着上游冲刷下来的泥土而成为陆地，许多曾经可以航行的河川也被堵塞。到了 11 世纪，淤泥封住了荷兰旧莱茵河的河口，而波兰维斯瓦河的河口三角洲，则因来自上游数百万吨的泥土淤积而不断扩大。[13]

随着农业发展，对动力的需求也在增加，这使得水车磨坊几乎布满所有水道。玉米磨坊在中世纪有如爆炸般增加，根据霍夫曼的调查，光是英格兰的数目，就从阿尔弗雷德大帝统治时期（约公元 880 年）的约 200 座，增加到

① 老普林尼（Pliny the Elder，23—79），古罗马帝国早期的政治家、作家暨博物学家。他在闲暇时进行自然观察及写作，著有一本名为《博物志》（或称《自然史》）的科学百科全书。——译注

1086 年《英格兰土地财产清册》（*Domesday Book*，又译《末日审判书》）中记载的 5624 座。类似趋势在欧陆也很明显，法国的奥布河在 11 世纪时有 14 座磨坊，12 世纪有 62 座，13 世纪早期则有超过 200 座。[14] 磨坊的堤坝阻断了水路，于是流速减缓的河道便开始淤沙，再加上土地开垦造成的淡水栖息地改变和水坝的兴建，都对鱼群的数量造成极大伤害。

鲑鱼等洄游性物种需要冷凉、干净、快速流动的河水和沙砾河床以便于产卵，然而，由于修筑水坝及沉积物淤积，这样的栖息地快速减少；使得问题更严重的是，如果连通海洋与河川的路径被水坝和河堰阻绝，所有洄游物种都将深受其害。虽然河堰提供了可以用陷阱、网具和矛轻易捕捉鱼类的地方，但在造成鱼类数量减少上，它们却比瀑布等天然屏障危害更大。

从中世纪的文字资料中也可以发现淡水鱼的供应危机。1210 年，意大利特伦托的主教要求移除萨尔卡河上设在阿科（Arco）的磨坊水坝，因为它们阻断了鱼群游往加尔达湖的路径。1214 年，一道苏格兰法令规定，所有的磨坊水坝都必须留下足够大的开口，好让鲑鱼可以通过，并规定所有设置的障碍、网具在星期六都必须撤除。[15]

法令中提及网具，具有重大意义。它表明，在从自给性使用转变为商业供给后，河川与河口的渔获努力有了显著增加。网具可以阻断洄游鱼类的通路，是一种非常有效率的捕捞工具，这些网具横向放置在鱼群顺流而下或逆流而上的路途中，尤其是如果横跨整个河道，就可以完全阻挡鱼类的通路，并把鱼都抓光。例如，14 世纪中期，在萨尔卡堡附近的阿尔卑斯山区，平茨高尔（Pinzgauer）策尔湖边有一个聚落，这里的居民主要是一群被大量白鲑吸引来的专业渔民；这些渔民每年都要给大主教缴纳 2.7 万条白鲑和 18 条湖鳟，以换取渔业权来捕捞和贩卖更多的鱼。然而，如此密集的捕捞并不能永远持续下去，渔获量仅仅过了一个世代就崩溃了。[16]

很久之前，鱼群数量的减少就已经促成第一次为了解决过度捕捞问题的法律行动。1289 年，法王腓力四世颁布禁令，禁止了十多种使用网具和陷阱的捕捞方式，并限制了另外两种捕捞方式的使用季节。即使时间已经过去了 700 多年，但我们却不难看出，他在中世纪的声明与现今状况仍很相似：

今天，我们境内的每一条河川或每一个集水区，不论大小，都没有渔获。这是渔民和他们所用的工具造成的恶果，由于他们的捕捉，鱼群都没有办法长大，而且这些小鱼就是抓到也没有什么经济或食用价值。更严重的问题是，鱼价随之提高，造成社会财富损失，使国家变穷。[17]

除了水坝和网具造成的问题，沼泽地的排水和开垦，也对洄游鱼类造成毁灭性影响。例如，11、12 世纪，莱茵河三角洲上修建的堤防，成了鲟鱼数量大减的主要原因。[18] 在欧洲，类似这样的物种崩溃细节，可以在许多史料中找到，比如考古学由骨头记录证明鲟鱼曾经是欧洲人饮食中的重要种类，但它出现的数量却在迅速下降：17 世纪波罗的海国家的数据显示，从 8 世纪到 12、13 世纪，鲟鱼在饮食中所占的比例由 70% 降到 10%；鱼骨记录也表明，10—12 世纪欧洲中部所食鲟鱼的平均体型逐渐变小。13 世纪时，法国和英格兰的法律规定，所有的鲟鱼都只能留给君主，而且这条法律至今在英国依然有效！到了 14 世纪，英国流传的一份食谱中详细地介绍了如何烹调出"具有鲟鱼风味"的小牛肉，这足可证明，这种濒临灭绝的食用鱼仍然受到高度重视。[19]

淡水鱼供应减少，也可以从第二个千禧年之初的发展推断出来。当时法国发明了能在池塘中养鱼的水产养殖技术，这一技术迅速传遍欧洲。但是时至今日，已经很少有人知道中世纪淡水养殖的规模和重要性，霍夫曼认为这是因为在中世纪末期，养殖鱼池早已荒废。一个可能的原因是，廉价供应的海洋鱼类取代了淡水养殖的需求。① [20] 水产养殖出现在 11 世纪的法国，其方式是建造养殖鱼池，其管理则是多年的放养与收获相交替。12、13 世纪，这种兴建养殖鱼池的浪潮席卷欧洲，在其最高峰时期，在上西里西亚，养殖鱼池覆盖 2.5 万多公顷的土地；在法国中部则有 4 万公顷；上法兰克尼亚的养殖鱼池多达 2.2 万个；波希米亚则更多，有 2.5 万个。[21]

水产养殖池的建筑方式，是在溪流和河川上筑坝。这样一来，把河岸栖息地变成湖泊，也产生了非预期影响，使得洄游性鱼类更难在欧洲的河川中生

---

① 英格兰的修道院在 1530 年代解散，这也导致水产养殖批发市场的崩溃。

存，因为湖泊阻碍了它们的通道，增加了河水的浑浊度，并使其产卵所在地被一层厚泥所覆盖。虽然池塘可以稳定地向池塘主人供应鱼类，但却无法弥补由于改变欧洲水文所造成的鲑鱼、鳟鱼、鲟鱼、鲥鱼、白鲑和七鳃鳗等洄游性鱼类的大幅减少。尽管有些喜爱温暖、静止、浑浊的水环境的生物在这样的池塘及淤积的水道中生长得很好，如鲷鱼、须鳑、拟鲤、鲹鱼、狗鱼、鳗鱼等非洄游物种，和从东欧多瑙河流域引进的外来物种鲤鱼，但是总体而言，这样的环境生产力是降低的。

在淡水中繁殖然后再迁移到大海的物种，对于提升渔业生产力非常有帮助，因为这些鱼可以从海洋中带来更加丰富的营养源。尽管有限的淡水产卵栖息地限制了幼鱼回到海中的数量，但当这些幸存者最后回到上游产卵时，它们由于受过海洋的哺育而变得无比肥硕。捕食洄游性鱼类的动物不多，即使中等大小的河流，也可让数十万条洄游鱼产卵并孵育出成千上万的鱼，而许多动物就是以这些洄游性鱼类作为食物来源。洄游性鱼类也通过这样的方式，将海洋里丰富的养分带到中世纪欧洲内陆贫困的农家门口。

欧洲人在 13—15 世纪之间仍在持续改变他们的水道生态，水坝扩增纾缓了漂洗布料（敲打并整理）、金属加工、造纸等工业的动力需求；然而，在河川下游持续筑堤和开垦湿地，更进一步地限制了鱼类的通行，并减少了鱼类在河口产卵的栖息地。此外，人口增长也使得流入河中的污水大为增加。这里面既有家庭污水，也有来自制革、纺织染料及开矿所流出的有毒废水。

淡水水质恶化的结果，刺激了海洋渔业的快速发展，使其规模远远超过11 世纪。到了 14、15 世纪，鳕鱼、鲱鱼和其他海洋鱼类的鱼骨，已经占到考古沉积物中鱼骨的 60%—80%。[22] 第一批搭船出海的人们发现有丰富的鱼类可抓，他们只要把钩子和渔网下到这些未经人类开发的海洋中，就可以收获满满。苏格兰北部的维京时代沉积物中，主要有 0.8—1.2 米长的鳕鱼、1.5 米长的狭鳕、1.8 米长的舒鳕[23]，这些鱼的庞大数量远远超出了当地的需求量。

在遥远的北方，渔民发明出一种在冰冻的挪威北极圈内干燥鳕鱼的方法，从而大幅增加了渔业产品的保存期限，也开启了长途贸易的可能。罗弗敦群岛（Lofoten islands）上荒凉的山脉，就像人的手指骨一样伸入北极圈的北大西洋中；涌动的海流通过狭窄的水道，加上温暖的墨西哥湾流经过，这些岛屿终年都不会冰封。① 这里相对温暖的海水和强劲的海流，促使浮游生物大量繁殖，每到冬季都会吸引整个波罗的海区域的鳕鱼群到此产卵。中世纪时期，罗弗敦群岛峡湾挤满了迁徙的鳕鱼，早期的斯堪的纳维亚居民一到这个季节就会停止耕作，前去捕捞。鳕鱼会被去掉内脏和头，切开后摊在岩石和木架上，由风和霜晾干。这种方法可以在短短几个月内让鱼的重量减去 80%，并会变得像木头一样硬，能够保存多年。在中世纪欧洲，鳕鱼干是长途运输的理想食品。

斯堪的纳维亚与欧洲其他国家间的贸易发展得很早，这也加速了鱼类产品的贸易。卑尔根镇（Bergen）始建于 11 世纪，很快就成为南北贸易的中心。[24] 北方人贩售木材、兽皮、毛皮、海象牙、猎鹰和黄油，自然也少不了鳕鱼干和鳕鱼肝油。气候恶劣的斯堪的纳维亚由于不易耕种谷类，随着贸易发展，居民开始用鱼或其他日用品来交换生活必需品，于是挪威也就逐渐开始依赖进口谷类粮食。

英国与挪威之间的贸易关系在 12 世纪时非常活跃，这与挪威长久以来不断抢掠英国沿岸非常不同。1186 年挪威国王斯韦勒（Sverre）在卑尔根所作的一次演讲，展现了这种密切的贸易关系：

> 我们感谢所有英国人，因为他们把小麦、蜂蜜、面粉和布料带到了这里，我们还要感谢那些带来亚麻、亚麻布、蜡和水壶的人。我们也衷心地感谢那些来自奥克尼群岛、设得兰群岛、法罗群岛和冰岛的人，带来我们国家需要但却无法生产的物品。然而，为数众多、乘着大船来到这里的德国人，带走了黄油和鳕鱼，却带来了会毁坏我国的东西，那就是葡萄酒。而我的人民和商人们都已经开始购买这些酒了，这种购买行为的结果有百害而无一利，因为喝酒过多会让人们失掉他们的性命或四肢，有些人

---

① 美国小说家爱伦·坡（Allen Poe）曾在其不朽作品《莫斯肯漩涡沉浮记》（*Descent into the Maelstrom*）中描述过两个岛屿间的莫斯肯漩涡。

则是整个生活都受到影响：受辱、被殴或受伤。我不齿于这些德国商人的行为，如果他们想保全生命和财产安全的话，最好马上离开。[25]

虽有这样的警告，但在随后几个世纪中，贸易发展仍是日益蓬勃。挪威国王掌握所有在卑尔根进行的贸易，以求利益最大化（应该是为了简化税务），并禁止其他北方港口进行直接贸易行为，包括自 1262 年开始被挪威统治的冰岛。在 1310 年卑尔根的海关记录中，鳕鱼干的出口量是每年 3000—4000 吨，其中约有一半都输出到了英国。[26] 到了 1368 年，鳕鱼干占到全市出口量的 90%。[27] 此时鱼类加工在罗弗敦群岛和其他地方已经形成工业规模。16 世纪初中古世纪的天主教教士马格努斯（Olaus Magnus）在瑞典北部旅行时，描述了这样一个鱼类加工地区：

> 在这座冠状山的山脚下，吊挂晾干的鱼干冒出腥味，远在海上的船员们都可以闻到。当他们奋力对抗黑暗中的暴风雨时，一旦闻到这个味道，就知道要小心防止船难发生，以保护自己跟货物。[28]

虽然我们已经无法亲眼见到那个时候罗弗敦群岛的鳕鱼数量有多丰富，但是来自 20 世纪中期的一份描述表明，有数量非比寻常的鱼类聚集在那里及欧洲其他的边疆地带：

> 挤成一大群准备产卵的鳕鱼来到罗弗敦群岛水域，通常鱼群的厚度可达 46 米。在罗弗敦群岛短短的捕鱼季，鳕鱼产量可以达到整个挪威平常年份捕获量的 55%，这些鳕鱼平均长为 0.9—1.5 米……抵达韦斯特峡湾的鳕鱼群是如此密集，若是丢下一个铅锤测深，不但会发出碰撞的声音，铅锤还会搁在银色的鳕鱼群上。[29]

鳕鱼渔业在中世纪欧洲北部边缘蓬勃发展，其贸易也日趋活跃。然而，13 世纪时，英国与挪威的友善关系受到了欧陆各城邦联合的贸易联盟汉萨同盟的威胁。[30] 一开始，这一联盟的成立是以共同打击海盗为目的。但当它在 14 世纪中叶的高峰期扩展到包括 100 多个城镇时，联盟开始想要垄断北欧贸易。最后，在 14 世纪末期，英国商人被强制排除在卑尔根的贸易活动之外，无法从冰岛和挪威丰厚的鳕鱼渔场中获益。此时，欧洲的许多城市都已变得太大，以至于其自身的食物供给难以满足当地所需，在这种情况下，长途的谷物、牲畜和鱼类贸易已经变得不可或缺。[31]

英国人何时开始靠自己抓鱼，而不是从北方城镇那里进行贸易进口的，这一点暂时还不能肯定，但是贸易条件的恶化，势必会给其带来强烈的刺激。文字记录表明，英国诺福克郡海岸的布莱克尼人（Blakeney）和克罗默人（Cromer），1383 年就已在挪威捕鱼；[32] 英国渔船在 1408 年首次被记录到在冰岛捕鱼；到了 1413 年，已有 30 艘英国渔船在冰岛捕鱼。1397 年，冰岛受丹麦统治；1425 年，丹麦政府抱怨英国人在冰岛建立聚落：他们在那里"建造房屋，搭建帐篷，挖掘沟渠，在那里工作，还使用所有的资源，就好像那里是他们自己的一样"[33]。

既然所需鱼类都可以在英国近岸捕捞到，为什么渔民还要冒着北海恶劣气候的风险，跑到这么远的地方来捕鱼呢？毫无疑问，他们的动机是获取比在英国当地捕鱼更高的利润。渔民第一次捕捞未被开发的鱼源，数量庞大的鱼群很快就为他们带来丰厚的利润。然而，这些一开始的渔获量，往往远远超过可以持续维持的数量：一旦成熟大鱼的数量减少，就再也无法获得补充。20 世纪的渔业活动证明，仅仅 15 年的密集捕捞，就能减少 80% 的原始鱼源。[34] 中世纪的渔业规模比起现今要小上很多，但却也足以造成当地鱼源枯竭。因此，新疆域原始海洋中的渔业，自然就会吸引中世纪的商业冒险家和渔民，就像后来吸引人们鼓起勇气挑战危险重重的非洲和美洲的黄金和钻石一样。

15 世纪初英国人在冰岛捕鱼时，可能很不受冰岛人欢迎①，[35] 他们被指控施暴、谋杀、抢夺，更不用提"偷鱼"了。1470、1480 年代，汉萨同盟外交关系紧缩，其海军很可能将在冰岛捕捞鳕鱼的英国人完全驱离。根据冰岛的文

---

① 1415 年，英国渔民把他们必须远航到冰岛捕鱼的原因，归咎于他们国家海域的渔业失败。

献记载，1486—1532 年间，来自汉堡的武装船队遇上护卫自己渔船的英国海军，双方发生了八次冲突。历史一再重演，1960、1970 年代，冰岛宣告其领海渔权并拒绝允许欧洲远洋渔船进入，这都是没多久前发生的事。但是比较鲜为人知的是，第一次在冰岛发生的"鳕鱼战争"，竟是在 500 多年前！

15 世纪后期，许多英国商人都已经从远洋渔业和贸易中获利，但是由于冰岛不准他们继续在其附近海域捕鱼，迫使他们开始寻找新的机会。1492 年，热那亚航海家哥伦布把欧洲人的注意力转向了一个完全不同的方向。在他的带动下，英国西部布里斯托尔的富商决定雇人去探索西方可能会有的商业机会，他们任命了一位住在当地的威尼斯人祖安·卡博托（Zuan Caboto）与广为人知的约翰·卡博特（John Cabot）[①]一道进行这项探险。这趟探险由国王亨利七世授权，以他的名义去寻找新的土地。1497 年，卡博特启航穿过北大西洋，航向太阳落下的地方。之后，欧洲人发现北美有着数量多得惊人的鱼类和其他海洋生物，从而触发了渔民横跨大西洋获取新财富的移民行动。这样的迁徙行动，将中世纪盛行了 400 年的南北向渔获贸易转变为东西向，并成为下一个世纪的主流。

---

① 约翰·卡博特（John Cabot, 约 1450—约 1499），意大利探险家，1494 年移居英国布里斯托尔，使英国人的航海观念转变到开辟前往东方的新航路以获取香料；1497 年 5 月率船西行，发现了纽芬兰大浅滩；1498 年第二次远航探险"中国"的途中逝世。——编注

03

第三章

新疆土 —— 纽芬兰

　　15 世纪末期，已经可以看出欧洲将要在世界海洋中进行勘探的端倪。从印度到中国的陆上贸易路线已经打通。1488 年，葡萄牙探险家迪亚士①绕过非洲南端的好望角，开启了由海路通往远东的可能性。到了 15 世纪末，葡萄牙航海家已经抵达了东非和印度。今天普遍认为 1492 年哥伦布航行到新世界是向西探索的开端。哥伦布的发现当然很重要，但是，早在哥伦布航行半个世纪前，就已到处可以听到传闻"世界是圆的""西方仍有尚未发现的土地"。例如，为了寻找被称为"巴西"的地方，布里斯托尔的商人在 1480 年首先勘探大西洋，这一勘探一直持续到 1490 年代早期，那段时间，他们每年都会派出两三艘船。有些学者指出，这些航行必定取得了某些发现，可能是纽芬兰岛，但是由于缺乏比较有力的证据，人们还是将纽芬兰发现者这一殊荣归于约翰·卡博特，他的报道被证明是大西洋渔业发展的一个重要刺激。[1]

---

① 巴尔托洛梅乌·迪亚士 (Bartolomeu Dias, 1450—1500)，葡萄牙著名航海家，1488 年初最早探险至非洲最南端好望角的莫塞尔湾，为后来另一位葡萄牙航海探险家达·伽马开辟通往印度的新航线打下了基础。——编注

天气恶劣、补给缺乏、与船员发生争执，使得 1496 年卡博特航向新世界的尝试注定要以失败告终。但他并未气馁，来年 3 月，他成立了一家公司，公司仅有 17 个人和一艘名为"马修号"（Matthew）的船。在踏上新世界 35 天后，卡博特宣称这个新国家属于亨利七世，尽管其确切的登陆地点至今仍不确定，但大多数人都认为是在纽芬兰的某个地方。[2] 卡博特的航海日志并没有留传下来，但他显然很快就传开了他遇到丰富鱼群的消息。他回来后不到一个月时间，米兰驻英格兰大使雷蒙多·德松奇诺（Raimondo de Soncino）就给米兰公爵呈上了一份报告，里面记录了他从船员们那里听到的消息：

> 他们声称，海中挤满了鱼，甚至不需要渔网，只要往篮子里放一块石头让篮子沉下去就可以抓到鱼。我曾听卡博特这样说过。那些英国人——也就是他的同伴——说，他们可以从那里带回很多很多叫作"鳕鱼"的鱼，让英国不再需要冰岛。[3]

在这次成功的带动下，次年，卡博特组织了一支包括五艘船的大型探险队，去寻找经由热带地区到达中国的航道。他和船员在这次航行中消失得无影无踪，所以发现新世界的任务就落到了他的二儿子塞巴斯蒂安（Sebastian）身上。塞巴斯蒂安在 1508 年勘探通往远东地区的西北航道时，航行到了北美洲东岸的拉布拉多海岸，并且很有可能已经抵达哈德逊湾。就像他的父亲一样，他也带回了无以计数的野生动物和鱼，他的朋友彼得·马特（Peter Martyr）后来回忆起他的描述：

> 卡博特把这块土地叫作"巴卡洛斯"（Baccallaos），因为他在邻近海域发现了数量庞大的鱼，某种像是鲔鱼的鱼，当地居民则称之为"巴卡洛斯"，它们有时甚至塞满了航路。① [4]

---

① 欧洲南方人称鳕鱼为 Bacalao，Bacalao 源自弗拉芒语中的 bakkeljaw，而 bakkeljaw 又源自日耳曼语中的 kabeljaw，这样的关系让有些人推测，加拿大东岸的人早在卡博特航行之前就曾与巴斯克（Basque）的水手有过接触。

　　然而奇怪的是，英国人直到很晚才开始利用纽芬兰的渔业资源，而这则也许是因为布里斯托尔的商人们支持卡博特航行的主要动机是找到前往远东的新贸易路线，以取代当时既不可靠、花费又高的陆路，也或许是因为在纽芬兰没有人可以像冰岛人一样与他们进行渔获和商品交易。但是，不管英国当时到底是出于什么考虑，其他欧洲国家却是毫不迟疑地就开始享受起在这处丰富水域捕鱼的好处。

　　早在 1504 年，商业航行就已抵达加拿大沿岸，第一波开始使用此地海洋资源的，包括来自法国、葡萄牙和巴斯克的船只。到了 1517 年，横跨大西洋的航行几乎成了常规，该年约有 50 艘船穿越海洋追寻鳕鱼和财富。[5] 到了 16 世纪末，船队规模已经增加到每年 150 艘以上。那时英国人已经闻风而至，他们的船队也开始加入每年横越北大西洋追逐鱼群的竞赛。船只在 1—4 月间离开欧洲，同年 10 月底载着渔获回来。起初，渔民们并没有想在纽芬兰越冬，但是不断竞争沿岸用来干燥鱼的地方，终于促使英国人前往寻找殖民地，并宣称他们拥有土地。① [6] 卡博特对于丰富的鳕鱼和其他鱼类的非凡描述，除非有其他证据证明，否则现在的我们是很难相信的。1620 年，纽芬兰阿瓦隆半岛丘比特湾（Cupid's Cove）的约翰·梅森（John Mason），在其旅途中写下的《新发现疆土的简要描述》（*A Brief Discourse of the New-Found-Land*）里记载道：

　　　　最值得称道的是这里的海水中有如此多的鱼，一想到这一点就足以吞没或淹没我的感官，其丰富度我都无法用言语加以完整描述。在 6—8 月间，一英亩海中的生物，就能超过我们在英国 1000 英亩最好牧场中的牲畜……6 月间有毛鳞鱼（Capline），一种体型和口感类似胡瓜鱼的鱼，它们就像是要装满推车一样，大量地挤到岸边。沿岸有些区域有丰富的鲑鱼，而鳕鱼在沿岸更是密集到我们几乎无法划船通过它们，我用长矛就可以杀死它们。三个人在海上，加上一些人在岸上处理并干燥

① 第一次企图殖民（没有成功）是在 1583 年，由汉弗莱·吉尔伯特爵士（Sir Humphrey Gilbert）带领。

> 这些鱼，通常 30 天就可以处理 2.5 万—3 万条鱼，从它们身上提炼出的鱼油约值 100—120 镑（约合今天的 1.28 万—1.53 万英镑，或 2.13 万—2.54 万美元左右）①。[7]

梅森的描述，就像是在推销一样，助长了殖民地的形成。然而，许多没有这种动机的人，也曾夸张地描述过类似的景况。②[8] 英国人的主要兴趣在于沿岸渔业，他们就跟挪威人或冰岛人数世纪以来一样在岸上晒鱼。来自南欧的渔民，因为有足够的盐可以在抓到鱼后马上就将其腌起来，所以他们能够一直待在海上，也因此他们能够获得纽芬兰大浅滩的丰富渔获。

> 叫作"纽芬兰大浅滩"的地方，像是一座藏在水下的山，大约在法国西方，约 600 法里格（French leagues，法制一里格约为 4.45 公里）远的地方……你在那里会发现数量庞大的贝类，和大大小小不同种类的鱼，这些大多数都成了滋养鳕鱼的养分，而鳕鱼的数量就像是覆盖这个浅滩的沙粒一样多。两个多世纪以来，鳕鱼每年都能装满两三百艘船，尽管如此，却并没有让人感觉它们的数量在减少……这……真是一座超值的矿脉，比秘鲁和墨西哥的矿脉更有价值，而且需要的花费也更少。[9]

这是 1719 年法国神父德夏洛瓦③ 在为国王路易十四秘密侦察由西方通往北美洲的航道时记下的。他之所以会将鳕鱼渔业与拉丁美洲的矿业拿来做比较，是因为当时银矿已被开采，而且利润甚高。从 16 世纪中叶到 17 世纪，玻利维

---

① 货币已转换成 2005 年的价值。

② 例如，约翰·戴维斯在 1586 年探索拉布拉多海岸时便曾写下："我们看到无数的鸟；有很多渔民登上我们的帆船，他们都提到那里有很多的鱼群；我们没有钓鱼工具，所以就用一根长竿子，和用针制成的钩子，分别绑紧在一条测锤线（sounding lines）上。在更换鱼饵之前，我们就钓到了 40 多条大鳕鱼，那些在我们的帆船边游动的鳕鱼更是多得让人不可思议。"

③ 皮耶尔·德夏洛瓦（Pierre De Charlevoix, 1682—1761），神父，旅行家，新法兰西第一位历史学家，让欧洲知晓北美的大部分地方。——编注

亚的波托西，以及新西班牙（墨西哥）的萨卡特卡斯和瓜纳华托开采的银矿，让 10 艘、有时甚至多达 100 艘的船，每年往返新世界和欧洲两趟。相较之下，在 18 世纪中叶，西班牙和葡萄牙在纽芬兰捕获的鳕鱼，每年约为 30 万担，相当于 3 万吨。1722—1792 年，法国港口格兰维尔有 4000 多艘渔船在纽芬兰捕鱼。[10] 纽芬兰大浅滩成群结队的鳕鱼似乎是取之不尽，用之不竭。[11]

早期关于有着丰富鱼类和野生动物的记载，既为我们提供了一个可以窥见过去的窗口，有助于我们了解后来鱼群数量减少的幅度，也为我们提供了一个基准，让我们可以用来跟现在的海洋做比较。这样的基准作为环境现象变动的基线是有价值的，因为每一代人亲眼见到自己那一代的环境，都会以为这就是自然或正常的现象。变动的环境基线会造成社会集体失忆，让逐渐恶化的环境，以及野生动物逐渐减少的现象，几乎无法引起人们的注意。我们的期待会随着时间减少，而随着期待的减少，我们做某些事情的意愿也会一并失去。通过从前旅行家的眼睛来看世界，既使我们更能了解我们的环境，也使我们更有动力去寻找更好的方法来保护它。

17 世纪初，探险家前往探索纽芬兰以南的海岸和陆地，以及西班牙殖民地的北方，大约是相当于现今美国南卡罗来纳州与北卡罗来纳州的中间之处。当时，这些航行的主要目的是获取商业利益，包含寻找鱼群和其他商机。在这一区域的更北方，也就是后来为人所知的新英格兰，更是出人意料地有着丰富的野生动物和木材。

英国船长巴塞洛缪·戈斯诺尔德（Bartholomew Gosnold），是率先探索新英格兰地区的人物之一。1602 年 3 月，他在缅因州某个地方的海岸登陆，之后，他在登陆地以南发现了一大片钩状海岸。与戈斯诺尔德一同航行的加百利·亚契（Gabriel Archer）写道：

> 我们在这处岬角附近约 27 米深的地方下锚，在这里，我们抓到了非常多的鳕鱼。因此，我们把这里的地名"希望滨"（Shole-Hope）改为"鳕鱼角"。[12]

19 世纪，用手钓渔具在加拿大纽芬兰大浅滩上捕鳕鱼的船只。早期渔民用的是较小的船只，并在甲板上用装有数个带饵鱼钩的延绳钓捕鱼。平底小渔船（dories）是一种用人力划行且作业时与主船分离的船。延绳钓在 19 世纪时引进，用来增加渔捞能力。图片来源：Whymper, F. (1883) *The Fisheries of the World. An Illustrated and Descriptive Record of the International Fisheries Exhibition*, 1883. Cassell and Company Ltd., London.

在不断拓展已知的世界中，这些水手们再一次发现了尚未被掠夺的海洋。美洲土著在海岸边捕捞鱼贝类，他们的船是用桦树皮做成的，可以搭载 7—8 个人。虽然只能航行很短的距离，但是由于沿岸有这么多的鱼，当地人也不需要去更远更深的地方捕鱼。

早期对新英格兰鱼群的描述，唤起了对一个世纪前纽芬兰鱼群规模的记忆。与戈斯诺尔德一起航行的约翰·布里尔顿（John Brereton）作了如下记录：

在五六个小时的捕捞中……鳕鱼塞满我们的船，我们把很多鱼都又丢回了海里。我相信并敢肯定：3、4、5 月时，这片海岸很适合捕鱼，这里的鱼多得就跟在纽芬兰一样。当我们每天往返海岸，看到大群的鲭鱼、鲱鱼、鳕鱼和其他种鱼，真是感到美好极了！除此之外，我们捕鳕鱼的地方（可能只要几天就能装满我们的船）约有七㖷深，离岸少于一里格^①。在纽芬兰时，他们都在 27—28 米深且离岸更远的地方捕鱼。[13]

在新英格兰捕鱼比在纽芬兰更容易，如果说这一点给布里尔顿留下了深刻的印象，那么，看到那些鱼的体型更加巨大，他也一定会觉得惊讶——"我们越往南走，鱼（即鳕鱼）的体型就越大，而且对英国和法国而言，它们比纽芬兰的鱼要更有价值……"[14] 其他人也曾有过类似说法，詹姆斯·罗希尔（James Rosier）描述新英格兰的鳕鱼"比纽芬兰的更大，被养得更好，更富含油脂……"并在 1605 年写下这段描述：

> 甲板长托马斯·金（Thomas King）抛出了一个鱼钩，在鱼钩还未落到海底之前，鱼就已经上钩了。他拉起了一条很大很肥的鳕鱼，接着又抛出三四个鱼钩。捕到的鱼又多又大，当船长准备返航时，我们都希望他可以再多停一会儿，好让我们多抓点鱼。因为我们看到他们钓到大鱼都很开心，只要一抛出鱼钩，马上就可以钓到鱼。有些人从后面拿来鱼钩玩弄着，有一个人在钓竿上装了两个鱼钩，他拉了五次竿，总共拉起十条鱼，鱼全都非常大，长 1—1.5 米。[15]

1607 年，罗伯特·戴维斯（Robert Davies）在新斯科舍省海岸外的塞布尔岛附近捕鱼，他写道："在这里，我们三个小时内捕到了大约一百条很大的鳕鱼，比在纽芬兰大浅滩捕到的还大。"[16]

那时候，纽芬兰的鳕鱼已经被密集地捕捞了 100 年，从而明显地影响了鱼群的数量和大小，因为渔捞活动会降低鱼类的平均寿命。像鳕鱼这类鱼会随着年纪不断长大，捕捞则会降低其族群中个体的平均体型。当时纽芬兰的渔业已经造成鳕鱼体型变小，相比之下，新英格兰未被开发的鱼源则提示人们留意

---

① 里格（league），欧洲和拉美一个古老的长度单位，在英语世界通常定义为 3 英里（约 4.828 公里，仅用于陆地上），或定义为 3 海里（约 5.556 公里，仅用于海上）。——编注

到鱼源的原貌。

　　英国投机商人为了谋求利益，赞助探索新英格兰，他们那些不加掩饰的商业目的，从吸引冒险家们"上钩"的东西来看可谓是再明显不过：可以用来制作桅杆、获取松香和松脂的又高又直的松树和杉树；制作松节油的柏树；提供殖民地补给的野生动物和鸟类；出口用的木材、鱼和毛皮。在这片新疆土上，商品非常丰富，商人们也就此开始在殖民地囤积金钱。今天，人们一提起新世界早期殖民地的出现，多半都会联想到天主教徒、清教徒、贵格会教徒为了逃避在欧洲发生的宗教迫害而迁徙至此，但事实上，大多数殖民地都是由于商业投机事业而建立起来的，投资者无不希望殖民地可以为他们带来丰厚的利润。

　　当时的新英格兰并不是一片荒芜。其沿岸和内陆已经有人口密度相当高的美洲土著居住，欧洲人很快就与土著开始进行接触和交易。"高尚的野蛮人与环境和平共存"这一说法经常受到怀疑，然而，第一批抵达新世界的欧洲人为了维持生计需要捕鱼打猎，他们发现，即使在美洲土著居住地附近，那里的动物数量也还是极为丰富。1603 年，英国探险家马丁·普林（Martin Pring，1580—1626）这样描述马萨诸塞湾附近的土地：

　　　　这里的野兽有麋鹿，也有很多的鹿、熊、狼、狐狸、山猫，有人说还有美洲狮、豪猪，以及有着又尖又长鼻子的狗，此外还有很多其他种类的野兽，日后通过以物易物来买卖它们的毛皮，会给我们带来价值不菲的收益。[17]

　　值得注意的是，这块土地上有很多种大型食肉动物，这表明这里的食物链很完整，而且美洲土著极少在此进行猎捕。① [18] 早期旅行者肯定享用过丰

① 陆地上也覆盖着古老的森林，除了给各种猎物提供了栖息地，也给当地人提供了珍贵的日用品供其使用和输出。1719 年德夏洛瓦神父这样描述圣劳伦斯湾沿岸的森林："我们被世界上最大的森林所包围，它们看起来跟这个世界一样古老，它们都不是人所种下的。没有什么能比我们眼前所见的更高贵或更壮丽，这些树的树顶穿过云层，里头的物种多样性是如此丰富。"18 世纪早期约翰·劳森（John Lawson）对卡罗来纳更南边区域的印象与此也很相像："栗栎（Chestnut Oak）的叶子异常茂密，主干和树枝长有 15—18 米，

盛的猎物，他们的旅行笔记里随处可见对美食和当地动物药用价值的描述。[19]
当殖民者遇上麻烦，通常都是因为狩猎、捕鱼或种植的技术不够好，再加上没
有认识到动物的数量会发生季节性变化。但是对于那些事前就已做好充分准
备、精心计划的殖民者来说，这里的食物很多。① [20] 正因如此，有很多很好
的食物都不被人当回事，因为在肉类上还有"更好的选择"。例如，1620 年代
马萨诸塞州的殖民者威廉·伍德（William Wood）就曾提到当地有着数量非常
丰富的龙虾——如今龙虾早已成为新英格兰地区一道标志性的美食：

> 多数地方的龙虾数量都很多，而且也都非常大，有些重达 9 公斤。
> 这些是在水底岩石间捕捉到的，它们是极佳的海鲜，尤其是体型小的；
> 它们的数量多到不被人们所重视，而且很少会有人去吃它们。印第安人
> 每天都会抓取很多龙虾用来挂在钓钩上当饵料，或是只有在没有捕捉到
> 鲈鱼时才会去吃它们。[21]

海洋就跟陆地一样，也有非常多的大型掠食性动物。在欧洲渔民眼中，北
美东部外海的统治者是鳕鱼，这一点无可争议。但是，它们只是一个非凡的生
态系统中的一部分。旅行者对翻腾的海洋非常敬畏，往南流动、寒冷、富含养
分的拉布拉多洋流与墨西哥湾暖流在纽芬兰大浅滩及新斯科舍省和新英格兰的
海岸交汇，提供了数量庞大的浮游生物（同时也产生了恶名昭彰的大雾）。浮
游生物是大群鲱鱼、毛鳞鱼、玉筋鱼、鱿鱼和其他饵料动物（forage animals）
的食物，然后这些鱼再被如同庞大舰队般的贪婪的鳕鱼所捕食。这一生产引擎
在一年中的大多时候都在运转，供应食物给大量定居及迁徙的鱼类族群和海洋
哺乳类。1602 年，约翰·布里尔顿曾这样描写缅因湾：

树枝上还有1—1.5米长的木材，是我们所拥有的橡树中最大的，能够提供最好的板材。它们又挺拔又浓密，
主要生长在低地。它们是如此的高，我曾见过有人拿着一把很好的枪，里面装着猎枪子弹，却都无法射
到树上的一只火鸡。"

① 坏运气也会降临在失败的殖民者身上。沃尔特·罗利爵士（Sir Walter Raleigh）的运气就不好，当他企图
在北卡罗来纳殖民时，正好遇上 800 年来最严重的旱灾。

鲸鱼和海豹的数量都很丰富。它们的油脂在英格兰是非常有用的商品，我们可以用来制作肥皂，此外它还有其他多种用途。鲔鱼、鳀鱼、鲣鱼、鲑鱼、龙虾、产珍珠的蚝和其他种鱼类，远比在美洲西北海岸或是世界上已知的任何地方都要丰富。[22]

一个世纪后的 1709 年，德夏洛瓦也因看到海水中挤满大型掠食性动物而深感震惊：

离开纽芬兰大浅滩后，你会遇到许多其他体型较小、但数量一样丰富的鱼。鳕鱼并不是这片海域唯一的物种，虽然你不会遇到鲨鱼、海豚、鲔鱼，或者其他生活在较温暖海域的鱼类，但是这里充满了鲸鱼、海洋哺乳类动物、旗鱼、鼠海豚、杀人鲸，以及其他很多没有太大价值的鱼。[23]

对今天的我们来说，已经很难想象那些最早冒险进入这片海域的人们所亲眼目睹的情景，以及在那之后这里的情形竟然会改变这么多。例如，早期到达新英格兰的旅行者发现，有数量庞大的海象在新斯科舍省海岸边的塞布尔岛上繁殖。北极常见的白鲸，往南一直到波士顿都可见到，它们与其他多种海洋哺乳动物在圣劳伦斯海湾中的数量都很多。被称为"大海雀"①的，是一种天性好奇、不会飞的鸟，从前它们是通知横渡大西洋的水手们即将接近陆地的第一位哨兵，从拉布拉多到卡罗来纳都可以看到它们的身影。[24] 大海雀是早期欧洲人屠杀野生动物的受害者之一。今天，圣劳伦斯海湾只剩下几百头白鲸②，而海象和大海雀早就已经消失了。

供养海豹、鲸鱼、旗鱼和海豚的丰富生产力，同样也供养了数量惊人的

---

① 当时称大海雀为 pengwinne 或 penguins。——译注
② 如今圣劳伦斯湾的白鲸族群数量约为 500 头，19 世纪中叶这里曾有 5 万头，欧洲人抵达美洲之前这里的白鲸数量可能还会比这更多。

海鸟。雅克·卡蒂埃（Jacques Cartier）是法国圣马洛人，他曾到纽芬兰捕鱼，然后在 1534 年回到加拿大，为法王弗朗索瓦一世探索圣劳伦斯海湾。他直接朝向纽芬兰外海的芬克岛航行，他知道那里囤积了很多"补给品"。他写到自己跟船员们造访当地：

> [我们] 来到一个被称作"鸟岛"的岛屿，这里距离大陆 14 里格，这座岛上的鸟儿，多到把我们所有的船只装满都还感觉不到有任何减少。[25]

卡蒂埃在 7 月造访此地，此时正值鸟类的繁殖期，岛上的海鸟包括北极燕鸥、白腰叉尾海燕、角嘴海雀、刀嘴海雀、三趾鸥、普通海鸦、布鲁尼其海鸠（厚嘴海鸠）、黑海鸽，还有一定少不了的大海雀。[26] 进入圣劳伦斯湾后，为了捕捉更多的大海雀跟塘鹅，卡蒂埃的探险队在另一个鸟类栖息地玛德琳群岛停了下来：

> 我们下到岛上最低处，在那里，我们猎杀了至少 1000 只塘鹅和大海雀。我们很开心地把好多好多的塘鹅和大海雀放到船上，不到一个小时，我们就把 30 艘船都装满了。[27]

这些岛屿上众多的鸟儿也迷住了德夏洛瓦，当他在 1719 年通过这里时：

> 除了周遭陆地上都有的海鸥和鸬鹚，在这里我们也看到了一些不会飞的鸟类。妙的是，每只鸟都可以在数量惊人的鸟巢中找到自己的巢。我们发射出一颗加农炮弹，鸟群很警觉地四散开去。当它们出现在两座岛屿之间时，远远望去就像是一片很厚的云，周长有 2—3 里格。[28]

海鸟对早期的旅行者、殖民者和捕鳕鱼的渔民来说有很大帮助。16 世纪时，芬克岛对渔民来说可谓众所周知，他们会在鳕鱼季开始的时候，将成千上万只海鸟的雏鸟装载上船，之后将其剁成碎片，这些鸟是极佳的饵料。同样的，渔民和早期纽芬兰的殖民者则会装载大海雀，然后将其腌起来作为粮食。
这些鸟也因为它们的羽毛具有商业价值而被人类猎捕，这些羽毛可以用来充当
枕头和床垫的填充物。猎人们打死这些鸟后，会将它们丢入一大锅滚烫的沸水
中，这样可以使得羽毛很容易拔下来。去掉羽毛后，鸟儿的尸体会被煮沸去除
油脂，油脂用来当作灯油，身体部分则作为燃料。

　　大海雀和其他海鸟的蛋也被大量掠夺过来，供应迅速发展的殖民地。能
够承受这么长时间残忍的迫害，证明了这些鸟类具有非凡的繁殖力，以及作为
这些鸟类食物的海洋生物有多么丰富。但是，所有这一切都没有办法一直持续
下去。18 世纪时，大海雀的生命就已经所剩不多了。在拉布拉多海岸捕猎这
些鸟类的乔治·卡特赖特（George Cartwright）上尉，生动地记录下了在拉布
拉多海岸外的芬克岛上，这些鸟类被猎捕的最后阶段。[29] 美国独立战争时期，
乔治·卡特赖特曾在这个地区生活了 16 年。他在书中已经预言了大海雀将会
灭绝，而最后一只大海雀的踪影则出现在 67 年后的 1852 年：

　　　　1785 年 7 月 5 日，星期二……一艘满载鸟儿的船只从芬克岛驶
　　来，主要是大海雀……每年夏天都会有无数只海鸟在那里繁殖。福戈
　　岛（Fogo）的居民航行到那里去搜集鸟和蛋，这些东西对贫困居民来
　　说是极大的帮助。他们会在海面平静的时候，快速把船停靠在岸边，
　　把船板搭在船舷跟岩石中间，然后尽可能地把大海雀装到船上，一直
　　装到船的承载极限；这些鸟不会飞，因为它们的翅膀非常短。后来，
　　一些船员整个夏天都在岛上生活，已经成为一种惯例，目的仅仅是为
　　了杀死鸟儿，获取它们的羽毛。他们消灭鸟类的速度令人难以置信，
　　如果这种行为不赶快停止，所有的鸟类都将会消灭殆尽，尤其是大海
　　雀。这已是它们仅有的还可以在此继续繁殖的海岛，其他所有靠近纽
　　芬兰海岸的岛屿都在不断地遭到人类的洗劫。[30]

　　与斯特拉海牛一样，大海雀的灭绝也只是时间早晚问题。大海雀无法在
它们最后的据点继续生存下去，一步步被推向死亡之路，也惨烈地象征着人类

的入侵。就像斯特拉海牛一样，大海雀曾经生活的地域分布得非常广泛，从佛罗里达、地中海到挪威北极圈和格陵兰都有。在全新世，也就是上个冰河期结束之后的一万年间，它们开始逐渐减少，很可能就是由于人类对它们的猎杀。早期的旅行者和定居者对动物几乎没有感情，野生动物对他们而言只不过是种种不同的商品。当一位写作者偶然离题地开始描述其对美丽鸟类或哺乳类的观察后，接下来的内容往往都是说明该如何捕杀这种动物、这种动物尝起来味道如何、可以治疗多少种疾病！即便提到对动物数量减少的关心，也只是因为能捕抓的动物数量减少了。因此，卡特赖特提出的对大海雀将会灭绝的警告，自然也就无人理会。

数百年来，早期的欧洲人在北美殖民地一直被数量丰富的野生动物所围绕，如果某一个物种的数量有所减少，他们只要把目标转向其他物种就可以了。对他们来说，海洋是一个有着取之不尽的财富之地。在美洲，河流和河口对殖民地的繁荣同样重要。然而，即使仅在欧洲人进入美洲的第一个世纪，就已隐隐有迹象表明：当地数量异常丰富的鱼类和野生动物，终将会有被耗尽的那一天。

04 第四章

鱼 比 水 多

　　早期欧洲探险家和殖民者首次航行深入到美洲广大的河口和河流寻找腹地时，他们对于会发现什么毫无心理准备。那时候，欧洲的河川到处漫布着人类的排泄物，堵塞着各种各样的沉积物，河川的上游水道上则到处都是接连不断的水坝和河堰。中世纪早期，欧洲主要河流里的河水都还是沁凉而清澈的，但到15世纪末至16世纪时，闪亮的鱼群为了产卵而奋力逆流而上的画面早已被人遗忘。如今，欧洲人重新在美洲的河流与河口，发现了在他们家乡已经失去的东西。

　　早期美洲旅行者所评论过的地方包括1607年在切萨皮克湾建立的詹姆斯敦，它也是北美现今留存最早的英国殖民聚落。美国东部广阔的切萨皮克河口地区，范围超过16.5万平方公里，包括现在的弗吉尼亚州、马里兰州、纽约州、宾州、特拉华州和华盛顿特区。河流流经300公里的内陆区域，有着错综复杂的岛屿和水道，河口地区还包含了1.85万公里的海岸线。

　　有着很高进取心的27岁船长约翰·史密斯（John Smith）和他的同伴们，在切萨皮克湾南边支流之一的詹姆斯河边，建立起詹姆斯敦殖民地。在沿着这条河向内陆航行时，他们被周遭富饶而清新美丽的环境给迷住了。史密斯写道："这条河由许多美好的小溪汇集而成，这些小溪又由无数的流水和令人愉快的泉水组成。每一条涓涓细流，都对这条河有很大的贡献，就像是人体中的血管一样。"[1]

在这些殖民者到达后不久，殖民地的议会便写信给他们在英国的支持者：

> 我们定居在距离河口 128 公里处，这里河道宽广，水质甘甜，还可以向内继续航行一段。这里奔流的水道中，充满了比我们所企求的还要多的鱼，就连最幸运的人也不曾见过那么多的鲟鱼和其他鲜美的鱼。这里的土壤非常富饶，生长着橡树、桦树、核桃树、杨柳、松树、肉桂、西洋杉和其他树木，还有一种不知名的树木，会出产跟乳香一样美好的树脂。[2]

对新来的殖民者来说，看到切萨皮克湾的第一印象，就像是看到了伊甸园。① 这一印象在这些殖民者勘探过滋养切萨皮克湾的河流后得到了证实。1608 年，史密斯率领一小队人探索了穿过现今华盛顿特区的波多马克河，他写道：

> 波多马克河……宽约 10 公里，河上可以航行的距离有 224 公里，河水是由与之接壤的山丘上所流下的甜美河流和泉水汇聚而成。土著在这些山丘上进行栽种，所生产的果实种类与数量之多，毫不亚于水中数量异常丰富的鱼儿。[3]

---

① 这些第一印象与后来殖民早期的痛苦经验正好相反。切萨皮克湾的鱼和猎物是季节性的，也与天气状况有关。殖民者抵达初期没有办法获取足够的食物，因为那时他们还不知道存在这样的规律，就开始进行捕鱼跟打猎。而且，他们也没有足够的盐和桶来储存食物过冬。1608 年，很多人都因极度饥饿而生病，这既使得他们的劳动力大减，更是降低了他们获取食物的能力。缺乏妥善的计划，再加上运气不好，1609 年的严冬造成詹姆士河冻结，虽然当地土著有时很不友善，但在当时却是多亏他们提供了很多猎物，才使这些殖民者渡过难关。1609 年时登陆的 500 位殖民者，等到 1610 年从英格兰来的补给船抵达时，只有 60 位还活着。

让史密斯和他的同伴们着迷的不仅仅是詹姆斯河和波多马克河。切萨皮克湾最大的支流萨斯奎哈纳河，从海湾北部带来丰沛的河水，激发了史密斯的灵感，他写道："天地之间再也没有比这里更宽敞、更适宜人类居住的地方了。"[4]

美洲的河流就像中世纪早期欧洲的河流一样，非常干净。河水流经浓密的森林谷地和可以保护土壤不受侵蚀的洪泛平原，这些河川的清澈度一定让这些 17 世纪的欧洲人目眩神迷，因为他们早就已经见惯了满是垃圾、污水不断飞溅到伦敦大桥和堤坝上的泰晤士河。这也难怪他们的旅行日志上，随处可见对晶莹剔透的河流和甜美泉水的咏叹。中世纪早期的欧洲人认为，美洲的河流还有一个共同点，那就是这些河里似乎都有多得快要满溢出来的鱼。1608 年，史密斯的同伴沃尔特·拉塞尔（Walter Russell）和阿纳斯·托德契尔（Anas Todkill）在进入切萨皮克湾的支流进行勘察时记录道：

> 我们发现了水獭、河狸、貂、山猫和林貂，而且很多地方的水中都有很多的鱼，它们都将头抬出水面，像是想被网抓走一样。我们的船行驶在它们中间，我们试图用煎锅来捞鱼，不过，我们发现这不是一个抓鱼的好工具。切萨皮克湾的这些鱼，比我们曾经到过的任何地方的鱼都要更好，数量或种类也都更多，但它们并不是用煎锅就可以抓到的。[5]

他们后来由波多马克河航行进入海湾，退潮的时候停靠在一处满是牡蛎的礁岩边。

> 我们盯着藏匿在水草和沙子中的鱼，我们的船长［史密斯］用他的剑来刺鱼并将其当成一种运动，其他人也都跟着用这种方法去抓鱼。不到一个小时，我们用剑抓的鱼就够我们所有人吃的。①

---

①　史密斯船长差点为他的游憩活动付出高昂代价，因为他的手臂被一条他戳中的虹鱼刺中，他的同伴们以为他快要死了，就为他准备了一座坟墓。还好他后来又慢慢恢复过来，并在当天晚上就好好地享用了那条刺中他的鱼。

稍早在 1602 年同样航行在新英格兰海岸的加百利·亚契，也是詹姆斯敦的殖民者之一。他在其 1607 年传回英国的书信中描述了河流和河口中丰富的生命：

> 主要河流中盛产又大又好的鲟鱼，每条小溪溪口都有非常好的深水鱼，靠海的海湾中也有许多鱼、牡蛎礁岩，还有很多大螃蟹，比我们那里的都要好吃，而且只要一只就够四个人吃[6]。

1608 年，史密斯也描述了切萨皮克湾的丰盛景象：

> 这些鱼中，我们熟悉的有鲟鱼、海豚（grampus）①、鼠海豚、海豹和尾巴非常危险的魟鱼，还有比目鱼、乌鱼、云纹犬牙石首鱼、犬牙石首鱼、鲷鱼、鲽鱼、灰西鲱、羊鲷、条纹鲈、鳗鱼、八目鳗、鲶鱼、蚌和贻贝，等等。[7]②

显然，史密斯和其他 17 世纪的写作者提到的动物，如今在湾区都已很少能看到。领航鲸或杀人鲸[8]和其他体型更大的鲸鱼，在当时都是切萨皮克湾的常客。例如，据文献记载，1746 年，一条 16.6 米长的鲸鱼在詹姆斯河里被逼至绝境后被宰杀。早期新世界的一项污染防治办法，是在 1698 年由殖民地时期弗吉尼亚下议院议员向总督提出的诉愿："请公告禁止任何人，以任何理由，在弗吉尼亚州的切萨皮克湾里攻击或杀害鲸鱼。"诉愿中还对此作出了解

---

① 领航鲸、杀人鲸和其他一些像花纹海豚（瑞氏海豚）的海豚科（*Delphinidae*）家族成员，一直到 20 世纪早期都被作家们称为"鲸鱼"（grampus），这个词是法文 grand pisces，也就是"大鱼"的讹用。我们并不清楚史密斯所指的是哪一个种类，很可能并不是只有一个种类。杀人鲸也常被早期作家们称为"狐鲨"（threshers），并有记录指出它们在那个时期出现在詹姆斯敦附近沿岸区域。

② 这段描述中提及的许多鱼类应为当时的俗称，与现在一般所知不同，译文参考了皮尔森（John C. Pearson）的论文"殖民时期弗吉尼亚的鱼及渔业"。Pearson, J. C. The Fish and Fisheries of Colonial Virginia. *The William and Mary Quarterly Second Series*, Vol. 22, No. 3 (Jul., 1942), pp.213—220.

释，因为 [鲸鱼] 腐烂的遗骸所造成的污染会毒死其他鱼类，把河水变得"又臭又有害健康"[9]。

这里的鼠海豚也有很多。1701 年，瑞士旅行者弗朗西斯·路易·米歇尔（Francis Louis Michel）造访切萨皮克湾，他是这么提到鼠海豚的："它们跳跃的声势如此浩大，特别是在天气转变时，它们会制造出很大的噪音，让那些在小船或独木舟上的人深恐自己会掉落水中。"[10] 18 世纪初期，探索卡罗来纳的约翰·劳森所写的报道指出，鼠海豚"不论是在海中还是在河中，只要是有咸水的地方，经常都能见到。我们甚至还在北卡罗来纳海湾的淡水湖里发现了鼠海豚"①。[11]

钻纹龟也在切萨皮克湾和其他的海湾与河流中大量繁殖，人们将它们视为珍贵的食物。如果约翰·怀特（John White）的画作可以相信的话，锤头双髻鲨也曾出没在切萨皮克湾。怀特是沃尔特·罗利爵士（Sir Walter Raleigh）的伙伴，也是北美第一个英国殖民地罗诺克（Roanoke）的总督，他有很多时间和机会去研究海湾及里面的生物，也留下了很多描绘美丽动植物和美洲土著的画作。在他所描绘的动物中，鳄鱼也是切萨皮克湾中的生物，北卡罗来纳的河口就是它们分布的北界。[12] 怀特跟劳森一样，也是一位对美洲土著的生活和习俗非常敏锐的观察家：

> 屋子里热得像火炉，印第安人在这里睡觉，整夜都会流汗。那里的地板从来没有铺好过，也从来都不打扫，所以他们身上始终有些泥土……但在他们的小屋中我从来没有闻到任何不好或令人讨厌的气味，如果我们也像他们那样生活在我们的房子里，我们应该会被我们自己的脏污毒死。这证实了这些印第安人真的是世界上最可爱的人。[13]

---

① 1700 年底约翰·劳森到达卡罗来纳，并在那里一待就是八年，其间大多数时间都是在美洲土著的陪同下到处旅行。1709 年他曾短暂到访英格兰，审阅他的出版物，然后就回到了卡罗来纳。他对当时土著文化和民俗的描述，是关于那个时期很重要的记录。虽然他在游历时遇到的大多数土著都很友善，但最后他却是被土著凌虐致死，因为他们以为他想要抢夺他们的土地。

19世纪末，美国华盛顿州哥伦比亚河上一天的鲟鱼捕捞成果。鲟鱼渔业在西部沿海的发展较东部沿海晚，而像这样的景象，在17—19世纪间的切萨皮克湾和其他东部河口则是再常见不过。(图片来源：当代明信片)

在殖民时期，鲟鱼是切萨皮克湾中给人印象最深刻的大型动物。那时候，他们所测量到的鲟鱼至少有5.5米长，重达800公斤。欧洲的鲟鱼在第一个千禧年结束时就再也没有人见到过，而美洲则给了17世纪的欧洲殖民者一个机会，可以尽情品尝这种很早以前就被法律规定只能献给英法君主享用的鱼。他们自然不会放过这样的机会。在孵育季节，难以计数的鲟鱼从海洋洄游到河口，早期在詹姆斯敦的殖民者就是靠它们度过了殖民之初食物还很稀少的时期。鲟鱼也迅速成为重要商品，一桶又一桶腌渍的鲟鱼和鱼子酱是早期新世界出口的商品之一。早在1612年，詹姆斯敦总督托马斯·戴尔（Thomas Dale）就宣布：所有抓到的鲟鱼和鱼子都属于他，第一次违反规定的人要被割去耳朵，第二次要被关在船上一年。[14] 一个半世纪后，英国访客安德鲁·伯纳比（Andrew Burnaby）曾经写下了一篇有名的评论，主题就是在波多马克河抓鲟鱼：

鲟鱼和鲥鱼的数量多得惊人，以至于在一天内3.2公里的范围中，一些乘坐小筏的绅士就可以用鱼钩钓到 600 条鲟鱼：他们把钓钩垂到河底，然后，当感觉到有鱼在摩擦或有鱼上钩时就拉起钓钩；至于鲥鱼，拉起围网一次，就能抓到 5000 多条。① [15]

鲟鱼不仅盛产于切萨皮克湾，而且在整个北美东部的河流，一直向北到达圣劳伦斯和五大湖区也都有很多，这里是另一个中世纪早期欧洲河川的写照。伯纳比和许多人都曾明确描述过，从海洋洄游回来产卵的物种是如此的丰富，以至于那些见到如此盛况的人都相信鱼的数量还可能更多。这些鱼中，主要的有鲥鱼和灰西鲱，它们都属于鲱鱼家族。春天的时候，这些数量多到无法估计的鱼从海洋中倾入河流。1728 年，在威廉·伯德二世（William Byrd II）所写的弗吉尼亚自然史中，他这样描述鲱鱼（灰西鲱）：

当它们产卵时，所有的河流和水域都被它们塞满了，只有亲眼见到这一惊人景象的人才会相信，那里的鲱鱼跟水一样多。简而言之，这真是不可思议！那里能发现的鲱鱼数量，真是多到无法形容，也无法理解。你一定要亲自去看一下 ②。[16]

殖民者用网子、渔堰和陷阱很容易就可以抓到鲥鱼和灰西鲱。美国第一任总统乔治·华盛顿住在弗农山庄时，就在波多马克河中抓到很多。拉起一次围网，就可以抓到数千条。1774 年，单单在华盛顿的一个捕鱼点，强森渡轮（Johnson's Ferry）就抓到了 9862 条鲥鱼和 159 万多条灰西鲱 [17]，而这还只不

---

① 1614 年，拉尔夫·哈默（Ralph Hamor）这样描述当地捕鱼的情形："河流里面有着数量丰富的鱼，其中有鲟鱼、鼠海豚、鲈鱼、鲤鱼、鲥鱼、鲱鱼、鳗鱼、鲇鱼、河鲈、比目鱼、鳕鱼、羊鲷、舵鱼（drummers）、大海鲈（jewfish）、虾（crevises）、螃蟹、牡蛎和很多其他种类。我见过的这些种类都被大量捕捉，特别是去年夏天在史密斯岛，一艘船起一次网，就在阿哥（Argall）船长的围网中捕到鲟鱼、鲈鱼和其他很大的鱼……如果我们有足够的盐来保存它们的话，我们就有可能捕捉到可以供我们整年所需的鱼。"

② 1705 年，罗伯特·贝弗利（Robert Beverley）在《弗吉尼亚州的过去与现在》（*History and Present State of Virginia*）一书中写道："春天的时候，数量极多的鲱鱼来到这里的溪流和海滩产卵。它们的数量多到，你若是想要从中穿过去，几乎不可能不踩到它们。"

过是整个波多马克河中的一小部分。1832年时，这条河上一共有158个渔场，有近8000名渔民和450艘船在这里捕鱼。估计他们一共捕捉了2250万条鲥鱼和7.5亿条灰西鲱。[18] 这还不包括其他流往切萨皮克湾的河流，它们同样在维系着每年捕捞量惊人的渔业。

1790年，乔治·华盛顿在选择美国国会的地点时，他的动机不仅仅只为找寻一个离家比较近的地方。后来他提到，他看到"地面上有清澈的泉水可供饮用，有湍急的溪流可以提供面粉磨坊所需的动力……河流上游终年都有很多鱼"[19]。

弗吉尼亚不仅有干净的河流和丰富的鱼，而且它所有的河口和河流都提供了鱼类产卵的路径。在新英格兰殖民地，像条纹鲈和鲑鱼也加入到了鲟鱼的洄游队伍中来。一位热爱条纹鲈的人士写道：

> 鲈鱼是这个国度中最好的鱼之一，虽然人们很快就厌倦了其他鱼类，但他们从来没有厌倦过鲈鱼；这是一种肉质细密、紧实、又肥又美好的鱼，鱼头骨中有着又甜又好吃的骨髓，口感很好，并能增进食欲。在它们数量很多的时候，我们只吃鱼头，然后把它们的身体部分用盐巴腌起来，作为冬天的粮食；它们的数量比鲅鳕或鳕鱼都要多。这些鱼长0.9—1.2米，有些比较大，有些比较小。在一波潮汐约三个小时的时间里，一个人就可以抓到一二十条。[20]

17世纪中叶，新英格兰已是英国最成功的海外殖民实验地。威廉·伍德，也就是上一段中提到的那位条纹鲈爱好者，在殖民地生活了四年，并在1634年为可能会成为殖民者的人及"喜欢心灵旅行的读者"写了一本名为《新英格兰的景象：一个真实、生动且实验性的描述》（*New England's Prospect: A True, Lively, and Experimental Description*）的书。他带领读者在波士顿地区现今相当著名的地方，一站一站地导览，像萨勒姆、查尔斯敦城、布鲁克林和波士顿，并列出了各地的优点。伍德书中一页又一页生动描述的丰饶世界，是由有着无数种鱼贝类的河川所组成的。但若将其与今日情形相对照，实在令人难以置信。[21]

伍德留下的记录让我们了解到，这些河流和里面的鱼，特别是洄游鱼类，对早期殖民者的重要性不言而喻。例如，他描述波士顿旁的查尔斯河：

> 距离沃特敦和牛顿镇 2.4 公里的地方，是一条水流清澈的瀑布，水流经过查尔斯河流向海洋。沃特敦镇民在这条瀑布下游修建了一座渔堰来抓鱼，使用这个方法，他们抓到了很多鲥鱼和灰西鲱。单在两波潮汐之间的时间，他们就抓到了 10 万条，这对这个殖民地来说是一个不小的贡献。只有载重较小的船只才可以上行到这两个城镇，因为岸边的牡蛎岩礁会阻碍较大的船只前行。[22]

马萨诸塞州河流中数量丰富的鲑鱼，同样令人印象深刻。在欧洲大部分地区，这种鱼早已变得稀少罕见，而且大都是留给贵族享用。缅因州和加拿大东部的鲑鱼数量之丰，必定和欧洲在中世纪早期的一些河川一样。乔治·卡特赖特上尉在日记中反复提到 18 世纪拉布拉多的鲑鱼和新世界殖民者屠杀鲑鱼的规模：

> 1775 年 8 月 21 日，星期一，再高一点的地方，有一条非常美丽的大瀑布，垂直落下约 12 米高。瀑布下方有一个深潭，深潭中满满的都是鲑鱼。若是丢下一颗球，想要不击中一些鱼是不可能的。岸边遍布成千上万条被白熊杀死的鲑鱼，其中很多都还相当新鲜。大量的鲑鱼仍在不断地跳跃到空中。整个境内随处都能看到熊的踪迹……
>
> 1779 年 7 月 18 日，星期天，鱼仍然极多，一间新的 27.5 米 ×6.1 米的捕鲑屋建好了……一开始只下了十张网，几天后，鱼实在太多了，大家满怀感激地再次拉起四张网；昨天，当他们拉起一些网后，就已经没有盐和木桶来腌更多的鱼了，他们一天杀了 35 蒂厄斯 ① 的鱼，或是 750

---

① 蒂厄斯 (tierces)：古英制单位，一蒂厄斯约为一个 42 加仑的中号桶。——译注

条鱼，如果有更多的网子，他们还可以再杀更多。这一天杀了 655 条鱼。天气甚是晴好。[23]

美洲丰盛的河流和河口，为一代代殖民者提供了稳定的食物来源，帮助他们度过了严冬、干旱，以及间歇发生的农作物歉收。灰西鲱和鲥鱼会溯流至上游产卵，对距海 250 公里的弗吉尼亚蓝领山脉而言，这些洄游鱼类为内陆殖民者带来了丰盛的海洋食物。这些鱼常会被大量捕捉，堆置到腐坏，特别是在缺少用来保存的盐的时候。较有事业心的殖民者则会把多的鱼用作肥料。[24]

鱼的数量多到殖民者可以选择他们想吃什么鱼。但是早期的新英格兰人显然很少想到大比目鱼，根据威廉·伍德的记载：

> 大比目鱼与鲽鱼或大鳞鲆有点相似，有些长有 1.83 米、宽有 0.91 米、厚有 0.3 米。因为有很多其他更好的鱼可以食用，所以除了它们的头和鳍被拿来炖或烤很好吃，其他部分就不怎么受欢迎。在白鲈鱼盛产的季节，这些大比目鱼很少被抓来吃。至于棘背鳐和鳐鱼则被用来喂狗，因为在很多地方它们都卖不了钱。[25]

一名 18 世纪早期的访客这样形容新世界的丰饶："我坐在河水的源头垂钓，花在等鱼上钩上的时间，与我将鱼从钩上取下的时间一样多。"[26] 然而，这种情况并不会一直持续下去，因为中世纪欧洲遇到的问题也不可避免地在新世界重新上演。随着殖民地的扩增、食物和磨坊动力的需求增加，以及为了种植作物和取得木材，地表植被遭到滥伐。原本清澈的河水开始变得浑浊，河流也为泥沙所淤积，磨坊水坝如雨后春笋般出现在每条水道中。渔堰横跨了河流中每一个合适的弯道和瀑布，然后，一群又一群产卵的鱼儿就被挡住了。

切萨皮克湾以北流入特拉华湾的圣琼斯河的故事，就很典型地呈现出了

19 世纪初期河川附近居民所经历的问题。问题不只是鱼的数量减少，还有如何获取鱼的问题。圣琼斯河的感潮带 ①，从海湾上溯到特拉华的首府多佛，蜿蜒了 32 公里。19 世纪早期，河流的边界被农场环绕，特拉华高等法院暴躁的理查德·库伯（Richard Cooper）法官的农场就是这样。1816 年，库伯在水中建造了一座渔堰，把水中洄游的鲥鱼跟灰西鲱都拦截下来。他的这一举动激怒了上游的邻居们，因为渔堰阻断了鱼溯流产卵的通道。库伯拒绝让邻居过来捕捞这些鱼，这些人就到他家门前游行，要求他拆除渔堰。库伯法官有备而来，他在渔堰上架起一座回转炮对着他们。由于没有获得满意的回应，63 个人向立法机关提出请愿，希望可以拆除渔堰，因为渔堰使得"贫困阶层的人缺乏肉类可以食用"。[27]

特拉华州早在 1736 年起就禁止在公有土地上设置渔堰，但是，库伯的农场是私有产地。尽管库伯有很多政治关系，法院最终还是站在了他的邻居们这边。1817 年，法院宣布圣琼斯河中所有的渔堰都是违法的，要求立即予以清除。这原本应该已经解决了这个问题，可是，当时的日子并不好过：国家正在慢慢地从 1812 年的第二次独立战争中恢复，而一连串湿冷的夏天又导致农作物产量降低。1819 年，超过 100 人向立法机关请愿，但这回却是请求让渔堰合法化。而许多签署这份请愿书的人，跟之前提出禁止渔堰的竟是同一批人！请愿人士指出，圣琼斯河已经变得非常泥泞，渔民抓不到鱼，因为无法看到鱼，他们声称渔堰是唯一能抓到鱼的方法。立法机关同意让渔堰再次合法兴建，但也提出了几个附加条件：渔堰必须符合特定尺寸，保持应有间距，渔堰必须一年撤下一次，好让水流冲走河底堆积的泥沙。

定期移除渔堰是为了解决日益严重的淤积问题。渔堰不论是在涨潮还是退潮时都会造成泥沙淤积，但是，这条法律并不足以解决这个规模越来越大的问题。1816 年，圣琼斯河流域约有三分之二的森林都遭到滥伐，裸露的土壤很容易受到侵蚀，特别是在有暴风雨的时候。渔堰大大加速了圣琼斯河的改变，它从一条原本可以航行的水道，变成一个由浅沙丘组成的"迷宫"，沼泽、

① 河川近出海口处会受到海水涨退影响的区域。——译注

灌木遍布，这也使得这里的土地不再适宜耕种。到了 1824 年，贯穿多佛镇约 10 公里的河道已无法航行。突然间，问题从原本的渔业权，变成迫切需要维持河流畅通以利航行。1830 年，渔堰捕鱼这种方法被放弃了，不仅是由于泥沙淤积，也是由于能捕到的鱼越来越少。

　　圣琼斯河的故事在世界各地不断重演。19 世纪末，一位来自弗吉尼亚州的老前辈在被问到对捕鱼最早的回忆时，他大约可以回溯到 1800 年。虽然他回忆起自己年轻时有更多的鱼，但他说当他年轻的时候，曾听更年长的人说过，那时的鱼比他所知道的还要多上很多："地表植被遭到滥伐所造成的河流淤积，应该是鱼群被摧毁的原因。"[28] 正如在中世纪的欧洲一样，从海里洄游到河流中的鱼所想要寻找的清凉、干净、湍急的河水，已经被流速缓慢、泥泞的河道或池塘、湖泊所取代。

　　鱼群在一条接着一条的河流中减少。匮乏的状况在沿岸地区逐步蔓延开来。然而，随着鱼群减少，用来阻断洄游鱼类溯游产卵通道的渔网却在不断增长，有些长达七公里的渔网横跨河流两岸，而这则只会加速鱼群减少。管理部门太慢才注意到这样的问题，而且其应对方法只是不断地通过立法，对网具尺寸和渔场的使用设下越来越严格的限制。例如，1829 年特拉华州通过立法，对设置在特拉华河中的刺网和围网依长度课征重税，以使网的尺寸有所减小。[29] 往北边一点，康涅狄格州的联合大会在 1719 年通过一项法令，让镇议会有权力禁止设置横跨河流、阻碍流水的障碍物，以保护渔业。[30] 1735 年又通过了第二项法令，规定所有的磨坊主都要在水坝旁边设置让鱼类通行的通道，并且在灰西鲱产卵的季节要打开水坝。但是，由于渔获量减少及工业化增加的压力，立法者的努力总是落后一步，提供鱼类族群恢复的时间，总是比鱼类因为栖息地恶化所需要调整恢复的时间短。也许比鱼类产卵通道减少更值得注意的问题是，鱼类受到殖民活动的冲击已经有很长一段时间了。到了 19 世纪初期，许多通道都已坍塌，剩余的也都岌岌可危。美国东部的工业化经济更是加快了鱼群损失。19 世纪中叶，洛伦佐·萨拜因（Lorenzo Sabine）在为美国财政部调查过北美渔业状况后，明确地指出了渔业资源减少的原因。以他讨论到的加拿大新布伦瑞克省的鲑鱼为例，他写道：

　　昔日的效忠者（反对殖民地独立的保守党人）和早期殖民者发现，几乎每条河中都有鲑鱼。然而，现在在鲑鱼已经不会在一些河里出现了，在大多数河里也是越来越稀少。然而，鲑鱼是圣约翰重要的出口商品……在圣克洛伊河（St. Croix，新布伦瑞克省与缅因州的边界河）的鲑鱼瀑布，30 年前，每年有 3 个月时间，平均每天可以捕捉到 200 条……但是，鲑鱼的数量减少得非常厉害，有人说 1850 年整年下来，在这条河里抓鲑鱼的人，总共只抓到 200 条。有人指出，竖立在河中、横跨两岸的水坝是造成渔业改变的原因，事实也证明了这一说法……在两三条比较小、没有阻碍物、河水较不浑浊的溪流中，还是有人在抓鲑鱼，并成功获利①。[31]

　　由于鱼群数量减少，于是渔民就把他们的注意力转移到其他海洋物种身上，以维持生计和贸易。其中一个目标就是牡蛎。其实旅行者一抵达新世界就已注意到了牡蛎。或许引起他们注意的原因是，河口的牡蛎礁岩非常广大，给他们的航行造成极大不便。约翰·劳森就曾提到，18 世纪初，美洲土著在其独木舟上增加了一小个龙骨，"以保护他们的船不会被溪流海湾中无数的牡蛎礁岩损坏"[32]。1701 年，切萨皮克湾中的牡蛎族群给瑞士旅行者米歇尔留下了深刻印象："牡蛎的数量真是多得令人难以置信，整个岸边都是牡蛎，所以船只必须避开它们。"[33] 他和其他人也都很满意这些牡蛎的品质："它们比英格兰的还大，实际上有四倍大。通常我都会把牡蛎切成两半，因为只有这样我才能把它们放进口中。"[34] 劳森也很喜欢它们："牡蛎不分大小，几乎在所有的咸水溪流中都可以找得到，品质很好，滋味美妙！"随后他又写道："其中尤其要数腌渍的大牡蛎最好吃。"他描述到其他贝类则是出于不同的原因：

---

① 萨拜因同样责备水坝，认为它是造成缅因到卡罗来纳河流中的灰西鲱减少的原因。他写道："大量的（渔业）活动持续进行，并没有中断，一直到在水域中产卵的鲱鱼（灰西鲱）由于水坝和磨坊而受阻，这是不容怀疑的。真实的现况是，渔业在有些河川中已经几乎消失了，而就在'革命年代'（1765—1789），这些供给还曾被认为是取之不尽的。"

　　沙海螂（steamer 或 long-neck clams）是一种我们经常可以发现的贝类，其价值在于可以增强男性的性能力，让无法生育的妇女多产；但我认为她们并不需要这些海鲜，因为卡罗来纳的妇女不需要它们的帮助就已经够多产的了。[35]

　　19世纪末期，牡蛎捕捞全面展开。一般观察者看过1960年代欧洲及北美近代河川整治工作前的河口后，都会以为是污染问题摧毁了被喻为乌托邦的中世纪欧洲及早期美洲的河流。然而，栖息地的改变和减少及过度捕捞，早在更严重的污染产生影响之前就已经发生了。就像我在后面章节中很快就会提及的那样，事实上，过度捕捞，特别是对牡蛎的过度捕捞，增加了日后污染的严重程度。北美洲那些丰盛美好如同伊甸园般充满各种鱼贝类的河流，在欧洲人到此进行殖民后亦无法幸存，很快就步上了欧洲河川的后尘。

05 第五章
掠夺加勒比海

眼前这位印第安人明显带有一丝敌意。在巴拿马地峡的丛林中行军三天后，威廉·丹皮尔（William Dampier）和他的伙伴们极其盼望能有一个向导将他们带到加勒比海岸，但是这个人却很不乐意合作。这是 1681 年 5 月上旬，他们企图掠夺一处现今位于智利靠近秘鲁边境的西班牙殖民地阿里卡（Arica），惨遭失败后，他们开始逃亡，28 个海盗被杀，18 个身受重伤，另有 3 名外科医生被俘。这场战斗迫使他们暂时停下在南美洲及中美洲太平洋沿岸的海盗活动。西班牙人处于高度戒备状态，而海盗们则急于找到一片安全的水域。

丹皮尔后来在一本记录其功绩的书中，追忆了他们之间的对抗：

> 那位印第安人很愤怒地和我们交谈，很清楚地宣告他不是我们的朋友。然而，我们却被迫作出必要的善意回应并迁就他，因为我们没有时间或空间来跟他生气，要知道，我们的生死就掌握在他手上……我们遭到极大的失败，不知道该走哪条路。我们尝试给他珠子、钱、斧头、火柴和长刀，但都没有用，直到我们中有一个人从他的包袱中拿出一件天蓝色的衬裙穿在那位印第安人妻子身上；她非常满意这件礼物，并开始对她的丈夫说话，很快就让他的心情变得好起来。[1]

丹皮尔是一个不平凡的人。他于 1650 年出生在英国萨默塞特郡的东科克，其职业生涯可谓多姿多彩，先后当过画家、伐木工、海盗、航海家、水道测量员、船长、外交家、探险家、博物学家、作家，以及不间断的旅行家。在他去世前三年，也就是他 60 岁的时候，他已经环绕地球三次了。丹皮尔对周遭一切事物都非常感兴趣，是一位非常敏锐又有判断力的观察者。他持续不断地详细记录自己的成就和观察，即使在其生命里最危险的日子也是这样；他把笔记放入中空的长竹筒，用蜡封好，以免过河时被弄湿，或是受到热带真菌和白蚁的摧残。多亏了他留下的珍贵资料，才让我们得以一窥 17 世纪末新世界的模样。丹皮尔的描述呈现了当时丰富的海洋生物，尤其是海盗赖以为生的大型动物，如海龟、海牛和大海鲈。

那时候的加勒比海挤满了来自欧洲的殖民者和探险家，丹皮尔的记录并不是这个没有法治时代中唯一的编年史记录。其他海盗和"私掠者"（privateers）也在英国出版了他们自己的回忆录，这些都有助于我们去深入了解那个时期海洋生物的大致状况。其中值得注意的有约翰·艾斯奎梅林（John Esquemeling）的《美洲的海盗》（*The Buccaneers of America*）[2]、巴西利·林格罗塞（Basil Ringrose）的《巴塞洛缪·夏普船长及其他人发生在南海海岸的危险之旅与大胆企图》（*The Dangerous Voyage and Bold Attempts of Captain Bartholomew Sharp, and Others; Performed Upon the Coasts of the South Sea*）。[3] 现在看来我们可能会觉得很奇怪，当时那个时代竟然会对海盗如此宽容，而且海盗也毫不讳言自己是海盗并将自身经历写成书出版。实际上，当时恶名远扬的海盗亨利·摩根（Henry Morgan）甚至还被敕封为爵士，并于 1674 年成为牙买加的副省长。当时海盗行为被视为一种手段，用来骚扰生活在新世界的西班牙殖民者，这些行为是被容忍的，在战争时期甚至可以得到官方批准。在这种情况下，专门攻击西班牙殖民地的海盗被称为"私掠者"。由官方批准从事海盗活动的船只可以获得许可证，他们可以随意攻击敌人的船只和殖民地并获取战利品。

想要了解为什么西班牙人这么让人痛恨，我们得先回顾一下哥伦布发现加勒比海后不久的那段历史。哥伦布发现加勒比海后，西班牙立即采取行动，以确保其自身优势。西班牙王室对同为西班牙人的教宗亚历山大六世施压，逼迫他发出一连串教宗诏书，以确保西班牙的权利：

[西班牙的权利在] 所有已发现和未发现的岛屿和陆地……在向西、向南航行或旅行时，不论它们是在西方区域还是南方区域，还有东方和印度的区域 [都有效力]。[4]

当时另一个杰出的航海国家葡萄牙迅速与西班牙达成一项协议，一起瓜分世界。1494 年，它们签署了一项条约，以佛得角群岛以西约 1700 公里处的子午线为分界，以西的所有土地属于西班牙，以东所有新发现的土地则属于葡萄牙。毫不意外，其他国家对这一通吃的诉求非常愤怒，纷纷起来反抗，英国、法国、荷兰是其中最重要的几个国家。西班牙和葡萄牙的殖民地利益及其对殖民地贸易的垄断因而受阻，而这也助长了其他国家的扩张野心。

西班牙很快就在中美洲和南美洲的殖民地扎下了根，主要是在墨西哥和秘鲁，紧接着它还积极地发动残酷的战争。这些殖民地的主要任务是增加西班牙的财富，一开始是掠夺黄金和白银。1540 年代，在今天的墨西哥和玻利维亚发现了丰富的银矿，殖民者也在这些土地上拓垦出了占地辽阔的牧场和甘蔗田。新殖民地上的人们迅速发展出强大的消费力，约在 16 世纪中叶，双向贸易就已展开。西班牙来的船上载满了来自欧洲的货物：衣服、武器、玻璃制品、葡萄酒、纸等。回程的船上则载满了金银、可可、胭脂虫、糖和烟草。1550—1610 年，每年行驶在塞维利亚与殖民地之间的船只平均超过 60 艘。

由于西班牙独占与其殖民地间的贸易并载运大量金钱往返，再加上其宣告领土的正当性受到质疑，因此这里会有泛滥的海盗和走私活动也就不足为奇了。

丹皮尔是这一新常态中的早期旅行者之一。当时的英国正处在科学启蒙时代。1660 年，英国皇家学会才刚刚由化学家罗伯特·波义耳（Robert Boyle）和博学的罗伯特·虎克（Robert Hooke）等人成立，他们信奉的原则是追求真理和知识。早期那些著名的旅行家，像 14 世纪就已航行到中国的约翰·曼德维尔爵士（Sir John Mandeville），写下了他们精彩绝伦的记录。[5] 但是丹皮尔的叙事风格却是与众不同，他精准地记录下了他所见到的事物。他是一位具有罕见能力的作家，热带环境的异国情调与异常刺激的冒险故事在他手中合而为一，这是大众读者所无法抗拒的，因此他的书很快就成为畅销书。

这些人中，只有丹皮尔的肖像悬挂在伦敦特拉法加广场旁的英国国家肖像馆中。在黑暗的角落里，他的脸上露出了讽刺的笑容，仿佛知道并觉得自己置身于这样的同伴中间，真是相当有趣。立在他身旁的是 17 世纪美丽的社交名媛薇内莎·史丹利（Venetia Stanley），她在 33 岁时饮用毒蛇酒，本想永葆美丽，却没想到毒发身亡。不过毒蛇酒倒也真是有效，因为从此她就没有再变老。环绕在其周围的则是波义耳、哲学家霍布斯（Thomas Hobbes）、作家约翰·班扬（John Bunyan）、诗人约翰·弥尔顿（John Milton）、科学家威廉·哈维（William Harvey）和其他当代知识分子。

丹皮尔在这些人里面绝对算得上是一个异数，相较于其他也在这面展示墙上的社交名媛及久居室内的思想家们那苍白的脸庞，他则因长期在户外活动而显得面色红润。丹皮尔粗糙的水手服、蓬乱的棕色头发，跟其他人精制的襞襟①、假发和宽外袍，有着很大的不同。

丹皮尔的时代是在哥伦布航行之后 200 年，那时西印度群岛已经由于欧洲殖民者及其非洲奴隶的迁入而变得人口稠密。较大的殖民地，像牙买加、波多黎各、海地岛、巴巴多斯，都住有成千上万的白人殖民者和数字相仿的奴隶。美洲大陆的殖民地同样也是人口众多。在同一时期，这些殖民地都一样地造成土著人口崩溃，特别是加勒比海海岛。受到殖民者的迫害是原因之一，但更主要的原因是从欧洲带来的传染病。例如，通常认为，哥伦布发现海地岛时，当地有 30 万土著；然而到了 1508 年时，却只剩下 6 万人；到了 1548 年，据新世界最早的历史学家之一奥维耶多（Oviedo）估计，那里的土著仅剩下 500 人②。[6] 新的殖民地需要食物，于是殖民者便开始种植作物，并从欧洲引进牲畜，同时也从狩猎和捕鱼中获得很多食物。

然而，特别是在这些岛屿上，淡水鱼和狩猎仍然无法完全满足当地的食

① 一种用于装饰衣领的丝织品，16 世纪中期至 17 世纪中期流行于西欧地区的上流社会。——编注
② 凡是读过任何有关占领和征服美洲土著之类第一手资料的人，都会对征服者极度残酷的占领方式感到恐惧。事实上，文献里提及的例子中，极度残暴和折磨在两方都常有发生，令人读来毛骨悚然。但是，疾病是无声的杀手，是造成新世界美洲土著族群数量减少的主因。关于疾病和科技对欧洲人建立海外帝国的影响，可以参阅戴蒙德所著的《枪炮、病菌与钢铁》（Guns, Germs and Steel, 1998），书中对这一点做了非常好的讨论。

物需求。那里很少有什么大型猎物，而且由于栖息地改变、人类捕杀，以及人类引进狗的关系，它们的数量迅速地大量减少。猪、山羊和牛将植物连根拔起，啃光植被，摧毁了岛屿上的生态系统。生活在这里的人们于是便开始转向海洋寻找食物，以作为农作物之外的食物来源。

由于居无定所，海盗和水手们一直以来都严重依赖海鲜。海盗们偶尔也能补充一些玉米、面粉、糖、牛肉之类的食物，这是掠夺海上或岸边贸易船只所获得的奖赏。贸易者可以在沿途停靠港口，购买补给品。但是丰富的海鲜对水手们来说则是免费的，好几个世纪以来，他们都将之视为理所当然。在丹皮尔生活的那个年代，海盗们发现他们捕鱼的技术比土著差很多，于是他们很快就开始雇用土著当船员，以便帮助补给船上食物。丹皮尔以赞赏的口吻描述了中美洲加勒比海沿岸的米斯基托人（Mosquito Indians）：

> 他们能够很巧妙地投掷矛、鱼叉，或是任何类似飞镖的东西，因为他们从小就会模仿他们的父母，从婴儿期就开始接受训练。当他们手中的矛射向目标时，从来不会失手，光是在使用矛这方面，他们就足以称为艺术家……他们在自己国度中的工作就是猎捕鱼、龟或海牛……出于这一原因，私掠者相当尊敬并非常希望可以雇用他们；一艘船上只要有一两个他们这样的人，就可以满足 100 人的饮食需要；所以当我们的船只需要进行维修时，我们一般都会选择停靠在有大量海龟或海牛的地方，好让这些米斯基托人去捕杀。[7]

直到近期，航海者仍然时常会为了进行修理或清洁而将他们的船只侧倾（careening）起来，换句话说，就是在船只底部刮除生物。要进行这样的工作，需要将船驶入浅水区，或者如果船够小的话，就可以把船拖上岸。船员们会用绞车和连接桅杆的绳索将船吊起，倾放一侧，一次一边，露出船底，以便清洗。让船倾向一边，也便于他们处理和替换掉已经腐烂或是被虫子侵蚀的木头。水手们每隔几个月就要维修一次船，但海盗们几乎每个月都要维修船只，以减少航行阻力，让他们的船只可以保持高速航行。不论是追求财富还是进行战斗，速度都是成功的关键！在船只进行维修的同时，丹皮尔有足够的时间来观察这些米斯基托人的狩猎技术。他们在看似摇摆不定的小独木舟上展现出高超的狩猎技巧，有时候，他们可以在船只维修期间每天杀死两头海牛。米斯基托印第安人对海盗们来说不是奴隶，而是备受尊敬和重视的船员。

从丹皮尔和其他海盗的记录中，我们可以清楚地知道，他们从大海中获取食物并没有遇到太多问题。那时海龟、僧海豹和海牛的数量都很丰富，尤其是如果知道可以去哪里抓的话。南美洲和中美洲的沿海湿地中有很多海牛，牙买加和古巴岛屿周围也有不少。加勒比海海牛是一种非常受欢迎的食物，就像后来斯特拉和他的同伴们喜爱这种加勒比海海牛的北方亲戚一样。我们知道斯特拉曾读过丹皮尔的书。海龟遍布加勒比海和墨西哥湾，它们大量聚集繁殖的地方在整个区域星罗棋布。这么多的数量不可避免地会吸引来猎人，后来更是酿成了殖民时代动物大规模灭绝的事件之一。

狩猎大型海洋生物的最佳地点在当时可谓人人皆知，而且这些地方经常会有海盗光顾。丹皮尔评论了其中两个最有名的捕海龟地点：

> 我曾听人说起过它们最有名的产卵地点，一个是西印度群岛上的开曼群岛，另一个是西洋（Western Ocean，南大西洋）的阿森松岛（Ascension），只要繁殖期一过，那里就没有海龟了。毫无疑问，它们游了数百里格才来到这两个地方。[8]

后来定居在加勒比海牙买加的殖民者爱德华·龙（Edward Long），对开曼群岛及其附近的海龟也留下了深刻印象。他在其《牙买加史》（*History of Jamaica*）一书中评论道：

> 引导海龟找到这些岛屿和每年如此规律地造访的本能，真是太奇妙了！它们大部都是来自150里格以外的洪都拉斯的海湾，而且它们不需要借助海图或罗盘，对于繁琐的航行定位，比人类最好的技术还要准确，这是可以肯定的，因为曾有船只在大雾中迷失方向，就是跟随着这

种动物游泳时所发出的声响航行，从而找到并抵达开曼群岛。[9]

1655 年英国从西班牙手中取得牙买加后，很满意于牙买加的战略意义及当地的海龟。从那时起，在牙买加捕猎海龟的频率便开始增加，以便给当地驻军和居民提供肉品。对海龟和海牛的需求量之所以很高，也是因为它们是海洋动物，被视为"鱼类"，因此可以在神圣的斋戒期禁食四足动物时食用。

1503 年，哥伦布在其第四次航行中发现了这些岛屿，由于这里有很多海龟，所以他最初将开曼群岛命名为"海龟岛"（Las Tortugas）。虽然偶尔也能看到他对加勒比海之美的赞叹，但很显然他并不怎么在乎海洋生物，所以常常跳过它们，只评论这个新世界陆地上的野生动物。我们必须参考其他人的记载，才能对当时的环境有所了解。发现开曼群岛是由与哥伦布一同航行的他的儿子费迪南德·哥伦布（Ferdinand Columbus）记录下来的："我们看到了两座非常小而低矮的岛屿，上面满满的都是海龟，海中仿佛也全部都是，它们的数量多到看起来就像是小岩石。"[10] 这样的描述与安德烈·贝南德斯（Andrés Bernáldez）牧师的记载相呼应。他记录了哥伦布第二次航行时，哥伦布和船员们都对古巴南部的皇后花园群岛（Jardin de la Reina）海岸边有着无数的海龟感到十分震惊：

> 在那次航行中，他们看到那边有许多非常大的海龟。但在距离 20 里格处有更多的海龟，海中满满的都是，而且体型都很庞大，数量多到感觉船都快要搁浅在它们身上，如同泡在海龟群里面。印第安人非常重视它们，认为它们是很好的食物，既健康又可口。[11]

哥伦布并未在开曼群岛登陆，但在几十年后的 1585 年，弗朗西斯·德雷克爵士（Sir Francis Drake）则登上了这座小岛。他和船队中的其他人所发现的不仅仅是海龟：

> 4 月 20 日，我们抵达被称为"开曼群岛"的岛屿，在那里我们用短吻鳄和海龟充当食物补给，虽然它们是一种看上去又丑又恐怖的野

兽，不过它们的肉却很好吃。[12]

德雷克的记载被两位同船队员所证实，其中一人也登上了马丁·弗罗比舍（Martin Frobisher）的"报春花号"（Primrose），这位不知名的作者补充说，他们杀了 20 多只"短吻鳄"，其中有些超过 3 米长。[13]纽约皮尔庞特·摩根图书馆（Pierpoint Morgan Library）里藏有一幅 16 世纪时宏伟的开曼岛画作，画面中，岛屿和海滩上到处都是海龟和鳄鱼。该岛当时树木繁茂，无人居住。这本书被称为《德雷克手稿》（*Drake Manuscript*），因为里面记录了德雷克的登陆见闻，这幅画和书中的其他部分，被认为是两位与德雷克一同航行的法国胡格诺派教徒所作。哥伦布之后的访客将这里改名为鳄鱼岛（Lagartos，另外一种短吻鳄），最终则在 1540 年改名"开曼"，这是加勒比语"鳄鱼"的意思。

在丹皮尔那个时代，仍然还有鳄鱼，只是数量减少了，而在关于开曼群岛的记载中，一直到 1840 年代都还有鳄鱼，被人当作星期天打猎消遣的目标。如今它们在岛上已经绝迹。至于海龟，虽然数量还够提供稳定的肉品来源，但也比丹皮尔那个时代少了很多，更不用提哥伦布那个时代了。海龟的数量下降得很明显，人们确实应该做些什么来限制海龟继续被大量屠宰。百慕大殖民当局首先开始采取行动，也许是因为这个中大西洋岛屿与世隔绝，可以选择的食物有限，故对动物数量减少的敏锐度比其他地方要高。1620 年，他们通过了一项法令：

　　鉴于大量的浪费和滥用，以及住在这些岛上各种邪恶无耻的人不断出海捕鱼，不管在什么情况下，只要遇到海龟，不论是哪一种，也不论老幼大小，他们都会杀死，然后带走或吃光，让这种海洋生物的后代减少，在我们的海岸上它们每天都在遭受危险及物种灭绝的威胁，因此，本届大会决议，从今以后，不论是谁，也不论何种情况，凡是居住在岛上，或是不拘何时停留在岛上的任何人，在港湾或任何靠海的地方，也就是小岛方圆 55 里的地方，严禁一切杀害或导致胸径小于 46 厘米的幼龟死亡的行为。违反规定者，每次罚以 15 磅烟草，其中一半供大众使用，另一半作为对举报人的奖励。[14]

雌绿蠵龟在上岸产卵时最容易被捕捉，只要几个人把它们的龟壳翻转过来，一个晚上就能抓到数十只乃至数百只。图片来源：Whymper, F. (1883) *The Fisheries of the World. An Illustrated and Descriptive Record of the International Fisheries Exhibition,1883*. Cassell and Company Ltd., London.

　　牙买加当局很快便也追随百慕大当局的脚步。爱德华·龙在《牙买加史》中提到，为了维持海龟的供应，1711 年牙买加当局通过了一项法令："任何人都不得在属于牙买加的岛屿或码头上损毁海龟蛋。"[15]

　　迫害海龟以取得龟肉的行为一直持续到 20 世纪。尽管所有的海龟都已被世界自然保护联盟列为濒危或严重濒危，但吃海龟在某些加勒比海国家仍是被允许的。据估计，现在全球仅剩下约 20 万只能产卵的雌绿蠵龟，而雌玳瑁在加勒比海只剩下约 8000 只。[16]

　　1995 年，我在巴拿马市参加一个有关珊瑚礁的研讨会上，第一次听到海龟被大量杀害这件事。我坐在一座暗黑的大礼堂中，潮湿的空气中散发着地毯的霉味，讲台上站着一个 50 多岁的瘦高个男子，满脸皱纹，蓬乱卷曲的红发在脑后扎成一个马尾。灯光投射在杰瑞米·杰克森（Jeremy Jackson）[①] 的脸上，他铿锵有力地讲述着自从哥伦布第一次见到加勒比海的珊瑚礁后，当地珊瑚礁的改变就开始了。[17] 演讲台就跟礼堂一样巨大，出于某种原因，投影机被架设在中间远离讲台的地方，每当他更换投影片的间隙，都会响起一阵新鞋踩在老旧地板上发出的吱吱声；随着演讲的进行，他的脚步来回走动，就像是在测量我与 500 年前海龟数量崩溃之间的距离。

　　杰克森比任何一位科学家都要深入地探索了人类活动影响海洋的历史。在演讲中，他试着重现 500 年前加勒比海的样貌：1492 年哥伦布第一次见到这片土地时，这里究竟有多少只海龟？杰克森用两种方法来估计：第一种方法是，他计算有多少只海龟在开曼群岛被捕杀；第二种方法是，他试着了解加勒比海的食物足够养活多少只海龟。英国接管时，18 世纪的牙买加没有农业设施，仅有约 5000 人生活在那里 [18]，早期殖民地不得不高度依赖捕杀海龟充当食物来源。在丹皮尔那个年代，捕捉海龟这种渔业活动达到最高峰，在牙买加有 40 艘单桅帆船和多达 150 人受雇来捕捉和运输海龟。1688—1730 年间，每年大约杀死 1.3 万只海龟。因为是趁海龟下蛋时捕捉它们，所以被抓的全是雌龟。用海龟的性别比例来估计，并假设每年被抓走的海龟数量占整个族群的

———————
① 杰克森的演讲在两年后（1997 年）发表于学术期刊 *Coral Roefs* 上。

1%，杰克森计算出在开曼群岛产卵的海龟有 650 万只，然后用这个数字来推断加勒比地区的其他地方，假设另有五个跟开曼群岛大小相同的海龟聚集处，这样一来，总共就会有 3300 万—3900 万只海龟。

杰克森用第二种方法来估计绿蠵龟的数量。绿蠵龟的食物是海草。在估算出海草床的面积和海草的生产量后，他算出了一个更大的数字。从食物量来看，这里有足够 6.6 亿只绿蠵龟吃的海草，海龟的天敌，像鲨鱼、石斑鱼和鸟类，会使实际数字低于这一估算值，不过，这个数字呈现的是海龟数量可能达到的上限。不久前，杰克森和他的学生在研究后认为，当时全世界的海龟数量可能在 0.5 亿—1 亿之间。[19] 就像丹皮尔书中记载的那样，海盗寻找有很多食物的地方来清洗和维修他们的船只。再更仔细阅读他的书和在他前后其他人的记录，还有很多海龟已经消失之处曾经有过大量的海龟，因此海龟的数量无疑要比原先估计的更高。

除了海龟、海牛，加勒比海水域在丹皮尔那个时代也布满了鱼。海盗们不断提及他们抓到了很多鱼。艾斯奎梅林提到古巴南边的松树岛 [Isle of Pines，即现在的青年岛（Isla de la Juventud）]，那里是一个典型的船只维修地和食物供应站。关于捕鱼，他们"非常成功，抓上六七个小时鱼，就足够 1000 人食用"[20]。今天看来，这似乎是一种相当夸张的说法，但当哥伦布和 1200 位饥饿的伙伴在海地岛岸边的村落登陆时，他们自己抓到的鱼，加上印第安人提供的鱼，足够喂饱他们了。[21] 而且就像丹皮尔一样，艾斯奎梅林也有专家的帮助："我们的同伴中有些是来自格拉西亚斯·阿迪奥斯角（Cape of Gracias à Dios）的印第安人，不论是打猎还是捕鱼，他们的身手都非常敏捷。"[22] 伊氏石斑鱼（*Epinephelus itajara*）① 是一种身上带有斑点的巨大鱼类，长度可达两米，在海盗时期的牙买加，这些鱼类是人们的主要食物之一。

后来，杰克森与他的同伴们用他的分析方法来估算缅因湾、切萨皮克湾和世界上其他区域的海龟数量，想要从中找出一个共同模式。他们得出的结论是：欧洲的殖民地扩张，加速了之后几个世纪对大型海洋动物的大规模屠杀。

---

① 伊氏石斑鱼的旧名是大海鲈。

　　丹皮尔等探险家和殖民者在早期的加勒比海遇到了数量庞大的海洋生物，我们不应据此便认为这里没有受到土著的影响。自公元前400年开始，就有人从南美洲经过大小安第列斯群岛迁移到加勒比地区的小岛，大部分地区在公元700年时就已有人定居，当欧洲人发现这些岛屿时，当地人口已经很稠密了。[23]佛罗里达自然史博物馆（Florida Museum of Natural History）馆员伊丽莎白·温（Elizabeth Wing），研究了安第列斯群岛上的贝塚沉积物[24]，发现其中主要成分是海洋有机体。这表明小岛上的居民主要是从大海里获取动物蛋白，而其中大多数都是珊瑚礁鱼类。温在贝塚中发现了一些明显的迹象，指出在可利用食物的转变中，有过度捕捞的迹象。例如，在考古遗迹中，殖民阶段早期留下的主要是陆蟹的破片，之后，渐渐被加勒比海钟螺（West Indian top shells）所取代。因为陆蟹很容易捕捉，又缺乏藏身之地，随着人口增加，陆蟹的族群也就减少了。同样的，鱼的尺寸也在随着时间变小。证据也显示，聚落居民早期抓了较多易捕获的掠食性鱼类，后期则转向以草食性鱼类为主。尽管有这样的证据表明捕捞活动已经影响了某些地方的某些物种，但是加勒比海的土著就像北方的美洲土著一样，在他们的家门口还是摆着装满海鲜的大仓库。

　　回到西班牙后，哥伦布曾回忆起他在奇妙新世界的呼吸。加勒比海一个闷热的夜晚，他站在一艘卡拉维尔帆船①的船尾，海浪拍打冲刷着船身，他闻到了古巴岛上飘来的泥土气息和花香。岛上的树木密得像毯子一样，从岸边一直绵延到山腰，绿色在远方渐渐淡去，慢慢转为蓝色。帆船下方，无数的礁岩就像一座座耸立于海草"平原"上的城堡，巨大的石斑鱼形成的影子，在礁岩间往复穿梭，快速翻转的鱼儿闪闪发光，表明它们正在进行傍晚的捕猎行动。夜幕逐渐低垂，一眨一眨地发着光的萤火虫在岸边飞舞，海面上则不时传来一些虫鸣鸟叫。我不禁怀疑：他是否曾想过这个地方的未来会是什么样子呢？

① 卡拉维尔帆船（Caravel），又译卡拉维拉帆船，或拉丁式大帆船，15世纪盛行的一种三桅帆船，当时的葡萄牙和西班牙航海家普遍用它来进行海上探险。——编注

第六章

商业冒险时期

1709 年 1 月 31 日早晨，强劲的西南风带来无比清新的空气。前方的海面上浮现出一座岛屿，随着航行船只一点点地接近，它的轮廓逐渐与胡安·费尔南德斯群岛崎岖的天际线融合在一起。这是一艘掠夺西班牙殖民地及其补给船只的私掠船，船长是伍德·罗杰斯 ①。虽然很多船只都是很好的攻击目标，但他们主要掠夺的对象还是每年一次航行于秘鲁与菲律宾之间的马尼拉大帆船（Manila galleon），这些船上满载着新开采出来的西班牙帝国的财富。但在与西班牙船只交锋之前，这艘私掠船和另外两艘伙伴船需要先补充一下食物、木材、饮用水等物资，并要让船上为坏血病所苦的船员们能有一个喘息的机会。这座岛屿很适合这些意图并不完全高尚的人。

胡安·费尔南德斯群岛是南太平洋上一片很小的土地，从一端到另一端的总长只有 22 公里，是南太平洋上的小型群岛之一，距离智利海岸 800 公里。虽然海盗们都知道这座小岛，但却总是很难找到它。就在登陆前几天罗杰斯还在抱怨，因为每张图中标示的它的位置都不一样。但他这次是与一位时常造访

---

① 伍德·罗杰斯（Woodes Rogers，约 1679—1732），出生于航海世家，英格兰船长，海盗，私掠者，巴哈马群岛第一任总督。——编注

这座小岛的高人在一起，这个人不是别人，正是大名鼎鼎的威廉·丹皮尔，也是他这次航行的领航员。丹皮尔曾在 1681 年和 1684 年拜访过这座小岛，知道岛上有他们所需要的一切。胡安·费尔南德斯群岛上有许多山羊，是与群岛同名的西班牙人所留下的，他在 1563 年发现了这个地方，并在这里生活了一段时间。这里的大海中有着数量极其丰富的鱼群 [1]，并因海豹而闻名，当岸边传来海豹刺鼻的恶臭味和不断的叫嚣声时，水手们就知道要准备下锚了。

丹皮尔在他上一次来到这里时，就对这些海豹印象深刻，他在自己写的书《新环球航程》（*New Voyage Round the World*）中写道：

> 这座小岛上的海豹非常多，感觉就像是这个世界上再也没有其他地方可以让它们居住。这里没有一处海湾或一块岩石能让我们靠岸，因为放眼望去到处都是海豹。这里总是有数千头海豹，我或许应该说有上百万头海豹才对，不论是在海湾，还是在小岛四周，从岸边到距离岸边四里的海上都被海豹覆盖了（它们躺在水上嬉戏或是晒太阳）……一拳击中它们的鼻子，就可以杀死它们。大型船只可以在这里装载海豹皮和海豹油［指海豹脂肪提炼出的油］，因为它们异常的肥。[2]

罗杰斯被满眼都是海豹的景观所吸引，并将其写入航海日志：

> 我们来到这里时，听到它们整天都在发出噪音，有的像小羊的咩咩声，有的像狗或狼的嚎叫声，还有其他各种各样可怕的噪音；我们在离海岸二里远的船上就可以听到它们的声音。它们的皮毛是我见过最好的，比海獭皮都要好。[3]

罗杰斯和丹皮尔当时并不知道这是一种只有在胡安·费尔南德斯群岛上才有的海狗，它们后来被命名为"胡安费尔南德斯岛海狗"（*Arctocephalus philippii*）。另外罗杰斯还提到了第二种在这个岛上繁殖的动物，一种更加可怕的野兽——南美海狮（South American sea lion）：

> 我见过好几头这种体型巨大的动物……长约 4.8 米，体积很大，体重一定不小于 1 吨。它们的形状跟海狗或海豹相去不远，但却有着不一样的皮肤。就身体的比例来说，它们的头很大，还有巨大的嘴巴和眼睛，脸很像狮子，一样有很多的髯，髯硬得可以拿来当牙签……我很钦佩这些怪兽能够产出质地如此优良的油脂。[4]

罗杰斯船上的人们不知道的是，当时有一个人正在岸上焦急地注视着他们。随着他们之间的距离越来越近，他也变得越来越兴奋。这个人叫亚历山大·塞尔科克（Alexander Selkirk），他已经独自一个人在这座岛上生活了四年四个月。每过一天，他都会在营地旁的一棵树上画一道刻痕来加以标示。他因为跟他先前的船长意见不合而被放逐于此，留给他的只有一把明火枪、一磅火药、一些子弹、几把烟草、一把斧头、一把刀、一个水壶、一本圣经、一些计算工具和书籍。第二天，塞尔科克被登陆小队救上船，罗杰斯形容他是如此令人难忘："这个人披着山羊皮，看起来比那些放山羊的野人还要野蛮。"[5]

塞尔科克原本就是一名很好的船员，罗杰斯立刻让他加入船队，成为队友，直到这趟旅程结束前他都跟他们待在一起。然而实际上，塞尔科克并不是第一个被困在胡安·费尔南德斯群岛上的人。丹皮尔第一次拜访米斯基托印第安人时，一位前去打猎的人就被留在了岛上，因为船临时需要马上离开。三年后，那位船员在丹皮尔的再次造访中获救。伍德·罗杰斯的这些回忆，后来成为丹尼尔·笛福（Daniel Defoe）撰写《鲁宾逊漂流记》的灵感来源，书中主人公鲁宾逊的原型就是塞尔科克，而土著星期五与鲁宾逊相遇的情节则是出自作者的想象。

三个半月后，经过多次对西属南美洲沿岸的冒险，罗杰斯及其伙伴的船只在加拉帕戈斯群岛会合，这里是一个海盗时常出没的岛屿，距离厄瓜多尔海岸约 1000 公里。当时，他的 17 位同伴因为疾病及与西班牙人交战而死去①，他们急需重整旗鼓，并且进行补给。加拉帕戈斯群岛由 13 个分散的大岛、小

---

① 一人死于坏血症，九人死于发烧，六人死于海盗活动，还有一人是吃了海豹的肝脏后中毒身亡。

岛及礁岩组成。群岛远离大陆上的西班牙人，周遭海洋里满是鱼类、贝类和海龟，非常适合进行食物补给。此外，他们还有一种完美而方便、不需要放进冰箱的食物：象龟，而象龟也正是这座群岛的名字由来。由于当时这些赤道岛屿缺少淡水，经过几个星期的休养和船只补给后，船只不得不航向更靠近哥伦比亚、水源较充沛的戈尔戈纳岛。

一代又一代的旅行者跟丹皮尔及其同伴一样，对东太平洋中数量众多的鲨鱼留有深刻印象。海湾里挤满了鲨鱼，它们追着船游，并常会咬断所有的钩子，阻碍船上的人们垂钓。1793 年，为了寻找抹香鲸而航行于此的詹姆斯·科内特（James Colnett），在哥伦比亚海岸留下了一则典型的记录：

> 罗卡帕蒂达岛（Rocka Partida）周遭有着数量惊人的鱼，但我们只抓到了一点点，因为鲨鱼毁掉了我们的鱼钩和鱼线。船上除了我之外，没有人见过如此贪婪的鲨鱼。我们中有个人刚一将手伸出船舷，一条五六米长的鲨鱼就立刻跳出水面咬住了他的手。三明治岛（Sandwich Isles，即今夏威夷）海面也常发生这种情况。我曾在那里见过一条大鲨鱼咬住独木舟的支架，极力想要把独木舟掀翻。这跟发生在我们船上的状况差不多，一些鲨鱼不断地咬住船尾桨，让它失去作用，以至于我们必须把尾桨收起来。[6]

五六米长的鲨鱼在那个时代的文献中很常见，但在今天听来就会觉得很特殊，而且很容易被认为是在吹牛。然而留下这些记载的人确曾近距离比较过船身跟鲨鱼的长度。两年后，乔治·温哥华②也形容这些数量庞大的鲨鱼是他见过的鲨鱼中"最大胆、最贪婪的"：

① 这段引文描述的是在可可斯岛上的见闻。科内特同时也写道："鱼是如此之多，但它们却不吃饵，我们把这归因于小岛附近众多的鲨鱼。一直有鱼跟着我们的船只，直到没有水的陆地。我们抓的那些，有很多乌贼和小龙虾，鼠海豚也有很多，数量真是多到数不清，我们高兴抓的时候随手就可以抓到它们。"

② 乔治·温哥华（George Vancouver, 1757—1798），英国航海家，率考察队从英国出发精确勘测了从旧金山至不列颠哥伦比亚省的太平洋海岸，并测量了温哥华岛海域的小海湾和航道。——编注

水手们经常以逗弄鲨鱼为乐。过去几个世纪，围在船边的鲨鱼，其数量和体型要比现今的大得多。图片来源：
Figuier, L. (1891) *The Ocean World*. Cassell and Company, Ltd., London.

这些鲨鱼在海湾中集结成群，它们不断地想要跳上我们的船……一开始，大家把航海人与这些贪婪的动物之间的冲突当成是一种娱乐，他们用钩子或其他方法钩住一头鲨鱼，然后把它拿去喂食其他鲨鱼，但是后来却险些因此酿成大祸，因为这样会吸引无数的鲨鱼围在船边。水手长和一位年轻绅士还因这样的嬉闹而险些送命，他们差一点点就被已经上钩的巨大鲨鱼拖下船，坠入这群贪婪的动物口中。我认为禁止戏弄这种动物是对的……这些鲨鱼有三个不同种类，最多的一种就像老虎一样，身体两侧有着美丽的条纹；其他两种则是棕色和蓝色的鲨鱼。① [7]

如今，虎鲨的数量在大多数海洋里都很稀少，其长度也很少超过 1 米。不过偶尔也有关于 5—7 米长的大虎鲨的记录。事实很明显，17、18 世纪时，它们的数量在少有渔捞活动的东太平洋非常多。

罗杰斯和他的船队又进行了几个月的掠夺后，有六个人由于高烧、坏血病和被毒蛇咬到而死去，之后他们再度来到加拉帕戈斯群岛。他的日志中提供了很多细节，描述了他们为补给食物所作的努力。通过这些描述，我们可以估算出海龟和陆龟被捕杀的数量。某种程度上，陆龟也是一种乌龟，是航海人的理想食物，当时只有加拉帕戈斯群岛和印度洋上一些偏远小岛上才能发现象龟②。[8] 加拉帕戈斯的象龟展现出了无与伦比的适应能力，可以在没有食物和水的条件下存活数个月，在定期折磨岛屿的干旱中，它们会进入假死状态。因此，水手们可以将陆龟圈养在甲板上数天，清空它们的肠胃，将它们背朝下一只一只叠起来，囤积在甲板下方，就像是一桶一桶的食物一样。数个月后，需要食物时再宰杀它们。海龟在这方面的表现就明显不如象龟，如果在海龟到沙滩上产卵前捕捉它们，它们只能存活几周。[9] 有好几天，罗杰斯和同伙船只不断派出小舢舨到岸边，带回陆龟和海龟来储存。在其日志中，他计算了他们的

① 温哥华描述的是太平洋东岸可可斯岛上的鲨鱼。
② 最初西印度洋所有岛上都能发现亚达伯拉象龟属（*Dipsochelys*）的巨型陆龟。18 世纪时，它们出现在较小的岛上，包括毛里求斯、留尼旺、罗德里格斯和塞舌尔。但是除了在偏远的阿尔达布拉群岛外，它们也是由于捕猎的关系，现在都灭绝了。

收获，他的船抓到约 170 只海龟和 55 只陆龟，另一艘船则抓到约 135 只海龟和 75 只陆龟。他提到，这些是在肉腐坏之前所能使用的量。几个星期后，他们又在墨西哥本土另外抓到 100 只海龟。预计将会长时间在海上航行的船只，通常都会装载大量食物，但通常都不是很健康的食物，所以需要尽可能地用新鲜食物来进行替代。

几个世纪以来，水手们想必吃掉了数量惊人的海鲜和野味。①[10] 探险家、海盗、殖民者和商人造成海洋生物死伤惨重，但这些还是比不上 20 世纪人类对海洋的影响。然而，猎人们很快就对生活在更北边的一种动物：海獭，展开了全面攻击。

1776 年，当库克船长第三次远航时，下加利福尼亚与阿拉斯加之间的世界还是一片空白，这对当时的人们来说有着巨大的吸引力。②[11] 库克船长一

---

① 大约在达尔文造访的时期，一个由 60 或 70 艘美国捕鲸船组成的船队，经常年年造访加拉帕戈斯群岛。1831—1868 年间 69 艘船的航海日志记录表明，他们一共带走了 1.3 万只陆龟。在此期间，共有约 700 艘捕鲸船造访这些岛屿，其中很多都是一再回来。他们造成了岛上四种陆龟灭绝，其他种类的陆龟也由于遭到屠杀而大量减少。

② 在丹皮尔那个年代的世界地图中，墨西哥西部海岸下加利福尼亚半岛附近的未知土地逐渐消失。那时，在地图上，下加利福尼亚到底是个岛还是与海岸相连，人们还有很大争论；罗杰斯认为这是个半岛，但却没有人能够确定，因为已经很久没有人航行到足够靠北的地方进行确认。事实上，早在 1540 年当科尔特斯 (Hernando Cortés) 派遣弗朗西斯科·德·乌略亚 (Francisco de Ulloa) 向北探索新西班牙时，就知道下加利福尼亚是个半岛。这片海域后来以科尔特斯的名字来命名。两年后，胡安·卡布里洛 (Juan Cabrillo) 远抵旧金山湾，之后不久出版的地图中即标示下加利福尼亚是一个半岛。1579 年，弗朗西斯·德雷克爵士请求收回加州；1594 年，胡安·德·富卡声称他在北方找到了一个大的湾口；1608 年，另一位西班牙人，塞巴斯提安·维兹凯诺 (Sebastián Vizcaíno) 远抵北方的门多西诺角。（一直到 1802 年，为了反驳美洲西北沿岸的土地是由库克和温哥华发现的，才由西班牙首次公布了维兹凯诺的调查结果，另见上页注释①。）之后，没有人再对下加利福尼亚以北感兴趣；直到 1741 年白令发现阿拉斯加，受到这一消息的刺激，1773 年西班牙决定在今天的加州进行殖民。关于 17 世纪西班牙对这片土地的漠不关心，罗杰斯认为这是由于西班牙的殖民地已经多到超出其能管理的范围。因而，北美西部沿岸的土地，直到 18 世纪在地图上都处于谜样（而且是不正确的）与“未知的地方”(Terrae Incognitae) 的状态。

西班牙在加州的殖民开始得相当缓慢。1792 年，西班牙人荷西·马里亚诺·莫西诺 (José Mariano Mozino) 呼吁在新加州殖民，并被这里大自然的繁盛给迷住了，自那之后也有许多人为此着迷。他写道：“大部分新加州各地的景色都很秀丽，土壤肥沃，山区森林繁茂，气候温和。那里可以生长各种欧洲的产物，在蒙特利要塞 (Presidio of Monterey) 和卡梅尔教堂 (Mission of Carmel) 之间，也有牧场放养各类家畜，并且繁殖了一万多头牛，并有相当多数量的马和羊。近海中到处都是鱼群、鲸、海獭和海狮。总之，上

开始是以太平洋为目标，并没有直接航向美洲。他花了两年时间，从新西兰向北穿过汤加、大溪地、夏威夷，最后才在 1778 年 2 月上旬开始航向北美大陆。他在 3 月 7 日看到了陆地，那可能是现今美国俄勒冈州附近的某处海岸，恶劣的天气让库克船长无法登陆，所以他就一路向北航行，错过了胡安·德·富卡海峡，之后经过了温哥华岛的西岸。3 月 29 日，"决心号"（Resolution）和"发现号"（Discovery）进入努特卡湾时，受到一大群独木舟上的人欢迎，后者热切地想要跟他们进行交易。库克船长后来发现卖给他的东西中有一些是西班牙的银汤匙，这才知道西班牙探险家胡安·佩雷斯（Juan Pérez）早在四年前就曾造访过当地。不过，还是要数库克船长的造访对这里产生的影响最为深远，因为库克船长对此地的描述，很快就开启了在西北海岸勘探、开采、殖民的活动。库克船长在其日记中记下了与当地土著的交易：

> 整天都有很多独木舟围绕在船边，跟我们进行贸易，双方都很严谨诚实。他们的货物是各种动物皮毛，如熊皮、狼皮、狐狸皮、鹿皮、浣熊皮、臭鼬皮、貂皮，这些动物中最特别的是海狸，跟在堪察加半岛海岸上发现的是一样的。[12]

这里的海狸跟 1741—1742 年间让停留在白令岛的斯特拉着迷的海獭一样，并且它的毛皮也和海獭的毛皮一样引起船员的贪念。库克船队的贸易活动很兴旺，据一位与他同行的美国人后来估计，他们离开努特卡时，带走了约 1500 张海獭毛皮。[13] 当时库克船长还不知道这些毛皮的价值，这些毛皮在东方长期以来都被视为珍品，特别是在中国，因为官吏们穿的长袍上会用海獭的毛皮来加以装饰。斯特拉的记录中提到，这些毛皮是如此珍贵，使得那些因为船难而滞留在白令岛上的船员们情愿在那里多待上一个冬季，只为捕捉更多的海

帝慷慨地给我们提供了一份巨大的财富，但我们却缺少人来享用它。550 里的土地上，就像是没有居民一样，虽然有 2000 人可以作为我们君主国的臣属，但在这些人中，包括妇女和儿童在内，只有不到 500 人可被称为文明人。"

加拿大努特卡湾的海獭。依据库克船长 1778 年第三次发现之旅中制作的版画绘制而成。图片来源：Cooke, C. (1802) *Modern and Authentic System of Universal Geography*. Volume II. MacDonald & Son, London.

獭！[14] 库克船长的远征接着朝北航行到阿拉斯加，最后通过白令海峡进入北极海，在此期间，他们遇到了在白令探险队离开后而来到这里的俄罗斯猎人和毛皮商人。这鼓舞了船员们用毛皮来进行贸易，他们以中等价位将约三分之一的毛皮卖给一位俄罗斯商人。他们后来相当后悔这样仓促的交易，因为当他们回程停泊在广州时，他们的毛皮售价高得让人不可思议：一件可以卖到 50—100 美元，精致的一件甚至可以卖到 300 美元。[15] 一开始，消息经由口耳相传，后来则是随着库克船长过世后出版的航海日志而广泛传开①，于是"海獭淘金热"也就迅速地在北美西部沿岸一带扩散开来。

在 1779 年库克船长的船队回到英国后的两年内，来自英国和美国的船只都装满了货物，以便与土著进行动物毛皮交易。一开始，船只沿着海岸航行，

---

① 库克船长没能成功地回到英国，他在夏威夷与土著发生争执时被土著用棍棒打死。

剥取那些被捕获动物的毛皮，其中大多数都被制成斗篷和其他衣物。这项资源很快就被耗尽了，然后土著开始猎捕海獭，以进行以物易物。猎人们最初是用传统方法捕捉海獭。他们乘坐皮筏或独木舟在西北沿岸和阿留申群岛周围追逐海獭，他们尽量接近海獭，接着投掷标枪，发动攻击。[16] 标枪的尖端用鲸鱼筋绳绑住一块可以拆卸的骨头，绳子另外跟充气的囊状物连接，用来减缓受伤动物的行动，如果没有击中目标，也可以比较容易收回鱼叉。猎人们通常都是成群结队地一起捕捉海獭，通过大声喊叫来惊吓海獭，迫使它们聚到一起，然后在它们探出水面进行呼吸时，朝它们泼水，一直到它们筋疲力尽，就可以用鱼叉杀死它们。在库克船长率队航行的 20 年间，火枪逐渐取代了布料和铁器，作为货物来跟土著交易毛皮，也用来杀死他们的敌人。早期的商人威廉·斯特吉斯（William Sturgis）也观察到了同样的现象 ①。[17] 然而，这些武器很快也被拿来捕杀海獭，并造成很大的影响。

1799 年，当时还只有 17 岁的斯特吉斯，被波士顿公司派往西北海岸，进行海獭毛皮交易。他详细地记下了他在这一地区的见闻，包括遇到的人和实际交易状况。在那个年代，无数张动物毛皮经过交易易手后被运送到远东地区。例如，斯特吉斯搭乘的"伊丽莎号"（Eliza）上，就运载了 2800 件分批购买的动物毛皮及同样数量的动物尾巴。到达新的交易地点时，斯特吉斯写道：

> 在就第一张动物皮毛开始进行讨价还价之前，总是会花上很长时间用来订定整个部落的共同价格。一旦价格让他们觉得满意，很快就能完成交易。只要还有货品，你能付多少，就可以拿到多少……想要拿到这些兽皮，最难的部分是要取悦这些家族中的女士，因为只要她一再坚持，她的先生就会为了芝麻大的小事硬撑很久，而且在女士同意之前都不敢吭上一声。[18]

---

① 斯特吉斯指出，不仅是毛瑟枪，布料、糖浆、米和长大衣也都是以物易物中有着很高需求的货品。他对莱姆酒的交易则感到遗憾，因为这在后来很快就促成许多部落走向堕落。

"伊丽莎号"运载的动物毛皮，在广州平均一件的交易金额是 25 美元，从库克船长那个年代起，动物毛皮在出现大量供应后，价格已经下降了许多。据斯特吉斯计算，1799—1802 年间，所有从美洲来的船只，一共交易了 6.08 万张动物毛皮。

海獭毛皮贸易在北美海岸迅速蔓延。1786 年，法国探险家拉彼鲁兹（La Pérouse）在加利福尼亚上岸时，注意到了可能与西班牙人进行海獭交易的商业机会；他观察到：蒙特利湾的美洲土著，借助棍棒或陷阱，在岸上就能猎捕海獭。西班牙人从来没有进行过海獭毛皮交易，当地也没有人使用海獭毛皮，因为那里太热了。不过，这种情况很快就发生了改变，拉彼鲁兹的预测非常准确。借助马尼拉大帆船 [19]，西班牙人已经建立起了新世界与远东之间的联结。回程时，在船上载运海獭毛皮当货物是件很简便的事情，而且当时西班牙人已经将他们的殖民地向北扩张到了加利福尼亚的海獭栖息地。据拉彼鲁兹记载，狩猎方法是由简单的芦苇制独木舟和枪，取代原始的陷阱和抛掷石头，因为海獭的警觉性已经变得越来越高。与西班牙之间的海獭贸易控制在殖民地官员手中，这些毛皮被运往中国，用来交换水银；水银被用来萃取原矿中的银，在南美相当缺乏。1790 年，有近 1 万张毛皮出口到中国，据说由此为西班牙国库赚进了 300 万美元。[20]

早期加利福尼亚海獭的交易受到供给量的限制，这既是因为美洲土著缺乏良好的捕捉技术，也可能是因为他们没有兴趣给西班牙人供应这么多数量的海獭。19 世纪初，美国商人嗅到了此间的商机，他们与俄罗斯人合作，将技术精湛的阿留申猎人和皮艇运入北美洲以追猎海獭，于是海獭毛皮的出口数量很快就达到每年数千张。但是，西班牙军队和敌对土著不断骚扰俄罗斯和美国人，致使他们的企业在 1815 年前后开始逐渐缩萎。1821 年，墨西哥脱离西班牙独立，加利福尼亚成为墨西哥最北边的一个省份。海獭毛皮贸易由此开始自由化，而俄罗斯人也改与墨西哥人合作，他们之间的协议一直持续了十年。在此之后，狩猎执照则发给沿岸居民及从美国内陆来到沿岸的流动海獭猎人。海獭捕猎快速增加，因为数以百计的人都在觊觎这些很容易赚到手的钱。

墨西哥独立时，海獭的数量还很丰沛，并有很多聚集在旧金山湾。一位观察者记下了从旧金山湾到圣克拉拉河口的景象，他写道："看起来就像是地面铺上了一层黑色的床单，因为那里有为数众多的海獭。"[21] 但是，自从 1850 年加利福尼亚成为美国的一部分后，海獭已被迫害到灭绝的边缘。更北方的海獭数量也在减少，但因稀少造成皮毛价格上涨，所以猎捕活动仍很频繁。在库克船长航行许多年后，海獭毛皮卖到中国市场的售价是 25—40 美元。不过，到了 19 世纪末期，其售价已经接近 2000 美元。1911 年，海獭在阿拉斯加和下加利福尼亚间的数量，只剩下 1000 多头。如今，除了蒙特利湾还有幸存的一小群，以及温哥华岛在 1960、1970 年代从阿拉斯加重新引入的一些外（这两个族群虽然还很小，但都有逐渐增加的趋势，其分布范围也在逐渐扩大①），一直到阿拉斯加，整个西岸的海獭都已灭绝。

海獭会捕食海胆和鲍鱼，鲍鱼则会捕食以海藻维生的软体动物，后者因为有着彩虹般光泽的贝壳而深受人们喜爱。海胆也吃海藻，它们是数量众多的海獭、大型鱼类和龙虾的食物。如果海藻被食用的压力降低，就会在岩石上蓬勃发展成浓密的巨藻森林。1793 年，乔治·温哥华在靠近圣地亚哥的沿岸发现了蔓延约三公里的巨藻森林[22]。巨藻可以长在水中深达约 55 米处，其长度可以达到约 90 米。1539 年乌略亚航行通过加利福尼亚州的海峡群岛时，就曾因为遇到巨藻森林而受困其中：

这些群岛周围有着如此丰富的巨藻，以至于不论什么时候，每当要从它们上面驶过，它们都会阻碍船只的通道。它们生长在水下 25—27 米深的地方，顶端可以超出水面 7—9 米，颜色是黄蜡色，在比例上，茎占了很大一部分。这些巨藻比它们呈现出的还要美，毫不令人惊讶的是，对大自然画家和造物者来说，这是最出色的。[23]

海獭并没有消灭分布在南方的鲍鱼。数量众多的鲍鱼仍在浅水海域茁壮成长。18 世纪，一位下加利福尼亚的观察者写道："太平洋海域北纬 27°—31°

---

① 1998 年，加拿大的海獭族群增加到 2500 头，今天的加洲海岸则约有 2200 头。

的海滩，有着数量惊人的单枚贝，它们被认为是已知贝类中最漂亮的。"[24] 然而，再往北走，体型大的鲍鱼就变得非常少①，以至于西班牙商人在把从蒙特利湾发现的贝壳带到努特卡及周边地区的部落时发现，这些贝壳成了最有价值的商品，可以用来交换海獭毛皮。[25]

　　长期以来，人们一直认为，斯特拉海牛从白令海和铜岛消失是密集捕猎所致。在斯特拉的记录中，其数量非常庞大，但却仅过了 28 年，人们就将其捕猎到灭绝地步。如果清楚海獭在巨藻森林中所扮演的角色，也就更容易理解大海牛灭绝的原因。在这些无人岛上，动物们还没有学会害怕人类，因此俄罗斯猎人的猎捕活动使得这些无人岛上的海獭迅速减少。随着海胆的族群数量增加，海藻被食用的压力也跟着增加，最后引发了一场对大海牛影响深远的生态灾难。据我们现今所知，在开始捕猎海獭十年后，巨藻森林就逐渐消失。斯特拉曾在其日记中提到，在冬季结束前，大海牛看上去瘦骨嶙峋，饿得半死。大海牛的食物完全依赖海藻，夏天生长的海藻可以帮助它们恢复活力及生产力。没有了海藻，大海牛注定会变得消瘦。比起捕猎，也许饥饿更是造成它们数量减少的一个重要因素，而这也有助于解释为什么大海牛族群会以超乎寻常的速度被压垮。②

　　在欧洲的殖民扩张和开发海洋资源的进程中，有一个共同现象：首先，像哥伦布、卡博特、德雷克、白令、库克船长及其他探险家的航行，原本是为了寻找上帝、土地、名声和财富，但他们带回的却是充满野生动物的奇怪海洋故事。通过像丹皮尔等人的书，开采这些资源的可能性广为欧洲人所知，从而激起了由追求利润的商业冒险家资助的第二波航海探险。这些航行虽有商业动机，却也间接扩大了已知世界的版图。但是，船员和旅行者为了商业目的、食物需求而屠杀动物，也对海洋和岛屿动物造成了极大的冲击。

---

① 只有堪察加鲍螺（pinto [*Haliotis kamtschatkana kamtschatkana*]）和北国鲍螺（flat abalone [*H. walallensis*]）这两个种类的鲍鱼分布北达温哥华岛。它们比加州和墨西哥潮间带常见的数个种类像黑鲍螺、红鲍螺和桃红鲍螺的体型都要小。

② 再往南，加州的巨藻森林并未随着海獭一起消失，因为当地的鱼类、螃蟹和龙虾等物种控制住了海胆的数量。

1835 年，在罗杰斯在海上进行掠夺的时代过去一百多年后，达尔文来到了加拉帕戈斯群岛。在昔日探险者眼中显得原始而荒凉的岛屿，一定很像世界的尽头。但是带着丹皮尔和罗杰斯的书的达尔文，却是特别渴望能够找到著名的陆龟。他花了两天时间徒步旅行，好不容易才找到了一只。曾经数量众多的陆龟，经过人类持续几个世纪的猎捕，已经严重耗损①。[26] 有趣的是，达尔文并不是第一个好奇为什么陆龟这种独特的动物会出现在那里的人。早在 1712 年，罗杰斯就提出了这个问题：

> 在那里，几乎每个岛上都有……陆龟。奇怪的是，它们是怎样来到这里的？因为它们不可能自己过来，而且大陆上也并没有发现任何一种陆龟。[27]

我们不难想象，丹皮尔与罗杰斯站在停靠在小海湾中微微摇晃的船上，热情地讨论着加拉帕戈斯自然史的细微之处。这片遥远而分散的土地，数个世纪以来，一直启发着博物学家的灵感。

我在写作本章内容时，我桌角的加拉帕戈斯陆龟正在用它那双看不见的珍珠色双眼盯着我。它那特殊的外壳表明它是在圣克鲁斯土生土长，它是搜罗纪念品的水手在 18 世纪后期取来的。经年累月下来，让它的外壳有了黑色光泽，革质皮肤则随着时间增加而干瘪龟裂。当它呼吸到来自太平洋的冷空气，尝到清晨树叶上的露珠时，海盗的时代已经结束。商业利益则已将帆船转变为更大的船只，并转向产量更加可靠的猎物。

---

① 达尔文后来有很多机会品尝加拉帕戈斯的陆龟，因为当地向导在他进行探索及在船上期间为他烹煮陆龟作为食物。"小猎犬号"离开时带走了三十多只陆龟，就像之前的数千艘船只一样，它也将加拉帕戈斯群岛当成了一个食物补给处。

第七章

捕鲸 —— 第一个全球产业

　　低沉的云团和灰色的冰面在北方冰冻的海平面上融为一线。无尽荒凉的北极冰层，仅会因为厚冰中奇形怪状的结构受到风暴扭曲形成高压脊而破裂。在细长的木制平底小船船头，镖鱼手一动不动地站着，目不转睛地凝视着前方沉重的波浪，四名男子坐在他身后，弯腰划着桨。他们已经连着追了五个小时鲸鱼，在冷风中持续划行十公里后，个个精疲力尽。他们的白日梦被距离他们十个船身远的一道水柱喷出的巨响所打破。在镖鱼手的呼哨下，船员们振作精神，屈身划桨。

　　等到距离拉近，他在船头拿起鱼叉，平衡了一下后，将鱼叉高举过头。来回试抛过几次，他掷出了鱼叉，鱼叉在空中画出一道优美的弧线。当鲸鱼被鱼叉击中时，它发出吼叫并潜入水下，不断扯走系在船上的一卷绳索，绳索由于摩擦船舷而发出轰隆隆的声响。一名水手在木制船舷上倒水，在冰冷的空气中，水蒸气像云一样向上升起。另一个人将第二卷绳子结在第一卷的尾端。疼痛得快要发疯的鲸鱼不断下潜，直到用去了八卷绳索，最后绳索被绑到船头拉得紧紧的。当舵手努力防止发生翻船和鲸鱼将船拖下水的风险时，船只受到海浪的威胁也在增大。这样恐怖的时刻可能要持续 30 分钟以上，直到鲸鱼被迫浮出水面。在这一刹那间，这些人必须设法在鲸鱼再次下潜之前，用另一支鱼叉击中它。他们希望在绳子被扯断或是遭到猛力撞击前鲸鱼就累得动弹不得，这样他们就可以接近并杀死它。这回他们运气不错，鲸鱼一露出水面，第二艘船就用一支鱼叉固定住鲸鱼。他们在鲸鱼第二次浮出水面时，快速赶上前，准备下手杀死它。

捕鲸人胜利的那一刻，也是最危险的一刻。要杀死鲸鱼，他们必须靠得很近，以便将长矛深深地刺入它腹部的维生脏器。当镖鱼手将长矛刺入鲸鱼体内时，镖鱼手的双肩会紧紧地向内收缩并扭曲。划桨手将船逼近鲸鱼，但也要准备好在其死亡前的混乱发生时马上离开。不久，鲸鱼身上就开始往外喷血，让船只和这些人有如置身于地狱中，因为鲸鱼那深红色的鲜血喷洒在他们身上后会结成冰，甚至就连海水都被染红了。鲸鱼开始战栗、抽搐，这一迹象给了这些人警告，让他们离远一点，以免在鲸鱼巨大的尾巴拍击水面时受到波及，这样的拍击会发出如同加农炮轰击时般的巨响。几分钟后，庞然大物做了最后一次喘息，然后静静地死去。

*   *   *

没有人能够确定人类开始捕鲸到底始于何时。9世纪时，英王阿尔弗雷德曾经款待过一位来自北国斯堪的纳维亚的旅行家欧特勒（Ohthere）。这位旅行家谈到他的航行曾越过挪威北方部落界线，到达白海和芬兰。他在那里猎捕海象，想要得到海象白色的獠牙和可以做出韧度最高绳子的皮革。他告诉国王：

> 这种鲸鱼远远小于其他种类，其身长不超过 3.2 米……捕鲸捕得最
> 好的要数我的国家；那些鲸鱼长有 21.6 米，最大的长有 22—23 米。[1]

欧特勒的故事是历史上第一份留存下来的关于捕鲸的文字记录，不过已知最早的捕鲸活动记录则是出现在韩国岩石上的艺术品。韩国蔚山大谷里的盘龟台存有公元前 6000 年到公元前 1000 年新石器时代的精细岩石雕刻[2]，上面有太平洋灰鲸、北露脊鲸、抹香鲸、杀人鲸和小须鲸。岩刻画中也呈现了人们乘坐小船，利用系着充气囊的鱼叉跟绳子，来追逐和捕捉鲸鱼的画面。有浮力的气

一头格陵兰露脊鲸临死前造成的混乱。背景中，捕鲸船上冒出的黑烟表明他们正在煮之前抓到鲸鱼的鲸脂。图片来源：Whymper,F. (1883) *The Fisheries of the World*. An Illustrated and Descriptive Record of the International Fisheries Exhibition, 1883. Cassell and Company, Ltd., London.

囊跟着鲸鱼，便于猎人在海上追踪鲸鱼，等到鲸鱼精疲力尽时，就可以上前下手猎杀。

　　在欧特勒生活的那个时代，在欧洲更南方的地方也有捕鲸活动，在比斯开湾（今法国和西班牙的海岸边）、诺曼底和佛兰德斯的考古遗迹中，就发现了中世纪捕鲸的证据。艾福列克（AElfric）写成于10世纪晚期的《对谈》（*Colloquoy*）中，提到了当时的捕鱼活动：一位渔民说他曾捕过鼠海豚、鲟鱼和一些其他的鱼，却没有捕过鲸鱼，因为捕鲸很危险，鲸鱼能击沉敢于攻击它的船只，但与他对话的捕鱼高手则回答说："有很多人都在从事捕鲸工作……并从中获取了巨额利润。"[3] 当时，捕鲸业似乎已经建立起了相当完整的组织。

　　早期的捕鲸业是在沿岸发现鲸鱼后，派出小船，前往捕猎。比斯开海岸还留有瞭望台的遗迹，表明观测员会在捕鲸季，长时间地在这里寻找鲸鱼。[4]
法国和巴斯克的捕鲸人用连接着绳索的鱼叉来捕鲸，斯堪的纳维亚和冰岛人则
使用矛和长矛。南方的技术较具优势，最后全球捕鲸人都用这种方法来捕鲸。
捕鲸人会在鲸鱼靠近岸边时捕捉它们，并会在海上对其予以捕杀，然后将其拖
上岸进行处理，或是拖到海湾中进行屠宰。① 11、12 世纪，人们常在北海南
部和英吉利海峡捕鲸。根据这些动物被抓的记录，在这段时间，鲸鱼的数量有
可能已经开始减少。历史记录确实指出，14 世纪时，佛兰德斯、诺曼底和英
格兰的捕鲸活动都有减少的趋势，表明鲸鱼的数量已在下跌。[5]

　　巴斯克捕鲸人猎捕的可能是须鲸科的鲸鱼，像长须鲸。这种鲸鱼嘴巴和
喉咙下方的皮肤上有一串沟槽可以扩张，并让它们可以大口吞下海水和大群的
大小沙丁鱼、鲭鱼这些时常出没在比斯开海岸的小鱼。但是，巴斯克人也可
能猎捕移动速度较慢的北露脊鲸和大西洋灰鲸。[6] 大西洋灰鲸是一种在沿岸生
活、现已灭绝的物种，北露脊鲸现在极为罕见，而且已经不再出现在比斯开湾
和北海。这两个物种的骨头都曾在荷兰、法国和英格兰的考古遗迹中被发现，
另外在冰岛则发现了一幅关于 17 世纪灰鲸的素描。在新英格兰，有一种特征
符合灰鲸的物种，被捕鲸人称为 scrag，在 18 世纪早期也因遭到猎捕而灭绝。

　　12、13 世纪巴斯克人和比斯开人沿着欧洲西海岸进行捕鲸的活动似乎已经
达到高峰 [7]，不过，到了 16 世纪中叶，他们很可能还在当地努力寻找数量足
够捕杀的物种。当卡博特和卡地亚的发现在欧洲广为人知后，他们一定会以极
快的速度横渡大西洋，赶往加拿大捕猎鲸鱼。这些探险家所见到的鲸鱼数量之
丰富，把他们吓呆了。1535 年，沿着圣劳伦斯湾往上游探险的卡地亚描述道：

　　　　那里有许多鲸鱼、鼠海豚、海马 [海牛]，和一种从未见过或听过的
　　鱼 [白鲸]。它们就跟鼠海豚一样大，像雪一样白，它们的身体和头的样
　　子跟格雷伊猎犬（grayhound）很像，总是习惯于逗留在咸淡水间，分布
　　在萨格奈河与加拿大之间。[8]

---

① 位于英国和冰岛之间的法罗群岛，以及日本海域，至今仍在持续捕鲸和猎捕较小的鲸豚类。

沿着海湾北部海岸接着上行，他继续写道：

> 我相信，我们从未见过跟那天一样多的鲸鱼。[9]

巴斯克和比斯开的捕鲸人，应该也会从继卡博特之后前往新世界捕捉鳕鱼的渔民那里获得消息。16 世纪中叶，贝尔岛（Belle Isle）对面、沿着拉布拉多沿岸就已经有了许多很完善的捕鲸站。[10] 每年夏季，都会有约 30 艘大帆船，搭载 2000 名水手，横渡大西洋到格陵兰，以猎捕通过海峡的北露脊鲸。

　　巴斯克人并没有长期待在这些水域。16 世纪晚期，由于这里出现了英国、法国、荷兰海盗，使得在此进行商业活动的风险太高。[11] 不过，此时探险家、商人、旅行者在更北方发现了富饶的新猎场，荷兰和英国的商业捕鲸利益就是在那些靠北的地方被重新点燃。1557 年，安东尼·詹金森（Anthonie Jenkinson）描写了一趟从伦敦到俄罗斯的航程：

> 这样继续向前航行，我们在北纬 70°的地方，遇上了人们所说的"参南"（Zenam）岛。我们在这座岛周围，看到许多可怕的鲸鱼围在我们的船边，有的长约 18 米。在交配季节，它们发出恐怖的咆哮声和号哭声。[12]

　　鲸鱼的数量在北方非常充足。哥德人马格努斯在其书中，间接地提到了16 世纪挪威海岸的捕鲸活动：

> 当海中的怪物或者说是鲸鱼被拖拉起来时，要感谢渔民的技术、机智和辛劳，或是吹向岸上的强风，或是风暴，或是这条鱼的愤怒。附近的人用斧头和小斧分解战利品，采用这种方式，仅需一头鲸鱼或怪物，他们就可以取得装满 250—300 台推车的肉、鲸脂和鲸须。然后他们把肉和脂肪放入大桶，用盐腌起来，就像他们保存数量众多的

海鱼一样。他们会根据需要，将其留作家用，或是将其出售给他人，出口到有此需求的遥远国度。[13]

马格努斯继续写道：

> 1532 年，人们在英格兰北部海岸发现了一条巨鱼。虽然这只巨大的动物被住在附近的人们视为奇观，大家吃惊地紧盯着它那异常巨大的尺寸——长约 28 米 [据此判断，很可能是蓝鲸]，但在挪威海岸的卑尔根与特隆赫姆之间的峡湾，也有类似生物不断出现，它们是此地的熟客。[14]

然而，鲸鱼分布密度真正最高的地方，当时还没有被发现。16 世纪末，马丁·弗罗比舍、威廉·巴芬（William Baffin）、约翰·戴维斯、威廉·巴伦支（Willem Barentz）和亨利·哈德森等远洋探险家，为了找到通往远东的西北及东北航道，开启了对北部海域的勘探。他们的名字都出现在留给后世的地图上。今天在赏鲸地点，运气不错的话，游客可以看到两三头鲸鱼，如果有十头以上，肯定会是让人难忘的一天。但在商业捕鲸时代之前，这样的数字几乎不会引起人们注意；在鲸鱼出现的热点区域、鲸鱼觅食和繁殖的地方，只有惊人的数量，才能让那些见惯世面的旅行家觉得值得在其日志中记上一笔。乔治·贝斯特（George Best）描述了 1578 年马丁·弗罗比舍第三次前往巴芬岛时一次难忘的邂逅："6 月的最后一个星期一，我们遇到了很多很巨大的鲸鱼，就跟鼠海豚一样多！"[15] 在那个时候，成群结队的鼠海豚的数量，通常可以达到数百或数千，因此，这样的比照很是引人注目。

虽然北极探险家当时并未找到通往中国的捷径，但是他们带回的消息却让商人们争先恐后地准备船只去远方捕猎鲸鱼和海豹。这是因为这些动物提供的商品，在 17 世纪人口较多、已经都市化的欧洲，有着与日俱增的价值。这两种动物都产油丰富，可以通过煮沸脂肪和尸体来进行萃取，用于照明和烹饪。鲸须是上百片有弹性的骨板，须鲸亚目的鲸鱼（baleen whales）用它来过滤海洋中的食物，具有很高的价值，可以作为撑起胸衣和裙子的骨架；龙涎香则是一种从抹香鲸肠内取出的蜡状物，可以与香水混合，作为定香剂，或是作为药品。

　　17 世纪早期，荷兰和英格兰商人就嗅到了来自北方的商业气息，但是摆在他们面前的一个问题是，他们中没有人知道如何去捕捉和处理鲸鱼。幸运的是，巴斯克人和比斯开人仍然保存了传统捕鲸技术，于是商人们就聘请这些技术人员，并指示他们的船长不要错失任何向这些人学习捕鲸方法的机会。① 斯堪的纳维亚半岛北部的斯匹次卑尔根岛（今斯瓦尔巴群岛）最早期的捕鲸景象，是由巴伦支在 1597 年发现的。他看到的是荷兰船，但却是由穿着巴斯克服饰的人指挥作业、镖刺鲸鱼，以及监督处理鲸鱼尸体。

　　当时荷兰渔业繁荣发展，1684 年时有 246 艘船在斯瓦尔巴群岛附近捕捉鲸鱼。[17] 一开始，他们采用传统捕鲸方法，也就是在近岸处捕鲸，然后在岸上处理尸体。但是，靠近岸边的鲸鱼很快就变少了，于是近海渔业就开始向更远的地方发展。当欧洲的冬季即将结束时，船只开始启航前往北极，并企图在冰层开始破裂时抵达。他们的目标是那些为了求偶而聚集到此的鲸鱼，这些鲸鱼也因吃了春季激增的浮游生物而变得肥美。而让 19 世纪约克郡某位捕鲸人懊悔的是，在那 17 年中：

　　　　我从来没有见过树上的花或果实，我的眼睛和感官从来没有感受到花朵的香味，见到成熟的玉米，或是紧接着的耕耘工作……那些年间，我身边最常见的就是冰、雪、雾，或广袤无垠的海洋。[18]

　　水手们也发展出了在海上处理鲸鱼的方法：先用铁链将鲸鱼的尸体系在船边，然后剥下鲸脂，用绞车吊上船。在北极作业的渔船将脂肪直接装桶，而不是像在陆地上那样用煮沸的方法提炼油脂，这些脂肪会被运回母港进行提炼

---

①　比斯开的捕鲸人当时已在格陵兰岛南部水域捕猎。1587 年寻找西北航道时，约翰·戴维斯和他的船员们看到一艘船正在捕鲸："17 日那天，我们在海上遇到一艘船。当我们认出那是一艘来自比斯开的船时，我们就想到它应该是来这里捕鲸的；我们在北纬 52°（格陵兰南部）的地方及其附近看到很多船只。"

（这一步骤中满是由于鲸脂酸败而发出的恐怖气味）。

大胆的冒险家可能会因为愿意前往远方而获得财富，但是，捕鲸是一种出了名的残酷、血腥而危险的工作。在北极地区，为了接近鲸鱼，船只必须在浮冰之间穿行。一旦风向转变，或者突然刮起风暴，浮冰可能会在几分钟内彼此合拢，船只就像是碎片组成的一样，一下子就会被冰挤碎。许多船只转眼就消失不见，还有许多船员死去。例如，有一艘船被格陵兰的浮冰撞坏，船员们趴浮在船只残骸和装鲸脂的大桶上，束手无策地在大海上漂浮了一周之久。事发五天后，他们恳求外科医生给他们放血，这样他们可以喝自己的血来解渴。医生答应了，但在另一艘捕鲸船赶来救起他们之前，人员已经死了一半。[19]

不过，幸运的是，通常所需的帮助都不会离得太远。18、19 世纪描绘北方捕鲸业的画面上，呈现的通常都是满载而归的渔船从前方一直延伸到遥远的地平线。与今天空旷荒凉的北方海域相比，这样的场景不免让人觉得那只是人为的艺术效果，并未呈现出真实景象。然而，当时从事这一行业的船只还真的是非常多。从 1722 年起的 46 年间，光是来自荷兰的捕鲸船就有 5886 艘之多。[20]

大约在欧洲人为了猎捕北极的鲸鱼而开始航向北方时，新英格兰殖民地正在准备成立。早期的探险家和殖民者发现鲸鱼会吹气并喷水。1635 年，清教徒牧师理查·马瑟（Reverend Richard Mather）跟殖民者一同搭乘一艘前往新英格兰的船，他在航行中一直坚持写日志。在经过纽芬兰海岸时，他写道：

> 下午的时候，我们看到巨大的鲸鱼冲着空中喷水，就像是一个冒着烟的烟囱一样，周围的海面顿时变成一片白色，而且它们大得让人不可思议，就像《约伯记》（41∶32）中提到的那样恐怖，我不再怀疑为什么约拿会在一只鲸鱼的肚子里。傍晚时分，水手们测量深度，发现水深约 91 米。[21]

马瑟的日记中，每一页上都有类似的描述；几天后，船越来越接近北美海岸，他写道："这天下午我们看到了很多大鲸鱼，现在这一景象是越来越一般了，随时都能看到。"[22]

新英格兰的捕鲸业是从猎捕搁浅的鲸鱼开始的。[23]众多的鲸鱼有时会游得非常接近海岸，近到它们会进入马萨诸塞的楠塔基特港，从而很快就吸引人们带着鱼叉下到海里去捕猎它们。到了17世纪后期，从长岛到缅因，都已发展出完整的捕鲸业。近海渔业在1712年从楠塔基特开始发展起来，当时一艘被风吹离岸边的船只想要抓住一头抹香鲸。因为有这样的刺激，接下来60年内，近海船队很快就扩散到北大西洋，并随着抹香鲸数量减少而越行越远。开发的顺序是从新英格兰海岸到卡罗来纳、巴哈马、西印度群岛、墨西哥湾、加勒比海、亚速群岛、佛德角群岛和非洲西海岸。直到1774年，美国捕鲸人首度越过赤道以南，一路追捕到了巴西，以应对鲸鱼在北大西洋减少的情况。整个18世纪，他们也在北方从事捕鲸工作，在纽芬兰大浅滩和格陵兰西边的戴维斯海峡捕猎北露脊鲸。

跟欧洲一样进入工业化经济社会的北美洲，很快就认识到鲸鱼具有很高的价值。到了18世纪，鲸油点亮了欧洲和美洲的街道、沙龙和客厅。在工业蓬勃发展的同时，对鲸鱼的利用也更加多元化。鲸鱼可以用在工业上，帮助润滑轮子；用来让开始意识到卫生的社会大众清洗身体，以及束紧女士们的腰肢。维持鲸鱼供应是一件很重要的事，随着18世纪当地鲸鱼数量减少，新英格兰人开始寻找新的渔场。1726年，英国航海家乔治·薛沃克（George Shelvocke）提醒当时人前往南大西洋捕鲸的可能性。在一本记录他环游世界航行的书中，他描述了一个捕鲸人不曾到过、鲸鱼数量异常多的地方：

在巴塔哥尼亚海岸，鲸鱼、杀人鲸和其他巨大的鱼的数量多到我们经常被它们骚扰。因为它们有时会离我们很近，当它们就在我们旁边吹气时，臭味害得我们差点窒息。它们会这么接近我们，让我时常想到，在海中每个浪头上，我们都可能会与它们撞到一起。我对格陵兰的渔业很陌生，无法知道为何鲸脂贸易不能在这里进行。我可以大胆地肯定，

这是一趟更加安全的航程，我深信并敢肯定这一定会成功。① [24] [25]

1786年，在巴塔哥尼亚南边的火地岛附近，另一位旅行家拉彼鲁兹也对这里数量丰富的鲸鱼留下了深刻印象：

在我们通过海峡的整段航行中，距离岸边5.5里的地方都被鲸鱼所包围；显然，它们从来没有被打扰过，因为我们的船并没有惊吓到它们，它们雄伟地游弋在距离舰艇射程一半之处；在捕鲸人来到此地进行与在斯匹次卑尔根岛或格陵兰一样的战役之前，它们是这片海域的统治者。我怀疑世界上是否还有比这里更好的捕鲸地点……唯一不便的一点是，横跨[大西洋]大约需要五个月的长程航行。[26]

稍后，在航行经过智利海岸时，拉彼鲁兹继续写道：

整个晚上我们都被鲸鱼所包围，它们游得离我们的舰艇是如此接近，以至于当它们吹气时，就会把水喷到船上来。[27]

当北方的鲸鱼数量变少时，美国的捕鲸人便转向南方地区，追求有着更高渔业生产力的水域。19世纪初，捕鲸成为第一个全球性商业。拉彼鲁兹所说的五个月"不便"已不存在。新英格兰人开始驾驶巨大的船只，在海上一次航行3—4年。他们到达世界上各个已知有鲸鱼聚集的角落，并尝试探索无人探险过的地方。就像一位19世纪作家所说："航行时间长到可以称之为流放。"[28]北极海的捕鲸人喜欢在南方捕猎与北露脊鲸相似的鲸鱼，不过在19世纪末，抹香鲸是捕鲸人的首选。抹香鲸是知名的伟大战士，在其死亡前的挣

① 其他作家也遇到过密集的鲸鱼，他们因为鲸鱼呼吸时所发出的恶臭而受到惊吓。1772—1775年间与库克船长一起航行的科学家佛斯特（J. R. Forster）写道："我们很少接近火地群岛岸边。我们发现周围至少有二三十头鲸鱼和数头海豹。鲸鱼会在上风处喷气，我们发现它们呼吸时散发的恶臭能让人中毒，空气中的腐尸味能持续两三分钟。"

扎中，它们会拍打海面，海水因而形成泡沫。美国小说家赫尔曼·梅尔维尔（Herman Melville）选择抹香鲸作为《白鲸》中反传统的主角，是有道理的。19 世纪初期，抹香鲸的油已成为蜡烛或灯的燃料选择，因为它既能产生亮光，又几乎不会冒烟。①

抹香鲸主要分布在热带地区。1835 年达尔文访问加拉帕戈斯群岛时，当地到处都是追逐抹香鲸的美国捕鲸人。同年，早期一位观察者对抹香鲸的科学描述，提供了它们大致的数量，吸引了许多人花费长时间航行来到这里。

> 抹香鲸是一种群居动物，它们的族群组成有两种型态，一种由母抹香鲸组成，另一种由年轻、尚未完全成熟的公抹香鲸组成；后者一般又可再依年龄进行区分……数量很多的鲸鱼，捕鲸人称为"群"（schools），有时这样一"群"的数量会有很多，我曾见过一群就多达五六百头。[29]

北美西海岸的探险家，也发现了新的沿岸鲸鱼族群。拉彼鲁兹在其 1786 年的航行中，到达了加利福尼亚的蒙特利湾，并作了如下记录："我们周围鲸鱼的数量，多到无法用言语来形容，我们对这些鲸鱼完全不熟悉；它们不停地喷气，高度可以达到我们舰艇射程距离的一半，并使得空气中充满了恶臭。"② [30] 1792 年，乔治·温哥华对加州门多西诺角数量众多的鲸鱼深感震惊，之后他在探索温哥华岛周围水域时，也同样对宁静湾（Desolation Sound）的鲸鱼留下了深刻印象："无数条鲸鱼正在享受这个季节，它们在船只四周尽情嬉戏。"[31]

沿海捕鲸业很快就在北美洲西海岸展开，尤其是在加州和下加利福尼亚半岛。太平洋灰鲸沿着其迁移路线，从它们生产的庇护所——墨西哥下加利福

---

① 我们现在所用的照明单位：烛光（candlepower），就是以抹香鲸油制成的蜡烛所产生的亮度作为基准。

② 在最早期的加州探险家中，1539 年乌略亚在蒙特利湾也有相似经历："500 多头鲸鱼分成两三群，在一个小时内横穿越过我们，真让人吃惊！它们的数量非常庞大，有些很靠近船只，它们从船的一边游到另一边，我们很怕它们会伤到我们。"

尼亚的潟湖——一路被猎捕，直至它们在北方白令海的觅食区。19世纪，猎捕鲸鱼和海豹的斯卡蒙船长（Captain Scammon），在下加利福尼亚发现了这些幼鲸出生的潟湖，这个地方直到今天还是以他的名字为名。在那里，母鲸会聚到一起一同生产，鲸鱼们"在最偏远的潟湖聚集，密集地挤在一起，船只在通过这处水域时，很难不碰撞到它们"[32]。

斯卡蒙在1874年写了一本书，记述了捕猎灰鲸渔业的崛起和发展。据其书中记载，海湾的捕鲸活动始于1846年，之后规模迅速扩大，两年后就有50艘船参与其中。在1850年代初期岸上瞭望塔的记录中，从12月15日到2月1日，每天都有约1000头鲸鱼通过。起初，人们躲在停在巨藻中的船只上，等待鲸鱼近到可以被鱼叉射中时才进行猎捕。鲸鱼很快就提高了警觉，所以人们又改在巨藻森林外追逐它们；从1840年开始，人们采用了一种由传统鱼叉改良而成的捕鲸枪。这种捕鲸枪会射出鱼叉，鱼叉在触碰到鲸鱼后，会刺入

加州灰鲸在其夏季繁殖地点。这是1874年捕鲸人斯卡蒙船长在其书中描绘太平洋海洋哺乳动物的图示。图片来源：Scammon, C. M. (1874) *The Marine Mammals of the North-western Coast of North America*. Dover Publications Inc.,New York, 1968.

其体内，足以杀死鲸鱼，至少也能加速其死亡。1850 年代中期，整个加州及下加利福尼亚的每座港湾和可以航行的潟湖都有船只在捕鲸。他们的捕猎是如此密集，而且从不间断。1872 年，每天可以从岸上看到通过的洄游鲸鱼数量，已经下降到了 40 只左右。

斯卡蒙是一个对屠杀鲸鱼早已无动于衷的捕鲸人，但他在写书时也开始关注灰鲸数量枯竭的问题：

> 文明的捕鲸船会前往更远的大海中寻找鲸鱼，因为经过一年又一年的猎杀，鲸鱼们已经学会了避开致命的海岸……这些动物曾经聚集生育幼鲸的大型海湾和潟湖，已经变得几乎跟沙漠一样。从西伯利亚到加利福尼亚湾，躺在海岸上的巨大的加州灰鲸的骨骸，在银白色海水的冲洗下，慢慢褪色，沿着破碎的海岸散布。要不了多久，它们就很可能会成为从太平洋中灭绝的哺乳动物之一。[33]

在新的捕鲸地相继被发现之后，鲸鱼族群迅速耗尽。到了 19 世纪中叶，约有 13400 名船员操作 650 艘美国捕鲸船在太平洋上作业。捕鲸人极度渴望发现新的渔场，并会参考任何新的指引。1848 年，一位美国捕鲸船船长穿过白令海峡，在楚科奇海发现了可供猎捕的众多弓头鲸。一位编年史作者指出，它们与抹香鲸不同的地方在于，它们很容易被刺中，像羊一样死去。[34] 一年后便有 154 艘船在这处冰封而危险的海域捕猎弓头鲸。

捕鲸业之所以能够蓬勃发展，只因捕鲸人始终都在不断地找寻并发现鲸鱼尚未被屠杀的新渔场；这种渔业之所以能够维持这么久，是因为当理想的品种数量减少时，捕鲸人就会逐步将目标转移到较不受欢迎的品种上。回顾这段历史，我们不难发现，从 17 世纪到 20 世纪，鲸鱼一个地方接着一个地方、一个种类接着一个种类地从地球上消失。然而，当时很多人却宁愿相信鲸鱼只是搬到了别的地方，也不愿面对捕鲸人已经消灭了其渔业根基这一事实。梅尔维尔在《白鲸》中就曾提及这一集体目光短浅问题：

关于那些被称为"须鲸"的鲸鱼，在很多曾经很丰富的捕鲸场中再也抓不到了。有人认为这是因为这个种类的鲸鱼数量减少了，但其实这种看法是错误的。因为这些鲸鱼仅会在海岬间移动，如果一处海岸不再因它们喷水而生气蓬勃，那么可以肯定的是，在其他地方或更偏远的海边，最近一定也会有人因为这样不熟悉的壮观景象而惊叹不已……因而，只有在海洋中间的空旷处，在极地，还有须鲸最后的堡垒；它们在冰域和浮冰的包围下，在无尽玻璃般的屏障和高墙下潜水，在永冬中的梦幻区域中，蔑视所有的猎捕行动。[35]

现实情况则与这一描述很不一样。19 世纪晚期的一张捕鲸地图显示，半数地点都已被放弃，因为鲸鱼的数量已经减少到商业性灭绝① 的地步。随着鲸鱼数量减少，捕鲸人更是不分青红皂白一见到就将它们杀害。19 世纪晚期，某位捕鲸人在自己的回忆录中，对比了近期和往日的捕鲸行为：

在［格陵兰的］庞德湾，我们看到了大量的鲸鱼，但是它们的体型都很小；有些船抓到了很多，但我们的船长下令只能捕捉较大的鲸鱼。在你可以挑选的时候，这样的指示非常正确，但现在凡是看得到的，都必须抓起来。[36]

不过，对鲸鱼的需求量也在这个时候开始下降了。19 世纪中叶，鲸油灯已被矿物油和天然气所取代。

奇怪的是，许多现代的记录都略过了 400 年来密集商业捕鲸的过程。我给学生看的关于鲸鱼遭到猎杀捕获量下降的图表，最远只能追溯到 20 世纪初，此后的资料就很齐全了。事情之所以会是这样，部分是因为 20 世纪曾有过一段捕鲸业复苏期。由于配备了蒸汽和柴油动力，捕鲸人可以追上像蓝鲸、塞鲸(sei)、小须鲸这些游得很快、船员们划船追不上的须鲸。在此之前，这些种

---

① 商业性灭绝（commercial extinction）：数量少到不具商业捕捞价值。——译注

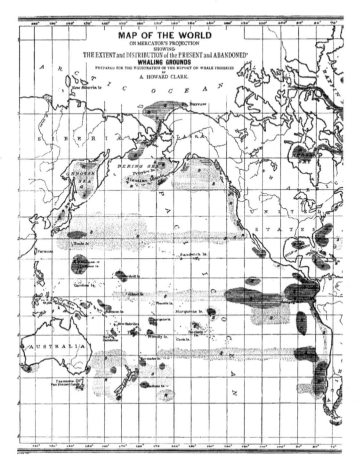

1880 年的太平洋捕鲸场。深色的阴影区域代表那时仍在猎捕鲸鱼的地方，浅色区域则是被捕鲸人放弃的地区。字母用来代表不同种类的鲸鱼：S 是抹香鲸，R 是露脊鲸，B 是弓头鲸，G 是加州灰鲸，H 则是座头鲸。（图片来源：未知）

类的鲸鱼大都能够逃脱被捕猎的命运。然而在那之后，它们便一个接一个地消失了，就跟之前的模式一样，直到 1980 年代早期，所有捕鲸业一律叫停。但实际上，接二连三的鲸鱼消失，可以一直回溯到中古世纪欧洲，不过这个故事却很少有人提起。

国际捕鲸委员会（International Whaling Commission）的科学家们，曾想估算出 17 世纪开始积极捕鲸前的鲸鱼数量。该委员会负责管理捕鲸业，正在努力落实 1980 年代达成协议的捕鲸禁令，虽然日本、挪威和冰岛这三个国家无视这一禁令，仍在继续捕鲸。国际捕鲸委员会根据航海日志及其他历史记录，估算曾有约2万头座头鲸、3万—5万头长须鲸分布在北大西洋。美国学者乔·罗曼（Joe Roman）和史蒂夫·帕鲁比（Steve Palumbi）用借助基因资料所做的鲸鱼族群数量估算结果，来质疑目前估算的鲸鱼族群数量。他们研究发现，早期的鲸鱼族群数量，要比现在估算的多很多。[37] 基因变异会随着物种繁殖族群的数量增加而增加，这一现象使得族群数量可以通过分析细胞样本中的遗传物质来进行估计。由于鲸鱼有很长的世代交替时间，对它们来说，从遗传变异的发生，到这样的改变在族群中稳定下来，需要很长时间。今天，鲸鱼族群遗传上的差异性，仍然可以反映出大规模商业捕鲸前的族群规模。根据罗曼和帕鲁比的遗传学方法估计，商业捕鲸前的须鲸数量约为3.6亿，座头鲸的数量约为2.4亿，这样算来，要比之前经由捕鲸所估算的数量高出了9—12倍。

在我看来，由遗传作出的估算，似乎要更加符合那些早期旅行者们所见到的鲸鱼数量。从日志记录中来估算族群数量，有几个会导致低估的原因；其中最明显的一个就是，许多航海日志都已遗失，而且有很多鲸鱼被击中受伤后并未被捕到，但随后也死去了，而这一部分并没有被记录下来；另外，20世纪时有许多鲸鱼被杀，但却都未提交国际捕鲸委员会进行登记。不管是什么原因造成的误差，单从基因资料和历史上许多亲眼目睹的评论来看，自颁布捕鲸禁令以来，我们可能大大高估了鲸鱼种群的恢复状况。据我们估计，目前在最好的状况下，座头鲸的数量在0.9万—1.2万左右，长须鲸则约为5.6万。从捕鲸委员会的估计来看，这表明长须鲸的数量已经完全恢复，座头鲸也正走在族群恢复之路上。然而，事实可能并非如此。如果用基因估计出的族群数量是正确的，那么，早先恢复的捕鲸活动就是建立在错误的基准上，误以为鲸鱼的族群数量已经恢复了，这样的错误很可能会再次危及鲸鱼族群。

08 第八章
天涯海角猎海豹

1817年，在南印度洋一座偏远的岛屿上，新英格兰人威廉·菲尔普斯（William Phelps）了结了一场战斗：

> 我对大象［海豹］的习性一无所知，因为在那之前，我从未亲眼见过宰杀海豹。在那里，我先用一根上面接着0.6米长矛的1米长竿来展开攻击，然后用棍棒，接着用钢刀宰杀，最后则是烹煮这种无与伦比的巨兽。其中最小的一头看起来都可以把我当成一餐吃掉。当船员们走出我的视线，我选了一头最小的，想要对这些两栖怪物一探究竟。我照着它的鼻子就是一拳，它后肢直立，张开嘴，冲着我愤怒地咆哮。这给了我一个机会，我从它胸前大概是心脏的位置，将矛刺了进去，深度直达刀托。到目前为止一切都还好，但我拔矛和后退的速度不够快，所以被它咬住了长矛的柄，然后从伤口中拉出，快速地画出一道圆弧；竿子的末端击中我的头部，我扑倒在地……我用的下一个武器是棍棒，我用尽浑身力气击打这头可怜的动物，然后将矛紧紧地系在竿子上，不断地刺向它，直到它最终死去。[1]

从中世纪早期开始，海象就是一种珍贵的商品，其主要价值来自它们的象牙及坚韧的毛皮，但是，捕捉它们是一项很危险的工作。图片来源：Hamilton, R. (1839) *Jardine's Naturalist's Library*. Mammalia Volume VIII. Amphibious Carnivora Including Walrus and Seals, Also of the Herbivorous Cetacea, &c. W. H. Lizars, Edinburgh.

　　1817 年，在这样的屠杀中菲尔普斯还只是一个新手，而对其他猎捕海豹的人来说，这已经是一门很大的生意。数以百计的船只为了寻找和猎捕海豹而出航，不停地往返于偏远的海洋。自从人类开始猎捕以来，海豹一直是一种很好的猎物。凡是有海豹的地方，都可以在海滩边的沉积物中发现数千年前的海豹遗骨。这种动物几乎提供了居住在格陵兰的伊努特人（Inuit）所有的生活所需：肉和脂肪可以作为食物；油可以用来烹饪、照明和取暖；皮可以做成衣服、被褥、皮艇和绳索；筋可以做成线；胃肠可以用来制成小屋中的窗户、帷幔和防水服；膀胱可以用作狩猎时的浮具；骨头可以用来制作工具。[2] 尽管如此，面对 18、19 世纪初期开始发展起来的商业性猎捕，海豹还是完全没有做好应对。

最早的商业性猎捕目标是海象。9 世纪时，斯堪的纳维亚旅行家欧特勒和他的伙伴们开始猎捕海象，他们利用被捕海象的方式很可能跟伊努特人一样，不过，海象的獠牙与皮革带来了更大的商机。海象有一对獠牙，从又小又皱的脸上向下弯曲 30—80 厘米，它们的眼睛像极了黑色的葡萄，长在浓密的胡须上方。海象的胡须用来侦测海底的贝类，海象牙象征其社会地位，偶尔也会被用来当成杠杆，帮助它们在浮冰上移动，或是用来在岩石上“行走”。（海象的拉丁学名是 *Odobenus rosmarus*，意思是“用牙齿行走的海马”。）

公元 5 世纪罗马帝国崩溃之际，从非洲北上的象牙贸易路线也被堵住了。所以在中世纪早期，像欧特勒这样的北方人，只好将海象牙卖往南方，这些海象牙被雕刻成有着精美图案的圆筒，在宗教仪式中使用，另外也可做成游戏物件，像在苏格兰刘易斯岛上发现的 10 世纪的棋子。[3] 海象皮则是当时已知最坚韧的皮革之一，被用来制成性能极佳的绳索。为了制作绳索，海象从尾部一直到脖子会被螺旋状剥皮。一头尺寸大一点的海象，可以产生一条长达 28 米的完整长带。16 世纪时，海象皮制成的绳索被用来传动围城用的石弩。[4] 19 世纪，其皮革则被用作机械传动皮带；到了 20 世纪，海象皮有了一个更常见的用途，那就是用来制作撞球杆的皮头。[5]

10 世纪时，北欧人在殖民格陵兰时就已发现了海象。夏天的时候，他们向北追捕海象一直到戴维斯海峡，用海象牙交易来自冰岛和斯堪的纳维亚的商品。来自格陵兰岛的北欧水手发现北美洲时，也在较靠近温带的海域发现了海象。或许猎捕海象是他们短暂停留在这个大陆殖民地的动机之一①。纽芬兰的兰塞奥兹牧草地（L'Anse aux Meadows）是北美洲唯一被证实有北欧人定居的地方，这里面对着的贝尔岛海峡位于圣劳伦斯与拉布拉多海之间，是海豹和鲸鱼重要的迁徙路线。这个定居地被认为是北欧人向南突袭圣劳伦斯的重要根据

① 感谢约克大学考古系詹姆斯·巴瑞特博士提出的这一看法。

地，他们应该是在那里发现的海象。15 世纪末及 16 世纪，在下一波欧洲探险家和渔民进入北美洲时，圣劳伦斯湾周围的岛屿和河流中还有很多海象，其分布地区可以远至新斯科舍省的塞布尔岛 ①。[6]

猎捕海豹是欧洲探险新世界早期的动机之一，另一个动机则是捕捉鳕鱼和鲸鱼。海象的体型是海豹类中最大的，大型雄海象重约 1.5 吨，连同海象牙和尾巴，长度可达 3.5 米。一头海象平均可以生产半桶到四分之三桶品质极佳的油（当时每桶可装 31 加仑或 120 公升的油）。1591 年，一艘法国船只停靠在塞布尔岛，在那里杀死了 1500 头海象。布里斯托尔商人托马斯·詹姆斯（Thomas James）得知后，写信给英国财政大臣威廉·塞西尔爵士（Sir William Cecil），告诉后者这个消息；毫无疑问，他本人心底非常渴望财务大臣能够进一步支持到那个地区进行商业探险活动。他声称，除了其他用途，海象皮就像战争中用的盾一样出色，而且"海象牙比独角兽的角更高贵"②。

随后几十年间，圣劳伦斯湾的巴斯克捕鲸人抓走了很多海象。1719 年，皮耶尔·德夏洛瓦的探险队到达圣劳伦斯时，已很少能抓到海象。[7] 不过，这对海豹猎人一点影响也没有，因为他们在更偏北的地方发现了新的海象族群，这些海象很快就跟鲸鱼一同被猎捕。1597 年，威廉·巴伦支发现北极海中的斯瓦尔巴群岛时，那里估计有 2.5 万头海象。[8] 勤奋的荷兰人和英国人在岸上屠杀了数千头海象，加以煮沸，萃取油脂。对猎人来说，海象和其他海豹都是很容易猎捕的目标，虽然有时猎杀海豹并不像菲尔普斯在 1817 年遇到象海豹时那般容易。1800 年，搭船寻找新世界的法国自然学家弗朗索瓦·佩隆（Francois Péron）很简洁地说道：

> 海豹必须上岸休息或是带着它们的幼崽上岸，大自然让它们拥有这样一种天性，就像是事先设计好要让它们死亡和毁灭。它们几乎无法在

① 卡地亚在探察圣劳伦斯湾时发现了几个大型的海象聚集地。
② 1591 年 9 月 14 日，布里斯托尔的托马斯·詹姆斯在其发给英国财务大臣塞西尔爵士的信中提到了发现拉米亚岛一事。

地面上移动，也没有任何防御能力，最终只会是更大型动物或人类手下的受害者。因此，为了逃避这两种敌人，这些胆小的海豹只能栖息在既没有猛兽也没有人居住的偏远岛屿、独立礁岩或永冻冰原上。[9]

　　早期的旅行者为什么在看到数量庞大的海豹群时会感到如此惊讶？佩隆对此有一番精辟的见解。几千年来，人类在居住地的海岸边猎杀海豹，导致海豹数量减少，迫使它们迁移到更偏远的海岸边，所以现代人只能在海上航行时，在最偏远的地区，发现数量壮观的海豹群聚繁殖据点。例如，1585 年，约翰·戴维斯在巴芬岛附近看到海豹时大吃一惊："我们看到这片海岸上有数量众多的海豹聚在一起，就像是一群群的小鱼。"[10]

　　猎捕海象总是与捕鲸密不可分。在整个捕鲸史上，捕鲸人如果没有捕捉到足够的鲸鱼，就会把海豹当成替代物，拿它们来填满船舱。但是不久之后，海豹贸易就往不同方向分枝出去，转向以海狗为目标，因为海象的数目已经非常稀少，而且高品质的毛皮市场也已打开①。这样的转变，主要是由于在海獭贸易的刺激下，中国也开始有了对海狗毛皮的需求。除了毛需要压整，毛皮可以直接使用。在阿留申群岛猎捕海獭的俄罗斯人，早就将海豹的毛皮运送到中国进行贸易。这些毛皮的价格远低于海獭的毛皮，但是海狗数量较多，容易捕捉。没过多久，欧美商人就在智利海岸的胡安·费尔南德斯群岛看到了这一商机。在那里，礁岩上数目众多的海狗，给威廉·丹皮尔等人留下了深刻印象。

　　最早在胡安·费尔南德斯群岛开始进行的商业性海豹猎捕活动，发生在1780 年代末至 1790 年代初。当时欧洲海员已经利用海洋资源达三个世纪之久。17 世纪和 18 世纪初，人们对油脂和皮革的需求不断增加，因此，当时就已开始猎捕大西洋的海豹，除了填补捕鲸数量不足的缺口，也供作当地民生所需。但是，中国皮革市场的开通，迅速将这一产业带到另一层次。1790—1820年间，猎捕海豹的活动遍及全球。当时的商人看出了海豹的商业价值，在他们眼中，一群又一群整天在岸边又叫又吵的海豹，就像是一堆又一堆可供取用的

---

①　虽然海象的皮革坚韧而有价值，但这种动物的皮上并没有软毛。

财富，而海狗则在这波攻击中首当其冲。

海豹有两大类：耳朵突出的海狮科（*Otariidae*）①和真海豹或海豹科（*Phocidae*）。海豹猎人将海豹分为毛皮海豹（fur seal，即海狗）和粗毛海豹（hair seal）（海象在分类上自成一科）。海狗的毛发比较浓密，而且有两层，外层较长的毛发保护了较浓密细致的内层毛发，内层毛发的密度每平方厘米高达5.7 万根。这些毛发能锁住一层空气，使皮肤得以保持干燥，这也就是海狗毛皮价高的原因；与其相对，粗毛海豹毛皮品相较差，仅被当成皮革使用。粗毛海豹被屠杀取油后，毛皮常被丢弃；海狗被杀后，只有毛皮被取走，尸体则任由腐烂。粗毛海豹躲过了第一波猎捕活动，但当捕鲸业没落后，它们就被当成了获取油脂的目标。

海豹面对人类的捕捉毫无反抗能力，被证实是其数量不断降低的原因之一。例如，首先抵达胡安·费尔南德斯群岛的海豹猎人，能够成群地宰杀它们。1792—1793 年，以纽约为母港的"伊丽莎号"，是第一艘航行到这座岛的美国船只，它装走了3.8 万张毛皮，运往中国。接下来的七年中，每年都有10—20艘船到胡安·费尔南德斯群岛运走毛皮。亚玛撒·德拉诺（Amasa Delano）亲身参与了这项贸易，据他估计，在此期间，约有300 万张海狗皮从这个群岛或邻近岛屿被运走。[11] 1805 年，西班牙开始禁止其他国家的人前往当地猎捕，但到那时海狗的数量已经没剩多少，猎人们早已转往其他地方去了。

在开始大规模扩张的商业性猎捕海豹的早期，弗朗索瓦·佩隆和他的手下被风暴困在澳洲南方巴斯海峡的国王岛上达 12 天。由于食物所剩无几，他们只好接受当地捕猎海豹的猎人的好意，分享后者的食物；那些人预计要在那里停留 13 个月，猎捕象海豹只为获取油脂（因为这种海豹是粗毛海豹，毛皮价值不高）。在观察过其猎捕海豹的作业后，佩隆知道，这样的贸易和海豹的数量都是无法可持续的。他在 1802 年时就预言象海豹将会灭绝：

> 这种巨大的海豹品种将会发现其处境已是四面楚歌；它们的数量

---

①　海狮科又可分为海狮亚科及海狗亚科。

已经有了惊人的锐减，而这样的状况将会越来越无法挽回，它们甚至无法像鲸鱼一样可以逃到极地的冰层中寻找庇护所，用天然的危险屏障来保护自己免遭人类攻击。相对温暖的环境对海豹的生存是必要的，而且它们习惯于生活在陆地上。然而，虽然陆地是它们生长的摇篮和繁殖的场所，但却也是它们吐出最后一口气的地方……由于这样的天性，它们如何能逃离它们最主要的敌人呢？就它们的例子来看，鲸鱼的状况也是大同小异，这一点毋庸置疑，就像我最初也是我最敬重的老师所预测的那样："与其他许多动物一样，这个伟大的物种也将被消灭，就算它们躲到最遥远的地方避难，也无法逃离人类的猎杀。它们将会从地球上消失，未来人们将只能看到这种大型动物仅存的一小部分。它们中存活下来的数量就像灰尘一样微小，风轻轻一吹就消散了……它们将只存在于人类的记忆和图片中。"——出自 1804 年出版的拉塞佩德《鲸目动物的自然史》（Lacépède, *Histoire Naturelle des Cétacés*，1804）。[12]

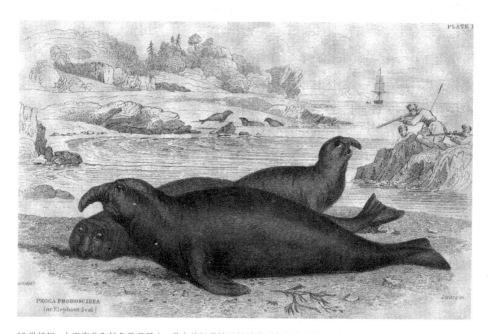

19 世纪初，由于海豹和鲸鱼数量稀少，猎人就把猎捕目标转移到象海豹身上，因为它们体内富含油脂。图片来源：Hamilton, R. (1839) *Jardine's Naturalist's Library. Mammalia Volume VIII. Amphibious Carnivora Including Walrus and Seals, Also of the Herbivorous Cetacea*, & c. W. H. Lizars, Edinburgh.

　　在高峰期，这些胆大、出手快的船长们受到高收益的吸引，有数以百计的船只都在猎杀海豹。海豹猎人几乎跑遍世界上每一个角落，并导致其所到之处的海豹数量急剧减少。18世纪晚期，福克兰群岛被洗劫一空后，船只改为向南移动，挺进南美洲最南端崎岖的史坦顿岛（今称艾斯塔多岛）海岸。南极海洋边缘的南乔治亚岛，差不多也是在同一时期被胡安·费尔南德斯发现。在那段时间，至少出产了120万张毛皮。19世纪早期，海豹猎人进入太平洋追猎海豹，掠夺范围包括加拉帕戈斯群岛、下加利福尼亚和加州海岸。虽然在这些生产力较低的温暖区域，海豹的数量较少，但没过几年，美国和俄国的海豹猎人，就从旧金山外的法拉隆群岛，带走了15万张海狗的毛皮。加拉帕戈斯群岛、下加利福尼亚和瓜德罗普岛加总起来，至少也出产了相同的数量。

　　19世纪的前十年，海豹猎人也抵达了印度洋南部的凯尔盖朗岛、赫德岛、爱德华王子岛和克罗泽群岛。这些孤立的海上小岛，距离大西洋边缘约2000公里，远远超出了贸易航线。这些地方一直被探险者所忽略，直到海豹猎人和捕鲸人因为需求，开始寻找未知的海域。在发现这些新的海豹聚集地后，短短几年之内，当地海豹的数量就从几万头一下子减少到只剩下几百头。对海豹猎人来说，留下任何一头海豹都是没有意义的，因为就算他们不抓，下一艘船也会抓。这些发生在海豹身上的惨事，被加勒特·哈丁（Garrett Hardin）称为"公有地悲剧"（tragedy of the commons）。这一悲剧出现在人人都能使用有限的资源，但这一资源却不属于任何人、也没有人能管控的情况下。如果每个人都自私地使用资源，不为公众利益着想，最后资源就会耗尽，出现人人皆输的局面。1960年代，哈丁发表了这一极有影响力的研究成果，他以在公有地上放牧为例来阐释这一概念。[13] 因为每个人都能免费使用这片土地上的资源，所以大家都会尽量增加自己所能放养动物的数量，让它们在这片土地上吃草，结果就会造成放养动物过多，食物不够供给这些动物，动物们最后都饿死的局面。相反，如果牧民们能够相互合作，在有限的土地上达成放养动物总量的协议，就能使所有人都过上一种更好的生活。

　　1810年，海豹猎人很清楚，那些看似无穷无尽的资源，其实已经在迅速减少中；探索未知的海域，寻找尚未开发的海豹聚居地，变成猎捕海豹业追求利益必须做的事，而这个秘密则成为猎捕海豹企业的资本。然而，除了弗朗索瓦·佩隆在其书中表达了对象海豹的哀悼之外，在那个年代，普遍盛行的只有功利主义，几乎没有人会为大量杀害海豹而感到懊悔。贾丁的《博物学丛书之两栖掠食动物集》（*Jardine's Naturalist's Library volume Amphibiou Carnivora*）中，曾这样描述近期发生在南设得兰群岛的事件：

> 在这片贫瘠的地方，据估计，它们［海狗］的数量可以永远持续供应每年 10 万张毛皮，也不会对族群整体有影响。光是这一点，对那些冒险家来说，每年所能生产的数量都是一个漂亮的数字。可是这些人又做了些什么呢？ 1821—1822 年，短短两年，这股热潮实在太大了，他们一共杀死 32 万头海豹，把所有的海豹都杀光了，没有一头幸免。只要海豹一上岸，哪怕身边还跟着幼崽，马上就会被杀死……因此，我们不论是增加猎捕地点，还是猎捕他种海豹、产油的海豹或鲸鱼，都只会让情况每况愈下。而这一切其实完全可以避免，只要少一点野蛮和令人作呕的残酷，少一点自私，多一点开明。[14]

贾丁提到的南设得兰群岛，已被证实是捕海豹业的最后一块宝地。1819 年，在南半球的夏季，往来于布宜诺斯艾利斯和瓦尔帕莱索之间的贸易船船长威廉·史密斯（William Smith），在合恩角附近比平常再往南的地方寻找合适的风向。在合恩角以南 900 公里处，他看到了远处笼罩在云雾中冰雪覆盖的山峰。抵达瓦尔帕莱索后，他在港口向一位英国海军军官报告了他的发现，不过那名军官认为他看到的应该只是冰层。同年稍晚些时候，史密斯登上了这些岛屿，并宣称这些岛屿属于英国。他再度报告了他的发现，这一次海军远征队迅速出动，并任命史密斯为领航员，前往侦察这些岛屿。

想象一下：当史密斯率队抵达那里，结果却发现已有两艘捕海豹船在南设得兰群岛作业时，他会有多震惊！尽管他小心翼翼地隐藏了自己所发现岛屿的位置，但他早先发现这里的消息早已流传出去。一艘来自布宜诺斯艾利斯，及另一艘曾经去过福克兰群岛的康涅狄格船"荷西莉亚号"（Hersilia），已经开始攻击岛上群聚的海狗。在两周时间内，"荷西莉亚号"就带走了9000张毛皮（船长后来感叹说他看到有30万头海狗，要是有足够的盐，他就可以多带走三倍的毛皮）。布宜诺斯艾利斯来的那艘船，准备得比较充分，工作了五周后，带走了1.4万张毛皮。

1821年，《爱丁堡哲学杂志》（*Edinburgh Philosophical Journal*）上刊载了一位船医在航行中进行调查的小说，其中包含了下面这一预测：

> 海狗的毛皮是我所见过最好且最长的；虽然它们在海洋中的数量已经如此稀少，但是欧洲和印度对它们的巨大需求让我毫不怀疑，只要发现一被公开，我们的商人们就会开始进行他们喜爱的投机贸易。[15]

这确实是一项投机事业，各地的海豹猎人只要一听说发现了新猎场，都会迅速作出反应。1820—1821年间的猎捕季，约有30艘美国捕海豹船和20多艘英国船的船员陆续出现在岛上，侵扰海豹繁殖的聚居地；随着海豹数量减少，双方开始发生冲突。[16]整个猎捕季，船只遍布群岛，寻找刚冒出水面的海豹。隔年他们又回到了这里，却发现海狗的数量很少，只好被迫猎捕较无价值的一般海豹，当成货物装满船舱。在首次发现这里三年后，南设得兰群岛的捕海豹热就已退去，在此期间，共有约25万张毛皮和比这个数字多数千头的海豹被屠杀。只顾追求自己的利益，在海豹猎人身上展露无遗，他们独缺贾丁在其书中所希望的"少一点自私、多一点开明"。公有地悲剧已经在这个世界上的荒凉角落展现出其破坏性后果。

南设得兰群岛是捕海豹业最后发现的主要海狗聚居地之一，但这并不代表这个产业即将结束，因为还有很多象海豹可以猎捕，以取得油脂。在猎捕海豹的早期，只有少数船只特别锁定猎捕象海豹，大多数都是在捕鲸时顺便捕捉它们，将它们的油脂当成货物，或是当成没有猎捕到海狗时的替代品。在海狗群的数量降低后，猎捕象海豹就成了主要的生意，到了19世纪中叶，象海豹也开始变得很稀少。当这些比较好的猎物数量减少后，海豹猎人便转向猎捕海狮和僧海豹等，以获取油脂。僧海豹有三个种类，它们居住在温暖的水域中，其族群并不像在极地生活的海豹那样庞大。在这三种僧海豹中，分布在加勒比地区的族群，在丹皮尔那个年代就已是很一般的猎物（其肉质远不如海牛肉），现在它们已经灭绝；分布在夏威夷和地中海的族群，则在灭绝的边缘徘徊。即便这些族群的分布很分散，但它们对海豹猎人来说却仍是很好的猎物，而这些动物之所以如今数量这么少，部分原因就是这些海豹猎人热衷于猎捕它们。

＊　　＊　　＊

为什么海狗的数量崩溃后，在 19 世纪初没有恢复呢？实际上是有的，当时某几个地方的海狗数量已在慢慢恢复，只是一旦又被发现，船只就会再次前去捕杀。不论有没有遇到海豹猎人，海豹的命运都是一样的，因为它们还是会被捕鲸人、渔民，甚至是被经过的货轮带走。1848 年，格拉维尔船长（Captain Graville）返回赫尔（Hull）时，他所驾驶的是那种装载混合商品的货船，这在 19 世纪中叶很常见；它一共载运了 225 桶鲸脂、约 500 公斤重的鲸须、一头独角兽（独角鲸）、一头海马（海象）、八张熊皮和 7510 张海豹毛皮。但是，这趟贸易的好运很快就用完了。隔年格拉维尔的货船在格陵兰岛损毁，幸好所有船员最后都获救了。[17]

还有一个原因使得海豹的数量无法轻易恢复，那就是虽然毛皮日渐稀少，但其价钱却在不断升高，曾经 1 美元一张的海豹毛皮，到了 20 世纪初的售价已经涨到 17 美元一张，所以猎捕依然有利可图。[18] 海豹猎人发现了原本较不受欢迎的海豹种类的其他使用价值，仍在持续猎捕。“周边商品”贸易包括交易晒干的海豹阴茎和胆，这些在东方被用作药材，鬃毛则被当成牙签，或是拿来清理鸦片烟管。[19] 这样对海豹的持续迫害，促使其族群进一步萎缩。到了 20 世纪初，八个品种的南方海狗都已濒临灭绝。胡安·费尔南德斯群岛上的海豹聚居地变得异常沉寂，因为当地的海狗已经完全灭绝。曾经聚居在下加利福尼亚半岛和加州外海岛屿上的加拉帕戈斯海狗和瓜德罗普海狗，也被认为已经灭绝了。[20]

然而，还有最后两个地方的海豹族群数量仍然比较丰富，它们分别位于北美洲的东西两侧，即纽芬兰和白令海中的普里比洛夫群岛。与那些毫无猎捕限制的地方不同，这两个地方的海豹猎捕活动相对较能受到控制，因为它们处在极为偏远的地方，岛上也无人居住。纽芬兰的猎捕海豹活动受到加拿大管辖，普里比洛夫群岛一开始由俄国管理，后来在 1867 年美国买下阿拉斯加后，管理权则移交美国。在纽芬兰，猎捕的主要目标是竖琴海豹（harp seals），猎捕期很短，是在每年大约三周海豹上到冰层上生产小海豹的时期。在那里，数以万计的海豹被打死、剥皮，竖琴海豹的猎捕时至今日依然有利可图（但对这一点也相当有争议）。而普里比洛夫群岛的海豹，直到 19 世纪末期，过度猎捕的情况仍在持续。

在普里比洛夫群岛，遭到攻击的目标是北方海狗（Northern fur seals, Callorhinus ursinus）。这也是 1742 年斯特拉在白令岛上遇到的种类，其实它们聚集最多的地方是在普里比洛夫群岛。这些岛屿在 1786 年被发现时，聚居在那里的海豹数量跟胡安·费尔南德斯群岛一样，约有 300 万头。一开始，这里的猎捕活动就像在大多数地方一样不受约束。不过，约从 1800 年起，开始有人努力避免浪费地屠杀，以维持长远利润。在阿拉斯加被美国买走后，这里的毛皮已可稳定年产三四万张。[21] 但在美国的管理下，猎捕的强度增加了，在阿拉斯加商业公司（Alaska Commercial Company）的经营下，1870—1890 年间，每年产出 10 万张毛皮。这样的猎捕强度开始威胁到海豹的族群数量，此外还有一个日益严重的问题，那就是在海上猎捕海豹。

北方海狗是一种迁徙物种。每当繁殖季节过后，普里比洛夫群岛的族群就会沿着北美洲西海岸往南迁徙。母海狗的迁徙距离比公海狗的还要长，可以远至加州，而公海狗则会停留在阿拉斯加湾。在白令岛、铜岛和千岛群岛进行繁殖的北方海狗们，则会迁徙到日本海域附近。虽然美国能够管理其领域内的猎捕活动，但却无法控制海豹猎人在海上猎捕海豹。海上的猎捕对于公海狗、母海狗或幼崽完全一视同仁，全都是理想的猎物。更糟的是，母海狗在三到四个月的繁殖期间，会离开聚居的礁岩，到海里去觅食好几次；一旦它们被海豹猎人猎杀，它们留在岸上的幼崽就会被饿死。1896 年，美国海军上校华盛顿·库尔森（Washington Coulson）向美国国会提供证据，指出普里比洛夫群岛上海豹的命运：

　　1891 年 8 月，我拜访了嘎巴契（Garbotch）的礁岩及海豹聚居地，看见了一幅我从未见过的悲惨景象。放眼望去，可以看到成千上万只已经死去或是濒临死亡的海豹幼崽们，海岸线上尽是这些瘦弱、饥饿的小家伙。它们眼睛望向大海，发出哀伤的哭泣声，想要找回它们的母亲，然而，它们的母亲再也回不来了。[22]

　　远洋捕海豹船的数量迅速增加，从 1880 年的 4 艘，增加到 1890 年的 68 艘。[23] 由于很多海豹在被射中后会立刻沉下海底，这就造成非常大的浪费。有人估计，这样的损失高达 96%，但事实上，平均应该是猎捕总量的三分之二都被浪费了。远洋猎捕海豹的国家有日本、俄罗斯、英国（代表加拿大）和美国，它们在究竟该如何处理海豹数量减少这个问题上进行了激烈的争论，没过多久，这几个国家间的关系就开始恶化。

　　远洋捕海豹业破坏了美国对海豹族群的管理，降低了美国国库的收入。由于海豹的数量直线下坠，使得与远洋捕海豹业相关的国家开始认识到，需要对猎捕行为加以管理。1890 年代初期，这些国家在巴黎的国际仲裁下通过了部分协议，以限制远洋捕海豹业的活动。但是，人们很快就发现，除非彻底禁止远洋猎捕，否则，不管是什么样的管理，都无法挽救不断萎缩的海豹族群。1911 年各国终于签署了一项条约，禁止一切远洋捕海豹业，并划分了陆地上各国可以猎捕的区域。到了这个时候，普里比洛夫群岛上的海豹群只剩下 13 万只，这项条约出现的时间点，也只是刚好能够避免海豹完全消失，而这也是第一个国际性的环境协定。[24]

　　自从依赖石油以来，人们很容易忘记，在开始从地球上挖取石油和天然气之前，我们很早以来就有对燃油的需求。17、18 世纪时，我们的经济发展就开始依赖油来产生光和热，以及利用油的其他用途。而这些油大都来自海洋，生长在鲸鱼和海豹的体内。四个多世纪以来，鲸鱼和海豹猎人的屠杀规模异常惊人，他们杀死了数百万头动物，以满足人类对油、毛皮、鲸须和海象牙的需求。他们横扫海洋，一个地方接着一个地方，一个物种接着一个物种，杀死地球上存活的最大、最特别的巨型动物。19 世纪后期，年岁已大、头发灰白的英国捕鲸船船长威廉·巴伦（William Barron），根据他一生中所见到的这个世界上发生的变化，提出了一个比较乐观但却很难鼓舞人心的说法：

> 大家曾经一度觉得，如果不再有海豹的毛皮、鲸鱼的油和鲸须的供应，我们生活的这个世界就会停滞不前。这些供应确实停止了，然而我们生活的这个世界却仍在运转，虽然就在半个世纪前那些物品还曾如此珍贵，但是现在几乎已经没有了。
>
> 科学与自然提供了人类的必需品，一种更好的照明用油……[它们]已经给人类提供了如此丰富的物品，以至于贫困家庭也可以拥有一种比鲸油更好、更便宜、更健康的照明用油。因此，我们可以确信：人类的需求，将会由宽宏大度的上帝以某种形式提供。[25]

对海豹和鲸鱼的掠夺，从海岸边扩散开去，到达了人类造访的每一个地方。尤其是给很多其他物种提供了栖息地的偏远岛屿——它们早已习惯了生活在这样偏远的地方，而且对它们来说，这里也是一个相对安全的地方。这些岛屿上有一些奇特的物种，像密集的企鹅、信天翁和海鸥等，在地上筑巢的鸟类，它们遭到屠杀被用作食物，或是由于人类引进老鼠、猫、狗而导致其数量减少。在某些地方，鸟类变成掠夺者的新目标，无数只信天翁被屠杀，只为取得它们的羽毛；无数只企鹅被烹煮，只为获得其身上的油脂。覆盖着树木的绿色山坡，曾经受到早期旅行家由衷的赞颂，但却很快就被人类畜养的山羊和猪过度啃食。

人类登陆后对岛屿生态的改变，可谓再明显不过：消灭了某些物种，引进了另一些物种，改变了陆地景观。人类对海洋底下的改变一定也是同样剧烈，只是较不易被人类看到。胡安·费尔南德斯群岛上的海狗族群被破坏后，使得在从这片海域中移除了一种以鱼为食的主要掠食性动物的同时，也移除了一种食物来源。早期航行经过这里的人，曾经亲眼见过身长六米的鲨鱼拖走海豹的幼崽。格陵兰的露脊鲸和北极海中斯瓦尔巴群岛周围的海象已被洗劫一空，估计这些鲸鱼和海象在被人类发现之前的数量分别有 4.6 万和 2.5 万。这些动物的消失，当然会加速造成北极生态系统发生巨大的改变。[26] 鲸鱼消失后，每年会多出 350 万吨浮游生物，变成小海雀或毛鳞鱼和鳕鱼的食物。海象的减少，造成贝壳类掠食者也跟着减少，像绒鸭和髯海豹的数量则会大增。去除掠食者，会对食物链造成负面影响，既有可能对许多物种造成打击，也可能对许多物种有益。如今旅客站在孤寂的南设得兰群岛海岸，听到的是逆风飞行的贼鸥发出的尖叫声，那里跟威廉·史密斯所发现时的已经是一个不一样的地方了。他们闻到的带着咸味的海风，也不同于 19 世纪早期曾经吹皱无数海豹毛皮的海风。虽然猎人和渔民早已从这里消失，但是他们曾经在此出没的迹象，仍被记录在这周遭的海洋里，只是我们直到现在才开始学习阅读这些记录。

09

第九章
欧洲大渔业时代

我的青少年时期是在威克（Wick）度过的，那是一个位于苏格兰最东北角的偏远渔村，那里居住着 7000 人。那里大多数的土地都很低洼，一年之中多半时候的天气都比较恶劣。我最喜欢的周末消遣活动，就是沿着威克湾对面的陡峭悬崖，健步行走到一座古塔的遗址，在那里思索着自然和生命。威克旧城堡有着厚实的城墙，坐落在狭窄的岩石岬角上，三面环海，一面临陆。风翻腾着草地，在海湾对面倾倒成一列列的草浪，我独自坐在岬角上，享受着一个人的孤寂。在我头顶上方，暴风鹱（fulmars）轻松地乘风遨游；觅食归来的三趾鸥在空中盘旋，尖叫着在挤满成千上万只其他鸟类的岩壁上找寻自己的巢穴。有时候，海湾中的拖网渔船会发出轧轧声，朝向也许是巴伦支海也许是冰岛的远方渔场前进。就捕获量而言，威克当年曾是世界上最大的渔港。如今我们已经无从得知，这样的景色与过去 100 年来有何不同。

威克的财富主要来自鲱鱼。这里每年都会有数量庞大的鱼群在英国和欧陆的海岸边会合。北方鱼群由鲱鱼和圆腹鲱统治，南方鱼群则由沙丁鱼、圆腹鲱和鳀鱼组成。这些物种都是鲱科家族的成员 [1]。沙丁鱼的学名是 *Sardina*

---

[1] 大西洋鲱（*Clupea harengus*）、圆腹鲱（*Sprattus sprattus*），还有沙丁幼鱼和沙丁鱼（sardines and pilchards [*Sardina pilchardus*]）。

pilchardus，俗名则把沙丁鱼分成幼鱼（sardine）与成鱼（pilchard）两种。圆腹鲱是一种比较小的鲱鱼，其密集的鱼群通常可以在沿海或河口发现。像鲱鱼的鱼（herringlike fish）通常是以巨大的数量成群出现，它们在大海中仅靠微小的浮游生物为食。这个家族中的鱼要数鲱鱼最具经济价值，它们是北欧沿海数量最丰富的鱼类，每年庞大的鱼群靠近沿岸准备繁殖时，沿海渔民就会进行捕捞。鲱鱼富含油脂，其紧实而多汁的肉质可以给所有人（不论贫富）都提供蛋白质。此外，若是把它们用盐腌在桶中，从海边长途运送到市场的路上都不会腐坏。就像20世纪早期一位作家所说："鲱鱼的价值和名声，在鱼类中有着王者般不败的地位。"[1]

　　早在商业捕捞初期，这些在欧洲沿海群游且数量众多的鱼，就成了渔业主要的渔获。同样，丰富的鱼群也吸引来其他物种，像鲸鱼、海鸟、鲨鱼和海豹，它们创造出的壮观景象，如今在欧洲已不复可见。但是，成群的鱼有时也是反复无常的：有时它们会大量出现，有时则会彻底放弃它们经常出没的地方。整个欧洲的渔业，随着自然那看不见但却控制着鱼群的信号，起起落落，人们和国家的命运也随之起伏不定。

　　渔业专家詹姆斯·伯特伦（James Bertram）描述了威克在19世纪末鲱鱼季的场景。船只集体在黄昏时分离开港口，等待晚上鲱鱼来到海面上时进行捕捞：

> 很快，当红色的夕阳开始沉入金色的西方，在海浪上映出绯红和银亮的光彩时，映衬着东方深色天空的，是上千艘如片片火焰般的捕鲱鱼船队。[2]

船长们随风调整航向，寻找鲱鱼的踪迹，等到下好网，鲱鱼就会随着潮水自动入网。

> 我们周围是一个由移动的船只组成的世界；许多船帆都已收起，他们的网在海面上漂浮着，船员们在船上休息……有些船仍在不安地寻找合适的地点，他们的船长和我们的一样，急切地想要将网下在正确的位

1905 年左右，英国洛斯托夫特港口渔船上捕获的大量鲱鱼。船只满载渔获，从甲板上一直满溢到船舷，这些渔获价值 200 英镑，约合今日的 1 万英镑，或 2 万美元。图片来源：Wright, S. (1908) *The Romance of the World's Fisheries*. Seeley and Co. Ltd., London.

置。不久之后，我们便准备好了；有些莽撞的人抢先跳入水中，溅起一阵水花；作为网子末端标示、被称为"狗"（dog）的大型充气囊被抛入水中，接下来就是网子，船员们尽可能快速地将渔网一副接一副地掷出，渔网的每块区域都用大型、颜色鲜艳的气囊标示，一直到看似无尽的长网全部沉入水中，形成一道 1.6 公里长、数英尺深、有着孔洞的墙；"狗"和其他作为标示的气囊，由之字形的绳子串在一起，在海面上半浮半沉，看起来就像是一条蜷曲的巨大海蛇。[3]

鲱鱼捕捞是渔业中最成功的，在最黑的夜里也是最美的。漆黑的夏夜，船只下方，点亮众多鲱鱼鱼群周围水域的是浮游生物发出的磷光，摇曳闪动反映出鱼群的大小。偶然闪现的光线，显示出掠食性鱼类冲入鲱鱼群中的路径。当渔网被拉起，浮游生物会在渔网和鱼身上闪闪发光。1920 年代，一位到访赫布里底群岛中巴拉岛的游客，描述了这充满喜悦的一刻：

　　我很少见到如此全然又寒冷的美好。在网子的前 46 米左右，我们什么也没发现；然后，突然间，我们开始把一张又一张令人着迷的银色渔网拉上小船。我的背部很快就变得酸痛起来，我的双手和双臂一直到肘部都是又湿又黏的鱼血，它们的身体被渔网撕裂、擦伤……当我将其堆叠起来时，鲱鱼闪闪发光地拍打着、颤抖着，然后死去；但在黑暗晃动的大海中，还有无数鲱鱼出现。对我来说，它们看上去就像是无穷无尽，这幅景象真是妙不可言！　① [4]

鲱鱼被阻拦鱼群通行的浮刺网所捕捉。当它想要游过网时，它的头会卡在网眼中，既无法前进，也无法后退，于是就被刺网捕捉到了。有时候，下网一次，就可以抓到数十万条鱼，有时由于船上空间不足，甚至必须在海上扔掉一些鱼。天气好的时候，有些船捕到鱼后会缓慢地驶回港口，船上的渔获多到连轻轻涌动的海浪都能盖过他们的船舷。

等到渔船返回威克港，迎接它们的是一场盛大的活动。

　　　　我们的四面八方都被鲱鱼团团包围：左手边有无数满满的篮筐往巨大的水槽里倾倒，右手边则是无数满满的篮筐，从三四百艘停泊在港湾特定一边的船只中被搬上来；水槽后面有更多满满的篮筐被搬到打包工人那儿……空气潮湿；水手们身上都滴着水，可以感觉得到每件事和每个人都很不舒服，当你走过那里，盐水几乎淹到了接近脚踝的深度。与此同时，鲱鱼被巨大的木铲直接铲进浅浅的大槽里，一些壮汉把篮筐提到水槽前倒入其中，其他壮汉则用木铲重击鲱鱼，并往不断倒入的鱼身上撒盐，直到数量足够保证可以接着进行取出内脏和包装的重要工作。人们发疯似的急切走动，在笔记本上写下看上去很神秘的记录；推车上堆满还在滴水的网子，快速地被送到空旷的地方晾干；刺耳的锯木条声、水车的泼水声，加上巨大的乱哄哄声，从四面八方涌来，把人都给淹没了。水沟里飞着、喷溅着鱼血，真是一幅恐怖的景象！我们置身在

---

①　1930 年，莫里·麦克拉伦 (Moray McLaren) 在其《重返苏格兰》(*Return to Scotland*) 一书中，描述了在赫布里底群岛中的巴拉岛捕捞鲱鱼的情况。

到处都能看到成千上万个装鲱鱼的木桶，以及堆放着准备做成桶盖的堆叠木条的地方。乍看之下，人们有些疯狂，这既是因为他们的服装，更是因为他们的态度，但这样的场景与混乱似乎是不可分割的，而且他们的疯狂是有条理的，即便是混乱的威克港，也同样有其规律。[5]

鲱鱼群分成好几波来到英国的海岸边，越往南，它们来得越晚。大约在 4 月下旬，春季的鱼群首先出现在北方的设得兰群岛；一个月后，鱼群抵达威克和苏格兰北部的近岸；接着在 7、8 月时，来到英格兰北部；最后，庞大的鱼群在 10 月到达东英格兰。沿着斯堪的纳维亚海岸，在春天产卵的鲱鱼，会在年初抵达挪威的峡湾和岛屿周围，但要到秋天它们才会抵达瑞典和丹麦。18 世纪博物学家托马斯·彭南特（Thomas Pennant）通过拼接这样的行为，以及北美沿海鲱鱼的分布状况，提出了一个详尽的假说。他想象鲱鱼在北极海域会集结成一大群越冬，然后，由于掠食者的追捕，以及觅食和繁殖的需求，从而展开一场壮阔的迁移：

　　这伟大的鱼群会在隆冬时节从结冰的海域出发；其数量之多，即使全世界的马都来载运鲱鱼，也难以运送它们的千分之一……它们看起来会分成不同群，其中一群沿着美洲海岸向西游去，一直往南到达卡罗来纳——很少有鱼群会再往更南方游去。在切萨皮克湾，每年都有数量众多的鱼群，淹没这里的海岸，数量多到足以成为养分来源①。另外更大一群则向东游去，然后往南朝向欧洲，在 4 月间出现在设得兰群岛。这些是在 6 月间抵达的众多鱼群的先遣部队。[6]

彭南特虽然极富想象力，但却还是错了，他的理论在 19 世纪初开始受到质疑。捕鲸人在北极从未见到过鲱鱼，至少肯定不会有彭南特所设想的那么多

---

① 彭南特在这里的认知有误。切萨皮克湾是大西洋鲱分布的南界，在此的数量较少，他所指的可能是大西洋油鲱或灰西鲱，这两种在切萨皮克湾的数量都异常丰富。

鲱鱼。另一些人则指出，欧洲各地一年四季都可以捕到鲱鱼，尽管某些月份其数量会少上很多。更细心的观察者也发现，来自欧洲不同区域的鲱鱼各不相同，并非同一种类；有经验的商人甚至一眼就能看出鱼的产地是哪里。如此多样的品种表明：不同种类的鱼会在特定的时间、特定的地点来到沿岸产卵。1912 年，法国渔业科学家马塞尔·艾胡贝尔（Marcel Hérubel），在概述了一个世纪以来的观察和研究之后宣称："几乎所有地方都有自己的鲱鱼品种。"[7]

　　每年鲱鱼盛大聚集的景象绝不可能有误，成群的鲱鱼和紧紧追随着它们的掠食者军团的出现，是世界上最负盛名的野生动物现象之一。"鲱鱼"这一名字来自德文 heer，意思是"军队"。18 世纪剧作家、小说家暨百科全书撰写者奥利弗·戈德史密斯（Oliver Goldsmith）在他编纂的《地球和自然界的历史》（*History of Earth and Animated Nature*）（1776 年版）中描述道：

　　　　数量众多的贪婪掠食者，像塘鹅、海鸥、鲨鱼和鼠海豚的出现，宣告大量成群的鲱鱼已经抵达。当主要的鲱鱼群抵达之际，其广度和深度几乎可以改变整个海洋的外观。鱼群长达 8—9.5 公里，宽达 4—6.5 公里，可被分为不同的群体；当它们向前涌上，前方的海水都会受到扰动，就像从海床上被挤出一样。有时它们会下沉 10—15 分钟，然后再升上海面；天气好的时候，它们身上会反射出各种绚丽的色彩，像镶着金边的紫色、金色和湛蓝色……海水就像是活了起来；由于海里到处都是鲱鱼，一直延伸到很远的地方，海水都是黑压压一片。鲱鱼数量多到似乎取之不尽、用之不竭……数以百万计的敌人跟随出现并消灭它们的队伍。长须鲸和抹香鲸打个呵欠就可以吞掉数桶鲱鱼；鼠海豚、杀人鲸和各种不同的角鲨，将鲱鱼当成容易捕捉的猎物，而停止彼此间的争战……鸟类也会尽力吃下它们所能吃的数量。由于这些敌人让鲱鱼挤成一团，只要一把铲子，或把任何中空的容器放入水中再捞起来，就可以轻松地抓到它们。[8]

　　追捕鲱鱼的渔民会在海面上搜寻鱼群的踪迹：跃起或喷水的鲸鱼；被海

面下看不见的掠食者追捕而匆忙跃出海面的鱼儿；成群盘旋的海鸟，或是俯冲入海捕捉丰富鱼群的塘鹅。沿着西欧海岸，人们还会寻找划出水面的姥鲨（basking sharks）的鳍，一旦看到这一现象就可以肯定，水中的浮游生物极其丰富。这些体型巨大的鲨鱼，在初夏的时候，成千上万地来到这里，它们张着大嘴，巡游盘旋，享用富含浮游生物的"浓汤"。

鲱鱼群的出现，表明其产卵季节快到了。鲱鱼通常是在沿岸浅海区的岩石和砾石上产卵。季节之初的鲱鱼往往过肥，并且由于体内有鱼子的关系变得很沉重，很难用腌渍或烟熏的方法来保存，必须在还是新鲜的时候食用。[9] 数量如此巨大的鱼群，可以产出大量的卵，漂浮在海上。充满黏液的鱼卵，有时可以覆盖海床厚达 1—2 米。[10] 遇上鲱鱼产卵场的黑线鳕鱼群，会放纵地享用鱼卵，迅速变肥，并可给其自身肉质增加一种特殊的风味。鲱鱼会非常接近海岸，在水中的量很是丰厚，满载鲱鱼的海水拍打岸边时，有时会将大量的鲱鱼抛上岸，而光是这些就已经是很可观的渔获量了。

1870 年左右，苏格兰一年约可保存 80 万桶鲱鱼 [11]，在其他就业机会很少时，鲱鱼能为这里带来繁荣。由于 18、19 世纪政府颁布了一连串的措施，鼓励英国居民前往赚取挤在海岸边的财富，苏格兰的鲱鱼渔业大幅增加。这样的政策鼓励包括补助改善海港设施，像威克就是由此而发展起来并首创了名为"丰厚"的渔业补贴制度，通常都是依照船只载运的吨数来补助船主。

这些努力来自于愤慨之情与政府实用主义的混合。例如，1633 年，一位观察者气急败坏地写道："这让我们对我们的国家［英国］感到愤怒和可耻，上帝和自然赐给我们这么丰美的宝藏在我们的家门口，然而我们却忽略这些利益，甚至要付钱朝其他人购买这些就在我们海中的鱼，花尽我们的钱，好让那些人致富。"[12] 从实用主义角度来看，英国可以通过渔业来训练海军所需的水手，以备战时所需 ①，而这样训练的成本很低。发展渔业于是也就事关爱国主

---

① 渔民是战时海军的主要人力来源，在历史上占有重要地位，因而在今天的很多国家我们都可以发现，眷顾渔业的政治影响力要高于寻常。例如，英国渔业的规模跟黄瓜种植业或草坪除草业差不多，但在政府内设有渔业部，却没有黄瓜部或草坪除草部！

义、民族自尊、满足经济需求。1892 年，维多利亚时代的海上作家乔治·哈特维希（Georg Hartwig）的贴切描述，可以让我们对苏格兰鲱鱼产业的规模有一个大概的了解：

> 一想到目前英国宏伟的商业，已经延伸到全球各地最遥远的地方，用贸易洗劫自然中所有的新产物，我们很难想象敏锐而勤奋的苏格兰人竟然会对摆在自己家门口的金矿反应迟钝，把在英国海岸边的鲱鱼渔业留给荷兰人和西班牙人一直到 16 世纪。不过，虽然他们起步晚，但他们现在已经弥补了失去的时间，并远远超过他们的对手。1855 年时，苏格兰鲱鱼渔业的船只不少于 1.1 万艘，拥有 4 万名船员，还有 2.8 万名腌渍工和其他劳动者，而这还不包括载送、搬运盐和木桶及负责出口工作的人。[13]

有一个比较鲜为人知但却与鲱鱼渔业在英国海岸同时出现的相关现象，那就是每年都会随着鱼群季节性迁徙的船队，以及跟随船队出行的内脏处理工和腌渍工。18 世纪时，成千上万名来自英国各地的妇女都会因为鲱鱼的关系，在春天步行数百英里到苏格兰北方工作。18 世纪后期，约翰·诺克斯（John Knox）在前往苏格兰高地旅行时，看到这些因鲱鱼渔业而季节性迁徙的年轻女性们的艰辛生活，感到万分惊讶：

> 这些可怜的人们，她们的家庭不断处于迁移状态；渔民的妻子和孩子都要负责处理鱼类内脏的工作。妇女们沿着阴沉的海岸移动，从一个港湾到另一个港湾……她们背负着襁褓中的婴儿、一点点燕麦片、一个水壶，和其他一些在无人居住的苏格兰沿海无法提供的用具，就开始了寒冷无情的劳动：她们和她们的孩子连一个遮风避雨的地方都没有，日复一日只有燕麦和鱼作为食物，没有房子可以帮助她们抵挡疾病和死亡，荒地、洞穴或矮小的灌木丛是她们仅有的床。[14]

随着季节转换，捕鱼船队跟着鲱鱼向南移动，陆地上的妇女和儿童也跟着迁移。到了秋天的时候，有些妇女会从威克迁移到英格兰东部的雅茅斯（Yarmouth），可能已经走完了整个英国的距离。直到19世纪后半叶，当鱼内脏处理工人开始搭乘火车在港口之间通行后，其生活条件才略为好转，但他们仍得忍受许多辛苦。直到现在，仍然有随着季节变化在整个英国穿梭的农业收获工，以及在海洋上纵横往来、追逐着迁徙鱼群的渔民。

＊　　＊　　＊

英格兰南部、法国、西班牙、葡萄牙沿海的鲱鱼虽然都很少甚或没有，但是那里却有大量的南方季节性物种可供渔业捕捞。圆腹鲱、沙丁鱼和鳀鱼都会因为大群追捕它们的掠食者，像鲭鱼和其他更可怕的动物，而形成很大的鱼群，游向海岸；虽然这些鱼群不会像鲱鱼那般像山一样多地遮蔽20—40平方公里海床上的光线，但它们仍然使得海湾和沿岸都变得漆黑一片。由于这些鱼比鲱鱼更靠近海岸，捕捉它们的方法也跟捕捉鲱鱼的方式有所不同。它们不是被流网捕捉，而是被围网包围后拉上船，或是直接拖上岸。任何尝试在船上寻找鱼群位置的人都会发现，这是一件很困难的事情。而生活在英格兰西部悬崖海岸的渔民，则可以解决这样的困难，他们雇用瞭望员站在悬崖上，指引他们直接前往鱼群中间。19世纪作家威尔基·柯林斯（Wilkie Collins），在遇到一位瞭望员后，留下了一段令人印象深刻的描述：

> 来到康沃尔郡的陌生访客，在8月间，第一次走向悬崖时，不用走远，就一定会看见一种非常特别、甚至是很危险的现象，让他感到惊讶。他会看到一个人站在悬崖最边缘处，或是在海水上方的绝壁上，用一种很特别的方式，拿着树枝，比划着手势：向右或向左挥动，在他的头上挥舞，或者是扫过他的脚边；简而言之，就像是在用发狂的演出方式来作出最危险的指示动作。[15]

在难得一遇的好年景，圆腹鲱的捕获量非常多。圆腹鲱会被堆置成堆，并用盐腌上十天左右，然后装入大桶，出口到地中海国家。1871年是完美的一年，

1910 年前后，苏格兰妇女在英国北海海岸的士嘉堡（Scarborough）港口清理鲱鱼内脏。18—20 世纪初，随着鲱鱼船队季节性向南追捕鲱鱼群，妇女和儿童也在长距离迁徙，几乎纵贯整个英国。(图片来源：当代明信片)

总共出口了 4.5 万桶，约 1.35 亿条鱼。一般情况下，出口量在 1.5 万—3 万桶之间。[16] 遇上好年景，这一渔业雇用了 6000 位渔民和 1.2 万名妇女和小孩。[17]

因为有这样规模庞大的渔业捕捉着一群又一群的鱼，使得作家们对海洋的富饶度感到相当惊讶。1776 年，戈德史密斯对鲱鱼的繁殖力做了以下粗略估计：

> 这种动物自我繁衍的能力超乎我们想象，它可以在很短时间内就繁殖出超过所有估算的数量。一条鲱鱼，在不受干扰、不停繁殖的状态下，20 年后，它的后代将会多到超过我们所居住地球的十倍。但是，还好有自然界的平衡，它们被消费的速度等于其繁殖力。由于这一点，我们应该感谢鼠海豚、鲨鱼或鳕鱼，它们并不是强盗和敌人，而是有益于我们人类的。[18]

今天，这些属于鲱鱼家族的鱼，或是类似鲱鱼的鱼，被称为"饵料鱼"（forage fishes）。它们对于维持海洋食物链的稳定，有着极为重要的作用。它们直接食用微小的浮游植物和动物，在将养分转化为肌肉后，成为较大型动物像海洋哺乳类和鸟类的食物。吸引渔民的巨大鱼群，同时也会引来掠食者。18、19 世纪的捕鲸业，造成鲸豚类动物数量减少，但在 20 世纪之前，捕鲸人常会避免捕捉须鲸科这类捕食鱼群的鲸鱼；只有在船只可以快速航行和鱼枪变成标准配备之后，它们才值得追捕，因为这类鲸鱼体内的鲸脂少、头小、鲸须短，故其价值也低。与此同时，它们的肌肉发达而有活力，一旦被鱼叉击中，就会引发一场激烈的战斗，让渔民的生命和财产都面临失去的风险。因此，成群地追捕鲱鱼、沙丁鱼、圆腹鲱的长须鲸、小须鲸和蓝鲸，是欧洲海域很有名的景象。[19]

鲸鱼群们依照季节不同，会伴随着不同种类、贪婪的鲨鱼、鼠海豚、海豚及其他掠食性鱼类，如鲭鱼、鲔鱼和鳕鱼。巨型的黑鲔① 也会在温暖的季

---

① 黑鲔即蓝鳍鲔（bluefin tuna）。

19世纪英格兰南部海岸，渔民捞起围网中丰收的沙丁鱼。这幅图片是伦敦泰特美术馆收藏的查尔斯·内皮尔·亨利 (Charles Napier Henry) 画作的复制品。图片来源：Wright, S. (1908) *The Romance of the World's Fisheries*. Seeley and Co. Ltd., London.

节穿过北海，在波罗的海和北苏格兰河口猎捕鲱鱼。[20] 这些掠食者会游得非常靠近海岸，这在好几个世纪以来都是一种再常见不过的景象。[①][21] 例如，港湾鼠海豚之所以会得到这样的名字，就是因为它们的数量在欧洲沿海非常多，它们甚至还会游进河川和港口。1810年版的《地球和自然界的历史》中这样描写鼠海豚：

---

① 1857年伍德牧师（Reverend J. G. Wood）在《海岸边常见的东西》（*Common Objects of the Sea Shore*）第16页描述了鼠海豚，在描述的末尾他还致以歉意："鼠海豚是一种相当社会化的动物，常可看到它们集体出现，或是像水手们说的那样成群出现。我本不需要对这种如此常见的动物多做描述，但之所以依然记录下来，是为了指出它们有独特的组织和行为。"水手们常会遇到大群的鼠海豚，像1585年约翰·戴维斯为了寻找前往远东的西北航道而离开英国后不久："7月的第一天 [从英国南方的锡利群岛向北航行三天之后]，我们看见一大群鼠海豚，船长叫人拿来鱼叉，射了两三次，有的没射中，最后射到一头，并把它拉到船边，吊上船……7月3日，我们眼前所见的鼠海豚越来越多，船长射击它们，但是它们的数量多到把我们的鱼叉都挤掉了，然后，我们失去了鱼、鱼叉、休闲娱乐和所有的一切。"——《约翰·戴维斯寻找西北航道的第一次航行——启航于1585年6月》（*The First Voyage of M. John Davis, Undertaken in June 1585 for the Discoverie of the Northwest Passage*）。

在英国的海岸边，可以看到大量的鼠海豚，特别是在鲭鱼和鲱鱼季。它们对渔民造成了很大的伤害，因为它们会破坏渔网，咬死网里的鱼。有时它们也会身陷网中，被网包覆，然后，通常就会被渔民抓走……这些鼠海豚有时会追着猎物，一直追到很接近岸边的地方，甚至是进到港湾里。[22]

在更早的几十年前，戈德史密斯在 1776 年描写了英国四周海域里的海豚和鼠海豚：

它们通常都是成群结队地出现在英国四周的海域，特别是鼠海豚，它们有时会危及乘着小船的船员。在有些地方，当它们浮上水面换气时，甚至会使海水全都变黑……天气好的时候，它们往往成群结队地出现，疯狂地追捕一群一群不同种类的鱼。它们的狩猎方法像是一种游戏，如果可以称为"游戏"的话，它们成群地追着鱼群，彼此互助。在鲭鱼、鲱鱼、鲑鱼和其他种类的鱼开始出现的季节，会发现鲸豚类很猛烈地追猎捕物，将猎物逼入小溪或港湾，将其困在浅水区域，对其发动伏击，并会使用各种各样的方法去捕捉，方法比猎狗追捕野兔还要多……这些生物追捕猎物非常粗暴，为了追到猎物，有时它们甚至会追着小鱼鱼群，上溯进到淡水河中，在那里，它们可以轻松地得到回报。我们经常见到它们出现在泰晤士河里，不论是在桥上，还是在桥下①。[23]

猎捕鱼群的掠食者中，鼠海豚和海豚只是其中两种。其他的还有各种鲨鱼，包括大型的鼠鲨、大青鲨、尖吻鲭鲨和狐鲨，它们都是欧洲海域常见的猎捕者，偶尔也能见到有大白鲨加入猎捕行列。根据指南上的说明，现在的大白鲨最长约为六米[24]，但是，撇开很多细节描述，18、19 世纪文学作品

---

① 今天，海洋哺乳类动物很少会进入泰晤士河，所以当瓶鼻鲸在 2005 年游到英国国会大厦时，半数伦敦人都跑去围观，那是 20 世纪早期以来在那里看见的第一头鲸鱼。

的记载中，八九米长的大白鲨并不少见[25]，那时大白鲨的体型堪与鲸鱼相提并论。[26]鲨鱼给渔民造成很大困扰，因为它们能撕开网子，并让渔网纠缠在一起，造成很多渔获损失。鼠鲨是以分散的队伍猎杀沙丁鱼和鲱鱼，狐鲨则会用它们那又长又有弹性的尾鳍来驱赶或是吓散鱼群。

在 20 世纪工业化捕鱼之前，欧洲的海洋中充满了各种各样的生命。不列颠群岛所在之处，被广大的大陆架浅水区域包围，这一浅水区域从斯堪的纳维亚一直延伸到北极圈。每到冬季，风暴就会将海床上的养分翻卷上水面，到了春天，日照开始变长，海水变得温暖，浮游生物就开始爆炸性地生长。这种富含浮游生物的"浓汤"滋养了巨大的鱼群，然后它们又被大型掠食性动物无止尽地追捕。鲱鱼遭到来自四面八方攻击的景象，一定会让很多亲眼目睹的人心生惊惧。当角鲨和鳕鱼群从鲱鱼群的边缘将鱼抓走时，盲目恐慌的鲱鱼们会猛然转向；长须鲸张嘴跃出水面，从它们口中溢出的鱼，随着海水，拍打出银光，向下落回海中；身体柔软的大青鲨在鲸鱼的上下方快速穿梭，当鲸鱼从水中抬起头来时，它们同时也跃起并清空水中的鱼群，再用它们平滑的背部滑入海中；鼠鲨则是像影子一般滑行，在深水处阻断鱼群的通道。海面上，成千上万只鸟在油腻的海水中不断地摆动，显得非常混乱，它们会捡拾死去或即将死去的鱼，有些拍打着翅膀飞起，以免被吸入鲸鱼腹中；中间穿插着嘶嘶的间奏声，那是塘鹅如雨般从上方发动攻击所发出的声音，它们将鱼群深深地划开，其行迹可由水中冒出的泡泡看得出来；天空中满满的都是俯冲和鸣叫的鸟儿。然后，当战场移到另一个区域，这时水面就会有着意想不到的平静：鱼群沉入油腻的水面下，暗黑色的海水中不时穿过成千上万反射着光线的闪亮鱼体。

几百年来，老威克城堡的居民必定有充足的时间去回忆鲱鱼群逃离掠食者群这一远距离奇观。在最好的季节里，鲱鱼提供了难以想象的渔业生产力。14 世纪时，威克城堡的创建者来到这片荒凉的北方海岸，当时欧洲的鲱鱼城市位于斯堪的纳维亚和丹麦，虽然那时威克四周也有很多鲱鱼。在瑞典，产完卵的鲱鱼群会造访布胡斯省海岸的峡湾和礁岩，游向斯卡格拉克海峡越冬。[27]至少从 10 世纪开始，人们就在海岸上用围网来捕捉鲱鱼，用网将鱼群包围后拖上岸，或是利用定置网阻断鱼的通路，来加以捕捉。在斯堪的纳维亚的瑞典南岸，还有一种非常壮观的鲱鱼渔业。早期丹麦编年史作家沙克索（Saxo）提到，游过这一海岸的鲱鱼群是如此庞大，以至于堵住了船的通道，甚至徒手就可以捉到它们。[28] 这让 16 世纪的马格努斯印象非常深刻：

> 它们［鲱鱼］在沿岸出现的数量是如此巨大，它们不仅从渔民的网中满溢出来，甚至当它们成群结队抵达时，把一把斧头或一支长矛投向鱼群中央，它都能保持直立。[29]

斯堪的纳维亚布胡斯省的鲱鱼渔业，突显出一个长久以来追捕鲱鱼群的渔民们所面临的问题，那就是鱼群反复无常的特性。由于它们依赖浮游生物为食，而浮游生物的生产量又高度受到天气和海况的影响，每年鱼群的大小变动非常大，而且变幻莫测的天气和海洋同样会影响鱼群的迁徙行为，很可能会让它们放弃其熟悉的海域，有时甚至可以离开长达数十年之久。幸运的是，当时的修道院和税务记录直至今日仍然被保存着，让我们得以详细地描绘出布胡斯省渔业从 10 世纪到现在的变动状况；产量丰富的日子恰逢恶劣的气候和艰苦的冬季；当天气温暖时，产量就会变少。英格兰南部和法国的沙丁鱼模式与此类似，但情况却正好相反：冬季气候恶劣之年的产量很少，气候温暖时的产量则较多。

鲱鱼群不稳定的自然状态，是促进近海渔业成长的重要因素，有了大型船只，无论鱼在哪里，都能追捕它们。16 世纪的荷兰是鲱鱼贸易中无可争议的王者，这让它的邻国都感到嫉妒。荷兰的优势一部分来自于他们在 14 世纪时发现了一种用盐卤保存的方法，可以让鱼的保存期限增长很多。有一种说法是，阿姆斯特丹建立在鲱鱼骨上。到了 1681 年，有近 50 万荷兰人，也就是全国五分之一的人都在从事渔业。这样丰厚的财富一直持续到 19 世纪末才随着时间慢慢减少。丹麦属斯堪尼亚（Scania）的鲱鱼渔业，在 14 世纪早期就已崩溃，而且一直都没有恢复过来。到了 18 世纪时，渔业转成以英国为主。19 世纪中叶，一到鲱鱼季，每晚北海上都会有 8000—10000 公里长的浮网设置，用来拦截鲱鱼群。[30]

尽管渔获量很大，但与掠食者们所食用的数量相比，也只不过是沧海一粟。1863 年，英国皇家委员会下令调查苏格兰的鲱鱼拖网渔业，估测两个最专一的鲱鱼掠食者（鳕鱼和塘鹅）食用的鲱鱼数量。按照每年七个月时间、每条鳕鱼一天吃两条鲱鱼的数量来估算，鳕鱼所食用的鲱鱼，每年就有 290 亿条，是所有欧洲鲱鱼渔业渔获量总和的十倍。此外，光是苏格兰圣基尔达岛的塘鹅，就将数量又更进一步增加了 2.14 亿条。从这些情况来看，人类所取用的鲱鱼数量，更是显得微不足道。

纵观历史上鲱鱼、沙丁鱼和圆腹鲱的渔业，人们常会捕捉比他们能够完好保存的数量还要多的鱼。由于这种富含油脂的鱼类很容易腐败，加之用来保存的盐量比较有限，所以过多的鱼都被用作肥料和喂食牲畜。19 世纪末期，在蒸汽船出现之后，渔船的渔捞能力大增，渔获经常多到把市场都给淹没了。不久，大西洋两岸的渔民都开始把目标放在专门用来作为肥料和动物饲料的鱼群上，他们使用的工具是有着极小网眼的巨大渔网。由于这些渔获只是被用来丢在田中，或是用来喂食猪只，所以自然也就无须担心渔获的选择性或品质问题。在美国，另一种鲱鱼的亲戚：大西洋油鲱（menhaden），成了这种渔业的主要渔获物。由于现今农业市场上对其有着近乎无尽的需求，使得这种渔业持续扩大，一直到进入 20 世纪。然而，仅仅过了半个世纪，人类取用鲱鱼的数量便急剧上升，其程度高到足以触发这种超级丰沛的渔业资源为之崩溃，而许多其他渔业也将相继崩溃。

10 第十章
第一次拖网捕捞革命

　　船只后甲板上闪烁着刺眼的灯光，令人目眩。现在是凌晨三点，船上工作人员正在将拖网放入海中。细雨穿过船灯投射出的圆锥形光线，在船上到处流动。灯光的后方，暗黑色的海浪不停地在翻滚，夹杂着破碎的浪花。船只在伸手不见五指的大海中爬上浪头，跟着又急落入海。颠簸的甲板和咆哮变换着音调的引擎，表明船只正在向前行驶。紧绷的钢缆从绞车上放下后，在半空中乱颤，接着通过船尾上像塔一样的拱门，被掷入黑色的大海。在海下 1300 米深处，拖网向下沉到大陆坡上，巨大的网口惊吓到了几条灯笼鱼，它们在永恒的黑暗中发出亮光，受到干扰的浮游生物也开始闪光。在这样深度的海底，永远都是黑夜。受到渔网的刺激，浮游生物发出了磷光。半个小时后，拖网终于全都沉到了海底，随后它就开始隆隆运作，拖行过巴塔哥尼亚的侧边，追捕南极犬牙鱼①，并将海底割出一道 100 米宽、四层楼高的长条状痕迹。

　　八个小时后，两片看上去像是水上飞机、用来撑开拖网网口的五吨重的

---

① 南极犬牙鱼 (toothfish)，又叫南极鳕鱼，俗称白鳕鱼，主要生活在南极附近比较寒冷的海域，有"最不怕冷的鱼""海中白金"之称。其心脏每 6 秒跳动一次，生长速度极其缓慢，13—17 岁成熟产卵，成鱼身长可超 2 米、体重 150 公斤，寿命可达 50 岁以上。——编注

钢板划开了水面。起网的过程中会暂停一下，以确保安全。然后，绞车一边发出不平之鸣，一边继续转动，把网子拉上船。拖网先是滑向一方，开口在船尾倾斜；之后，拖网的尾端——一个装有渔获的网袋出现在水面，海水不断地从网袋中流出，网子里鼓鼓地装满了鱼。穿着黄色防水装的船员们在甲板上忙碌着，全身上下因为海水和鱼身上的黏液而变得湿湿滑滑。他们操纵拖网，将它停在舱门上方，然后打开拖网末端的结，将大西洋深处的一部分物产倾泻进船舱。这次捕获数量众多，质量很好，有很多一两米长的南极犬牙鱼，横躺在一片充满破碎生物的混乱中。

除了微弱地拍打着的鱼鳍和因为垂死挣扎而颤动的阳隧足随处可见之外，渔获看上去都显得奄奄一息。从压力巨大的深海上升到海面，很少有动物能够存活。大多数鱼都大张着嘴躺着，舌头因为肿胀的鱼鳔，而从头部被挤出来；睁大的眼球还在眼窝里，但已经什么都看不见了。躺在小鳞南极犬牙鱼旁边的是扭曲变形的海底生物残骸：粉红色的竹珊瑚的断枝；被撕裂的海绵；被卷成一圈的海扇、海胆、海参；拳头般大小的螃蟹及其修长的断腿；背部隆起、眼睛有着银色眼眶的深海鲨鱼；被黏液包覆的盲鳗；此外还有许多长相怪异、只有科学家才知道它们名字的生物。小鳞南极犬牙鱼及少部分物种较有价值，其余大部分都被认为是毫无价值而被丢弃在一旁。这就是现代拖网渔业的实际状况：极具破坏性，过度浪费，往往唯利是图。这种渔业备受争议，但却是现今最常见的捕鱼方法之一。

拖网捕捞是一种拖拉着网子扫过海床的渔法，有着悠久的历史。我们可以相当准确地回溯它的起源，因为早在 1376 年就有人向英王爱德华三世请愿，要求他禁止使用一种具有破坏性的新型渔具：

　　　　百姓们向国王请愿，他们抱怨说很多溪流和海洋中都曾渔获丰富，为英国带来了很多财富，但是近些年来，开始有人使用一种叫"万底掠穷"①的工具来抓鱼。这种渔具就像是长了许多的牡蛎耙网、上面加装

---

①　"万底掠穷"（wondyrechaun）：一种在水底拖行的拖网，常会造成严重的海底地形破坏和混获。——译注

了有着很细网目的网子，再小的鱼都无法逃出网外，而留在网中的都一并被抓走了。这种工具结构上又大又长的铁沉重而坚硬，当用它来捕鱼时，就会摧毁海底下的花朵，还有供大鱼食用的牡蛎、贻贝和其他小鱼苗。在许多使用这种工具的地方，渔民捕捉到了数量众多的小鱼，多到不知道该如何处理，只好拿来养肥他们的猪；这对老百姓和渔业造成了很大伤害，他们祈求当局能够尽快采取一种补救措施。[1]

这是世界上留存下来的第一份关于底拖网①的历史资料。议会的程序在数百年间似乎并没有发生多大改变。对于这一请愿，议会的决定是指派一个任务小组去调查这起投诉。专员们在埃塞克斯海岸的科尔切斯特港口集合，宣布他们的裁定。他们的报告指出，这种网子有"5.5 米长，10 个男人的脚宽"[2]。三米长的木头横杆上，有两个铁制的外框（形状像是用来清除火炉中灰烬的耙）。网的顶端用钉子与横杆连接，下端有一道用铅和许多大石头来增加重量的绳子。网口由上方的横杆撑开，网的底端沿着海床拖动，受到惊吓的鱼儿就会跑进网袋。今天看来，全面禁止使用这种桁拖网（beam trawl）可谓是再应该不过。虽然当时的委员们并不认为它们该被彻底禁止，但他们判定这种网只能用在深海，而不能在沿岸河口和港湾中使用。不过他们并没有通过法律来执行这一决定，也许是因为所有人都认同这一解决方案。

　　关于拖网的这一最早描述、对拖网负面影响的描述，跟我读到的对这种渔法的其他描述同样具有说服力。在这份请愿书中，让人感到震惊的是，即使在拖网最开始使用的初期，它就已经被认为是一种深具破坏性且会造成浪费的方法；同样引人注意的是，这表明人们对于所捕捞的动物已有所了解，也知道这些动物的生存有赖生物多样性丰富的栖息地。在工业化捕鱼所使用的多种渔具中，拖网的使用无疑最广泛也最具破坏性。而随着拖网使用的传开及改进，这份 1376 年上呈给英王的论述，在之后几百年间不断被重复。这样的论述，

---

① 底拖网（bottom trawl），一种由船舶拖曳、定性采集海底底栖生物样品的网具。主要有阿氏拖网、桁拖网、三角形拖网、双刃拖网和板式拖网等种类。——编注

最近又被深海拖网捕捞所点燃，拖网再次转移到从前没有人抓过鱼的区域，从而对海底生物造成了毁灭性的后果。

14世纪时桁拖网的发明，是三次拖网革命中的第一次；第二次拖网革命发生在19世纪末，拖网渔船开始使用蒸汽动力；第三次拖网革命则发生在20世纪中后期，拖网首次进入深海捕捞。激烈的争论始终与拖网革命相伴随。随着许多人呼吁禁止这种渔法，调查委员会受命展开调查。拖网的支持者和反对者自然是各有各的理由。拖网经历了诸多挑战，至于它能否继续使用，主要看它是否能躲过现今反对深海拖网的诸多指控。

值得注意的是，在第一次拖网革命时，随着底拖网传播开来，几乎到处都充满了对拖网的愤怒和敌意，尤其是那些没有使用拖网的渔民更是如此。而我们则是通过禁止或限制拖网使用的规定，来认识拖网早期发展的大部分历史。例如，1491年，英格兰东南部的渔民，由于使用"非法工具"和网目细小的渔网来捕捉幼鱼而被罚款。[3] 1499年，佛兰德斯的一项法令，明文禁止使用"将鱼类用来作为庇护所的海藻连根拔起并扫空"的拖网[4]，使那里的渔民得以成功地防止了拖网可能造成的破坏，保护了鱼类栖息地。一个世纪后的1583年，荷兰禁止在河口使用虾拖网。1584年，法国甚至将使用拖网定为死罪，而在英国也开始出现反对使用拖网的声浪。有两位渔民由于在他们的桁拖网上使用金属链（这是现今拖网的标准配备）来惊吓海底的鱼好让它们跑进网内而被处决。尽管普遍反对使用拖网，但事实表明，拖网捕捞这种渔法实在是太有吸引力了，令人难以放弃。

到了17世纪，出现了更多对使用网目过小的拖网的投诉，于是英国在1714年通过了一项法律：

> 近年来，鱼苗由于被网目过小的渔网和其他不合法及无法律依据的方式采捕而大受损害。今后在英国海岸，除了捕捉鲱鱼、沙丁鱼、圆腹鲱和沙鳗，不得再用每个网结之间小于8.9厘米网目的拖网、捞网和定置网。[5]

　　起先，使用拖网这一方法的传播很缓慢。直到 17 世纪后期，拖网渔船在大不列颠也仅分布在英吉利海峡的布里克瑟姆港口周围和泰晤士河河口，使用方式是用小船拖行有着 3—3.5 米长横杆的网子。[6] 在欧洲大陆沿岸，也有拖网早期雏形的零星使用。但相较于其他形式的渔业，使用拖网的还是少数。回溯过去，我认为这应该是受到以下几个因素的限制所致：关于使用拖网捕鱼的争论，想必让很多人打消了使用这种渔具的念头，因为毕竟还有许多很成功的渔法可以使用。但是，另一个更根本的问题则是，14 世纪拖网渔船发展之初，在没有冷库的情况下，如何处置在一天中就能抓到的这么多的渔获物？而且，当时的新鲜渔获物市场仅限于沿海城镇。那时的渔民使用的是大型流网和围网，而不是用拖网来捕捉鲱鱼和沙丁鱼。保存这些鱼的方法发明之后，对于早期扩张捕捉这些鱼类的渔业努力有相当大的助益。来自斯堪的纳维亚、冰岛和纽芬兰的鱼干和盐渍鳕鱼也都已经有了市场。这类渔业很快就发展到工业规模，拥有复杂的设备来保存和运输这些渔获。但要处理使用拖网捕捉到的大量鲜鱼仍有难度，而且当地的需求通常小规模的手钓渔业就能满足。

　　其中有两个主要转变，让手钓渔业得以蓬勃发展。第一个转变是在 18 世纪时，手钓转变成延绳钓（longlines）。延绳钓，一如其名，指的是远长于手钓的钓线，通过支线将数百或数千个鱼钩连着主线。第二个转变则是大约 16 世纪时在荷兰发明的活鱼舱船（well-boat），这是一种在船中央配有防水舱的船，木材的中间有孔，可以让海水淹入并在活鱼舱里循环。用钓线捕获的鱼，特别是较强壮的物种，如鳕鱼和大比目鱼，只要一捕获，就会被丢入活鱼舱。这样一来，可以保持它们鲜活长达数周之久，以便运输到沿岸港口，在那里，它们会先被放入储存槽，再视需求进行宰杀。活鱼舱船于 1712 年被引入英国，并很快获得采用，从而确保了伦敦人可以有新鲜渔获供应。[7] 19 世纪初，英格兰约克郡的格里姆斯比港口，堆满了可供暂存鳕鱼的木桶。博物学家弗兰克·巴克兰（Frank Buckland）描述了这一景象：

　　　　水面上漂浮着为数众多的箱子，它们看起来就像是巨大的骰子，约有 3 米长、1.5 米宽、1.2 米深。有个地方的箱子甚至多到看不见水面。

桁拖网由木制或钢制横杆撑开的网袋所组成。这种利用航行中的船只拖动的网具，是在 14 世纪由英国人发明的，一直使用到 19 世纪晚期蒸汽动力引入渔业时。图片来源：Collins, J. W. (1889) *The BeamTrawl Fishery of Great Britain with Notes on BeamTrawling in Other European Countries*. Government Printing Office, Washington, DC.

这些箱子里装着活鳕鱼，箱子两侧有钻孔，里面的水会随着潮水涨退而更新……其中一个箱子正在被驳船拉起，上方的盖子被打开来，让我可以一览其内部状况。眼前的景象非常有趣，很让人好奇：里面挤满了鳕鱼，它们不停地挣扎着，努力张大嘴巴……再根据市场供需，将鳕鱼从箱子里取出来，用槌头重击它们的头部……另一些箱子里则装着为数众多的大比目鱼……鳕鱼在没有食物供应的情况下，可以在箱子里活上八周时间。[8]

早在19世纪，英格兰南部沿岸港口的拖网渔船，就已开始进军北海，并捕捞了大量的大圆鲆和鲽鱼。这些专门卖给有钱人的高价鱼种，在伦敦被称为"西区鱼"（West End Fish）。一如其他品种的比目鱼，它们生活在接近海底的地方，除了桁拖网可以捕捉到大量这种鱼，它们很少能被捕获。早先，这些渔民尽可能地用马车将这些新鲜渔获直接送到市场；有了活鱼舱船后，就可以把渔获运送到靠近沿海的市场，但这并不能解决陆路运输问题。然而，此时出现的另一项新发明，彻底改变了渔业。

1820年底发明的蒸汽引擎火车，为渔业铺展了一条快速扩张的道路，尤其是转变了拖网的经济形态。1840年，英国各地已有超过1760公里的铁路；到了1850年代初期，铁路总里程增加到11200公里。[9] 同样快速的建设也发生在欧洲和美国，从而为沿岸和内陆人口聚居中心提供了快捷高效的运输。提供新鲜渔获的市场突然扩大，鱼价也随着需求不断上扬。有段时间，活鱼被装在火车车厢上的有水容器中运输，不过，自从由挪威、加拿大等寒带国家引进用冰保存渔获的方法后，这种方法就过时了。由拖网捕捞的大量渔获上岸后，已能卖到足以支付成本的价格。到了1860年代早期，英国每年已有超过10万吨的鱼通过铁路运送，此时的渔业规模已是20多年前的2倍。[10]

自从有了铁路建设，拖网渔业在北海南部沿岸国家便开始蓬勃发展。对英国拖网渔业刺激最大的或许是1843年发生的一件事。那是一个严冬，一位来自赫尔的拖网渔民，正从多格滩（Dogger Bank，又译多格浅滩）的一趟收获惨淡的出行中返航回来。他在一处陌生的地方布下拖网，想要赌赌运气，结果他发现北海的海床上有一个海图上没有标示的凹陷。当他拉起满满都是、多到快要挤爆渔网的鳎鱼时，他简直不敢相信自己的好运！这是另一种需求很大的高级鱼种，很明显，鳎鱼躲到了深水中去避寒。而这个被称为"大银坑"（Great Silver Pit）的地方，很快就被大家知道了，因为在那里，财富可以跟拖网抓鱼一样快地被捞起："这样的捕鱼经验，就连对最有经验的渔夫来说，都是做梦也不会想到的。"[11]

随着铁路的不断延伸，就是有再多的鱼也能卖得掉。但是由于原始的沿岸区域已经被过度捕捞，大家也开始感受到急需寻找新渔场的压力。渔民以船队集体运作的方式来扩大捕捞范围，其中有艘船负责每天载送渔获到港口，以确保渔获在还新鲜时可以送到岸上。到了1850年代，用冰来保存渔获已经成为一种寻常方式，光是渔业每年就要消耗掉数千吨冰块。用冰来保存渔获有双重好处，一来可以扩大市场，二来可以增加渔场的范围。载着冰块的船不再只能沿着海岸捕捞，而是可以前往离岸更远的地方作业。

在那密集捕捞、渔业爆炸性成长的19世纪早期，对北海底栖鱼类的捕捞又是一种什么样的状况呢？除了大型的鲱鱼和鳕鱼渔业，大多数渔业都是在沿岸几英里内作业。而一旦渔捞能力增加，船只就可以航行到离岸更远的地方，在那里发现鱼群丰富的新渔场。北海的鱼群更是丰美得惊人，中间点缀着自海底隆起的浅滩和沙洲，那里有着满满的鱼。其中最重要的渔场是在北海中央绵延三万平方公里的多格滩，这里到英国、法国、荷兰、德国和丹麦的距离约略相等，而这些国家的人都在这里捕鱼。在上一个冰河时代，北海还是干的时候，多格滩是一片有着低矮丘陵和谷地的陆地，上面栖息着毛茸茸的猛犸象和犀牛。但在19世纪，这里已经成为鱼类的王国：

　　假如北海水域是半透明的，那么对在其上航行的人来说，它会呈现出什么样奇妙的景象呢？他们将会发现，这里面有着不计其数的大量鱼类，地图上的多格滩和其他浅滩并不会显示出沙、贝壳及平滑或粗糙的表面。然而，实际上，这里有着几乎像是固体般的黑色或银色团块状结构在不停地移动中。[12]

19世纪早期，在一个渔获丰硕的日子里，八名手钓渔民，每天钓十个小时，有可能在多格滩一共钓到1600条鳕鱼，或者是每人200条，[13]平均每个人每三分钟就可以钓到一条。与此同时，体型巨大的鱼仍然大量地潜伏在其深处。根据巴克兰的记录，1874年，伦敦曾售卖过一条长1.9米、宽1.2米的大比目鱼。无鳍鳐甚至可以长到跟门一样大。18世纪后期，曾有一条重182斤、长1.05米、宽0.78米的无鳍鳐，在剑桥大学圣约翰学院供120人食用。威廉·巴克兰还记录下了另一条更大的无鳍鳐：连同尾巴在内，总长2.05米，身宽1.58米。在这处鱼群丰富的水域，渔民必须跟数量庞大的掠食者争夺猎物。一位20世纪早期的作家沃尔特·伍德（Walter Wood），描述了北海上最致命的东西：

> 角鲨是北海的一种鲨鱼，一直以来都是渔民的敌人。它会持续不断地攻击渔网和渔获，以获取战利品；它不会流露出一点点怜悯，也从来没有怜悯可言。它是娱乐渔业的目标鱼种，通常会在战斗中死去。它会对流网进行恶作剧，让数量庞大的鲱鱼和鱼苗完全无法符合市场需求。而在它们看来，杀死和胡乱撕扯渔获物，只是为了满足一种谋杀和粗暴的乐趣。它们既贪婪又凶猛，一旦被拖进拖网，渔民就得把它们跟网中其他的东西一起清空，不然，它们会一直把每条鱼都啃咬得只剩下一副骨头，并且不会离开。① [14]

现在海洋里已经很少还有地方会有很多鲨鱼了。鱼刚一上钩就被鲨鱼抢走的故事，就像是神话一般，或是只会发生在热带地区的某些热点，像东太平洋上的可可斯岛。要我们想象这样的场景在欧洲也曾很常见，简直就像是在测试我们会不会轻易上当受骗。但是，事情曾经真的是这样！当时，北海的鲨鱼

---

① 当时，意大利、法国和西班牙都已经有人在吃角鲨。近年来，伦敦人也开始将角鲨炸来食用。具有讽刺意味的是，在英国主要捕捉的种类是白斑角鲨，它现在是世界上最有价值的鲨鱼之一，每公斤售价约10—15英镑。

甚至偶尔会咬死不慎落水的船员。[15] 再往北，在北极的捕鲸场，当天气恶劣、捕鲸人延迟处理鲸鱼时，常见的大型小头睡鲨（又叫格陵兰鲨），就会在一天之内将鲸鱼身上的肉全部吃光。[16]

当然，这并不是说：只要遇到掠食者，就都会对捕鱼不好。渔民也常会利用掠食者捕捉猎物之际渔翁得利。捕鲱鱼的渔民，会在海上寻找鲱鱼在海面挣扎的迹象，以寻找鱼群；同样的，捕鳕鱼的渔民，在鳕鱼聚集猎食鲱鱼时，也会将在近海使用的延绳钓，转换成用于近岸的手钓。根据 1810 年戈德史密斯的记录，当时黑线鳕的状况是这样的：

> 它们每年都会成群结队地造访英国海岸，有时其分布范围可以长达160 公里、宽达 480 公里。在约克郡海岸，它们不断地靠近岸边，其数量之多，两三个渔夫有时一天就能每人各抓到一吨。不过，如果他们发现了角鲨，毫无疑问，他们会把它们也一起带走，即使这已超出他们的负荷。[17]

拖网在新的渔场有时捕捉到的鱼，会多到在拖行中造成网子破裂。有时网子在水下还会重到让船无法前进。

1840 年代初期，英国的拖网船队约有 130 艘船。到了 1860 年代，船只数量已经增加到超过 800 艘，这既是由于蒸汽火车的发明，也是由于需求量在增加。这样的扩展，对于成千上万使用鱼线、渔网和陷阱捕鱼的渔民来说，并不是一件乐见其成的事。使用拖网的渔民与其他渔民之间的冲突越来越多，最终问题还是爆发了！ 1850 年代，爱尔兰和英国部分地区发生了暴力抗议，拖网被烧毁，使用拖网的渔民受到威胁将被驱逐。就像他们 14 世纪的前辈一样，其他渔民抱怨拖网将鱼源一扫而空，尤其是破坏了鱼卵和幼鱼。他们认为，拖网将海底移平，毁了饵床（bait beds），以至于使用延绳钓的渔民，无法获得足够的贻贝和海螺来当饵料。渔民也抱怨，拖网渔船扫过他们的流网、延绳和捕蟹笼（crab pots），连螃蟹族群也被危及，它们的壳被拖网粉碎。捕沙丁鱼和鲱鱼的渔民还声称，拖网害得鱼群分散，使得它们都逃走了。

由于渔业争端变得一触即发，于是英国政府便在 1863 年任命皇家委员会针对反对拖网渔业的诉求及其他不满展开调查。他们的调查任务如下：

> 第一，渔获的供应究竟是增加、维持还是减少？第二，是否有哪种渔法会造成浪费，或以其他方式损害渔获供应？第三，上述渔业是否会因为法律限制而受到损害？[18]

委员会的三位委员巡回全国，访问了 86 个渔业社区，记下了数百名证人的上千页证词。其中一位委员是动物学家托马斯·赫胥黎（Thomas Huxley），当时他还只有 38 岁，但他强力反对达尔文的天择演化论已经是众所周知。在展开这场马拉松式的巡回调查之前，赫胥黎可能对渔业就已经有了一种先入为主的看法。而在三年后，当委员会的报告得出最终结论时，他肯定受到了这一看法的影响，因为调查得出了一个不同寻常的结论。当结果出炉时，几乎没有人想到结论竟会是这样。

19 世纪时英格兰康沃尔郡圣艾夫斯镇的鱼市。当地人用手钓渔具来捉鱼。（图片来源：当代明信片）

要想理解其他渔民对使用拖网渔民的不满，最重要的是要了解桁拖网是如何运作的。当时，皇家委员会的调查显示，木制的桁拖网所拖行的网袋张开后的大小通常有 11—12 米长，这比上个世纪渔民所用的拖网要大上许多，横杆被安装在两个钢制框架上，拖行的时候，将横杆拉起，悬在海床上方，让连接在底部有加重绳索的网袋沿着海床拖行。网悬挂在船的一侧，拖行 3—5 个小时后，用手动绞车将其拉起。与使用流网、延绳钓和陷阱捕鱼不同的地方在于，拖网所捕捉到的鱼，种类非常多。一段 19 世纪的文字描述，提供了一个很典型的渔获风貌：

> 网中的东西会依据季节及地点不同而有所不同，但一般而言，它们都是很多种不同的组合，可以说是一个极佳的海洋生物展示。船只随着波浪在海上起伏，鳎鱼、大圆鲹、比目鱼、鲽鱼则在湿滑的甲板上来回滑动。它们看似充满活力，其实只是痉挛地用它们的尾巴拍打着甲板；在这里可以看到扭动着身体的鳗鱼；还有下颌武装着、有着恐怖牙齿的凶猛狼鱼，它会攻击出现在其面前的所有东西；渔获中最特别的是一种嘴大得像青蛙似的鱼（鮟鱇鱼），有些人称它们是"活生生的地毯袋"。与这些鱼类挤在一起的还有一身虹彩色泽的角鱼和一向都是渔民的敌人、凶猛且不停扭动着的角鲨，以及贝壳、海葵、海螺卵，等等，这种渔法让它们构成了在其他状况下很少会聚集在一起的样貌。[19]

这段描述也切中了渔民们诉愿中关于拖网所造成的一个最严重的问题：它将所有海底生命连根拔起，栖息地、食物和鱼卵都一起被破坏了。

在报告中，调查委员们以一种带有某些讽刺意味的说法，来描述他们的见证，以及所获证据的可信度：

> 海里捕鱼的方法……很少有哪一种能不被另外一种投诉……这些投诉通常都是一类渔民与另一类渔民之间的对立，不论对错，他们都自己说服自己，他们被不公义的方式损及最重要的利益。而当他们被

其他人控诉影响他人生计极大之时，他们则会通过其权力，持续用不可靠又错误的方式作业；无须惊讶，直到目前为止，这些资料都仅仅是个人看法，这些说法既无法证明也无从否定，这也是整个事情最矛盾的地方。在这样的状况下，我们并不指望任何一方的说辞能够反映出一点点的真实性……但渔民如果不是因为每天的工作，他们是极度不善于观察鱼类的一种人；他们不仅会轻易采纳其所相信的，哪怕不攻自破，他们还是会说他们所喜欢的，但他们有种将现况与过去相比并贬低现况的倾向。在某些地方，他们也不缺少额外的诱因，去把状况弄到最糟，因为他们希望强硬的声明能让国家以他们所期待的方式，去干预其危险的竞争对手。[20]

绝大多数委员都驳回了渔获供应正在逐渐减少这一论点。在没有系统化的渔业统计数据的情况下（当时没有搜集任何资料），他们无法看到任何清楚的渔获趋势。在某些地方，一个物种可能状况不错，但在另一个地方的渔民却说鱼群数量已经下滑了。在大多数地方，某些物种维持高生产量，即使在别的地方看起来已经减少了不少。就算有可供观察的信号，也会由于各年间产量的变动和人们不精确的记忆而丧失。

相反，对于拖网渔业给市场贡献了这么多的鱼，当时的委员会却是印象相当深刻。一位来自伦敦比林斯盖特鱼市的鱼贩证实，他卖的鱼，90% 都是拖网所捉。此外，钓上来的鱼体型较大，主要是较高级的种类，价格也比较高，不是一般贫穷人家可以享用的。因此，委员会的结论是：限制拖网捕鱼，会对食物供给产生一连串的负面影响。

关于第二个投诉的论点指出，拖网会浪费和破坏未成熟的鱼和鱼卵，委员们在这一点上再次得出指控未予证实的结论。虽然在一开始，他们听到很多关于渔获里有大量幼鱼混在其中的指证，但他们没有数据可供了解此种渔法所造成的死亡数量与自然死亡数量之间的差异。他们推断，鱼类自然死亡的数量远远超过遭到渔民过度捕捞的数量，因此捕捉到幼鱼固然令人遗憾，但这并不是浪费。至于鱼卵部分，当时大多数渔民都认为鱼是在海底产卵，所以拖网必然会破坏鱼卵。科学并未能帮助委员们看清事实，因为当时人们对鱼类的繁殖情况还知之甚少，然而他们却被说服，认为渔民指的那些被拖网捕捞起来的卵，其实是海绵、海鞘和墨鱼等其他生物的卵。在作出最终结论时，他们也多少受到反方说法的影响，认为拖网其实会增加海洋的生产量；一名目击者指出，拖网渔船在同一个地方进行捕捞，而渔获一次比一次还要好。当被问及鱼类是否有任何特定的食物时，委员们的回复是：

> 由于海底被拖网扰动，我们认为，拖网的运作就像在进行土地耕犁一样。这就像农民在耕种自己的农地。我们翻耕得越多，土地就能提供更多的食物，同样我们也能获得更多的鱼。[21]

至于最后一个问题，渔业是否会因任何法案限制而受到伤害？该委员会开了重炮：

> 如果说有哪个地方因为拖网而被过度捕捞，那么在这个地方使用拖网的渔民，就会第一个承受其行为所造成的恶果。首先，鱼类会日益减少，渔获量会一直减少到不再能维持他们的营生。一旦发生这种情况（通常早在鱼类灭绝前很久就会出现），这个地方将会停止使用拖网，之后鱼就不会再受到干扰了，直到它们强大的繁殖力补足减少的数量，渔场将再度成为使用拖网的渔民可以获利营生的地方。在这种情况下，任何法令都只会多余地干预人与自然之间的互动。[22]

三年来不断地听到这么多的证据指称渔业"最具冲突性"，或许我们可以因此而谅解委员们认为政府几乎无法利用立法方式来改善渔业。而他们得出的结论更是简单得令人震惊：

> 我们建议，全面废除议会中用来规范或限制在开放海域捕鱼方式的法令；从此以后，允许无限制地自由捕鱼。[23]

　　两年后，《海洋渔业法》获得通过，永久地删除了几个世纪以来在国会中
形成的 50 多项法令。自此渔业也就变成只要渔民高兴就可以在任何时候、任
何地点、使用任何渔法捕鱼。英国人当时对待捕鱼的态度，其实也反映出当时
世界上其他地方的主流意见：即便是有违自然的丰盛和富饶，人们对于居住在
无垠海洋中的野生鱼源却是几乎不会有什么影响。这种放任态度导致各地渔业
肆无忌惮地扩张，并将会在几十年后严重影响鱼类种群及其栖息地。

11 第十一章
工业化渔业的开端

　　1883 年 9 月末，在亚伯丁郡的法院内，空气中弥漫着吸食烟草形成的烟雾，与户外苏格兰秋天清新冷凉的空气形成强烈对比。五位知名绅士，坐在法官和律师通常会坐的地方，倾听着鱼线渔民约翰·麦克唐纳（John MacDonald）提供的证据。房间里很拥挤，晚到的人仍在摘下帽子从后面挤入，议会成员马乔里班克斯（Marjoribanks）先生正在提问：

　　问：你说［拖网渔船］会毁掉鱼类的觅食地，它们是怎么做的？它们如何干扰鱼类的觅食地？

　　答：它们沿着海底拖行拖网，把前面所有的东西都扯坏了。

　　问：那么，你是不同意先前问询中有关拖网是在海底进行耕犁、会增加鱼类食物的陈述啰？[1]

这时候，法庭上响起一阵愤怒的声响，人们高喊他们不赞成在法庭另一端作出这样的提问。麦克唐纳就算有回答，也已被沸沸扬扬的呼喊声给淹没了。主席达尔豪西勋爵（Lord Dalhousie）不得不出面进行干预：

先生们，我必须要说一下，我们绝不能有这种情绪性的表达，因为我们有大量的工作要去做；如果每个证人的陈述都要多占去半分钟，在完成工作之前，将会多花很长时间……我们试着拿到证据，这样做对证人是不适当、不公平的；而且即使我们表达出这样的想法，对我们的工作也不会有什么帮助。[2]

马乔里班克斯于是回到他的问题上：

问：你相当不同意我所提出的那个建议？

答：是的。

问：那么，你的意见就是：拖网拖过海底后所产生的扰动，不可能造成鱼类食物的增加，因为拖网会清除前方所有的一切。[3]

你可以从中明显地感受到主席的不耐烦。这是其中一场关于拖网捕捞的皇家调查委员会会议，约翰·麦克唐纳只是接受问询的第三位证人，但却有着又会是一场冗长会议的风险。在第二年圣诞节前几天、最后的证据被带回伦敦时，委员会已经询问过证人们超过 12000 个问题。皇家调查委员会成员之一的托马斯·赫胥黎，是参与过第一次委员会的老将，如今其脸上已布满皱纹，两颊边则冒出一些长得惊人的胡子；他不会出现在最后一次会议上，因为在审查会议过程中，由于过度工作，以及他深爱的女儿精神疾病发作所造成的严重抑郁和每况愈下的健康状况，他不得不被迫提前退休[4]。然而，赫胥黎在委员会上早期提出的深入锐利的问题，以及他的聪明才智，无疑影响到了后来的结果。

到底是什么原因导致拖网这么快又开始受到调查？随着桁拖网在商业上取得成功，以及排除了所有使用它的阻碍，勤劳的渔民迅速进行改良，以增加渔捞能力。19 世纪早期，拖网帆船的载重极限是 20—30 吨，50 年后则增加到了 70—80 吨，而且船身更长，阻力更小，并可携带更大的帆，以加快速度和动力。到了 1870 年代，英国有 1600—1700 艘拖网渔船，其中约 1200 艘都在北海作业。[5] 使用陷阱、鱼钩和渔网的渔民，某种程度上已经与拖网帆船共生存。通过学习观察风向和潮汐来预测拖网帆船的行动，他们会把渔具设在不会被拖网弄坏的地方。另外，拖网帆船不能在海底崎岖不平的地方作业，而这些地方却是使用鱼线和螃蟹、龙虾陷阱的渔民们最好的渔场；在遭到拖网横扫的海洋中，这些地方提供了受欢迎的庇护所。但在 1870 年代中期，他们的世界被反转了，因为蒸汽拖网渔船诞生了。① [6]

这样的状况反映在沃尔特·伍德写于 1911 年的《北海渔民和战士》（*North Sea Fishers and Fighters*）一书中，他宣称：由风力航行转换到蒸汽动力的渔业，是"最惊人的现代革命之一"。他写道："蒸汽动力是征服者，统治了北海的渔业。"[7] 蒸汽动力也终结了渔民间脆弱的休战状态。几乎是在一夜之间，它就改善了渔捞能力，也改变了所有的捕鱼规则。

拖网帆船的渔捞能力受限于风和潮汐，由于缺乏动力，无法在平静的天气里捕鱼。为了让渔具维持在海底，而不是漂浮在海上，只能随着潮汐拖行，这表明：当风与潮水的方向相反时，就没有办法捕鱼了。[8]

蒸汽拖网渔船引起其他渔民极大的反感，因为它们不再需要等待风或潮汐的到来。从那时开始，受限于天气的航海人获得了解放，他们可以不间断地来回拖动拖网。此外，蒸汽拖网渔船可以拖行比拖网帆船更大的网，横杆的长度也快速增加到超过 15 米。桁拖网帆船上的底绳由老旧的绳索制成，如果拖网因为钩住某些障碍物而被卡住，底绳就会在失去整组渔具之前断裂。[9] 蒸汽动力则让底绳可以缠绕锁链，船只因此可以拖过更大、更沉重的障碍物，不论是垃圾、岩石还是海洋生物。蒸汽绞盘也可以处理钢缆，使拖网可以在更粗糙的表面拖行，在天气不佳的状况下，比起使用传统麻绳更有机会正常运作。运用蒸汽动力的绞盘牵引拖网，只需要运作 15—20 分钟，从而也加快了捕鱼的速度；传统手动方式则需要 50 分钟，而且工作得背部都快要断掉了。[10]

1883 年的委员会，再度唤醒了所有关于拖网的陈年争论，只是新的争论变成是针对蒸汽拖网。一直到调查的前几年，苏格兰渔民都在持续抵制拖网，

① 更早的记录表明，1865 年蒸汽拖网渔船就已出现在法国，但却直到 1870 年代晚期至 1880 年代，蒸汽拖网渔船才开始得到普及——在英国也大约是在这个时期。

这项调查部分也是为了回应他们对蒸汽拖网由英国南部侵入的愤怒之情。听证会进行期间，有30艘蒸汽拖网渔船正在苏格兰海岸作业。[11] 许多证人都提到了新引入的拖网对他们的渔场所造成的负面影响。彼得·西姆斯（Peter Sims）提供了关于首次在苏格兰东岸河口的佛斯湾进行拖网试验的证词：

> 这些你们称为渔获销售员的人，说服一位在我们布洛蒂渡口的船长尝试在河里面［河口］使用他的拖网，他说如果造成损害，他会负责。结果，有一个人试了一下，第一次拖行拖网就让网子满到无法拉上船。他只好将渔船开到海滩上，让水流干，直到他将网清空。我们也看到了这一情形，于是拖网就开始出现在一艘又一艘的船上，直到镇上所有的船上都配置了拖网。他们用拖网拖行整条河道，六周内就将河中一扫而空。从那时候起，钓线就不曾抓到价值六便士以上的东西。[12]

1883年的委员会召开时，有越来越多的证据表明：靠近海岸区域出现了鱼源枯竭问题，而许多证人都将这一问题归咎于拖网。渔民应对鱼源减少的方式是增加渔获努力，以及前往新渔场进行捕捞，而这样做的后果只会让问题变得更加严重。例如，邓巴渔民彼得·帕克斯顿（Peter Paxton）在蒸汽拖网加入捕鱼行列的六年间，将其延绳钓绳上的鱼钩从5000个增加到7000个，捕螃蟹和龙虾的渔民设置了更多的陷阱，使用拖网和鲱鱼刺网的渔民也都转而采用蒸汽动力，享用它所带来的所有好处。人们开始担心，海洋中的资源被取走得太多又太快。桑德兰海洋渔业保护委员会（Sunderland Sea Fishery Protection Committee）中的约瑟夫·希尔斯（Joseph Hills）说得好：

> 这跟1878年在我们身上发生的事情一模一样。当时可以获取大量的渔获，这么大量的渔获让我们有所警觉，并开始关注此事。我们知道，我们正在"杀鸡取卵"，我们认为有必要对这样的状况进行劝谏。事情已经从那时候演变到现在这个局面，不论拖网渔船当时是否能从桑德兰港不远的地方捕捉到大量的鱼，它们已经慢慢地向海洋越抓越远

20世纪初，停泊在英格兰林肯郡海岸格里姆斯比渔船码头的蒸汽拖网渔船。蒸汽动力拖网渔船在1870年代被引进之后，迅速取代拖网帆船。(图片来源：当代明信片)

了；然而，同样等级的拖网渔船到远方捕鱼，也开始出现某种程度的弃置渔获。更大、功能更强、更科学化的船只已经开始投入运作，它们能够携带更多的煤，航行到更远的地方，而它们运作的结果便是摧毁了杜伦郡、诺森伯兰郡和约克郡的整个海岸，直到那些地方除了仅存的一点点之外，什么都没有了。[13]

诺森伯兰郡艾茅斯海岸的约瑟夫·道格拉斯（Joseph Douglas），在接受调查时已经当了43年渔夫，他经历了从铁路、冰块一直到蒸汽动力的渔业革命。他描述了海上的改变：

问：那时候有很多拖网渔船在那边吗？
答：我们到那里去的时候，拖网船只相当接近，非常接近岸边……

随着时间过去，一年接着一年，它们越来越往深海处移动。现在，我推测它们向外航行了有320—480公里。[14]

关于拖网渔船捕捉太多小鱼的投诉，一而再再而三地可以听到。证人一个接着一个，愤怒地反对拖网渔业的这种浪费行为。曾在艾茅斯当过鱼线、渔网和拖网渔民的乔治·伯根（George Burgon）在接受调查时说：

> 问：你见过大量的小鱼被捞上来吗？是很小的鱼吗？
>
> 答：相当多。这不是说我自己抓到了那么多，而是说我曾见过那么多的鱼被抓上岸。我曾看到每天都有成百上千篮的鱼上岸，不是只有一天，而是每天。
>
> 问：是很小的鱼吗？
>
> 答：真的是太小了，特别是鳎鱼！我见过数百篮鳎鱼，大小都不超过你的手掌。我认为一篮不会少于150条，它们的大小根本不适合作为人们的食物。[15]

桑德兰渔民约翰·史温尼（John Swinney）则回忆起他曾见过被丢弃的鱼漂浮在海上：

> 在鲱鱼季的尾声，我跟我的继父前去捕捉鲱鱼。他坐在船中央观察风向，看到有些东西浮在水面上，就问我："杰克，那是什么？"我回答他说："那是鱼。"我放下舵柄，把船向漂着鱼的那一侧倾斜。我的小儿子拿来刺网，把一些鱼捞上甲板，另一个男的也跟着这样做，当他把那些小鱼抓上来后，他很生气地说："这真是太不像话了！"
>
> 问：那些都是死鱼吗？
>
> 答：都是死鱼，是在清晨时分当拖网渔船把拖网拉上船后被扔进水

里的。我愿意提供一组油布①给任何一位绅士，请他去看看那里被破坏的情形。我们都是这样希望的，希望有人可以去那里实地看看，而不是干坐在这里争论个没完。[16]

苏格兰波特莱森渔民约翰·克雷格（John Craig）也说道：

问：拖网渔船做了什么坏事？

答：它们毁掉了很多还没长大的鱼，小鱼，还摧毁了鱼卵。海洋是每个人的免费之泉，每个人都应尽其所能地抓鱼到市场去卖，能卖多少就卖多少，但是，他不能用卑鄙的方法去抓鱼。我认为，使用拖网就是用卑鄙的方法抓鱼，因为它们杀死的鱼比它们带走的还要多。[17]

至于被拖网破坏的海底，也在委员会中一再遭到投诉。这些渔民的证词，让我们得以建构出一幅拖网渔船席卷新渔场后对海底造成影响的画面。

海底会受到许多自然的干扰，就像拖网带来的一样。鱼类和甲壳类动物会挖洞，好挖出虫子。而更具破坏性的是，猛烈的风暴会侵扰大陆架延伸出来的浅水区域的海床，将海水带到表面，让海水富含养分，在春天喂养大爆发的浮游生物。像多格滩等浅水区域，在风暴时期尤其恶名昭彰，因为海浪波峰会横跨整个浅滩，制造出许多危险的碎浪，像1883年就带走了360名渔民的生命。一位曾被困在暴风雨中的渔民，描述多格滩看起来就像是"在咆哮、冒着泡泡的平原"[18]。浅滩每年都会被风暴重新塑型，并会被新的生物所殖民。然而，波浪的能量也会随着水的深度增加而迅速降低。等到了水下约25米深的地方，及较浅但受海岸保护之处，对于脆弱的动植物来说，即使海面正因天气关系而波涛汹涌，待在这些地方也是足够安全，让它们能够繁衍。

另外，潮汐的水流也会冲击海岸，移动沉积物和砾石。但是比较容易受损的动物，像珊瑚、海扇和海百合，还是可以在潮汐强劲得如同巨流般的地方

---

① 捕鱼时穿的防水衣。——译注

生存下来。千百年来，海床上延伸着数万平方公里复杂的生物群落。这些群落不会只局限在坚硬的底层，而是也覆盖在泥巴、沙、砾石和卵石之上。它们相互缠绕在一起，从而使得沉积物稳定，让其他动植物可以在上方居住、成长。在连绵起伏如平原和丘陵的大陆架上，海绵花园中尽是奇妙的形状和色彩。漂荡在柳珊瑚和海扇中间的，是滑行的海星和蜗牛居住的羽状苔藓虫床。长长的海岸线上，宽广的海鞘地毯向外海延伸出去，同时也为螃蟹和龙虾提供了庇护所。在更深的水域中，柔软的海葵和海笔像森林一般长在泥泞的原野上，在其"树冠"下方匍匐前进的明虾，从来不会远离它们在这片"森林"中的藏身之处，以免遇上饥饿的鳕鱼和黑线鳕。在更深处的黑暗中，精美的珊瑚礁是由生长缓慢的冷水珊瑚建造而成，它们覆盖在上个冰河期时冰河自海床冲刷下来的碎石堆上。在冰冷的水中，它们提供了一个"家"供上千种物种栖息。

1883 年，为了配合那年在英国举办的国际渔业展览会而出版了《北海、英吉利和圣乔治海峡的渔业图集》（*Piscatorial Atlas of the North Sea, English and St. George's Channels*）。[19] 这是一本华丽的彩色地图集，每一页上都展示了当时商业鱼类和贝类物种的分布。里面还有一张地图，展现了整个区域内海床的自然状态。北海南部广达 2.4 万平方公里的区域，被代表牡蛎的洋红色所覆盖。这片牡蛎区包括由牡蛎所形成的岩礁，以及缠绕其中的无数其他无脊椎动物。北海海底曾被一层厚厚的生物所覆盖，那是今日许多科学家都觉得难以置信的事情。

这股拖网"新势力"以一种极具破坏性的方式侵入这个美丽的世界。在19 世纪显要人士进行拖网调查时，几乎无人相信，也无法想象海底竟然存在着这么一个美丽的世界。但对渔民来说，这个栖息地却是真实的，而且，这一栖息地对他们所捕捉的动物来说非常重要。虽然早期的委员认为"渔民对鱼类的观察并不是极为必要，他们也不具有观察力"[20]，但是许多渔民提出的证词却是相当具有洞察力，为当年的海洋科学研究提供了基本的资讯，而且让人吃惊的是，这些看法极为正确地描述了海洋的运作。

拖网渔船迅速清除了经年累月才形成的无脊椎动物群落。虽然大多数接受调查的拖网渔民都想轻描淡写拖网所造成的负面影响，但也有一些人承认了拖网给海洋造成的伤害。来自布里克萨姆（Brixham）的渔民约瑟夫·葛拉韦尔斯（Joseph Gravels）在接受提问时，回忆起自己在多格滩和其他北海中的浅滩进行拖网作业时，网子里装满了无脊椎动物，它们曾经一度多到让他的船无法前进。拖网渔民把海底的无脊椎动物和海藻层叫作"颈背上的皮肤"（scruff）①，并且有一段时期都会避免前往这个区域，因为在那里网子会被缠住，比如像约克郡或林肯郡的海岸。[21]

另一位来自英格兰约克郡海岸惠特比（Whitby）港的渔民乔治·马歇尔（George Marshall），在接受调查时已经有 47 年的捕鱼经验：

> 我的经验是这样的。我相信拖网是一种最具破坏性的渔业方式，而我的任务就是来证明这一点。我已经一次又一次、一年又一年地证明，它会摧毁食物、小鱼和所有东西。除了大到可以阻挡它前进的东西，联结在拖网上的底绳会将所有东西都清除一空。[22]

桑德兰渔民约翰·梅内尔（John Meynell）则谈到了他在一艘拖网渔船上的经验：

> 问：那晚你出去的时候，是否看到大量未长大的鱼被捉起来？
> 答：看到网袋里倒出来的那些东西，实在令人觉得可耻！
> 问：请告诉我们那都是些什么样的东西？
> 答：卵、煤、靴子、鞋、衬衫等各式各样的垃圾，还有那种一些鱼会住在里面的小树。如果你看到一些珊瑚被捞起来，我相信大海底部也有类似东西。还有一种鱼会居住在其中的牧草；那就像是海底的一个大农场，而拖网却将底泥和所有其他东西都一起捞起来了。[23]

---

① "这个区域 [约克郡和林肯郡的海岸]，"坎宁安(J. T. Cunningham) 在他 1896 年关于销售鱼类的书中提到，"在数量庞大之'颈背上的皮肤' [拖网渔民对海底无脊椎动物和海藻层的称呼] 中，最多的是对渔民来说像'卷心菜'的一种固定凝胶状的有机复合物。水螅 [羽毛状的无脊椎动物，看上去像小树丛]（主要是 *Sertularia* 和 *Hydrallmannia*）的数量也很多。"

还有其他渔民发现了海底的无脊椎动物和海藻被清除后所发生的变化。一开始，他们捞起被拖网撕扯下来的大片东西。使用鱼线的渔民约翰·史温尼解释说：

> 你们已经听过希尔斯先生提到了海藻。现在，拖网渔船在运作时，会把所有东西都翻腾过来，我可以证明这一点。我们从海底带上来很多如马腰粗或小线段状的卵①和海藻混合物。
>
> 问：拖网渔船出现前，你从来没有用钓线钓到过海藻吗？
>
> 答：只有少量。
>
> 问：现在你能钓到大量的海藻？
>
> 答：拖网把海藻都聚到了一起，他们把拖网拉起后，就把海藻直接扔在那里。[24]

过了一段时间，鱼线钓到无脊椎动物和植物等混获的状况开始减少，那是因为海底生物已经所剩无几。来自英格兰东北海岸的渔民亨利·梅尔德伦（Henry Meldrum），回忆起自己进行延绳钓时的经验：

> 我们去钓黑线鳕时，常会钓到各种奇形怪状的东西，各式各样的小树、贝壳……什么都有，但现在我们什么都钓不到了。过去我们还曾钓到一种叫作"青葙"②的东西，现在，拖网渔民已经将青葙连同最好的渔获都一扫而空。他们在那里有个鱼矿……[25]

拖网渔船在海底运作时，会撕毁由动植物构成的复杂基质。纽黑文来的渔民约翰·德赖弗（John Driver）说，他在拖网渔船上工作的八个月期间，曾

---

① 与其他许多目击者一样，史温尼所说的"卵"，指的应该是无脊椎动物像海螺和乌贼等产在海床上的卵，或者是看起来像是卵的海绵和海鞘。

② 青葙（coxcomb），一种苋科陆生植物。——译注

见过一个拖网就拖上来三四台推车那么高的马贻贝、蛤蜊、贝类和石头。苏格兰海岸科肯齐（Cockenzie）的渔民威廉·亨纳姆（William Hunnam），描述了延绳钓渔民都知道的一处原可供搜集鱼饵的海床被破坏的情形：

> 在离科肯齐 3.2 公里的地方，有一处宽约 9.6 公里的区域……他们把海底上层的东西全都带走了。我要特别提醒你的是，那一层是蛤蜊和扇贝生活的地方。
>
> 问：你是怎么知道的？你见过吗？
>
> 答：我们的牡蛎耙网去过那儿，所以我知道那一层全都不见了。
>
> 问：那一层是什么呢？
>
> 答：是扇贝生活其中的地方。这一层由破碎的贝壳和其他类似东西组成，它的下面就是底泥。如果我们把耙网放得太深，超过一米，它就会被底泥一起拉下去。[26]

爱丁堡鱼贩亚历山大·安德森（Alexander Anderson）则是这么说的：

> 问：昨天有位目击者说，因奇基斯岛北方 3.2—4.8 公里的地方，在被拖网彻底摧毁后，那里已经没有鱼了。这是真的吗？
>
> 答：是真的。
>
> 问：你怎么解释这些老人家无法再以捕鱼为生？可以明确地将其归咎于拖网吗？
>
> 答：鱼都被拖网渔船带走了！是拖网渔船毁了这些鱼生活的地方。
>
> 问：你认为是拖网渔船毁了这地方？
>
> 答：它们拖行在这些鱼每年在固定季节都会来觅食的牧草上。黑线鳕鱼很喜欢紫红藻（dulse，一种海藻），这种海藻跟其他食物一样，都生长在海底。[27]

虽然安德森误以为肉食性的黑线鳕吃海藻，但他对它们与其他覆盖海底的动植物间的复杂关系的看法却是正确的，而这样的关系渔民们全都知晓。想要将拖网引入美国的美国人柯林斯（J. W. Collins），特意事先来到英国了解关于桁拖网的情况，他在 1889 年写道：

> 最适合使用桁拖网的地方，是在中等深度的水域中，有着泥巴或沙底质之处，那里当然有鱼；但是，通常在有礁岩的底质区域，鱼类的数量更为丰富，北海渔民都很熟悉这些底质粗糙的地方。因此，在底质粗糙的地方运作，虽然有失去拖网的风险，但是因为在这里有望得到大量渔获，所以有足够的诱因让渔民们甘愿去冒这个风险。[28]

关于拖网是否可以通过改变海床而增加渔获，也在新一轮的调查中引发争议。赞成使用拖网的渔民认为，拖网可以从海床上挖出虫和其他食物，让鱼食用。其他人，例如来自北贝里克的约翰·默里（John Murray）则予以反驳，指出拖网会破坏鱼类的食物：

> 所有我国的沿岸……海底有很多小的有壳类生物，特别是小龙虾，它们是大型鱼类的主要食物。我曾从一条鳕鱼的胃中取出过四五只小龙虾，我也曾从较大型的黑线鳕和小鳕鱼的胃中取出过小龙虾。现在，由于使用拖网的关系，海底已经没有这些有壳生物了。我们现在也没有大型鱼类了，因为它们的食物都被带走了。我极不赞成那些在我之前传达给各位大人证词的人，那些人认为翻耕底质可以让鱼更多的说法，我很难认同。我认为那些人的那些证词非常不符合自然状况。海底越少受到扰动，鱼才会越多。[29]

至于拖网是否会破坏鱼卵，则是另一个类似的冗长讨论。多数质疑都集中在渔民们是否亲眼见到卵被网带上来，许多人都说他们曾经见过，然而在交叉询问中，他们却又常常不能肯定自己看到的是鱼卵，而不是无脊椎动物，或者是其他别的东西。令人惊讶的是，虽然许多渔民都很清楚大型桁拖网在有卵的海床上作业会打散并打坏卵，但是委员们却几乎毫不考虑这个问题。由于人们相当清楚黑线鳕鱼和其他鲱鱼掠食者聚集产卵的特性，拖网渔民很难不被怀疑会以产卵地为捕捞目标，赫胥黎在交叉询问来自苏格兰海岸皮腾温姆港的詹姆斯·马尔（James Marr）时对他说，拖网清除掠食性鱼类，其实可能反而有助于鲱鱼产卵。马尔反驳道："是的，但是被它们摧毁的，要比被掠食者吃掉的更多。"我们可以想象赫胥黎倾身向前，提出反击："这并不是一个完全不带偏见的理由，不过，是的，这仍是你的意见。"[30]

人类使用拖网的扩散，造成前所未见、最严重的海洋生物栖息地改变。证人们在 1883 年拖网捕捞调查委员会中描述：原本可以看到生态丰富、复杂、富于生产力的海底栖息地，却变成以碎石、沙和泥为主的空旷之地。这种变化首先发生在英国和欧洲部分地区，但到了 1820 年代，就蔓延到了美洲、非洲、澳洲、新西兰和更遥远的海洋中。横跨整个北海南部的区域，曾是牡蛎王国的海床，现在却满是不停漂移的流沙。牡蛎的商业捕捞在 1930 年代结束，最后残存的牡蛎在 1970 年代也被抓完了。①

今天，适合拖网作业的海床几乎无一幸免，苏格兰希勒戴克（Cellardyke）的鱼线渔民大卫·波以特（David Boyter），是另一个面对过赫胥黎那锐利目光的人。下面的对话清楚地向我们展示了，渔民们相当清楚拖网会改变海洋栖息地，而赫胥黎又是如何在调查过程中无视这些讯息：

问：你说水很泥泞，你是指泥底质吗？

答：是泥底质。如果底质是泥的话，水也一定是泥泞的。

问：你知道拖网会在泥底质上方运作吗？所有的拖网捕捞都在苏格兰海岸区域作业，是否表明那边都是泥底质呢？

---

① 爱尔兰海上曼岛的伊林港海洋研究室（Port Erin Marine Laboratory）的职员，也告诉了我一个关于英国和爱尔兰之间类似的故事。牡蛎礁在岛上的分布区域曾经非常广阔，但是最后的活牡蛎却在 1970 年代被扇贝耙网挖起。

答：事实并非如此，其实正好相反。

问：前两三天的渔民说，有些地方是泥底质，有些地方是沙，情况是这样吗？

答：那里本来并不是泥底质，之所以会变成泥底质，都是拖网作业的结果。

问：难道拖网会把泥运到那边去吗？

答：不是这样的，但是拖网会卷起底泥。[31]

因为使用蒸汽动力的关系，拖网运作起来变得更加有力，更能将海床上的东西挖起来。有了底绳上的锁链、钢索和发动机，拖网可以在海床上拖行和滚动岩石，击破、粉碎和剥除上面的生物群落，然后让下方的泥和沉积物释放出来。

1883 年主导调查工作的拖网捕捞调查委员们，或许是为了粉饰真相、平息众多对拖网的批评，最后得出的结论是：证据表明仅有少数几种鱼类数量下滑，而且仅发生在沿岸地区。关于桁拖网，他们得出结论说"它并不会破坏鳕鱼和黑线鳕的卵"，这部分是正确的，因为这两种鱼其实并不会在海底产卵。更具争议性的是，他们发现："没有证据证明拖网会损伤鲽鱼或其他食用鱼类"，"没有证据证明"与"没有损伤"是两回事。最后，他们说："桁拖网给鱼类造成的食物损伤微不足道。""既没有浪费，也没有对未成熟的食用鱼造成不当伤害。"[32] 被这一结论激起的愤怒，至少一直到 19 世纪末，都还回荡在英国港口上方。1899 年出版于亚伯丁的一本小册子，说明了这一切：

数十名证人在委员会中发誓，指称拖网的确破坏了鱼类的食物、鱼卵，还有未成熟的鱼。很多人都是根据自己的经验作出的这些声明。关于那些被拖网带上甲板所呈现出的惨不忍睹的破坏迹象，连天使看了都会为之哭泣。[33]

然而，到了这个时候，所有反对拖网的声音也都结束了。1880 年代，渔业引进了一种更新的拖网，它们可以在更加粗糙的海床上作业，除了像比目鱼一样的扁平鱼类，也能网到鳕鱼之类的圆身鱼类。这种"单船拖网"（otter trawl）用两片木板取代了过去麻烦又沉重的木头横杆，网子两边一边一片，其功能就像是水上飞机停泊在水面时一样，让网口可以张开。单船拖网开辟出了巨大的海洋新领域，至少可以暂时弥补鱼源与渔获量减少的问题。使用鱼线的渔民则因拖网毁掉了饵床，鱼饵越来越贵 ①，造成成本相对太高，所以都被迫出局。[34] 他们原本还具有一些竞争性，因为他们捕捉的是有着较高经济价值的鱼，如今就连这一优势也已输给了单船拖网。

1863 年皇家委员会在考虑渔获供应量时，只关注已进入鱼市的量，对于渔民所说的渔获量减少的故事，则是冷淡以对。当时还没有"渔业科学"这种东西，唯一可以正面赞扬委员们的，应该是他们强调，要有更好的信息，才能评断渔业现况。然而，当时进取的生物学家距离能够运用统计来了解渔民们的经验，还需要一段时间。英格兰西部海洋生物学协会研究室（Marine Biological Association's laboratory）的沃尔特·加斯唐（Walter Garstang），订出了"单位渔获努力"（catch per unit of fishing effort），他将北海格里姆斯比港船队（包含帆船和蒸汽渔船）的渔捞能力加总平均，称为"捆单位"（smack units）。蒸汽渔船的渔捞能力被认为比帆船多四倍。小型的帆船动力船只，一直被使用到那个时代。1889—1899 年间，渔获量从 17.3 万吨增加到 23 万吨，对 1863 年时的委员会来说，鱼类的供应量有了明显增加。但是，把增加的渔获量与增加的渔获努力相抵消后，每一捆单位所捕捉到的渔获量，却从 60 吨掉到 32 吨，减少了近一半。这也就难怪渔民们会抱怨。1863 年时的委员会指出："在多格滩西部作业的拖网渔船，三个小时可以抓到两三吨重的鱼，并不少见。"[35] 但是到

---

① 海螺（苏格兰人称为 buckies）在这些小船所进行的延绳钓中，广泛地被拿来当作饵料，不但是因为鳕鱼喜欢，也是因为它们肉质坚硬，很适合挂在鱼钩上。采集螺肉饵，作为一种常见的销售行业，是一份相当稳定的工作；但是，有时也会遇到采集数量不足的问题。海螺也是贫穷阶级的食物来源，尤其是在伦敦市场，这干扰了原本要提供作为饵料的需求……北海鳕鱼业所需的海螺数量可由实际情况来了解，一艘小船在正常的延绳钓期间，每次出航会带 40 瓦许（wash）的海螺。时间一长，"瓦许"就成了一种度量标准，相当于 21 夸脱和 1 品脱的水容积。

了 20 世纪初，这里的渔获量已经下跌到每下一次拖网仅能抓到一吨鱼。[36]

现如今，鱼类的尺寸已经下降了这么多，问题早已不再是该不该用拖网，尽管鱼线和陷阱渔民仍然坚守在沿岸区域，但是拖网已经变成是必需的。虽然 1883 年召开的委员会再次得出反对拖网的原因无法证实的结论，但是他们也委托苏格兰圣安德鲁斯大学的麦金塔教授对这个问题进行研究。于是，第一个禁渔区及其实验就这样开始了，几个近岸海湾和河口禁止使用拖网捕捞，一直到今天都是如此。经过十年研究，麦金塔也免除了对拖网渔船造成鱼类资源枯竭的责难。[37] 然而，他的研究是有瑕疵的，因为他没有禁止使用鱼线的渔民在禁用拖网的区域里作业（很可能是因为他无法禁止）。使用鱼线的渔民在禁止使用恐怖拖网的保护区中密集地捕捞，使得鱼群原本应增殖的数量不如预期。

麦金塔的研究结果虽然引起了一些争议，但却给英国提供了对使用拖网的最后认可，并为它们铺好了全球扩张之路。在欧洲，包括荷兰、法国和德国的拖网渔船开始越抓越远，到处寻找新渔场。19 世纪末，他们已经抵达冰岛和地中海海岸。随着每个阶段的扩张，拖网渔船都能遇到未经开发的原始鱼群和未受破坏的海床①。[38] 1889 年，柯林斯写道："可以确认的是，现在的北海

蓝鲨，1899 年麦金塔所写的《海洋资源》一书的封面配图，蓝鲨被描述为"经常毁坏渔人的网具和鱼钩，并挑战人类的影响力"。图片来源：McIntosh, W. C. (1899) *The Resources of the Sea as Shown in the Scientific Experiments to Test the Effects of Trawling and of the Closure of Certain Areas off the Scottish Shores*. C. J. Clay and Sons, London.

---

① 1905 年，拖网引进美国；1908 年，拖网引进加拿大东岸；1907 年，拖网引进澳洲（经过早期一些不成功的试验）；1900 年，拖网引进新西兰。

海床很少有桁拖网不曾通过、却还适合拖网运作的地方。"[39] 20 世纪初，据科学家们估计，整个北海有 26 万平方公里都是拖网的作业区，这些地方每年都会被拖网拖过两次。[40]

＊　　＊　　＊

11 世纪初，英国牛津附近的恩舍姆修道院院长艾福列克（955—1020 前后），记下了他在 11 世纪早期的捕鱼经验，当时他并不知道他所描述的是一个渔业时代的结束。其中有个渔夫问他为什么不去出海捕鱼，他回答说："我有时候会去，但是很少，因为对我来说，出海捕鱼要划很长时间的船。"[41] 几十年后他的后代必须到大洋上捕鱼，已是一件再平常不过的事，尽管这是一件辛苦的事。在欧洲北部，海上商业捕鱼的诞生，起因于世界上第一次渔业危机。由于对鱼类的需求不断增多，以及淡水区域由于建筑水坝和土壤侵蚀而造成的大规模栖息地丧失及改变，就像我们所见到的，也让原本生产力旺盛的淡水渔业在 11 世纪中期崩溃了。

当这些渔民首次为了商业利益来到海边抓鱼，他们也只能在接近岸边的地方使用简陋的渔具。在之后的几个世纪中，捕鱼技术经过了一系列的逐步改善，中间还穿插着一些跳跃性的创新，如桁拖网、延绳钓和流网。到 19 世纪结束时，人类的渔捞能力已被彻底改变。在此之前，渔民的活动偶尔会被拿来跟自然的力量相提并论，但仅限于沿海区域。随着蒸汽动力的出现，给了渔民一种全新而致命的能力，让原本聚集在港口附近作业的渔民开始分散到各处。进入 20 世纪，人类更是充分地运用了这一能够改变海洋的能力。

第二部

现代的工业化渔业

12

第十二章
取之不尽的海洋

1813 年，英国政治评论家亨利·舒尔特（Henry Schulte）提出了一项尖锐的建议：进一步扩大大英帝国的商业捕鱼规模。他的想法流露出当时在工业化社会及其殖民地中普遍存在的一种观念——海洋的生产力是取之不尽、用之不竭的。

> 除了高产的土壤，我们周围的海洋提供了取之不尽、用之不竭的财富宝矿，不用劳动耕种，没有种子或肥料的费用，而且无须缴税或租金，就可以在一年中的任何时候获得收成。每一英亩的海洋所生产的食物，远比同样面积的富饶土地还多且可口，更富含养分。这些食物永远都是成熟待采，只要劳工们愿意去收获上天仁慈地赐予且永不减少的作物，这些资源真的是取之不尽……只需进行一次很短时间的检验，就可以打消抱持怀疑态度的调查者的疑虑。① [1]

---

① 舒尔特继续写道："我们现在知道，当那些旅行者说有成群的蝗虫遮蔽了太阳光线、飞行的白蚁像下雪一样铺满整个海平面、羚羊成千上万地穿过平原，当渔民说到近海地方有约数百万亩区域挤满了大群大群的鲱鱼，以及在挪威海岸，鲱鱼挤进狭窄的陆地，由于它们涌进的队列很大而被称为'鲱鱼山'时，也没

1863年，英国皇家调查委员会的优秀研究员们，在调查过英国拖网渔业的渔获后，同意了舒尔特的乐观看法，认为海洋适合渔业继续扩张，而并没有质疑"自然环境的存在就是为了满足人类所需"这一想法。他们的主要动机是，去除所有与管理渔业相关的法令，使渔业可以持续扩大。他们把海洋当成陆地，并对海洋每英亩的生产力留下了深刻印象：

> 一英亩（约4000平方米）的肥沃土地，经过一年认真耕种，约可产出1吨玉米，或是100—150公斤的肉或奶酪。在最好的渔场中，同样面积的海底，可以在一年中的每一周都为渔民生产更多的食物。5艘属于同一人的船，一个晚上就可以捕获17吨重的鱼，这些健康的食物等同于50头牛或300头羊的重量。而这些渔船在夜晚所捕捞的面积还不到50英亩。① [2]

除了计算有误——一艘船约可涵盖50英亩的面积，五艘就可以捕捞五倍以上的面积——这位政治评论家还误把鱼被抓的地方当成是海洋生产鱼类的地方。洋流从海床上带来浮游生物和其他有机物质，使得居住在某些区域的鱼类可以从更广大的区域中获取养分。而且这些鱼类不像陆地上的牛羊被圈养在某个地方，它们是游来游去的，不是只在它们被捕捞的地方，而是会从更广的区域中得到食物。这种乐观但却误解海洋生产力的观念一旦被认定，就会变得根深蒂固，很难改变。尽管20世纪初时已有许多不容忽视的证据都表明鱼群数量在不断减少，但是人类却闭上了眼睛，不想知道这一令人担忧的海洋枯竭迹象。[3]

然而，过度捕捞的警报已经开始响起。19世纪末，科学家们开始搜集之

有人相信。无须鳕、鲟鳕、鲭鱼、沙丁鱼和鲑鱼虽然没有像鲱鱼那么多，但也都是群居并可能是洄游性种类，当无数有鳍族群被命令全应成为人类的食物时，我们感谢这样明智且仁慈的想法，以及美好的赐予。"

① 除了错误分配整个海床上可以捕捞的渔获量外，委员们也大大低估了海底被破坏的程度。一般来说，当时的普遍情况是：一艘一般尺寸且有着10米横杆的拖网渔船，以3节的速度随着潮汐作业4小时，其作业范围会超过54英亩，所以5艘船就能覆盖超过273英亩。

前皇家渔业委员会非常想拿到的那些数据资料。沃尔特·加斯唐使用这些数据，在 20 世纪初发表了第一份关于过渔^①的研究报告：《贫乏的海洋》（*The Impoverishment of the Sea*）[4]。他提出的关于鱼类数量的证据，就像其研究报告的标题一样清楚。但是，沃尔特·伍德却仍然热切地相信海洋的资源是取之不尽的，他对那些预测拖网捕捞将会终结所有渔业的人，像加斯唐和其他之前皇家调查委员会的证人们说道：

> 人们预言北海渔业捕获区会有一个悲惨的未来。多年来，这些悲观的先知们不断预言海洋渔业资源库将会彻底枯竭；但是这些先知们仍然很困惑，因为虽然渔业规模有了巨大的增加，但是渔获量却仍在每年增加。究其主因，当然是由于远方的新渔场不断被开发出来。[5]

伍德评论的最后一句，是无心带来的一个警告；与其论点正好相反，就连伍德自己也不得不承认，我们能从海洋中取得的资源是有限的。整个 20 世纪前半叶，渔业科学的新研究领域集中关注为渔业问题"找出一些解决之道"。许多海洋生物特有的自然生产力波动现象，使得海洋生物数量是否是因人类行为而减少，有着很大的讨论空间。近年来，怀疑气候变迁的人也提出了类似的论点，辩称全球暖化趋势是自然变动，而不是人类活动所致，这样的论点成为许多监管机构延迟行动的借口。不过，当这样的渔业问题争议过了十年，渔业消耗海洋生物进而影响到海洋生物数量的事实已经变得更加清楚。或许最有说服力的证据就是第一次世界大战的一个意想不到的后果。由于战时敌对状态，导致北海被封锁，这有效地停止了近海渔业长达四年时间；战争结束后，当渔船再度航向大海，他们抓到了数量庞大的鱼。后来的研究估算，渔业捕捞的主要鱼种数量，在战时四年内增加了三倍。[6]

整个 19 世纪和 20 世纪初期，渔业历经了自己的工业革命。虽然传统渔民通常都会拒绝采用新技术，但新技术的必要性很快就迫使他们不得不接受。

---

① 过渔（overfishing），即过度捕捞渔业资源。

1883 年伦敦国际渔业展览会上的美国展区。本次展览显示了全球捕鱼船队越来越多的趋势，而有些渔场已有鱼源枯竭迹象。图片来源：Whymper, F. (1883) *The Fisheries of the World. An Illustrated and Descriptive Record of the International Fisheries Exhibition, 1883*. Cassell and Company Ltd., London.

鱼类数量的减少，使得旧技术遭到淘汰，而那些拒绝接受新方法的人也会被淘汰出局。长久以来，技术的进步和新渔场的开发，掩盖了鱼类数量减少的事实。捕获的总数看起来并没有问题，因为渔船的大小和捕捉能力都在不断增加。然而，老渔民根据其日常经验都知道，鱼已经越来越难抓到了。专业渔民早已被认为是悲观论者，对他们来说，过去总是比现在更好。当你了解到，至少在过去两个世纪，渔业衰退对他们来说只不过是日常生活的一部分，你就会比较容易理解他们为什么总是如此愁眉不展。

　　从 20 世纪开始，世界渔业开始进入一个新时代。渔捞能力达到了高峰，渔民们一定也感受到了他们在与大海的搏斗中终于占据了上风。帆船已被可以航行得更远的动力渔船所取代。也许是因为没有正当理由来解释沿岸鱼类数量为什么会减少，以及反对渔业新技术的人们保持沉默，因此，人们普遍对渔业的发展仍然保持乐观态度。

当捕捞速度超过物种的生产速度时，还是有三种方法可以从海洋中捕捉到更多的鱼——捕捞不同种类的鱼、换到不同的地方捕鱼，或者少捕一点鱼。最后一种方法是新的渔业科学所开出的处方，之后我会再回过头来对其详加解释。"你可以靠着少捕一点鱼，得到更多的鱼"，这种方法乍看上去似乎有些矛盾，但它的理念其实很简单，也就是让更多的小鱼活到能在市场上卖上好价钱的大小。然而，毫不意外，少捕一点鱼这种方法并不是很受欢迎。相反，当一个区域的鱼类数量减少时，渔民会将其精力放在扩展新的渔场和捕捉新的物种上。捕捉新物种的唯一问题，似乎是新物种还没有市场需求。为了解决这样的问题，1943 年，一位年轻的生物学家，与美国渔业暨野生动物局（U. S. Fish and Wildlife Service），联合发表了一份简易的新英格兰海鲜指南，名为《来自海洋的食物》（*Food from the Sea*），向消费者介绍那些不常见的鱼类。她就是1951 年出版《大蓝海洋》（*The Sea Around Us*）及在 1963 年出版著名的《寂静的春天》（*Silent Spring*）而成名的蕾切尔·卡逊（Rachel Carson）。在《寂静的春天》中，她描绘出未来鸟类可能会因被农药毒杀而灭绝，但在其早期描述海洋的书中，她却从未想过有一天海里会没有鱼。她的海鲜指南对未来的渔业充满乐观，而应对过渔的办法则是建议将鱼类的选择多样化。1940 年代敲响了过度捕捞的警钟，卡逊的海鲜指南劝告读者可以试着食用不同种类的海鲜：

> 几乎没有任何其他种类的食物，能够提供像鱼类那般丰富的多样性。鱼类不仅非常丰富，而且在鱼类身上我们还能得到味觉冒险的机会；愿意尝试不同鱼类品种和不同烹调方式的家庭主妇，就能避开单调的饮食，为家人带来令人惊喜和愉悦的美味餐点。[7]

卡逊同意像黑线鳕之类的一些鱼种已被过度捕捞这一看法。1920 年代早期，由于冷冻食品工业的发展，许多鱼类品种像黑线鳕、大比目鱼和狭鳕的市场开始增加。当渔船纷纷将它们带回后，渔获量先增后减。她建议消费者用一种类似鳕鱼、生活在崎岖不平海底的深水鱼——单鳍鳕和狼鱼来取代。狼鱼的头是球茎状的，且有牙齿，看起来也与它柔软、像鳗鱼一样的身体并不相配。它们生活在岩石和珊瑚礁间，靠其强有力的颌骨粉碎海胆和软体动物维生。在卡逊的描述中，"狼鱼是绝佳的食用鱼，值得被好好了解"[8]。然而，就当时对那个时代鱼类数量状态的了解，她的一些建议相当令人费解。比如说，早期殖民美洲时期很重要的两种灰西鲱，在当时的数量已经明显下降到了新低点。她比较 1940 年代与 1896 年的渔获量，发现康涅狄格、罗德岛、马萨诸塞三州的渔获量，已经从 3600 吨下降到 430 吨。而且，灰西鲱在 1896 年时的捕获量就已远低于殖民时代早期了。尽管如此，她却说道：

> 有鉴于其他比较知名的鱼类，尤其是远洋捕捉的鱼类数量减少，实际上被忽略的灰西鲱应该受到重视，应被视为数百万磅潜在的蛋白质来源。[9]

或许是战时严酷的生活，让卡逊再次想到灰西鲱这种曾经供给美国军队食用的物种。她提出的应对灰西鲱数量减少的解决方案是进行"技术性弥补"（technical fixes）——建造新的放养池，安装有助于鱼类通过水坝、以利洄游产卵的鱼梯。

第二次世界大战后，在卡逊的海鲜指南出版 12 年之后，在美国又出版了一本名为《取之不尽的海洋》（*The Inexhaustible Sea*）的书。在这本 1955 年出版的著作中，作者宣称："拥挤的海洋水域……事实上都是尚未开发的食物来源。"[10] 在全球人口不断增长的背景下，这本书仍然抱持乐观态度，几乎在每一页中都在不断激励人们应该更有效率地使用更多的海洋鱼类。此书最末一段著名的声明，表明了人类有多么沉醉在海洋的丰富中：

> 我们对海洋的了解并不够，还有很多需要学习的地方。不过，我们已经开始认识到，它所能提供的东西远远超出了我们所能想象的极限。终有一天，人们会知道，慷慨的海洋是取之不尽、用之不竭的。[11]

《取之不尽的海洋》一书的作者并不是乱爆料的记者，或是收到错误信息的畅销书作家；它出自霍桑·丹尼尔（Hawthorne Daniel）和弗朗西斯·迈诺特（Francis Minot）两位学者之手，迈诺特是世界知名的马萨诸塞州伍兹霍尔的海洋与渔业工程研究所（Marine and Fisheries Engineering Research Institute）主任，丹尼尔则供职于纽约的自然历史博物馆。

在人类智慧和能力及工业实力不断增长的信心鼓舞下，第二次世界大战后的人们认为，解决过渔和人口爆炸问题的方法就是运用科技。为什么仅仅是拿取海洋现有的资源呢？只要加上一点点的干预，我们就可以获得更多，《取之不尽的海洋》的两位作者，建议扰动乔治浅滩（Georges Bank）的海底区域以提高产量，但他们可能并未意识到，拖网渔船已经这样做了近半个世纪。其他人则更夸张，1964 年刊发的一篇关于渔业未来的文章中，两位看上去显得无比诚恳的绅士，其中一位身着黑色西装、戴着深色镜框眼镜，他也许是曼哈顿计划① 中很有经验的一员，建议将核反应堆沉入海底，造出一个富含养分的涌升流。[12] 自然界的涌升流，会从黑暗的海床上带来丰富的营养盐，以滋养表面海水，作为浮游生物和鱼类生长的养分。例如秘鲁沿岸和非洲西部海岸的涌升流，支撑着世界上最富饶的渔业。既然如此，我们何不创造出更多的涌升流？ 1959 年，阿利斯特·哈迪爵士（Sir Alister Hardy）在他的书中展望未来的渔业，他预见未来广袤的大海有一天将会被用于养殖：

　　难道我们将要永远从渔船上，在海洋表面，用我们看不见的拖网去捕鱼和养殖？对此我深表怀疑。我们已经能够穿着太空服探索月球表面，我肯定我们的玄孙一定可以改进潜水设备，用来在海床上工作。或许，从母船上进行每两个小时的轮班，运用原子能源和创新的设计，用网把鱼包围起来，或是在海床上前后拖动最新型的海星终结者。在水中，由螺旋桨驱动的拖拉机，可以装置浮箱，让它们足够轻，轻到可以刮取海床底泥而不至于下沉。每艘渔船都可以用无线电信号彼此交流

① 曼哈顿计划（Manhattan Project）：一项研发原子弹的计划。——译注

或跟母船沟通，它们的位置也会被新型的可携式导航仪器准确地标示出来。这样的话，一艘母船也许只要有几位劳工，和比供给3—4艘拖网渔船还少的油料，就可以在多格滩的海面下操作一个船队的拖拉机拖网；让拖拉机长时间停留在海床上，工作人员就可以将装有渔获的袋子，每隔一段时间拉上来，倒入船底部的鱼舱中，就像今天一整条鲸鱼被拉起放入船身中的浮动工厂一样。[13]

哈迪的梦想尚未完全被实现，但他想象的很多情形在今天都已成为现实。虽然方法可能有所不同，但我们确实已经有了相当大规模的海上养殖渔业。在苏格兰、斯堪的纳维亚、加拿大和智利的合适海湾或峡湾中，几乎无处不设有鲑鱼笼。在东南亚的海湾中，则是挤满了养虾的水塘和箱网养殖。世界上一半的红树林被砍伐，以为水产养殖开辟空间。在日本，开放的海岸线也可以作为养殖场，有些地方的箱网甚至可以从岸边延伸到遥远的海平面。我们仍然是从水面上抓鱼，但科技使我们能够看清楚水下网子的运作情形。我们使用的拖网、扇贝耙网和蛤耙（clam rakes），类似于哈迪描述的水下拖拉机，把海床彻底犁过一遍又一遍，就像陆地上的拖拉机一样。

第二次世界大战之后的几十年间，全球性渔业捕捞强度的增加，就像是陆地上农业的工业化一样。全球的捕捞渔业产量稳定上升，并于1980年代达到高峰，每年的收获量达到8500万吨。从这一数量来看，渔业看上去很健康，1950、1960年代的预言似已成真。但是，这样的捕获总量统计隐藏了一个令人担忧的趋势。之所以能够持续获取大量的渔获，仅仅是因为渔船和渔捞能力在不断增加。鱼源一旦从传统渔场中消失，船队就会转向捕捉之前的非目标鱼种。而且渔船开始驶往更远的地方，寻找那些之前没有被捕捞到的鱼群。

以下章节，我将回顾本书第一部分探讨过的地方，让大家一起来看一看捕捞强度增加的后果，以及这些地方的自然环境和鱼类从20世纪初一直到现在的遭遇。在讲述这个故事的同时，我也会检视深海环境这一在过去几个世纪没有渔业捕捞的地方。深海捕鱼是现代化渔业的最后阶段，现在就连它也快要被人类的所作所为给终结了。

13

第十三章
捕 鲸 传 奇

早期人类对北太平洋沿岸和海洋的兴趣，主要集中在毛皮、鲸脂和鲸须上。1741 年，白令和斯特拉在地图上标示出阿拉斯加和白令海；1778 年库克船长造访阿拉斯加海岸之后，冒险的猎人和商人很快就熟悉了这片区域。19世纪末，狩猎已经清空了这些海域中的海獭、海豹和其他许多大型的鲸鱼。但是，水手们和殖民者同样被丰富的鱼类所吸引：鲑鱼挤满河流，一直延伸到海岸边，甚至遍布整个北太平洋沿岸。18 世纪中叶，斯特拉的学生助理史蒂芬·克拉舍宁科夫惊叹河流中的鱼之多，当它们从大海中洄游回来产卵时，几乎使得河流流向发生了逆转：

> 来到堪察加的鱼，其数量之多，导致河道全被塞满，河水都溢出了河岸……它们向河的上游游动，力道之强，使得其前方的水像一堵墙般涌起。[1]

鲑鱼，还有太平洋鳕鱼和大比目鱼，都生活在离海岸很近的地方，它们都是太平洋沿岸殖民者最早的猎捕目标。起初，渔获物仅限于在沿海市场销售；后来随着 19 世纪末制作罐头的技术进步，以及铁路的铺设和冰块的使用，市场开始向内陆和海外扩张，进而也促成了渔业进一步成长。20 世纪初，沿岸的鳕鱼几乎已被抓光，但对北方鲑鱼和大比目鱼的捕捉，却发展出了庞大的渔业产业。[2] 1889 年，单是在华盛顿州的哥伦比亚河畔，就有 39 间鲑鱼罐头工厂，光是在那一年中，就生产出多达 62.9 万瓶鲑鱼罐头。到了 1901 年，英属哥伦比亚与俄勒冈州波特兰之间的弗雷泽河沿岸，分布着 70 家罐头工厂。[3] 当北太平洋上的渔业进入工业化之际，也就是在 20 世纪的前半叶，海豹和海獭族群的数量正在从遭受捕鲸人和毛皮工业的迫害中得到缓慢恢复，这一点从 1911 年开始执行的协定所给予的保护中，可以逐渐看出效果。这一协定限制了美国、俄罗斯、加拿大和英国猎捕海豹的数量，并禁止在海上捕捉。这使得海狗的数量逐年增加，其栖息地也从寂静无声到开始有了啼叫吵闹声。到了 20 世纪中叶，这些海滩的主人们，在拥挤的母海豹和幼崽之间，再次抬起身经百战的头，因打斗而大声咆哮。在最大胆的猎人也会避开的那些礁岩包围处与许多看不见裂隙的海岸边，海獭们暂时性地再度出现。起初，它们慢慢地收复因毛皮工业而丧失的海洋，就像是夏天的雾一样，慢慢地在岛屿间扩散。1960 年代，整个阿留申群岛和阿拉斯加半岛上的海獭数量呈现爆炸性增长。在 1911 年猎捕完全停止时，全球的海獭数量约在 1000—2000 头之间。到了 1965 年，海獭的数量估计已有 2.6 万头。[4]

大约就在这个时候，西北渔业的兴趣，转向了之前很少引起兴趣的物种——阿拉斯加狭鳕。这种体型较小的鳕鱼亲戚重约 4—5 公斤。19 世纪后期，乔治·布朗·古德（George Brown Goode）很快就在其不朽的美国渔业物种记录上，描述了这种鱼：

[狭鳕] 的分布范围，从蒙特利一直到贝林海峡。在深水区中可用手钓渔具捕捉它们，在费雷海角（Cape Flattery）以南就很少见了。它们吃鳀鱼和其他类似的鱼类。除了巴绍人（Beshow，印第安马卡族），没人知道其繁殖习性、捕食者或所生的疾病。它们之所以没有引起人们的注意，是因为其数量尚未丰富到可以成为人们的主要食物来源。[5]

狭鳕是最丰富的渔业目标物种之一，只不过当时还没有人发现它们大量聚集之处。在白令海，狭鳕会以无法计数的庞大鱼群出现，食用浮游生物、磷虾和小鱼。据估计，狭鳕占了白令海域鱼类总重量的 60% 左右。阿拉斯加狭鳕渔业如今是世界上最大的渔业之一，平均每年捕获 130 万吨。[6] 鱼群被宽大的中层水域拖网舀起，网子大到足以吞下一座大教堂，而完全不会触碰到它的边缘。大部分狭鳕都不是被处理成鱼片来食用，而是会被加工成鱼条、鱼饼、鱼粉或鱼浆。1960 年代初期，日本人发明了一种方法，把狭鳕制成鱼浆，让增加的狭鳕捕获量有了新的使用方式。现在，狭鳕鱼浆用来制成假的蟹肉棒、虾肉和各式各样的再制海鲜，这些加工品的销量几乎是无限的。

狭鳕的渔获量在 1980 年代中期达到每年近 300 万吨的高峰。然而，同样是在这个时候，奇怪的事情发生了：过去数十年间，大量恢复数量的海豹开始减少，首先是港湾海豹和海狗的数量下降，没多久，斯特拉海狮（北海狮）的数量也在下降。它们的数量出现暴跌，到了 2000 年，90% 的港湾海豹、50% 的海狗和 80% 的斯特拉海狮都消失了。之后，就像这一冲击还不够大似的，海獭也跟上了，在阿留申群岛，它们的数量在 1990—2000 年间下降了 80%。

狭鳕渔业首度被认为是造成海豹和海狮数量下滑的原因。狭鳕是白令海食物网中的关键物种，它们捕捉多产的浮游生物，将养分转换为其他鱼类、鸟类和海洋哺乳类动物的食物。是否有可能是狭鳕渔业剥夺了动物们的猎物，致使它们的数量突然崩溃呢？然而，多年来的研究却并未能提供足以令人信服的证据，来说明狭鳕渔业与海狮数量下降之间的关系。居住在数量下降最多的海豹聚集地的海豹，其状态看起来要比住在数量稳定聚集地的海豹还好，这表明它们并没有陷于饥饿。

加州大学圣克鲁斯分校的吉姆·埃斯蒂斯（Jim Estes）和他的同事们，对此提出了另一种解释。他们深入地回溯了过去以来的研究，讲述了一个曲折的故事。如果这个解释是正确的话，那么在北太平洋中，过去的人类活动就对今天的野生动物产生了当时未曾预期到的影响。简而言之，他们认为，现在杀人鲸在捕食较小的海洋哺乳类动物。[7] 大型的鲸鱼，像灰鲸、蓝鲸和弓头鲸，曾经都是杀人鲸的重要猎捕对象，埃斯蒂斯和他的同事们认为，工业化捕鲸抢走了它们的猎物，迫使它们转而捕食较小的海洋哺乳类动物。近几十年来，由于禁止捕鲸的国际协议开始落实，人们很容易忘记鲸鱼在 1980 年代中期前曾被无情地捕杀。第二次世界大战结束到 1970 年间，捕鲸业继续捕杀大型的鲸鱼，在北太平洋和白令海至少屠杀了 50 万头。埃斯蒂斯认为，面临食物供应危机的杀人鲸，于是转而攻击大型的海豹和海狮。然后，当海狮数量减少后，它们又将目标转为海獭。杀人鲸之所以能在捕鲸活动中侥幸逃脱，是因为它们不像几乎所有其他的鲸豚类动物那般具有商业价值。它们既无有价值的鲸须，身上的鲸脂也很少，而且，对大多数捕鲸船来说，它们的游动速度也太快了。

杀人鲸是海洋中最顶层的掠食者。其实，它们并不是真正的鲸鱼，而是海豚族群中体型最大的一种，体长可达九米，身重可达十吨。其特点是流线型的身体上有着斑纹，还有像桅杆一般的背鳍，一眼就能识别出来。在我还是一个小孩子的时候，我所认识的杀人鲸，是在图画书中著名的可怕杀手。根据那些书上提供的信息，它们的猎物包括海豚、鼠海豚、企鹅和海豹，在缺乏上述猎物的时期，它们也会捕捉鱼类。我在看这些书时，心里既感到惊吓，又深深地被吸引：在冰崖上，紧张兮兮、摇摇欲坠的企鹅们，看起来随时都会掉入在下方徘徊的杀人鲸嘴里。就连浮冰都不能给这些受困的鸟类们提供保护，因为杀人鲸会侦察性地跳跃，看起来就像是垂直站在水上，用它们圆滚滚的眼睛搜寻猎物。一旦锁定猎物，它们就会从下方或从上方推动浮冰，使之倾斜，迫使企鹅们滑向它们命中注定的恶运。必须承认的是，海洋馆里的杀人鲸，不论是跳起来吃鱼，还是牵引它们的训练员在泳池里共游，看上去似乎都远没那么恐怖，但却没人敢跟它们在海洋中一起游泳，来试试它们有多温驯。

研究者对英属哥伦比亚沿岸的杀人鲸群进行了多年耐心的研究，发现它们是喜欢集体群居的温驯动物，也和大多数人一样喜欢吃鲑鱼。这些动物可以让人类进行近距离观察，并可以在船上很安全地接近它们，哪怕是在看似岌岌可危的独木舟上都没问题。因为开始熟悉它们，并对它们有了新的认识，也就缓和了关于它们的凶猛印象，杀人鲸也被重新归类为海豚。人们甚至与它们一起进入水中，拍摄它们猎捕鲑鱼和鲱鱼的场景。同样的研究也揭示了从我们哺乳类动物的角度来看其黑暗的一面。有些行为特异的个体，会在它们相当平衡的大家庭所栖息的海洋中来来去去，而且它们会吃哺乳类动物。但只有少数杀人鲸个体会捕食哺乳类动物，而且几乎没有人提到它们会捕鲸鱼。"据说一群杀人鲸会攻击一头大鲸鱼，并像狼群一样，将动物身上的肉撕成一片片，"英国著名海洋学家阿利斯特·哈迪爵士在 1950 年代写道，"不过，也许它们只攻击老的或是身体状况很不好的鲸鱼。"[8]

就像所有的理论全都在挑战既有的想法一样，饥饿的杀人鲸会转而攻击海豹和海獭的论点，自从被提出后便一直备受争议。特别是批评者从一开始就认定，庞大的鲸鱼从来都不是杀人鲸的重要猎捕对象。然而，早期的资料中却提供了充足的证据，表明杀人鲸与大型鲸鱼的关系并非一向友好。老普林尼在公元 1 世纪的描述，可能是关于杀人鲸攻击大型鲸鱼的首次书面描述：

> 鲸鱼甚至进入到了我们的海域。据说，在隆冬之前，是不会在加的斯湾（Gulf of Cadiz）发现它们的，但它们在夏天时会躲藏在平静、宽敞的特定小海湾里，并喜欢在那里繁殖。关于杀人鲸，我们所知道的是，它是其他种类生物的敌人，"用野蛮的牙齿咬着巨大的肉块"是对它们最写实的描述。杀人鲸会冲进鲸鱼休养生息之处，胡乱撕咬幼鲸和生产完或还未生产的母鲸，像是疯狂的舰队，攻击并咬穿它们……这些战斗有如大海正在发怒，因为在没有风吹进港湾的情况下，鲸鱼喷气及遭到攻击而产生的海浪，比任何由旋风所造成的海浪还要汹涌。[9]

16 世纪，在奥劳斯·马格努斯生活的那个时代，斯堪的纳维亚半岛周围杀人鲸和巨大的鲸鱼数量非常丰富。他描述了由一头杀人鲸或逆戟鲸所发起的猎捕行动：

> 虽然鲸鱼长得惊人，有 100—300 英尺长 ①，它的身体活像是一座巨大的山，不过，它还是有敌人，那就是杀人鲸。后者的体型肯定比鲸鱼

---

① 最大的鲸鱼种类是蓝鲸，它们的长度可达 30 米。马格努斯将之误记为 300 英尺长。

哥德人奥劳斯·马格努斯《北方民族的历史》(1555) 一书中的一幅木刻，画面上两头杀人鲸正在攻击一头巨大的鲸鱼。在古老的文学中，经常可以看到关于杀人鲸攻击巨大鲸鱼的描述，但是，它们猎捕大型鲸鱼的说法，在近代受到了质疑。图片来源：Magnus, O. (1555) *Historia de Gentibus Septentrionalibus. Description of the Northern Peoples*. Volume III. Translated by P. Fisher and H. Higgens. Hakluyt Society, London, 1996.

还小，但是，它们能快速跳跃和发动迅速攻击，是一种更为野蛮的野兽。杀人鲸是一种可以用一艘向上翘起的帆船来比拟的生物，它有着状似凶猛的牙齿，就像是船头的横帆，可以撕裂鲸鱼的生殖器，或者是幼鲸的身躯。它快速来回，用它尖状的背部来骚扰鲸鱼，试图将鲸鱼驱赶到浅水区或岸上。由于鲸鱼巨大的身体使得它们没有办法转身，因而，面对狡猾的杀人鲸，它们毫无招架之力，只有快速逃离，才能活下来。[10]

在马格努斯的记录中，有一幅出色的木刻，描绘了巨大的鲸鱼与杀人鲸间的战斗。当杀人鲸由上方攻击鲸鱼时，鲸鱼奋力吹气抵挡；与此同时，另一头杀人鲸则从下方咬住鲸鱼的腹部。另外，根据他的记载，在挪威，杀人鲸被称为 springhval 或 "跳跃者"，因为 "它攻击鲸鱼时异常敏捷和快速，而且它也会攻击鲸鱼的私处"[11]。显然,杀人鲸也活跃在白令海。克拉舍宁尼科夫在其关于堪察加的历史记载中,描述了杀人鲸猎捕巨大的鲸鱼:

> 在这些海域,剑鱼 [即杀人鲸,被误称为剑鱼,当时称为 kasatki] 的数量很多,它们对当地居民很有帮助,因为它们经常会杀死鲸鱼,或将鲸鱼驱赶上岸。有一次,斯特拉曾见到剑鱼和鲸鱼在白令岛边的海上和岛上战斗。当杀人鲸攻击鲸鱼时,鲸鱼大声吼叫,远在数英里外都能听见。如果鲸鱼逃脱了,杀人鲸会保持一段距离跟着它,直到数量众多的杀人鲸聚集起来,然后再一起发动攻击。至于被它们抛上岸的鲸鱼,其身上从来没有任何部分没被咬食过。这表明,杀人鲸与鲸鱼间之所以发生战争,是因为它们彼此是世仇。渔民们是如此害怕这些动物,不仅从来没有对它们掷出鱼叉,甚至如果可能的话,都会提前避开它们所在的区域。① [12]

戈德史密斯在 1776 年版的《地球和自然界的历史》中,描述了杀人鲸集体猎捕的行为:

> [巨大的鲸鱼] 还有另一个更强大的敌人,新英格兰的渔民称之为"杀人鲸"。它是一种鲸豚类动物,拥有强韧有力的牙齿。据说一些杀人鲸会环绕鲸鱼,就像狗群包围一头牛一样。有些从后方用它们的牙齿发动攻击,有的则从前方发动攻击,直到这头巨大的动物被击倒。而且据说当它们成功捕杀后,只会吃掉猎物的舌头。[13]

---

① kasatki 就是杀人鲸无误,因为就像下列描述:"他们 [堪察加人] 从来不会去捕捉 kasatki,不过,如果这种鱼被抛上海岸,他们也会使用它的脂肪,就像使用鲸鱼的脂肪一样。斯特拉先生 1742 年时说,曾有八头鲸鱼在 [堪察加半岛最南端的] 洛帕特卡被抛上岸;但是由于距离远再加上坏天气,让他没有办法去检视它们。有人告诉他,它们最长不会超过 7.4 米;它们眼睛很小,嘴巴很宽,有着很尖锐的牙齿让它们能咬伤鲸鱼;但是,有一个错误的叙述是关于它们用背上锋利的鳍撕裂鲸鱼的肚子;因为虽然它的背鳍长约 1.5 米,非常锋利,在海洋中相当挺直,但它却是相当软的,完全由脂肪组成。"

　　许多目击者都描述了杀人鲸在攻击猎物后只会食用舌头的癖好。显然，杀人鲸跟爱斯基摩及堪察加的捕鲸人的口味一致，都觉得鲸鱼的舌头是珍馐①。[14] 在距离现在更近的时间，一组"蓝色星球"（Blue Planet）的摄影人员，拍摄到杀人鲸在加州外海攻击一头年幼的灰鲸，他们观察到杀人鲸在努力攻击了数小时之后，仅仅是享用过一番鲸鱼的舌头就满足地离去了。

　　1709 年，英国私掠者爱德华·库克（Edward Cooke）在航行到南美洲北方的外海时，也评论了战斗中的鲸鱼这一奇观：

> 数量众多的幼鲸和杀人鲸，经常成群地在非常靠近我们船只的地方喷水，狐鲨乘在鲸鱼的背上努力工作，剑鱼则从下方戳刺鲸鱼的腹部。西班牙人说，狐鲨和剑鱼常常会杀死鲸鱼。而对我们来说，观看它们之间的搏斗则是一项很好的娱乐活动。[15]

　　至少直到 19 世纪末，库克提到的剑鱼攻击鲸鱼、其旁边还有杀人鲸的景象，对大家来说都是很常见的。剑鱼是一种游速很快的大型掠食者，长达 4—5 米，重达数百公斤，最重的可以超过 500 公斤。它们随身携带着一支从鼻头伸出、长 0.5—1.5 米的"剑"，而且强而有力。它们在公海猎捕，并在鲸鱼和其他大型海洋动物像黑鲔等所喜欢且食物丰富的地方聚集。直到近代，都有不少人为了它们的那把"剑"而捕捉它们。从古希腊罗马时代到现在，都可以在木质船体上发现深嵌其中的剑鱼长喙，可见它们具有足以攻击鲸鱼之类大型动物的能力。但让人困惑不解的是，剑鱼的嘴巴和牙齿相对较小，所以我们很难想象它们会如何食用又大又坚韧的猎物。水下摄影师拍摄到的剑鱼猎食画面，向

---

① 早期的卡罗来纳殖民者因杀人鲸猎捕后的剩余物而受益。根据 18 世纪早期约翰·劳森的描述："鲸鱼的数量在北卡罗来纳沿岸很多，可以取用它们的油脂、骨头（鲸须）和其他部位。鲸鱼会来到岸边，这对住在海边沙洲上的人来说很有利。在那些地方，鲸鱼朝北或朝其他方向前进时，虽然没有被用鱼叉攻击或刺杀，但在被住在沙洲上或海边的人发现的时候却都已经死了……这些鱼来到岸边的时候，嘴里很少还会有舌头，因为一旦杀人鲸（不论在哪里出现，它们都是鲸鱼们的致命强敌）或剑鱼杀死它们之后，就会马上吃掉它们的舌头。"

我们展示了它们如何用其强而有力的"剑"左右挥砍并通过鱼群。它们会先将鱼击昏或砍成片段，然后再猛咬猎物。剑鱼的这一猎食习惯，足以证明历史上其获得"鲸鱼杀手"的称号是错的。

或许，杀人鲸是由于它们有好几个不同的名称而遭到误解。它们常被称为"剑鱼"，因为对航海人来说，它们挺直的背鳍非常显眼。另外，它们也被称为"长尾鲨"，而这也导致出现另一种误解。在人们的描述中，有时也会提到鲸鱼被长尾鲨攻击。长尾鲨像剑鱼一样，都是开放水域的大型猎食者。它们可以长达 3—6 米，体长几乎有一半都是尾鳍的上半部。长尾鲨用它们的长尾惊吓和驱赶鱼群，有时也会合作集体猎捕。虽然它们的牙齿比剑鱼更有力，但认为它们会吃鲸鱼却实在是一种误解。几乎可以肯定的是，杀人鲸是唯一会攻击鲸鱼的掠食者。剑鱼和长尾鲨常被发现跟杀人鲸一同出现，而且也会享用鲸鱼盛宴过后所剩下的小碎块，但比较令人怀疑的是，它们是否会对鲸鱼发动攻击。

从数量和历史文献上一致的描述中可以看出，杀人鲸是大型鲸鱼的掠食者，而不是偶尔在各地攻击生病或幼小鲸鱼的机会主义者。昔日的先民观察到在满是鲸鱼的海上猎捕的杀人鲸，所以他们清楚地知道这一点。[①]

在对杀人鲸的捕食行为重新燃起兴趣之后，科学家们再次审视了他们的假设和数据。影片显示，杀人鲸会在鲸鱼平坦宽大的身体上留下耙状的伤疤，根据这些疤痕，应可指认出那些逃脱过死亡攻击的鲸鱼。美国波士顿大学的艾咪·梅塔（Amee Metha）和她的同事，搜罗了全球 24 个不同区域关于鲸鱼多年来的照片和长期研究资料。他们发现，在不成功的攻击中，有着频率很高的不同类别，从没有留下伤疤的鲸鱼到 40% 的鲸鱼身上带有疤痕。有趣的是，几乎所有带着伤疤的动物，都是在研究开始时就已经有伤疤了。研究期间，仅有 5% 的鲸鱼增加了伤疤，这表明大多数遭受攻击的都是幼鲸。梅塔和她的同事得出的结论是，关于杀人鲸将猎物从大型鲸鱼身上转移到海豹和海獭身上的

---

① "杀人鲸"这个名字直到最近才取代原来的名字。18 世纪西班牙水手叫它"鲸鱼杀手"（asesina ballenas）。在英属哥伦比亚，海达（Haida）族人对这种动物有很大的恨意，称其为"杀人恶魔"（skana）。在日本，日文将杀人鲸译为"虎鱼"。林奈在 1758 年将这种动物的拉丁名称定为 Orcinus orca，意思是"从地狱来的"。Orca 是古代人为杀人鲸取的名字，Orcinus 来自罗马文 Orcus，是一位阴间的罗马神祇。

说法是不完整的，并且会引起误解。但我从他们的研究中却看不出足以推翻猎物转移假说的证据。科学是具有竞争性的，往往需要经历一段争论的过程，学术论文也经常得挑战其他的研究。当然，提出杀人鲸从以鲸鱼为食转为以其他动物为食的论点，颠覆了大多数人的科学认知，但是，发现它们主要攻击及会食用的对象是幼鲸，反而支持了这个假说，而不是降低了其可信度。较少的成鲸代表着更少的幼鲸，也代表着杀人鲸的猎物更少了。事实上，梅塔和她的同事仅仅是证实了 1870 年代受人尊敬的捕鲸船长查尔斯·斯卡蒙所知道的。在描述过杀人鲸攻击成熟鲸鱼之后，斯卡蒙船长接着说道：

> 然而，杀人鲸并不总是依赖如此巨大的食物生活；我们倾向于如此相信；但是，人们却很少在海上见到这种肉食动物攻击大型的鲸豚类，相反，更常见到的则是它们贪婪地攻击幼鲸。[16]

为什么北太平洋的杀人鲸会开始转而猎捕较小型的海洋哺乳类呢？在这个故事中，加拿大达尔豪斯大学的哈尔·怀特黑德（Hal Whitehead）和兰德尔·里夫斯（Randall Reeves）又提出了一个复杂的原因。在研究过捕鲸人古老的记录后，他们找到了许多资料，表明杀人鲸是一种食腐动物。他们认为，数百年来，捕鲸人提供了弃置的鲸鱼尸体给杀人鲸作为食物，而常让捕鲸人感到困扰的是，他们还没有完全移除鲸鱼身上的鲸脂，鲸鱼尸体就遭到杀人鲸的攻击。1725 年发表的一篇关于鲸鱼的自然史论文中，描述了杀人鲸拖走一具鲸鱼尸体时的情形：

> 这些杀人鲸具有所向无敌的力量，当有好几艘船一起拖行一头死去的鲸鱼时，有一头杀人鲸加速赶来，并用它的牙齿紧紧咬住鲸鱼尸体，然后瞬间就将鲸鱼拖入海底。[17]

英国捕鲸人威廉·斯科斯比（William Scoresby），则在其航海日志中提及 19 世纪早期杀人鲸食用腐尸的例子：

德令（Dring）船长失去了两条鱼［露脊鲸］，它们在被船员们捕杀后，却被杀人鲸们拖走……这些动物袭击死去的鲸鱼，据说是为了食用鲸鱼的舌头，因为它们只吃舌头；它们经常会把鲸鱼拖走，哪怕捕鲸人有着很高的警觉并会采取很好的防护措施；一旦遇到这种情况，拖行鲸鱼尸体的船只就必须尽快切断固定绳，使之漂浮，与船分开，否则船只也会跟着一起被杀人鲸拖入水下。[18]

怀特黑德和里夫斯认为：杀人鲸以鲸鱼尸体为食，而不是以活的鲸鱼为食，这一情形一直持续到 1970 年代。为了支持其想法，他们指出，并无证据表明活的鲸鱼数量在 1970 年代有突然减少的趋势，进而迫使杀人鲸必须转移目标，改食较小型的海洋哺乳类动物。20 世纪鲸鱼的数量之所以下跌，主要是 1920—1960 年代工业化捕鲸所致。捕鲸人大量屠杀 18、19 世纪捕鲸人不曾猎捕的鲸鱼。但是，捕鲸人捕杀的鲸鱼数量，也就是鲸鱼尸体的数量，在 1960—1980 年间快速减少。尤其是在 1986 年开始停止商业捕鲸之后，鲸鱼的供应几乎完全停止。

海洋哺乳类动物具有很高的智慧，在水族馆中哗众取宠的杀人鲸，展示了它们具备快速学习的能力。从历史记载中可以明确看出，它们很快就知道捕鲸船与鲸鱼尸体间的关系，并会因为期待着美味的晚餐而跟随捕鲸人。随着时代进步，1865 年发明了鱼枪，以及 19 世纪末捕鲸船的引擎增加了马力，捕鲸活动在水下数十公里远的地方都能被听到，这对杀人鲸来说，无疑是一声清脆而明确的晚餐锣响。怀特黑德和里夫斯认为，在接下来的世纪中，随着捕鲸活动减少，得以满足杀人鲸胃口的鲸鱼尸体也跟着减少了。

还有一个证据也支持他们的观点。自从 1911 年实施禁止在海上猎捕海豹的协定之后，普里比洛夫群岛的海豹数量开始恢复。自从条约生效后，每年以 9% 的速度增加，到了 1921 年，海豹的数量已经达到 50 多万。这样的增加是一件很可喜的事情，但那个时候的生物学家们注意到，根据它们繁殖后代的速度，它们的数量应该更多才对。在排除其他死亡因素，诸如非法猎捕海豹、疾病和饥荒后，矛头被指向杀人鲸，因为据当时的科学家们所知，并没有其他的海豹掠食者。据加州科学博物馆的达拉斯·汉纳（Dallas Hanna）估计，1911–1921 年间，约 30 万头海豹下落不明，有可能是被杀人鲸吃掉了。[19] 到了这个时候，杀人鲸确实是小型海洋哺乳类动物的活跃掠食者。汉纳指出，布莱恩特船长（Captain Bryant）检查过两头阿拉斯加杀人鲸的胃，发现其中一个里面有 18 头海豹，另外一个里面则有 24 头之多。

不过，汉纳忽略了鲨鱼捕食海豹的可能性。20 世纪初期的大鲨鱼数量自然要比现在更丰富，那时它们尚未成为渔民的重要猎捕目标。在冬天海狗迁徙的季节，加州外海海域的大白鲨是活跃的掠食者。即便如此，杀人鲸还是有可能杀死那每年三万头失踪海豹中的很大一部分。吉姆·埃斯蒂斯和他的同事们，评估了有多少斯特拉海狮和海獭成为杀人鲸改变猎物后的目标，进而造成它们在 1980 年代和 1990 年代阿留申群岛的族群数量下跌。[20] 他们的计算是根据杀人鲸所需的食物数量，以及海狮和海獭所能提供的热量。成年杀人鲸平均每天要吃两三头斯特拉海狮幼兽，每年大致会吃掉 840 头。如果它们捕食成年海狮，只要每两到三天捕杀一头就已足够；而海獭能够产生的热量则要少很多，仅能当甜点，而不是正餐，一头成年雌杀人鲸每天需要吃掉 3—5 头海獭，雄杀人鲸则需要吃掉 5—7 头。

无论怎样解读那些数字，都表明海獭的数量极为可观。如果阿留申群岛所有的杀人鲸都只吃海獭，它们可以在三个月内就将海獭吃光。因此，很显然，在这片海域，约 4000 头杀人鲸并不是仅靠猎捕海獭或海狮为生。研究者进一步观察阿留申群岛的杀人鲸后发现，只有 10% 的杀人鲸吃海洋哺乳类动物，其他的则是吃鱼和鱿鱼。然而，仅消几头从食用鲸鱼转换成捕食海洋哺乳类的杀人鲸，就已经造成了 20 世纪后期海狮和海獭的族群数量减少；对海狮来说，只要有 40 头杀人鲸；对海獭来说，甚至只需要一小群约 5 头的杀人鲸，就足以让其数量锐减。

面对这些横冲直撞的杀人鲸所造成的问题，有什么可以做的呢？斯特拉海狮和海獭都是高度需要保护的物种，看到过去成功恢复的族群数量开始流逝，对于那些费尽心血想要将它们从灭绝边缘恢复过来的人来说无疑是很痛苦的。杀人鲸可能造成了保护的最后困境，我们是否应该杀死杀人鲸？这样的做法，搁在今天来看似乎有些不合理。但在达拉斯·汉纳 1922 年所提出的建议和乏味的论点中，有一个较为不同的原因是 [21]，屠杀杀人鲸能够每年保住三万头海狗，为毛皮产业带来的收益每年可达 300 万美元。

如果说在我们这个星球上有哪片海域可以不受人类的影响，那肯定会是冰冷刺骨、常受风暴袭击的白令海。然而，实际上，就是在那里，人类也早已涉足其中。古老的阿留申贝塚中保存下来的食物，向我们展示了当地土著在数千年前是如何塑造近岸食物网的。猎杀海獭减少了海獭对啮食海藻的无脊椎动物的控制，人们促使"巨藻森林"转变成岩石组成的贫瘠之地，而且很可能也是在这一过程中加速了大海牛的灭亡。今天，杀人鲸将它们的猎物从大型鲸鱼或鲸鱼尸体转移到其他海洋生物身上，这是长期以来工业化捕鲸改变这片海洋的后果。当捕鲸人的鱼叉和绞车静止下来很久之后，白令海海域仍有一队队的幽灵捕鲸人。

白令海支撑着我们这个星球上一些最有生产力的渔业，美国的水域则可以说是得到了最好的管理。这些水域展现出海洋生物的韧性，显现出物种在经过毁灭性的数量崩溃后还能恢复。但它们也告诉我们，开发会带来意想不到的后果，而且其影响往往会持续上很长一段时间；现如今，世界各地的海洋，正在以不同的形式传递给我们这样的信息。

---

① 汉纳写道："如果杀人鲸如同大家的预期，是海狗的破坏者，那就必须要有能阻止它们的方法。对潜水艇的海军射手来说，它们是很好的练习射击目标。或是可以提供一些赏金给捕鲸人，让他们来处理杀人鲸。或许最好的建议是，让配备齐全的捕鲸船到海上去扫荡，就像西部牧羊人经常性地请猎豺狼的猎人当班一样。"

14 第十四章
清空欧洲的海洋

1967 年的隆冬时节，在遥远的北极圈，英国拖网渔船"北极狐号"（Arctic Fox）正在使用拖网捕鱼。船员威廉·米特福德（William Mitford）描述了他们进行捕捞时的情景：

> 大海波涛汹涌，就像是在膨胀，海水扑上鲸背甲板[①]，降落到前甲板上，明亮而严酷地展示出大海的力量与气势，在海水通过泄水孔流出之前，全都是碧绿色。从八级强风，到令人精神一振的九级烈风，时速高达 40 节（风速每小时 40 海里，约 75 公里）的强劲风速，让肺里充满了细小冰锥，也让嘴角两侧的肌肉感觉都结冻了。寒冰同时也覆盖了绞车，导致救生艇被冻结在固定架上，让索具变厚，将缆线都冻结在滑轮或滑轮组上。绿色大海中的海浪，形成了一个宽广而致命的半月形，正朝船只席卷而来，浪高约有十米。温度也降了下来，维持在冰点以下摄氏零下 4℃到零下 21℃。空气现在比海水更冷，可怕的黑色冰霜从大海

---

① 拱形、用来挡水及迅速排水的上甲板。——译注

的表面开始上升，直到玻璃化的水在冰冻的空气中到处悬挂，像黑色无
定形的玻璃。桅杆就像是糖果一样，有着冰蓝色和诡异的美。浪花在船
舷底下冻结成长长的一列一列的冰，就像童话故事中龙的牙齿般无止尽
地排列开去。[1]

　　究竟是什么东西能有这么大的吸引力，让这些人不畏严寒，在如此冰冷
的水域拖网捕鱼呢？"北极狐号"于 1 月 3 日从英国北海沿岸的格里姆斯比港
出发，在 20 天后返航之时，已经航行过了将近 5500 公里的海域，并带回 126
吨的鱼。远距离捕鱼是一项危险而辛苦的工作，但是，高回报让它变成是值得
一冒的风险。在北海的主要渔场，曾有很长一段时间，都可以捕捞到这么多的
渔获量。

　　19 世纪时，终于有了明确的证据，可以证明渔民们抱怨的鱼源枯竭和渔
获量下降是真的。沃尔特·加斯唐所做的研究表明，在 19 世纪的最后十年中，
底拖网的每单位渔获努力减半了。[2] 对早期标识鱼的研究，更进一步地证实
了过渔现象。1903—1916 年间，科学家们用标签标记了 1.7 万条鲽鱼。[3] 分析
这些带有标签的鱼被渔民抓回来的速率表明，每年约有 70% 可抓的鱼被抓走。
至于其他物种的数据资料虽然较不准确，但是研究结果表明，每年渔业捕捞的
速率大约是鱼源的四分之一到二分之一。

　　然而，这些枯竭问题并没有让人们停止抓鱼，由于采用了不断进步、更
有效率的蒸汽引擎，这个行业仍在欣欣向荣。[4] 技术革命延长了捕捞时间、可
以更快速地拖行更大的网具、可以航行到距离港口更远且仍有丰富鱼群的渔
场，这些因素弥补了下降的单位渔获努力。强大的拖网能力，加上经过改良的
网具，使得船只可以穿越从前不可能去捕捞、有着粗糙海床的区域。在第一次
世界大战爆发的前几年，世界各地捕鱼船队的规模和渔捞能力都增加了，渔业
在地理上的足迹扩散开来，并直逼深海海域。鲱鱼渔业也是随着渔业蒸汽化而
发生转变的渔业之一。进入 20 世纪之际，英格兰和威尔士的近 700 艘鲱鱼渔
船中，只有不到 3% 配备有蒸汽动力。而到 1914 年战争爆发时，已有近 80%
的船只都配备有蒸汽动力。[5]

　　当鲱鱼渔业享有繁荣之时，多出来的渔捞能力，给原本就已所剩无几的底层鱼类族群，带来了沉重的压力。虽然每航次中捕获的数量在减少，但这却被增加捕捞的次数及带回在 19 世纪时被认为是"杂鱼"的渔获所弥补；与英国一同在这一欧洲公共资产中捕鱼的邻近国家，也面临着类似的压力，它们的渔业发展差不多也是同样模式：当高级鱼种的数量减少时，就用新的物种来取代。[1] 例如，在英国整个爱德华时期，店家所卖的炸鱼和薯条，受到消费者喜爱的程度增加了。用面糊覆盖了鱼片，也覆盖了许多罪恶，像杂鱼、鮟鱇鱼及品质较差的鳕鱼和绿青鳕，都可以在市场上发现。过剩的蒸汽动力，驱使当时的一些船只，航行到冰岛和巴伦支海，一试运气。但是，由于他们缺乏冷冻设施和储存用的冰，抓到的渔获仅能保存上几周，使得这样的远行及努力相当不划算。[6]

　　第一次世界大战打断了北海的渔业活动，尤其是英国东南部的底拖捕捞和鲱鱼渔业。因为海军需要熟练的海员，所以需要征召很多渔民，另有许多船只被调去扫雷或猎捕潜水艇。随着战事越演越烈，出海捕鱼的船只还成了双方军队的攻击目标，潜水艇光是在 1916 年就击沉了 156 艘蒸汽拖网渔船。[7] 之后，渔船在北海逐渐减少至完全消失，一直到战争敌对状态彻底解除为止。

　　战争结束后，先前关于鱼类资源枯竭状态的怀疑获得证实。由于战时渔业活动暂停，使得鱼类的族群有时间重建，渔民因而在战后"挖到了渔矿"。但是，由于很少有地方规定控制捕捞量，所以丰富的渔获量只是暂时性的，仅仅维持了几年时间，就又下跌到了跟战前一样的水准。状况越来越糟，到了 1930 年代，在北海捕鱼已经成了一件倒霉的苦差事。后来出任英国政府首席渔业官员的迈克尔·格雷厄姆（Michael Graham），曾描述过当时捕鱼的艰苦情况，与 1920 年代那十年相比，两者之间的差异很容易就可以看出来：

　　　　1920 年代早期，[丹尼的] 拖网较轻，没有沉重的底绳或是难缠的

---

① 直到 20 世纪初，许多渔业社群仍然拒绝在北美沿海海域引入拖网。而在拖网捕捞成为主流方式之后，他们的渔业就变成跟发生在欧洲的模式一样，在渔获量减少后，就转换到另一个目标鱼种上。

大约 20 世纪初前后，苏格兰北海沿岸的亚伯丁鱼市上，有着数量惊人的鱼被捕捞上岸，这样大的鱼大都是一条一条地单独销售。(图片来源：当代明信片)

锁链，所以比较容易控制。在 1920 年代，既没必要去巨石间捕鱼，也不需要每隔三个小时便起网一次——后者加上还要补网，减少了休息的时间，24 小时中，休息时间少于 6 小时，而且还包括用餐时间。

这是一种折磨人的生活，开销很大，非常需要技术，而且至今都是很折磨人的；但是，焦虑和疾病是值得的，每一分努力都隐含着不可见的人的天性和经济动力，就像是人们在尘暴中心①的边缘奋斗，或者是依恋着美洲东岸的土地，等待着森林恢复。[8]

渔业停滞。英格兰和威尔士的北海渔获量，从 1909—1913 年间的每年 19.3 万吨，下跌到 1934—1937 年间的每年 9.3 万吨。一定要采取些什么措施来进行补救才行！ 1933 年，英国开始迈出重要的一步，那就是通过了《海洋

_____

① 尘暴中心 (dustbowl)：美国大平原南部既有的干旱现象，由于移民的开垦而逐渐沙漠化，形成尘暴中心。

工业化捕捞法案》（*Sea-Fishing Industry Act*），规定了最小可以使用的网目及主要渔获种类的可捕捞尺寸限制。这一渔业法，结束了自 1868 年以来由赫胥黎主导的第一次调查委员会后废除的所有捕鱼法令持续了 65 年来的无限制自由捕鱼。这一新规定也在 1937 年被纳入欧洲国家同意管制其所共享渔业的协定里。[9]（虽然新英格兰在 1930 年代也曾遇到类似渔业问题，但却直到 1953 年才引入有关最小网目尺寸的规定。）

面对北海产量下降，渔业的回应方式，一如过去处理同样问题的方式，那就是到更远的地方去捕鱼。1920 年代，蒸汽拖网渔船已在越来越向北航行，在斯匹次卑尔根岛和熊岛（属于斯瓦尔巴群岛）附近水域碰运气。熊岛是一个小火山岛，位于斯堪的纳维亚半岛最北端和斯匹次卑尔根岛中间，有一道 800 米深的海槽把它们分隔开来。渔民们发现，在这片富饶且未经开发的北极海域，有很多鱼可以捕捉。例如，当时赫尔的拖网渔民威廉·罗宾逊（William Robinson）声称，在熊岛附近捕鱼，只要五分钟就可以把拖网装满。[10]

随着距离越来越远，单位渔获努力的差异相当惊人。1930 年代，在熊岛周围捕鱼 100 个小时，平均可以抓获 120 吨鱼。同样的捕鱼时间，在冰岛水域的生产量是 72 吨，而在北海则顶多只有 7 吨。这样的差异让前往更北的海域捕鱼所需的昂贵费用和风险也就变得合理了许多。威廉·米特福德描述"北极狐号"的渔获量，包括 82 公斤重的鳕鱼和 172 公斤重的大比目鱼。[11] 船厂提议建造更大的蒸汽动力拖网渔船，以供更北方的渔业使用。1906—1936 年间，英国蒸汽拖网渔船船队的平均规模从 174 吨提高到 267 吨。[12] 其规模之大，是 16—18 世纪纽芬兰的鳕鱼渔业之后从未见过的。欧洲的其他国家，包括德国、法国、葡萄牙、荷兰，尤其是苏联，同时也在追求一样的目标。[13]

然而，第二次世界大战再次打断了渔业发展。在北海，由于布有地雷区和军事限制的关系，很多区域都成为禁区。[14] 较大型的远洋渔业船只再度被海军征用，也减少了很多在极区的渔捞能力。与水面上持续不断的战斗相反，北海的海面下则恢复和平，鱼群们免去了多年来鱼钩、渔网和拖网给其造成的大量侵扰。渔业科学的创始人之一拉塞尔（E. S. Russell），在战争期间写下了对渔业的期许，敦促欧洲各国政府利用这段时间来恢复鱼类族群，而不是像第一次世界大战之后那样，又再一次开始进行密集的渔业捕捞。但是，他的建议并未生效。[15] 获得新生后的资源，就像过去有过的资源一样，这让已趋远洋发展的渔业，在两次世界大战之间，开始有少数地方性渔业出现。

第二次世界大战结束后，几乎所有在英国东岸新造的拖网渔船都开始前往远洋作业，这一趋势也出现在欧洲其他地方。到了 1960 年，当"北极狐号"在浮冰遍布的斯瓦尔巴群岛周围海域捕捞时，其邻近港口赫尔已经放弃了北海，完全转换成远洋渔业。极地海域的渔获非常适合用来供应炸鱼排和薯条市场，大部分都是像鳕鱼和黑线鳕这类肉质紧实的圆身鱼。为了节约长途航行的开支，企业开始建造巨大如工厂般的冷冻拖网渔船。捕获到的鱼立即冷冻，可以继续进行更长时间的捕鱼，并可储存数百吨的渔获。

伴随这些船而来的是其他一些创新发明。例如，拖网渔船船尾的坡道设计取代了侧边下网，因为后者下网时必须将横杆朝向风和浪的方向，这在波涛汹涌的北极海域非常危险。工厂拖网渔船还配备了可以萃取鳕鱼肝油及将鱼肉之外的废弃物处理成鱼粉的机器。东欧国家跟随西欧国家的脚步，并把远洋渔业提升到了一个新阶段。他们建造了可为海上巨型工厂船只服务的船队，这些船队完全可以自给自足，船上配有医生、手术室和电影院，只需偶尔返回母港卸载渔获并进行维护。它们是漂浮的城镇，其建造目的是为了将海洋生物加工成食品。远东的船队，尤其是来自日本或中国台湾的，也加入到这些渔船的行列。到了 1970 年代，远洋船队已将渔业带到了横跨大西洋的南北极之间。

经受过几十年的拖网干扰之后，在第二次世界大战期间，欧洲北方和沿着北美东岸的远洋渔场开始出现鱼源枯竭的迹象，遭受单位渔获努力下降。到了 1950 年代，英国人和德国人在冰岛海域所捕捞的渔获，几乎与冰岛人一样多。冰岛政府开始担心外国船队会对冰岛的主要经济收入和外汇造成威胁。1958 年，冰岛宣布：从陆地一直向外延伸 12 海里（约 22 公里）都属于该国领海。[16] 当时世界各国达成共识的领海范围，系指从沿岸向外延伸 3 海里（约 5.5 公里）内的区域，虽然也有些国家基于历史原因而拥有面积更宽阔的领海。此举激怒了英国，英国政府鼓励拖网渔船无视这一限制，当英国渔船在外捕捞时，英国海军护卫舰则在一旁跟行保护；这是英国与冰岛之间爆发的

"鳕鱼战争"的开端，也是自 14 世纪以来在这片海域发生的第二次"战争"。争议一直持续到了 1961 年，英国最终同意了一项为期三年的缓冲协议。在这一期限内，英国同意冰岛所宣称的 12 海里领海主张，但是，英国拖网渔船仍然可以在英国海岸向外延伸 6 海里（约 11 公里）的区域内捕鱼。

这样的关系在 10 年后再次恶化。1972 年，冰岛提出拥有 50 海里（约 93 公里）的领海主张，从而挑起了英国及西德与它的第二次对抗。冰岛巡逻舰切断渔船的拖网，并冲撞外国渔船。次年，英国再次出动海军护卫舰维护其远洋渔业利益。但是这一次，国际趋势却转向支持冰岛。1973 年，联合国在纽约召开会议，呼吁实施海洋法。1975 年，超过 100 个国家同意建立 200 海里专属经济海域（Exclusive Economic Zones）。[17] 而自 1976 年起，冰岛海域就已完全禁止其他国家渔船进入。

当时，与欧洲大陆相邻的北海尚未被完全开发。英国鲱鱼渔业在第一次世界大战前夕达到巅峰，渔获量高达近 60 万吨。之后，渔获量在 1920 年代减少到 40 万吨，然后在 1930 年代又减少到约 25 万吨。英国的鲱鱼产业出现紧缩，并不是由于鱼源下滑，而是因为挪威和德国也加入了竞争行列，这些国家的鲱鱼渔业受益于捕捞技术的进步，其渔获量不断增加。1930 年代初期，由于出现了更加强有力的引擎，流网被围网和中层拖网取代，这样的发展在英国出现得相对是较晚的。这些捕鱼方法更有效率，船只可以有效地捕捉整个鲱鱼群，而不只是在它们游经的水路上设置障碍，这样做仅能抓到鱼群中的一部分。围网由像窗帘般的大型网子所组成，通过浮球漂浮在海面上，并加重底端，使之沉在几十米深的海洋中。其作业方式系由母船派出的子船放网围住一群鱼，当子船通过网的末端回到母船后，便开始拉动拉绳，将网子从底部缩起，就像是用一个钱包将鱼包围在网中。网具不会因拖底而受到限制，所以可以大规模扩大，下一次网就可以捉到数百吨鱼。[18] 捕鲱鱼的渔船尺寸也加大了，并前往更远的海域作业，在鱼群还未抵达近岸产卵之前，就把它们一网打尽。到了 1950 年代，这些船只也开始捕捞未成熟的幼鱼，当时这些鲱鱼主要是被加工成鱼粉和鱼油。

如果渔业在没有足够的管控下无限制地扩张，船队的渔捞能力就会超出鱼群能够自我补充数量的临界点。这一临界点随着不同物种族群的增加率及其不同行为而有所不同。在混合渔获物种的渔业，例如底拖网渔业，物种会逐渐消失，而物种的数量下滑，有时甚至不会被注意到。尽管这个物种数量减少，但渔业仍在继续进行，因为还有很多其他物种可以捕捞。但当某种渔业只针对某种单一物种时，那个物种的数量一旦崩溃，就表示此一渔业结束了。以捕捞中层水域为主的渔业，通常都是针对单一鱼种，鲱鱼渔业就是一个经典案例。群聚的鱼群即使数量下降，还是很容易捕捉。因为剩下的鱼都聚集在一起，只要一发现鱼群，渔民就可以像鱼群数量还很多时一样，很容易捕捉到它们。由于从 1950 年代开始采用回声测深声纳，渔民们不再需要等到鱼群浮出水面才能找到它们。渔民们可以在舰桥上很舒适地侦测鱼群，然后下网捕捞，这既增加了捕鱼的渔季，同时也增加了捕鱼的效率。

鱼源崩溃经常是突如其来的。1955 年，英格兰东安格利亚（East Anglia）海岸的鲱鱼渔业，是第一个大规模崩溃的鲱鱼渔业。鲱鱼的族群已经持续维持这一高渔获量渔业长达 1000 多年，但是它却无法在 20 世纪猛烈的工业化捕鱼下存活下来。1966 年，北海的鲱鱼总渔获量达到了最高的 120 万吨，在那之后，整个 1960 年代和 1970 年代初期，鲱鱼鱼源在欧洲一个地方接着一个地方崩溃。到了 1975 年，北海的渔获量只剩下 20 万吨，而最后的崩溃很快就来临了。据估计，每年渔业捕捞超过 70% 的北海鲱鱼数量，这样的捕捞程度，即使最有韧性的物种也无法长期承受。1977 年颁布了一道禁令，宣布北海鲱鱼渔业暂停，1978 年，也就是隔年，禁令范围扩大到欧洲西部海域。捕鲱鱼渔船则被重新分配到其他在开放水域作业的渔业，例如法国西部和英国的鲭鱼渔业、北方海域的挪威长臂鳕渔业。虽然后来鲱鱼渔业又在 1981 年重新开放，但是渔捞配额（每年可捕捞上岸的渔获总重量限制）已大大减少。

到了 1950 年代，欧洲海洋渔业的过度捕捞，可以说是已经享尽了千年来的成果，虽然中间也曾由于战乱或环境变迁而出现中断。然而，从 20 世纪初起，渔业就开始跟时间赛跑，渔获量之所以还能得到维持，是因为不停增加的渔捞能力、前往更远更深的地方捕鱼，以及捕捉比较不受欢迎的目标鱼种，像角鲨和鲛鳐鱼。这些趋势掩盖了地方性渔获减少和曾经深受欢迎的物种消失的情况。然而，第二次世界大战过后，渔船船队的扩张速度之快，是人类历史上前所未有的。1970 年代，这样的渔捞能力所造成的负面影响变得日益明显，最后不但导致欧洲鲱鱼渔业这个欧洲最大的渔业崩溃，还导致世界上其他地方的渔业崩溃，像秘鲁的鳀鱼渔业，那曾是全球生产力最高的渔业。在秘鲁沿岸，强烈的厄尔尼诺现象，压抑了让当地的鱼群生产力快速上升的涌升流，而仅存的鳀鱼则会成群集结在海岸边，这也使得它们很容易被捕获。这些灾难性的渔业崩溃，表明人类与鱼的关系已经发生了改变。很显然，人类现在已经有了足以将鱼类族群推至崩溃境地的能力，哪怕是一直维持高生产力的渔业也不例外。赫胥黎在 1883 年时曾断言：伟大的海洋渔业是取之不尽、用之不竭的，然而，这一观点早已被证明是错误的。

虽然在远洋渔业上投入了巨大的资金，拖网渔船却在继续来回刮划欧洲周围的大陆架。在北海、波罗的海、大西洋沿岸港口，小型船只仍然可以来回进行短程作业，赚取利润。随着渔获量下降，渔民的回应则是更加努力地工作。例如，拖网渔业在北海的作业频率，从 1960 年到 1990 年代中期，增加了三倍。[19] 现在，北海海域的许多海床，每年都会被拖网和耙网扰动 2—3 次，密集捕捞的地区更是高达每年十多次！为了捍卫他们的拖网，一些 19 世纪的渔民坚称，拖网会增加海底的生产力，就像是耕犁有益于土壤一样。他们说，使用拖网捕鱼会把海底的食物扰动升起，从而带来鱼群。在 20 世纪，这种说法获得了更多的科学依据。海绵、珊瑚和海扇等海床上的底栖生物，有许多都已年老衰弱，拖网可以为年轻及繁殖快速的物种开拓出新的空间。这样的想法来自陆地上的农业。草地主要由生命短暂的一年生植物组成，它们的世代交替非常迅速，得以高效产生生物量；反之，像橡木林地，主要以生长缓慢的物种为主，栖息地的生产力较低。我们的祖先发现，他们可以将林地转变成草地来进行放牧或耕种，从而生产更多的食物，既然如此，这些聚集在海床上的底栖生物体不也一样吗？

这个答案是正确的，但却只是在一个方面是正确的。有些品种，例如比目鱼，相较于珊瑚、贝类和海绵所组成的复杂栖息地，它们比较喜欢由沙和泥所组成的开放栖息地。它们不需要这种复杂的栖息地提供庇护所来躲避掠食性动物，因为它们可以通过改变颜色，或是将自己埋起来融入海底。它们食用无脊椎动物，像生活在沉积物中的蠕虫和软体动物。通过清除生物体，可以在海床上形成这样的栖息地，拖网为比目鱼增加了可以觅食的栖息地。但是，即使有着快速世代交替速率且族群数量庞大的物种，也有其所不能承受的临界点。最近的一项研究表明，北海已经跨过了那一临界点，生活在拖网密集作业区沉积物中的无脊椎动物，要比生活在低度拖网运作区域中的生产力低。[20] 密集的拖网渔业破坏了维系商业鱼种的食物网。海底确实已经被我们耕犁过了，但我们并没有播种，而只是一味地收获。19 世纪的渔民就已注意到的海底凋敝现象，如今几乎已经抵达终点。自从有了拖网这样高频率的作业，生活在海床上的动植物很少能够存活下来，这就像是每年翻耕两三次的土地，上面很少有杂草一样。

1970 年代是欧洲底拖渔业命运的转折点。来自北海的渔获量在 1900 年还小于 100 万吨，但在进入 20 世纪后却在不断增加，并且一直增加到 1970 年 350 万吨的最高峰。[21] 而鲱鱼渔业的崩溃仅是拖网渔业造成物种减少中的第一波。1970 年代同时也宣告了渔业管理政策的改变。1958 年，六个欧洲国家组成了"欧洲经济共同体"①。1970 年代早期，包括英国在内，有更多的欧洲国家加入其中。根据新的共同渔业政策，渔业管理被让渡给布鲁塞尔的政府官员。如同冰岛等国对其所属领海的管控一样，欧洲国家则是将资源联合经营，保证各会员国都有权在所有会员国的海域中捕鱼。欧洲政客们扶持渔业的方法是更为慷慨地放开配额，而不是减少过渔压力，好让资源能够恢复。接着，就是鱼源数量减少得更多。就像拼命寻求改变运气的赌徒，他们花光了自己的储蓄，然后出现在他们面前的就是不可避免的后果——用尽了运气和鱼源。1970 年，北海只有 10% 的鱼源被列为受到严重过度捕捞。而到了 2000 年，这一比例已经增加到了将近 50%，而且只有 18% 的鱼源被认为仍是健康的。

想要完整地重建欧洲鱼群数量被开采的历史，即便不是不可能，也是极为困难的。很多渔业的例子都可以追溯到数百年前，或是更久远以前。而且，

---

① 这些国家包括比利时、荷兰、卢森堡、西德、法国和意大利。

一直到了最近，我们才开始系统地搜集数据。少量物种的完整记录资料可以回溯到 20 世纪早期，然而，目标鱼种的渔获量数据，通常只能追溯到 1950 或 1960 年代。为了估计过去的资源量，我们必须利用海洋生物及物种生命史的知识，加上片段拼接的历史记录来提出理论模式，再用零星的渔业资料来评估模式的表现进而改善模式。英属哥伦比亚大学科学家韦利·克里斯滕森（Villy Christensen）和他的同事们，进行了关于欧洲渔获趋势的检验，并提出了一个用来重建 1900—2000 年间鱼源状态的模式。据他们估计，现今的鱼源总额只有 1900 年的十分之一，而自 1950 年以来，已经减少了三分之二。但也正如我在本书第一部分所提到的，用 1900 年的状态作为评估变化的标准，还是用未受干扰状态作为评估变化的标准，这两者得出的结果会相差很大。因为 1900 年时，欧洲的水域已被严重地过度捕捞，至少在那之前 40 年间，都有对渔获量减少的抱怨，之后终于在 1890 年代开始了保护鱼源的第一步行动。所以，虽然 1900 年的状态并不是完全未受人类干扰的原始状态，但它代表的是评估鱼源减少趋势的一个参照点。相较于未受人类干扰的原始状态，我们今天所拥有的，可能仅是曾经优游于欧洲海域鱼类总量的 5% 而已。

将所有不同渔获混在一起的统计数据，隐藏了一个重要细节，那就是有些物种要比其他物种更容易受到渔业的影响。英国环境、渔业暨水产养殖科学中心的西蒙·詹宁斯（Simon Jennings）和他的同事，考察了 1920—1990 年间北海北部设得兰群岛和挪威之间海域的渔获组成变化，结果发现：体型大、寿命长、晚成熟型鱼类，相较于快速成熟的物种，数量下降速度较快。大型鱼类的韧性较低，在渔业压力所造成的死亡率增加的情况下，无法维持族群数量。这些物种中，有些在欧洲海域已经消失殆尽，例如扁鲨和无鳍鳐。无鳍鳐，正如它的名字 ① 一样，曾经是一种从北方的冰岛、挪威一直到南方的塞内加尔都能大量捕捉到的鱼类。这是一种体型很大的动物，从它的两翼两端算起，可以长达 1.2 米，重达 100 公斤。它是一种相对生产幼鱼较少的鱼种，每年仅能产出 40 个卵。无鳍鳐很少会被当成直接捕捞的目标物种，但它们却常会身陷拖

---

①　无鳍鳐的英文俗名是 common skate，意思是常见的鳐鱼。——译注

20 世纪初一位来自爱尔兰贝利卡登（Ballycotton）的垂钓者捕获的无鳍鳐，这种动物的数量曾经非常丰富，但是由于拖网渔船在它们分布的地方过度捕捞，现今大都已经绝迹。图片来源：Holcombe, F. D. (1923) *Modern Sea Angling*. Frederick Warne & Co. Ltd., London.

网，或是被刺网缠住，要不就是被延绳钓捕获。它们的数量一点一点减少，在它们之前经常被捕获的地方默默地消失。如今它们仅存于拖网还无法抵达的几个礁岩栖息地小区块中。

詹宁斯和他的同事们估计，今天北海里的大型鱼种仅是无渔业干扰情况下的五十分之一，而像无鳍鳐这样的物种数量减少得更多，可能只剩下千分之一或是更少。体型较小的物种具有较短的世代交替率，也就是说，同样是受到渔业捕捞所造成的死亡率增加，其族群却比较能够承受这样的损失。这些物种有鲱鱼、圆腹鲱、沙丁鱼等，它们的数量都已经减少到了大约是自然丰富度的四分之一。出现在大型物种消失名单上的黑鲔，会在地中海繁殖，当天气状况比较温暖时，它们会冒险进入北方海域，去享用那里丰富的鲱鱼和其他种类的鱼。1920 年代，黑鲔对在波罗的海入口的卡特加特海峡捕鱼的渔民来说是一个干扰，因为它们会扯坏渔网。[22] 1930 年代，它们的数量多到吸引了众多娱乐钓客纷纷前往英国约克郡海岸，在那里捕捉到的最大的黑鲔纪录是 387 公斤。现今的气候又温暖到让黑鲔可以前往北海，然而，它们的数量已经少到它们无法抵达遥远的北方。

密集捕捞所造成的负面影响，并不仅限于那些被捕捞的目标鱼种，而是遍及我们地球上的每处海域。拖网捕捞基本上已经清除了所有的栖息地。瓦登海就是一个活生生的例子，可以用来说明数个世纪以来渔业和人类活动给其造成的损失。这片海域是欧洲大陆北方的海岸，位于荷兰和丹麦半岛的三分之二处，也是一片浅海和河口区域，部分由一串岛屿包围，宛如一道海上屏障。千百年来，由帚毛虫属的蠕虫分泌石化的管状物所形成的礁石，点状分布在瓦登海与连接北海的潮汐渠道。现在，这些礁岩几乎都已遭到破坏，被拖网绞碎成碎石和沙粒。[23] 由帚毛虫、牡蛎礁、鳗草和其他藻类所组成的结构复杂的海底栖息地，已因破坏性渔业及污染的关系而全部消失。荷兰的须德海是瓦登海的一部分，在 1930 年代围海造田之后，直接促成宽吻海豚及其猎物须德海鲱鱼的消失。在瓦登海和比斯开湾以西，港湾鼠海豚也几乎完全消失了。这些生物如今仅能偶尔在离岸水域中发现，跟过去几个世纪以来它们在沿岸大量出现的情况已是截然不同。瓦登海曾经维系的拖网渔业也已完全崩溃。进入 20

世纪前后，光是手钓黑线鳕渔业的渔获量，每年就有 200 万条。[24] 现在，只有少数几种贝类还有足够数量可供商业性捕捞。而且污染问题也在日益扩大，这不仅是由于内陆带来的污染，也是由于能够过滤海洋中有机物质的海洋生物大幅减少。

对欧洲所有水域栖息地的破坏仍在继续。在英国西海岸，扇贝耙网还在忙着摧毁早就所剩无几的藻团粒海床。这些原本丰富的栖息地，是由生长缓慢的珊瑚藻经过数百年时间才堆积出来的。它们生长在有着干净海水和潮汐强劲的地方，是扇贝等物种的重要孵育地。藻团粒在斯特兰福德湾的分布范围曾经相当广大，这片像只手指的海域深入北爱尔兰。尽管政府已经通过立法要保护这片藻床，但扇贝耙网还是把它摧毁了。牡蛎礁岩在欧洲海岸和河口曾经很常见，然而，由于挖掘和过度开发，以及沉积物淤积问题，大部分都已被摧毁。同样的，最大型也是最有生产力的贻贝床，也因渔业和淤积问题而已消失。总之，对于所有这些曾经支撑过数百种相关物种的栖息地，其未来命运如何，我们只能作出猜测。

1980 年代早期，当我第一次犹豫着前往北海潜水时，那里就已经是一处被粉碎和洗劫一空的区域。当时我完全没有料到捕鱼竟会给这里造成如此巨大的改变。我在那里仅仅发现了数量很少的鱼，这让我很是失望。我只能靠着残存海藻中零星分布的一些小型动物，或是半靠着想象在视线边缘瞥见某些大型物体，以这样的方式来稍稍自我满足一下。有时候，我会发现看起来相当不满的甲壳类动物在捡拾死鱼。可是，海洋竟会变得如此空空荡荡，甚至是在那些被认为很棒的潜水胜地也是这样，这一点未免大大出乎我的意料。那时的我并不知道这里曾经有过多么大的不同。今天，我看到了这些消失物种的幽灵，对于这些已经永远失去的生物，我感到万分难过！

15 第十五章
国王鳕的衰亡

1992 年 7 月 1 日，是加拿大庆祝建国 125 周年的喜庆日子。但在这一天，加拿大渔业部长约翰·克罗斯比（John Crosbie）却一点也不开心。他沿着码头走进纽芬兰公牛湾边一个小小的沿海社区，遇到了一群对他抱有敌意的鳕鱼渔民。他们要求知道：为什么鳕鱼渔业会沦落到现今这等惨状？他会采取什么措施来解决这个问题？克罗斯比怒火攻心，大声回应其中一位攻击他的人："你没必要辱骂我，又不是我从那该死的水中把鳕鱼带走的！"第二天，他在纽芬兰首府圣约翰（St. John's，又译圣约翰斯）遇到了更糟的场面：正当他准备宣布一项重大公告时，愤怒的渔民们试图强行闯入酒店宴会厅。[1] 在十多位警察的团团保护下，克罗斯比匆匆宣布了关于暂停捕捞鳕鱼两年的禁令，之后就被包夹坐上等候多时的专车，留下一众愤怒的渔民去盘算如何应对这个已经崩溃的行业。[2]

暂停捕捞鳕鱼的禁令，使得包括五个省份在内的四万人失去工作，被称为史上最大规模的裁员。然而，事情远比克罗斯比所想象中的还要糟糕！原先暂停捕捞鳕鱼两年的禁令，在 1993 年后被无限期地延长了。14 年后，也就是在我写作本书的当下，除了极少数几个地方，仍然禁止捕捞鳕鱼。更糟的是，大西洋鳕鱼的两个主要群体，在 2003 年被列入加拿大濒危物种名单。另外，南方的鳕鱼族群数量也在快速下滑；新英格兰人已经奋斗了 15 年，想要维持鳕鱼渔业，但是迄今为止却是收效甚微。

很难让人想象鳕鱼这种曾经数量相当丰富的物种，竟然也会落得这样一个局面。鳕鱼并不单纯是这一环境的一部分，它们也代表着这一环境的特殊性，就像美国野牛、水牛比尔和铁路先后代表了美国中西部大平原地区一样。鳕鱼曾经是北海的主要掠食者，并曾在各个方面影响着北海中的生命。

要想了解鳕鱼渔业崩溃的原因，我们必须往南回到 20 世纪初的缅因湾，也就是在第一次世界大战之前不久，当时蒸汽拖网渔船刚被引入大西洋西岸。拖网渔船遇到的不信任与敌意，跟早先几十年在欧洲海域发生的一样，但在见识过拖网渔船更强大的渔捞能力后，其阻力很快就瓦解了。到了 1920 年代，拖网渔船的建置已经相当完善。起初，渔民们在近岸地方作业，但当渔获量下降后，他们很快就把船只开往更远的地方捕鱼。他们朝向离岸浅滩、当时还是多桅纵帆渔民用手钓渔具捕捉鳕鱼和大比目鱼的地方前进，像布朗斯浅滩（Brown's Bank）和乔治浅滩。

乔治浅滩位于鳕鱼角东北方向的外海，是一处长度超过 240 公里，有着不断滚动的沙子、砾石和巨大山丘的广大区域。它是上个冰河期遗留下来的产物，当时这里是冰层的最南端，冰河把陆域上的物质刮下来后，最后将冰碛石堆积在边缘，形成 2 万平方公里的浅滩。浅滩中的大部分区域都很浅，深度从几十米直到 100 米。乔治浅滩，还有布朗斯浅滩和海豹岛浅滩（Seal Island Bank），包围着缅因湾的浅水区域，并将之与大西洋的深海水域分离开来。初夏时，冰冷的拉布拉多洋流带来了富含养分的海水，一道一道像手指般转往南方，经过纽芬兰和新斯科舍，在这些浅滩与大陆之间缓慢前进。南方来的墨西哥湾暖流，在向东转往欧洲之前，会从靠近海洋的这一侧，拍击这些浅滩。潮汐流在整个浅滩区域搅动冷水和暖水，将营养与温度混合，促使数量庞大的浮游生物生长，然后，这些浮游生物又维系了鲭鱼和鲱鱼之类的大量鱼群。这些鱼群则又喂养了鳕鱼和其他掠食动物。一到夏季，缅因湾和其北部水域就会成为迁徙的座头鲸、露脊鲸、剑鱼、鲔鱼、鲨鱼，甚至是海龟的觅食地。17 世纪的渔民就是在这片水域发现了满满的巨大鳕鱼和大比目鱼。

大约在同一段时间，北美地区的渔民开始使用拖网渔船和快速冷冻技术，而"鱼片"也正是在此时诞生。19 世纪，当纵帆船在这些浅滩上捕捉鳕鱼和大比目鱼时，会将黑线鳕丢弃，因为用盐渍不易保存黑线鳕。但在 1920 年代，冷冻鱼片技术的出现，带给渔民一个现成的市场：黑线鳕肉质坚硬，在冷冻状态下保存得很好，可以在内陆远距离输送而不会腐坏。拖网渔民很快就发现，在冬季时，庞大的黑线鳕鱼群会来到乔治浅滩东南边产卵 [3]，渔民于是蜂拥而至，进行捕捞。1920 年代，数百艘新的拖网渔船加入船队，黑线鳕的捕获量也是一路飙升。捕捞黑线鳕的热潮在 1929 年达到高峰，年产量有 12 万吨之多。次年，300 艘拖网渔船将 3700 万条黑线鳕捕捉上了波士顿的岸边 [4]，但是还有更多的鱼都没有上岸，听任其留在海中死去。使用小网目的渔网来捕鱼，会不分青红皂白地把黑线鳕的幼鱼和数十种其他种类的鱼一起抓上来，不过，这些鱼都会被丢回海里。平均而言，每抓到一条黑线鳕，就会有两条以上的黑线鳕稚鱼被丢弃。[1]

美国渔民很快便尝到了早先折磨着欧洲海域的过渔苦果。黑线鳕的捕获量迅速崩溃，来得就跟达到高峰时一样快。1934 年，年产量掉到了 2.8 万吨，大约只有五年前的四分之一。但不久之后，捕获量再次反弹，1930 年代稳定地维持在每年 5 万吨左右，这一情形一直持续到了 1960 年。渔民已经适应了黑线鳕数量减少的事实，他们的应对方法则是转移到更北的加拿大海域，寻找其他的当地鱼种。下一个最有利可图的当地鱼种是红鱼[2]，也叫"玫瑰鱼"（rosefish），这种明亮粉红色的鱼，长得很像河鲈，肉质紧实，可以长达 45—50 厘米。它们当时在整个缅因湾中很常见，位于鳕鱼角的伍兹霍尔海洋研究所的生物学家亨利·毕格罗（Henry Bigelow），曾在 1950 年代描述过这种鱼：

> 这是数量很多、具有重要商业价值的鱼种之一，除了太浅的区域之

---

[1] 直到 1953 年才开始落实最小网目的规定，用以减少稚鱼混获。

[2] 红鱼（redfish）：即条纹平鲉（Sebastes fasciatus），是鲉科家族的一员。

外，它们分布在整个海湾中，包括离岸的浅滩、深海盆地之中或是上方，以及沿着海岸边。它们经常出现的地方包括所有深度超过 37 米、使用手钓或单船拖网捕捞的地方。它们的数量是如此之多，不论在冬季或夏季，用鱼线或是拖网，都能在马萨诸塞湾 37—64 米或更深的区域捕捉到数量庞大的这种鱼，尤其是在岩礁底质或其附近区域。[5]

在黑线鳕渔业的捕获量还不稳定时，一些偶尔被抓到的红鱼会被当成垃圾扔掉。1943 年蕾切尔·卡逊在其书中为战时的家庭主妇们描述她们不熟悉的鱼类时 [6]，许多捕鱼船队已经开始将目标鱼种转向红鱼。就像黑线鳕一样，红鱼经过处理并制成鱼片冷冻后，可以保存很久。1941 年，新英格兰的红鱼捕获量高达 6.2 万吨，超过了鳕鱼的捕获量，产量仅次于黑线鳕。

虽然毕格罗认为许多红鱼分布在相对较浅的海域，但它们的主要生活范围其实是在更深的水域。它们居住在大陆架和大陆坡的深海礁岩区和泥巴区，最深可达 700 米。但是，人们后来才发现：与浅水鱼相比，深水鱼的成长较为缓慢，在深海冰冷的海水中生活，它们仅能维持缓慢的新陈代谢和很低的生长速率。此外，红鱼很长寿，可以活到 50 多岁；而且不像大多数鱼都是将卵释放到大海中，红鱼会把卵孵育到长成为幼苗为止，所以它们繁衍的后代数目要比鳕鱼等鱼类来得少，因此在面临捕鱼所造成的高死亡率时，红鱼也就无法长期维持其族群数量。红鱼的渔获量从 1940 年代中期的高峰一路锐减到 1950 年代晚期时仅剩下约 1.4 万吨，而在这段期间，之所以还能维持渔获量，仅仅是因为渔民们不断地在寻找新的渔场，像在新斯科舍周围水域。

鲽鱼（flounders）是另一种鱼，或者也可说是一种鱼类的通称。它们在 1930、1940 年代成为相当受人青睐的冷冻鱼类。19 世纪时，线钓渔民几乎没人知道这种鱼，因为这种鱼不会吃鱼钩上的饵料。直到拖网从海底拖起上百万条这种鱼时，人们才知晓了这个意外丰富的鱼源。在早期的渔获中，以美首鲽、美洲拟鲽、美洲拟庸鲽、大西洋黄盖鲽这几种为主。到了 1950 年代后期，鲽鱼为全美各地的餐桌上都增添了不少光彩，而它们也是新英格兰地区渔业中最重要的渔获。

　　然而，1960 年代发生的事件，却使得整个美国和加拿大的渔业都为之改观。当时，各国的领海是从海岸起算 3 海里 ①，除此之外的其他海域就成了所有想要试运气的人的目标。对于自己水域中的渔获量已经降低很多的欧洲各国来说，北美东部的富饶水域有着无法抗拒的吸引力。1950 年代中期，英国第一艘远洋拖网渔船开始投入渔捞作业。随后，苏联在抄袭了英国的设计后，也迅速加入 [7]，他们在 1956 年首度来到纽芬兰大浅滩。东欧国家也开启了一波"造船热"，之后十年间，它们也成为主要的渔业国家，其远洋船队包含了数队拖网渔船和用来处理渔获的母船。1965 年，苏联拥有 106 艘工厂拖网渔船、425 艘较小的拖网渔船、30 艘母船，作业范围从格陵兰岛南部一直到乔治浅滩，以及卡罗来纳的外海。波兰和东德的拖网渔船也加入苏联船队，与来自西班牙、罗马尼亚、葡萄牙、法国、英国和西德的船只竞争捕鱼空间。美国国家海洋渔业总署的领航员查尔斯·菲尔布鲁克（Charles Philbrook），回忆起他在 1968 年遇到这些船队时的情形：

　　　　记得那是在 1968 年的冬天，我搭乘一架格鲁曼山羊式（Grumman Goat）飞机，低空飞行在北卡罗来纳州外海上进行侦察，距离水面约有 480 米。在哈特拉斯岛周围 32 公里的区域，通常都能看到多达 200 艘的共产主义阵营的拖网渔船。每一艘都显得很笨重，因为除了鲱鱼之外，你可以说它们上面都装满了火力。[8]

　　远洋拖网渔船和它们的母船有着惊人的渔捞能力，一天之内就能捕捉和处理多达几千吨的鱼，远远超出当地船队的能力。威廉·沃纳（William Warner）在其《远洋》（*Distant Water*）一书中，描述了这些渔船所带来的负面影响：

　　　　设想有这样一个会移动且完全自足的伐木机器，它可以粉碎森林中最崎岖不平的小径，砍伐树木，然后将其加工成可供消费者使用的木

---

① 1988 年，里根总统将美国的领海从 3 海里扩张到 12 海里。

材，而它只花费了正常伐木及加工所需时间的一半。这正是工厂拖网渔船所进行的——也正是它们对"深海森林"中的鱼类造成的影响——它们不可能长期运作而不被人注意到。[9]

1965 年，苏联在北美外海捕获了 87.2 万吨的鱼，西班牙、葡萄牙和法国则捕获了另外的 60 万吨。对鱼来说，这些船队之所以会如此致命，不仅仅是因为它们的大小，也是因为东欧国家的船只会通过合作，在广阔的区域猎捕鱼群，从而打破了小型渔船原本只能在母港所及之处作业的限制。当一艘船发现大量集中的鱼群，就会通知其他船。工厂船队能以前所未有的方式，将目标锁定在聚集的鱼群身上，将其捕捞一空，然后再度分散开来，寻找新的机会。

到了 1974 年，远洋渔船船队成为北美东岸渔业的主要作业船只。那一年，有超过 1000 艘东欧和西欧的船只在浅滩、大陆架、大陆坡上捕鱼，一共捞走了 200 万吨的鱼，这是加拿大捕获量的 3 倍、新英格兰的 10 倍。[10]他们很少顾及什么对渔业才是最好的，只是一味地从大海中不停地把鱼吸走，不论鱼是幼鱼还是成鱼，也不管鱼是否正在产卵，反正死鱼就是死鱼。这就是规模巨大的工业化渔业。

乔治浅滩和缅因湾由此遭受重创。1960—1965 年间，缅因湾底栖鱼类的总捕获量从 20 万吨增加到超过 75 万吨，这样的数量远远超出了可持续捕捞量①（sustainable catches）。黑线鳕的渔获量在 1965 年飙升到 15.4 万吨，时间就在 1970 年代早期、黑线鳕渔业引人注目地崩溃前不久。迫使冰岛扩大其沿岸领海水域的压力，同样也出现在北美。1977 年，美国和加拿大宣布了 200 海里专属经济海域，迫使其他国家的船队离开。

加拿大和美国期待在赶走其他国家的船只后，自己就可以拥有一个丰富的渔矿。为了赚取财富，他们投入资金建造新渔船。1977—1982 年间，新英格兰拖网捕鱼船队的规模从 825 艘增加到 1400 多艘，增加了将近一倍。[11] 1975

---

① 假设环境条件不变，可持续捕捞量是在不减少鱼源生殖量的状况下，渔业每年可以捕捞的渔获重量。
　——译注

年，加拿大东部沿海渔业的从业人员有 1.4 万人，到了 1980 年，已多达 3.3 万人。国内的过渔现象取代了国外的过渔，渔民的生活似乎从来就没有变得比较容易过。当时的北美渔民或许已能感受到其前辈遭遇的困境，就像 19 世纪中叶一位无名的诗人所写的情形：

> 危险的生活和悲伤不就是，
> 孤独的渔夫在寂寞的大海上，
> 在远离家乡的危险水域中工作，
> 为了一点点微薄的收入而不得不到处流浪！ [12]

到了 1980 年代初，缅因湾的渔获量增加到可持续捕捞量的两倍，接着，鱼群数量骤减。不过，仍有足够的数量够渔民谋生，这也鼓励渔民拿出钱来添购电子探鱼机和更好的设备。1980 年代中期，渔民每年杀死缅因湾中 60%—80% 的鳕鱼、黑线鳕和大西洋黄盖鲽。[13] 这几个物种的渔获量，从 1980 年代早期的 10 万吨下降到 1989 年的 4 万吨。[14] 1985 年，美国渔业科学家预见到即将发生的崩溃，于是敦促新英格兰渔业管理委员会削减渔获努力。这个由渔业代表为主的委员会反对这样的建议，直到保护法基金会（Conservation Law Foundation）对他们提起诉讼，才迫使他们着手进行这项工作。最后，鱼和缓冲的时间都被用光了。1990 年代中期，在乔治浅滩 1.7 万平方公里的区域里，禁止使用捕捞底栖物种的渔法。与此同时，保护区外的底拖网和扇贝捕捞努力也减少了一半。

当时的乔治浅滩和缅因湾，跟 19 世纪多桅纵帆船进行捕捞的海域有很大不同。1970 年代，过渔造成的意外后果，在乔治浅滩首次被注意到。进入1980 年代，情况逐渐恶化。自从冰层融化、海水淹没缅因湾后，底栖鱼类，像鳕鱼、黑线鳕和鲽鱼等，千百年来一直是这片水域中的主要物种①。[15] 1970

---

① 布鲁斯·布尔克（Bruce Bourque）、贝弗利·约翰逊（Beverly Johnson）和鲍勃·史坦内克（Bob Steneck）对缅因湾中佩诺布斯科特湾（Penobscot Bay）沿岸贝塚中动物遗骸的研究表明，几千年前美洲土著对沿

年代，由于角鲨日渐增多，渔民备受困扰，因为它们会撕裂渔网，挤满在拖网里抓鱼。小型的鳐和虹的数量也在增多，当拖网收紧的一端松开，涌出到甲板上的不是鲽鱼、黑线鳕或鳕鱼，而是一大群让渔民们感到惊骇的扭动着的灰色角鲨和拍动着鳍的虹鱼；白肉鱼被从新英格兰水域中清除后，为这些物种开启了新的生态区位①，使得它们的数量快速增长。对角鲨和虹鱼来说，算得上是时来运转，在1980年代，它们的数量比白肉鱼多了8—10倍。

起初，渔民们会把这些冒充的渔获丢回海中，不过在抛回之前，往往会先用棍棒把它们打死。但是由于它们不断地成群出现，这样的方式相当徒劳，后来渔民们找到了一个更好的解决方法，那就是卖掉它们。鲨鱼和虹鱼的肉又柴又硬，无法替代黑线鳕和鳕鱼这类肉质很好的鱼类。但是，对鱼肉的需求还是给它们带来了一定的市场。然而，渔获以它们为主的时间很短暂。到了1990年代中叶，它们的数量就也因为过渔而开始下滑。

缅因湾的海底栖息地和邻近的浅滩，也呈现出巨大的变化。拖网捕捞对北美海床上的生物族群所造成的破坏，就跟发生在欧洲的情况一样。乔治·马特森（George Matteson）描述了1970年代他自己在乔治浅滩拖网作业的经验，向我们呈现了拖网如何破坏海床上的植被和其他有机物：

> 滚轮将网的前端和底绳绞起，然后，一码又一码的网被松开，形成拖网的身体。网子的肚子已经刷过海底，并挂满了深褐色的海藻。在渔网的网目上，到处都是卡在上面的小鱼和鱿鱼，它们随着网子被绞起，然后被压埋或压碎在随后拉上来的一层又一层的网线中。

岸浅水区的鱼源产生了很大影响，食物网顶端的掠食者包括鳕鱼、海貂（现已灭绝）、剑鱼和海豹，在主要残存的骨骸中，这些生物自3500年前至4000年前即占了50%—80%的比例。接下来的2500年，在主要残存的骨骸中，鲽鱼和其他底栖鱼类（像杜父鱼等）比例变多，鳕鱼的比例则减少到只剩下几个百分比。这样的结果表明，在这些区域，鳕鱼的数量因为被人捕捉而大量减少。在时间上的转变，从捕捉高营养的种类开始，到捕捉低营养的种类，就是一个向海洋食物网底层捕捞的例子，这也是今天世界各地的海洋中都可以见到的一种现象。

① 生态区位（niche）是指物种在生态系统中所处的位置及其功能。——译注

　　链条，铁环，以及所有其他拖网下方边缘的金属，还有底部网口上的钢轮，都因为在海床上滑动，而被磨成了亮晶晶的银色……

　　如果第一次下网的收获很好，船长就会马上在同一个地方再下一次网。渔网被拉到船上的坡道后，不到五分钟时间，网子就又回到了海底，因为渔民都知道，网子在甲板上，什么鱼都捞不到。

　　网子已经捞起 1.8 吨的鱼和其他残骸，并将其堆置在甲板中间。在这堆小山中，有大西洋黄盖鲽、鳕鱼、黑线鳕，及其他一些值钱的鲽鱼（小头油鲽、灰鲽、欧洲黄盖鲽、美洲拟鲽，或许还会有几条小的大比目鱼），再加上鮟鱇鱼、扇贝和一些龙虾，以及一到两条鲳鱼。所有这些重约 450 公斤的渔获全部被放在一起。除此之外的其他东西都被扔、铲、踢到一边，然后用水将其冲回大海……

　　最后，甲板中间只剩下一堆"垃圾"，里面有很多被称为角鲨的小鲨鱼；有螃蟹和被称为鳐鱼的小魟鱼；有头上长着尖长棘刺的小型硬骨鱼——杜父鱼，这种鱼很容易刺穿人穿的靴子，甚至刺伤人的脚。当网子被丢下时，正是这些讨人厌的小型鱼类发出嘈杂声音的时候。

　　里面还有很多金属和木材的碎片、瓶子、马口铁罐头、石块、杂草和蛤蜊壳；有时还会有骨头，像海豚的头骨或脊椎骨；还可能会有些奇怪的鱼，像昨天网子就将一只大海龟带了上来……

　　有时候，网子可能会带上来一整袋的石头，或是一大堆的海草跟厚厚的泥沙；也可能会捕捉到上千条的角鲨，或是一种相当特别的、被称为"猴子粪便"的橘色海绵。网子有时捞起的垃圾太多，不可能将其全部拉上船，为了要把网子清空，就得把网子切开。[16]

当拖网渔船在 1920 年代开始大批来到缅因湾时，就已经使得海床严重受损。但是，1970 年代的拖网渔业强度更高，并且使用的是更加重型的渔具，因而也就比之前的渔业更具侵入性。随着鱼源减少，渔民追鱼往往会追到以前他们会选择避开的区域，因为那里的地形对渔具来说过于危险①。在各国宣布专属经济海域之前，外国工厂拖网渔船会在浅滩和缅因湾凹陷处拖曳其超大型的拖网，这也使得拖网给这片海域所造成的损伤，达到了空前巨大的规模：

> 美国渔民说，巨大的拖网严重地挖凿海底，使得广阔的乔治浅滩区域变成一片没有生命的沙漠。拖行的绳子和索具是如此强大，当这些外国船只被沉船或石块卡住，一直到松脱之前，往往会把这些东西在海床上拖行数英里。标示暗礁的海图，对拥有它们的渔民来说，变得一点用也没有，因为外国渔船已经把所有东西都混到了一起。[17]

在乔治浅滩和缅因湾其他地方的鲽鱼捕捞和扇贝挖掘作业，比起单船拖网更具侵入性，因为拖网网具和耙网在运作时，会把海床上的东西挖起来。扇贝耙网的前端由钢制框架及向下的钢齿组成，跟用来犁地粉碎土壤的耙子很像，钢齿会从海底挖掘出扇贝，然后，扇贝会被末端由铁环串起的网袋捞起。鲽鱼跟扇贝很像，它们都贴在海底，将自己埋在泥巴里。鲽鱼拖网的设计，是让底绳向下切入底泥把鱼挖出来。[18] 在当地拖网渔民和外国拖网渔民的合力围剿下，海底生命被一扫而空，并将海湾的根基彻底改变了。拖网捕鱼已经成为一种改变地质的力量。少有外人能够了解拖网所造成的伤害，不过，渔民们往往对这一点有相当深刻的体认。弗雷德·贝内特（Fred Bennet）打从1960年代起就在缅因湾捕鱼，长期从事渔业的他，见证了拖网改变海床的过程：

---

① 乔治·马特森（另见本章注释16）描述了一个关于拖网如何横扫粗糙海床的例子："有一个故事讲的是，两兄弟在罗德岛沿海捕鱼，他们通常是在一个叫西南洞（Southwest Hole）的地方作业。这个地方的一侧满是大砾石和暗礁，此处原本被认为是无法在此捕鱼的。但是，这两兄弟不断地去那个地方。通常他们的网会被撕毁或是整个遗失，但有时也会没有损失。每一次成功下网，他们都会仔细记下他们是如何操作的。他们下网、修正、修正又下网，一直到他们摸索出整个西南洞区域迷宫中的安全路径。他们找出了可以安全拖行渔网的一条又一条小径。那里有很多鱼，而两兄弟最近也收益颇丰。罗德岛其他的船只所作业的西南洞及其余区域中的捕获量越来越少。那些不了解这片礁岩海底的人则在多次受挫后开始离开……就像在乔治浅滩一样，许多渔船特别善于在粗糙的海底作业。在那些海底山脊和峡谷上方的浅水区域，有着很多的鳕鱼和黑线鳕，但是，渔网在那里破损的几率也会大大增加。"

其中一个例子就是查塔姆（Chatham）东南方约 40 公里处一个被称为"皮克斯"（Peaks）的地方。1960 年代我第一次在皮克斯捕鱼时，那里有一排长约 1.6 公里、西北东南走向的山丘。我有一个深度记录仪，其输出在纸上的资料，可以看出山丘的起伏。那里有四座高大的陡峭山峰，从海底到山峰顶部高约 18 米，那里还有好几个较小的山丘。我会把延绳钓的鱼线放置在这些山峰上，因为那里是抓鳕鱼极佳的地点。1987 年我回到那里再次进行延绳钓时，只在海底发现了几个小隆起，不会超过 3.6—5.4 米的小山丘。虽然有时也还能抓到鱼，但捕鱼的状况并不像以前那样好。我不知道海底的地形出了什么事，但我怀疑它是被在那边捕鱼的拖网渔船和扇贝捕捞船给破坏了。[19]

在改变海床的过程中，丰富的动植物群聚也都消失了。弗雷德·贝内特提到了另一个缅因湾中受人喜爱的渔场，渔民们称其为"大贻贝渔场"（Big Mussels）。这个区域的面积超过 50 平方公里，海底由连绵起伏的丘陵组成，上方有丰富的贻贝、螃蟹、海葵、管虫，及壮观的无脊椎动物。1990 年代中期，拖网渔船开始锁定这个区域。等到拖网渔船离开，贝内特回来后发现：贻贝床消失了，山丘就像是被用推土机推过似的，变得一片平滑。缅因大学科学家莱斯·沃特林（Les Watling）回忆起另一处遭到拖网破坏的地方[20]。在1980 年代末期的一次调查研究航行中，他在缅因湾靠近杰弗里浅滩（Jeffrey's Bank）附近发现了一个地方。那里有着巨石散落的粗糙海床，当时那里还没有拖网渔船抵达过，是一个名副其实的海绵和其他无脊椎动物的伊甸园。这也是他从事研究 20 多年来所见过最富饶的地方，他希望能够更好地了解这里的生物群聚，于是就在 1993 年回到这里，用潜水器来进行探险。然而，可悲的是，拖网渔船和渔民们新的滚轮渔具已经早先一步抵达这里。在令人沮丧的两个小时中，沃特林在这处曾经是海绵林的地方，只找到有着裸露岩石、砂石和泥巴的荒地。曾经的那个海绵花园，早已不知去向。

移除掉缅因湾中贪婪又影响广泛的掠食者（例如鳕鱼），对海岸生态系统和离岸生态系统有着极大的影响。[21] 新英格兰地区的大多数海岸，尤其是在北方，有着令人印象深刻的岩石平台和崎岖的峭壁。对于勇往直前的拖网渔船船长来说，这些延伸到水下的平台还是太粗糙了。当成群密集的鳕鱼在这些海底峡谷和海沟中徘徊时，这里的无脊椎动物，像龙虾、海胆、螃蟹和软体动物，就会生活在不间断的死亡恐惧中。鳕鱼的存在使得无脊椎动物的数量一直都很少，深具警觉性的无脊椎动物，白天多半都是躲在岩石缝隙中，晚上才敢出来觅食。所以海藻被啃食的压力很低，巨藻和其他海藻于是就像是一层厚厚的地毯般披在岩石上，形成了一座摇曳的水中花园。随着鳕鱼消失，无脊椎动物数量暴增。到了 1980 年代，海胆聚集在整个新英格兰海岸的几乎每一块岩石上。这些数量庞大的草食动物，不仅清除了巨藻森林，还把原本覆盖在岩石上的植被啃得一干二净。

　　大约也是在这个时候，贸易日益全球化，渔民不再受限于只能捕捞当地鱼市上所能卖出的渔获。新英格兰人很快就看到了这里潜藏的机会，开始将海胆贩卖到亚洲，在那里，海胆的生殖腺被视为一种美味佳肴。在近岸浅水水域中很容易采集到海胆，潜水员能在水中挖出数量庞大的海胆。由于没有管控，渔民总是竭尽所能地进行采捕，再加上海胆的掠食者，像龙虾，也从被鳕鱼捕食的压力中解脱，数量因而增加，结果也就无可避免地，很快就发生了海胆族群数量崩溃。由于海胆消失了，海藻受啃食的压力因此得以缓解，让海藻有了恢复的机会。然而，恢复中的海藻族群并非原生的墨角藻和巨藻等海藻，而是入侵缅因湾的外来物种，它们就像野草般迅速蔓延开来。[22] 2001 年，当我在新罕布夏州的浅滩群岛浮潜时，就看到了这样的变化。在我的下方，舞动着的是宛如光滑手指般的暗绿色刺松藻，它们是一种绿藻，像地毯般覆盖着岩石；在绿色的海藻树冠中，只有零星丛生的当地原生褐藻——棘漆草藻（刺酸藻）；在柔软地毯下方的某些部分，我看到下方的岩石上结着灰色、黄色和橙色的补丁区块，那是入侵种海鞘。

　　许多物种来到缅因州湾其实已经有一段时间了，但当海床上的主要物种以本地物种为主的时候，它们很少能够扩散开来。松藻属的藻类自从 1950 年代以来就已经出现在那里了，可能是从它的原生地日本搭便船来到这里的，或者是从它们已经入侵的欧洲过来的，新英格兰人戏称它们为"牡蛎贼"（oyster thief)，意思是它们能够像地毯般生长，然后闷死像牡蛎这种生长在硬质海床上的物种。

尽管缅因湾正在遭遇难以解决的问题，但在加拿大宣布其200海里专属经济海域之后，鳕鱼渔业也曾短暂地繁荣过一阵子：1970年代后期和1980年代初，尚未成熟的鳕鱼的生存条件很好。但甚至是在那时就已播下了灾难的种子。加拿大政府部门的渔业科学家，基于过去超过高达10倍的渔捞资料，对鳕鱼的鱼源作出了过于乐观的预测。1985年，他们设定了35万吨的渔获量。尽管加拿大人对渔业充满了精力和热情，但他们却并未能捕捉到加拿大政府所允许的渔获量。鳕鱼似乎不见了。

政府部门根据自己调查的渔业单位渔获努力来估算鳕鱼种群的大小，这样的研究始于1978年。这种做法存在严重缺陷，因为随着时代进步，渔民已经开始使用新的电子设备、更大的渔网和有着更强动力的渔船，从而大大提升了渔捞能力。这些改变使得单位渔获量变成一个很不适当的鱼源指标。会形成紧密鱼群的鱼种，像鳕鱼这种在产卵时会聚集在一起的鱼类，即使其数量骤减，只要渔船能够找到这些鱼群，还是可以很容易就捕捉到它们，就像是它们的数量还很丰富的时候一样。1980年代后半期，渔民捕捞鳕鱼的速度，超出了它们能够保持可持续量的五倍。

警告的征兆被忽略了。政府拒绝了近岸渔民对于遏制近海渔业的请求，而且对于科学家们的担忧：渔业科学家在进行评估后发现鱼源的数量很少，政府同样置之不理。[23] 当众多的近海拖网渔船都开始遇上找不到鱼的问题时，近岸渔民意识到他们的生计将会受到影响。鳕鱼在深水处越冬，等到春天来临，庞大数量的鳕鱼群会聚集在大陆架边缘产卵，之后就会跟随它们的猎物：毛鳞鱼群来到近海，在那里觅食并度过夏季。1980年代后期，仅剩下极少数鳕鱼能够来到近岸，因为在大陆架边缘作业的拖网渔船已经快把它们抓光了。

当赌徒开始赌上未来的获益时，人们就会知道他们遇上了麻烦，而这正是发生在加拿大的情况。政府制定出过分慷慨的配额，可是预期的产量却从来没有达到过。他们就像赌徒一样，最终失去了一切。1992年，对鳕鱼和鳕鱼渔民来说，一切都结束了，而且这一情形一直到今天都是如此。

我们到底已经失去了多少鳕鱼？纽芬兰纪念大学的乔治·罗斯（George Rose）回溯至 1505 年，那时欧洲人第一次带着鱼钩和渔网进入北美海域，来重建鳕鱼的族群数量。[24] 我们无法回到当时去计数鳕鱼的数量，所以罗斯提出了一个模式来估算过去的族群数量，这个模式将鳕鱼的捕获量和鳕鱼生物学结合到了一起。虽然我们借此能够很好地估算出近年来的鳕鱼族群数量，但他的模式对于近代鳕鱼数量的改变并无法作出很好的预测，直到他将当时的气候条件加入计算，这时这个模式就成了一个估算过往鳕鱼族群数量相当可靠的工具。树木年轮的宽度可以大约代表温度，这项资料可以估算 16 世纪时的气候，这使得罗斯能够推算出约翰·卡博特那个年代鳕鱼族群的大小。根据他的推测，最好的状况出现在 1505 年，大约有 700 万吨，也就是约有数十亿条鳕鱼挤满在加拿大的海湾和浅滩。而到了鳕鱼禁令颁布的 1992 年，只剩下 2.2 万吨，这一数量仅仅是原有族群数量的三百分之一。

新罕布夏大学的安迪·罗森伯格（Andy Rosenberg）和他的同事们，则用不同的方法来估算更南方渔场中的鳕鱼数量丰富度。[25] 他们检视自 1850 年代起，来自马萨诸塞州贝弗利港、前往斯科舍大陆架捕鱼船只的航海日志。这个港口的记录保存得非常完整，他们一共找到了 326 份航海日志，这些船只完全或者是部分在这个区域作业。这个浅的大陆架从新斯科舍省向大西洋延伸 200 公里。跟缅因湾一样，这个区域有着温暖和高营养盐的海水，让这里有着很高的生产力。19 世纪时，加拿大和新英格兰的渔船都在这个区域密集捕鱼，那时他们使用手钓方式锁定鳕鱼和大比目鱼。罗森伯格的团队通过日志中详尽的渔获记录，估算出渔业的生产力和鳕鱼的族群大小。他们推算出最好的状况是，大陆架上有 126 万吨的鳕鱼。考虑到斯科舍大陆架的面积较小，并且在 1850 年时，相较于未受到干扰的原始状态，渔业已经显著地减少了此区的鱼源数量，这样的推算跟罗斯的估计范围相符。估算出来的鱼源规模在 2002 年只有 3000 吨，这是 1850 年的三百分之一。

斯科舍的鳕鱼捕捉数据足以发人深省。1850 年代，43 艘纵帆船，共约 1200 个鱼钩，带回了 7800 吨鳕鱼。而 1999 年的加拿大渔业，在包含芬迪湾在内的更大区域中，捕上岸的仅有 7200 吨。就像罗森伯格指出的，今天所有生活在斯科舍大陆架的鳕鱼，比 1850 年代年捕获量的一半还要少。

鳕鱼的数量为什么没能恢复？对此人们提出了许多理论，并指出了几个被认定的事实，但是，实际情况似乎更多的是，渔民在不知不觉中带来了导致鳕鱼捕捞枯竭的规则。不论是什么阻碍了鳕鱼重新恢复数量，北美东岸的水域都比以前变得更加空荡了，昔日繁荣的鳕鱼渔业仅存在于那些经历过盛况的人的回忆中。鳕鱼的渔获量如今在缅因湾受到严格管控，包括渔获努力和保护区的限制在内。在北方，加拿大的鳕鱼渔业同样受到限制保护，只能由近岸渔民以小型传统手工方式进行捕捞。

我们已经惊人地改变了鳕鱼的生态系统，从而摧毁了鳕鱼族群。在我们追求渔获的过程中，我们改变了海洋中枝叶茂密的空地和连绵起伏的森林，使它们变成一片无边无际的泥泞平原。我们原本应该很担心会失去鳕鱼。使一个物种从极其丰富的状态发展到被毁灭的状态，表明除了将这个物种从生态系统中清除之外，还发生了很多错误。生态系统达到毁灭的地步是一种症状，不仅仅是鳕鱼，还有更多的物种也都消失了。前面我曾提到，蕾切尔·卡逊在1940 年代给追求美食的消费者推荐了两种鱼，她说狼鱼是"新英格兰尚未开发的鱼类之一，当家庭主妇发现它的优点后，情况将会大为改观"[26]。卡逊同时也推荐了滑鳐（barndoor skate）。现如今，这两种鱼类都是濒危物种。

关于鳕鱼这个故事也有一个结尾。随着头号掠食者被掠夺一空，雪蟹、北极虾、龙虾、岩蟹和海胆都开始繁盛起来。就像在缅因湾一样，加拿大的海床同样可以感受到大量的无脊椎动物搔痒或是吸附其上，它们占据了曾经是鱼类拥有的空间。渔民很快就盯上了这一新情况中的机会，将他们的努力转移到了丰厚的无脊椎动物渔业上。2003 年，纽芬兰的渔业价值达 5.15 亿加币，而在鳕鱼崩溃前的 1991 年只有 1.7 亿加币。[27] 但是，这样的荣景又能维持几何呢？当无脊椎动物也消失后，也就真的再也没有其他东西可以捕捉了。

16 第十六章
河口的缓慢死亡 —— 切萨皮克湾

    19 世纪末的切萨皮克湾是一个充满野性、没有法治的地方，在那里，很多财富的离去就跟到来时一样快。每周发生四五起谋杀案，可说是屡见不鲜。在马里兰州的港湾社区，如克里斯菲尔德和坎布里奇，与有着杰西·詹姆斯[①]这样人物的西部之共同点，多过与它们东岸文明的邻居，如费城和特拉华。到了晚上，镇上满是酒鬼，一片喧闹，水上妓院在水域中星罗棋布。港湾才刚刚通上铁路，此前巴尔的摩和华盛顿特区与之隔着一条航道，铁路将这原本如同后花园般的宁静水域串连上网络，使之成为一处既热闹又危险的边陲之地。牡蛎和鱼子酱更是对这股热潮起到了推波助澜的功效。[1]

    铁路的出现，以及大量供应的可供渔获保鲜的冰块，扩大了美国内陆的海鲜市场。工业革命为 19 世纪无数的美国人带来了前所未有的繁荣。不断增长的中产阶级，热衷于体验那些以前只有有钱人才能享用的美食，而切萨皮克湾则早就准备好要提供这些海鲜。牡蛎极受人们青睐，就像 1877 年马里兰居

---

① 杰西·詹姆斯 (Jesse James, 1847—1882)，美国西部无法治时期的一名强盗，也是"詹氏－杨格"团伙最有名的成员。去世后被刻画成一个民间传说人物，被误传成一个枪决能手。——译注

民观察到的："没有人会不喜欢牡蛎。生吃、烤、沸水烫、炖、炸、煮、烘、加上肉酱、裹上面糊油炸或煮汤，每张餐桌上都少不了牡蛎的影子，有时候，每一餐都有，甚至就连休闲娱乐也都少不了它们。"[2]

在最后一个冰河时代的鼎盛时期，切萨皮克湾是一个郁郁葱葱的山谷，壮阔的萨斯奎哈纳河与约克河、波多马克河、詹姆斯河汇流，中间更是纳入了无数的小支流。当冰帽融化，海平面上升超过100米，谷地中300平方公里的内陆悉数被淹没。如今，我们仍然可以辨认出昔日萨斯奎哈纳河的河道，现在它是一个深达10—20米的渠道，穿过海湾的中央。海湾大部分地方都很浅，平均只有6.5米深，很适合牡蛎和海草生长。当第一批欧洲殖民者航行进入切

19世纪的牡蛎捕捞。耙网船将整个海床耙过，把牡蛎团块连同其他很多不同的生物从礁岩上蔽下，之后，牡蛎之外的其他生物都被丢弃。图片来源：Whymper, F. (1883) *The Fisheries of the World. An Illustrated and Descriptive Record of the International Fisheries Exhibition, 1883.* Cassell and Company Ltd., London.

萨皮克湾时，海湾里到处都是牡蛎，而且由它们的壳所组成的牡蛎礁，向港湾内延伸了 150 公里。"切萨皮克"（Chesepioc）在美洲原住民语言中的意思就是"广阔的贝类海湾"[3]。

1820—1880 年代，牡蛎渔业出现了无限制的扩张。长达数百公里的海滨，到处都是追逐这股热潮的人们。到了 1860 年，铁路每年会把 2500 吨的牡蛎运送到西边，当时东海岸的三桅帆船，能够提供纽约和新英格兰的美食家数十万蒲式耳（一蒲式耳等于 8 加仑或 36 公升；一蒲式耳大约是 70 个牡蛎）。十年后，每年有 900 万蒲式耳的牡蛎从切萨皮克湾出货。[4] 就像其他渔业一样，在采用了新技术后，牡蛎渔业很快就也走向了末路。

早期的渔民用尖端是铁制的有柄长型木棍捕捉牡蛎，这种木棍长得像钳子一样。渔民用手操作，把牡蛎礁上的牡蛎团块从底层钳起。在北方的新英格兰，使用来自欧洲的技术已经有很长一段时间了，当地的渔民用耙子来挖掘牡蛎。牡蛎捕捞船则是用手动绞盘来控制钢制的耙，拖行在由无数世代牡蛎壳堆叠而成的礁岩上。活牡蛎的壳与壳的间隙，及其死去后留下来的壳，是数以百计的其他物种如贻贝和海绵的栖息地。牡蛎耙网在运作时，会撕扯这些礁岩的表面，每次运行都会将活的牡蛎和其下方的礁岩结构整个清除。18 世纪后期，新英格兰地区的牡蛎捕捞达到高峰，牡蛎耙网整天都在牡蛎礁岩上拖行，产量达到最高峰时，甚至连晚上都在作业。牡蛎耙网将带状的礁岩，一道又一道、一条又一条地碾平，直到再也没有坚硬的表面可供牡蛎幼苗附着为止。1860 年代，新英格兰的捕牡蛎渔民，在摧毁了当地的海床之后，又转往切萨皮克湾寻找新的机会。一开始，他们与当地的船工关系良好。那里有很多的牡蛎给所有人捕捞，并且牡蛎耙网是在海湾比较深的地方作业，其渔场不同于用钳子抓牡蛎的渔民。然而，1870 年初期，多达 1000 艘的耙网船同时在海湾开工，并频频入侵较浅的河流。钳牡蛎的渔民抱怨牡蛎耙网渔民破坏了海床，要求立法限定牡蛎耙网可以作业的地方。但是由于利润很高，因此，一连串越来越严格的法令几乎都没起什么用。牡蛎耙网渔民在 19 世纪末，又因为蒸汽动力取代了辛苦的人力绞盘，效能得到更进一步的提升。在这之后没过多久，切萨皮克湾里的牡蛎数量就下降了。

　　牡蛎渔业的故事，在人类取用自然资源的历史中一再被重复。资源如果是属于公共财产、每个人都可以享用的话，大家就会倾向于取用超出能够可持续的资源量，以自私的行为来获取个人的最大利益，而其成本却是由整个社会来共同分担。如果每个人都能保持节制，只在资源还能维持可持续的程度内来取用，大家就能共享其利。但若是没有某些形式的管理，不论是法令还是传统规定，"节制"就很少会发生。1869 年，马里兰警察总长亨特·戴维森（Hunter Davidson）告诉国家牡蛎委员会：渔民们没有受过教育，这些鲁莽的人并不在意后果，这个行业"更像是在抢夺一些漂浮的东西，每个人给自己设置的目标都是，在这些东西消失之前，尽可能地多多取用"[5]。

　　1870 年代，戴维森被授予一艘船，用来执法和维持和平。尽管他尽了最大的努力，渔民却仍在继续挖掘牡蛎，并且是在晚上非法进行。警察与渔民之间的枪战时有发生，死伤无数，这被称为切萨皮克湾的"牡蛎战争"[6]。可悲的是，很多当地人，包括他们选出的政府官员，都认为限制捕捉会给他们造成严重损失，结果，到了 20 世纪初的几十年间，牡蛎这个丰富的矿产也就没有了。

　　在加州的斯克里普斯海洋学研究所（Scripps Institution of Oceanography）任职的迈克尔·柯比（Michael Kirby），重建了美国牡蛎渔业的兴起和扩张过程。[7] 他研究了 21 个横跨东岸、西岸和墨西哥湾海岸的河口。柯比找到了相同的模式，来解释牡蛎减少的状况。渔业起源于靠近发展中的城市中心，然后，当数量下降时，就从河口沿着海岸向外扩张。随着时间推移，各个河口的产量快速达到高峰，接着下降。海床资源逐渐被耗尽，渔民于是开始前往下个地方作业。纽约附近水域在当时是荷兰的殖民地，早在 17 世纪中叶，就有迹象表明这里的资源已在减少中，1658 年的一份公告指出："新尼德兰①总督府与议会……制止和禁止所有人继续在这个城市与东河或北河间的淡水区域挖掘或耙牡蛎壳。"[8]

　　随着渔业崩溃，地方政府当局试图将牡蛎移殖到距离更远、较少被开采

---

① 新尼德兰（New Netherlands），荷兰殖民地，位于今美国，主要在纽约州及其周围，1664 年被英国征服。
　　——编注

1880 年代，如海盗般的牡蛎渔民，在夜幕的遮掩下，在切萨皮克湾中非法捕捞，以规避捕获量规定的限制。图片来源：*Harper's Weekly.* March 1, 1884.

的河口，以支撑收获量。1891 年《科学》（*Science*）期刊上的一篇文章明确声称，如果人们想要继续吃到牡蛎，这种干预方式似乎是必不可缺的："所有不同的人、政府官员、机构，在不同时间、不同地方工作的人，以及彼此间没有关联的人们，均一致指出，天然的牡蛎床要么就是消失了，要么就是快消失了，而唯一可以补救的方法，就是鼓励民营企业进行养殖。"[9]

最早期的牡蛎养殖表明，资源减少问题已经严重到需要授权进行一些改变的地步。例如，康涅狄格州和纽约州在 1808 年时就开始从特拉华湾和切萨皮克湾输入牡蛎苗，这比切萨皮克人被迫自己养殖的时间还早了约 70 年。墨西哥湾海岸的问题则是在更近时期才发生的，大约是在 20 世纪中叶。太平洋沿岸的开采活动，逐渐从旧金山向北蔓延，大约与 1849 年的"淘金热"同时，然后在 20 世纪初抵达华盛顿州的普吉特湾。柯比在澳洲河口也发现了同样一连串牡蛎数量减少的趋势。

像在英国泰晤士河口挖牡蛎，早在公有地悲剧在北美发生之前，就已经让牡蛎受到毁灭性的威胁。牡蛎床受到来自耙网的压力，使得议会于 1557 年禁止在泰晤士河口进行这种作业。[10] 当牡蛎耙网渔民在北美东岸和西岸的河口开采牡蛎时，历史只是一再地重复。产量日益减少，迫使价格上扬，1891年《科学》期刊上的文章引用了这样的感叹："并不让人感到惊讶的是，大多数人很快就将无法再吃得起牡蛎。"[11]

然而，由于开发新的河口和人工养殖的关系，牡蛎的价格并没有上扬。格伦·琼斯（Glen Jones）和他在德州农工大学的同事进行了一项不凡的研究，他们拼接出了 150 年来美国人对海鲜品味改变的记录。他们搜集并筛选了从 19 世纪中期直到现今的 20 万份菜单，其中约有一万份上面标有日期和价格，这让琼斯和他的团队能够回溯价格的变化，探究海鲜的可及性。尽管牡蛎正在一个河口接着一个河口地遭受一连串毁灭性的打击，但是牡蛎的价格在纽约州和马萨诸塞州仍旧维持在 0.5—1 美元之间。20 世纪初，切萨皮克湾辽阔的天然牡蛎礁已被摧毁，在那里，野生牡蛎的繁荣时代已经结束。人们的努力接着转移到了人工繁殖上，正是由于这样，直到 20 世纪上半叶，该海湾仍在继续生产牡蛎，尽管产量相对少了很多。然后，1960 年代，一种名为 X 多核球形症（MSX）的疾病，意外地被亚洲牡蛎带进美国东部，当地牡蛎的数量随之大减。这样一来，价格上涨再也躲不过去了，菜单上的牡蛎价格很快就翻了一倍，此后在 20 世纪余下时间一直保持稳定。如今，整个海湾的年产量只有 8 万蒲式耳，比起 19 世纪的 1500 万蒲式耳，少得实在是太多太多！

建立在海鲜上的经济繁荣，使得海湾周遭的发展有了极大的增加，吸引来数万人在此定居。20 世纪人口的增长，突如其来地带来了一连串连锁反应，导致水质急剧恶化。六个州约 16.5 万平方公里的广阔水域流出的水直接流入切萨皮克湾，这处水域自从约翰·史密斯船长在 1606 年航行进入詹姆斯河之后，已经发生了根本性的变化。史密斯登陆时，这里几乎全被森林覆盖，而在被殖民后，殖民者砍伐了森林，形成有着开阔空间的区块，并开辟成小型农场。在一开始的前 200 年左右，砍伐森林是区块性而且缓慢地进行的。但是到了 19 世纪，砍伐森林的规模及其影响程度开始迅速上升：1830—1880 年间，80% 的原始森林都被清除一空，主要是要供农业使用的缘故 ①。[12] 清除森林后的土地被深耕，用来种植作物，这使得沉积物进入海湾的速率，比起殖民时代之前快了三倍。

森林砍伐也改变了流水抵达海湾的路径。在森林树冠之下，雨滴是以轻轻滴落的方式到达地面，并形成匍匐的涓涓细流。雨滴落在落叶和松针组成的厚厚的覆盖物上，它们吸收了水分，并缓慢地将水分导入溪流和河川。当树冠层被清除，雨滴会以更强大的力量直接冲刷地面，并携带着由于农业开垦而裸露的土壤，被径流快速带进溪流。在森林被清空的土地上，水的高峰流量增加很多，使得泛滥的频率大幅提高；与此同时，流量低的时候也会比以往更低，从而增加了旱季所造成的影响。森林覆盖的流域就像是一块巨大的海绵，吸收水分后，缓慢释放，使得下游的物种整年都可以受益。

泥巴和泥沙涌入切萨皮克湾，把支流都堵塞住了。亚历山德里亚的波多马克河在 1794 年时有 13 米深，尽管常常疏浚，但是由于泥沙淤积，到 1974 年时仅剩 5.5 米深。[13] 河口淤积问题发生在整个沿岸地区，就像中世纪时在欧洲蔓延那般。例如，从 1830 年代起，人们就开始努力让特拉华州的圣琼斯河能够维持通航，方法包括裁弯取直和定期疏浚。他们最终在 1925 年放弃了努力，让河川淤积。如今，它已变得只剩下一条涓涓细流，蜿蜒在超过四米深的泥巴沉积物上。[14] 尽管泥巴堵塞了溪流，但它也还是有一些正面影响，比如大幅增加了沿岸盐沼区域和泥滩地的面积，使其成为鱼类和贝类的孵育地区，

---

① 从泥泞的底层沉积物中取出的岩芯，可以帮助科学家重建海湾和这个流域的历史。洪水带来的泥巴层中带有少量花粉、煤炭和其他物质，可以详细呈现几千年前的普遍状态，以及这些状态是如何被改变的。几千年来，来自森林中的沉积物进入水域的速度相当缓慢而稳定。取出的岩芯表明，在殖民之后，地表开垦使得沉积物进入水域的速度增加了三倍。

给留鸟和候鸟提供了食物和栖息地①。

从农田中流出的径流进入海湾后，携带着很多氮、磷之类的养分，同时海湾也接收广大流域中不断增长的人口所排放出的污水。污水带来很多养分，使得海湾中的水质相当富饶，促进其中植物生长。过量的养分触发大量植物生长的过程被称为"富营养化"（eutrophication）。呈现爆炸性增长的浮游植物是漂浮在水面上的微小植物细胞，它们使得海湾变成绿色。经由分析沉积物的岩芯发现，早在1750年就已有了富营养化的迹象，并且随着时间推移开始逐渐恶化；到了19世纪更是蔓延到整个流域，但是由于19世纪末期的牡蛎产量很高，使得富营养化现象直到1930、1940年代才突然显现出来。[15] 牡蛎会滤食水中的浮游生物和悬浮有机物，在牡蛎被渔业捕光之前，无以计数的牡蛎一起努力，只要几天就能过滤一遍整个海湾中的水。[16] 现在，牡蛎所剩无几，它们的数量仅能每年将海湾中的水过滤一遍。斯克里普斯海洋研究所的杰瑞米·杰克森，将清除牡蛎的行为比喻成关掉游泳池里的水泵，水质要不了多久就会变差。因为牡蛎的关系，切萨皮克湾才能面对日益增加的污染问题。没有了它们，海湾也就开始走向死亡。

如果浮游植物无止境地生长下去，它们就可能会对河口之类的封闭水体造成严重问题。正常情况下，死去的浮游微生物有机体会沉入水底，微生物和其他动物会将它们分解，在这个过程中会用到氧气。但在发生藻华②现象时，水中有数量庞大的需要分解的植物而氧气则来不及补充，就会造成缺氧现象。海湾中的缺氧问题首次被报道出来是在1930年代[17]，之后，这一问题随着时间推移不断恶化。

19世纪时，由于耙网将牡蛎礁整个移平，使得水中含氧量过低的问题变得更为严重。在牡蛎礁网络遍布海湾并延伸到河川支流时，海湾底部有着地形

---

① 盐沼区域扩大也有一个好处，就是它可以阻挡沉积物及有机物质，进而减少养分进入海湾。时至今日，由于海平面上升，盐沼的面积开始减少，这也加速了沉积物和污染带来的问题。

② 藻华，亦称水华，是一种由于水体中微型藻类急剧增殖而导致水生态系统破坏、水质恶化的异常生态现象，可发生在淡水和海水中（在海水中又称赤潮）。藻华发生时可导致大量水生生物死亡，破坏正常的水生态系统结构，产生有毒物质危及人类健康，严重影响周边景观和生活环境。——编注

复杂的丘陵和山谷。随着潮起潮落，水受到扰动，气泡通过礁岩，水的表层与底层互相混合。如今，水的流量更加均匀地分布在平坦的海底，并在凹陷和波谷的区域形成不流动的死水区。夏季气温升高时，海水开始分层，温暖的表层海水漂浮在较冷、密度较高的海水之上。当发生这种情况时，在底层聚积的水，因为有机物分解，缺氧状态快速发生，而形成死区。这些死区在海水底部被冒着恶臭、含有有毒硫化氢的底泥覆盖，会杀死或是驱离所有依赖氧气而生存的动物。

1960 年代，缺氧更进一步加剧了富营养化问题。由于浮游植物和悬浮泥沙形成阴影，遮蔽了海底，使得水色变深，这会让海草和海藻开始枯萎。早年在海面随波逐流的水手，可以透过清澈的海水，凝视并惊叹水面下那无尽的"草原"。17 世纪初，据估计有 24 万公顷的海湾都被海草和野草覆盖，这些栖息地为数百种鱼类和无脊椎动物提供了保护、食物和孵育场所，同时它们也维系着海湾充满生机的食物网。海底的植被也有助于维持海湾的健康，因为它们能够摄取春天洪水所带来的养分，如果没有它们的话，这些养分就会造成浮游植物大量繁殖。根据美国环境保护署的说法，水下"草原"可以带走流入海洋的污水中一半的氮和磷。[18] 而自从 1960 年代以来，这些植物半数以上都已消失，海湾的多样性快速减少，生产力也减少了，同时减少的还有自然美景。[19]

富营养化改变了切萨皮克湾的平衡状态：动植物原本栖息在底层，变成生活在底层上方的水域中。这样的改变在世界各地的河口一再发生。生活在水层中、以浮游生物为食的动物，一开始由于富营养化的关系而大量增生。其中一个例子就是大西洋油鲱。这种鱼在美国东部被视为一种高级鱼种，其身体呈银色，饱满而光滑，可以长到 40—50 厘米，呈皱褶状的嘴巴里并没有牙齿。它们是洄游性鱼类，在春天时接近海岸地区，在那里，由于有季节性的浮游生物爆发，它们能够养胖自己。另外，就像牡蛎一样，它们也能帮忙过滤海湾中的海水。许多鱼群都会游入像切萨皮克湾一样的河口，在那里度过夏天，随着潮水来回并觅食。美国渔业生物学家乔治·布朗·古德在 1884 年描述道：

当大西洋油鲱出现在表层水域，就表示鱼季到了。它们以极大的数量群游，它们头挨头，头挤头，非常靠近水面，而且通常是一层接着一层，几乎就像是在盒子里的沙丁鱼一样。水面上一点一点的涟漪，显示出它们的位置，在差不多 1.6 公里外的船桅顶上就可以看到这样的迹象，这对于围网渔民如何下网，帮助非常大。只要有一点点的预警，通常是为了躲避掠捕者，鱼群就会沉入海底。如果在一群大西洋油鲱上方不远处航行，或许就可以在水面上看到它们闪着光的背影，而船只就像是滑行过镶嵌着银子的地板上一般。[20]

当古德写下这样的描述时，大西洋油鲱正在维系着从缅因州到佛罗里达州的大型工业化渔业。成千上万名渔民沿着海岸追捕着鱼群。大西洋油鲱是一种适合多种用途的鱼类，虽然有些会跟沙丁鱼一样，被放进罐头里浸在油中，但它们被食用的数量相对较少。[21] 1877 年有 2600 万条被捉来用作鱼饵。它的主要用途是被用来提炼脂肪，充当饲料和肥料。美洲土著很早以前就懂得把鱼撒在田里，来为作物施肥。像阿布那基（Abnaki）人就把它们叫作"肥料"（pookagan 或 poghaden），而这样的方式也被早期殖民者所采用。鱼季快结束时，大西洋油鲱可以增肥到其体重的 20% 都是脂肪，这是平均鱼类脂肪含量的五倍。沿着海岸分布的工厂都将鱼转换成油。剩下的骨头、鳞和肉则成为棉花种植中需求量很大的肥料。根据古德的估计，1874 年生产的鲱鱼油有 20 万加仑，几乎是美国所有鲸鱼、海豹和鳕鱼油产量的总和。鲱鱼油在制作皮革和绳索时使用；用来润滑机械；也用来制造油漆和肥皂。[22] 它曾是美国最大的渔业。另外，古德也发现了大西洋鲱鱼在海洋食物链中所处的关键地位：

想要推测大西洋油鲱在自然界中扮演的角色并不难；它们以极大的数量挤在我们的水域中，彼此很接近地一起游动，形成庞大的群体，在很靠近水面的地方，它们对所有的敌人都非常仁慈，因为它们完全没有防御或抵抗能力，毫无疑问，它们的使命就是被吃掉……①

① 古德继续写道："几乎所有同样在这些水域中的掠食动物都是它的敌人，鲸鱼和海豚会跟随着鱼群并捕

在估算大西洋油鲱对美国的重要性时，我们必须牢记在心的是，就目前的状况来看，如果我们的水域中没有了它们，我们的海洋渔业将会减少至少四分之一。[23]

在古德生活的那个年代，大西洋油鲱是用围网来捕捉的。鱼季一到，渔民们就会观察水面，寻找在水面上盘旋的成群燕鸥，和像鲈鱼这些在捕食它们时会溅起水花的掠食者泄露出鱼群的踪迹。当一群鱼被锁定，渔民就会在其周围下网，把鱼群包围在中间。虽然当时的围网操作方式与现在大致相同，但是现在的船只要大得多，并会使用飞机和直升机来引导寻找鱼群。只有少量的大西洋油鲱最后会出现在餐桌上，绝大多数渔获都被当成饲料喂食鸡、猪和提供给养殖渔业。[24] 另外还有很大数量的渔获被用来制成 omega-3 脂肪酸胶囊，被人类用来预防心脏疾病。自从 1965 年这种"鱼粉加工渔业"开始在切萨皮克湾密集运作之后，鱼源很快就萎缩了。海湾最后一个有生产力的渔业也陷入了危机。

到了 1960 年代，切萨皮克湾"生病"的迹象，已经明显到足以出现"扭转数量减少"的诉求行动。然而，当时却并非所有人都为之信服。直到 1971 年，作为对这样呼吁行动的一个回应，一些科学家认为海湾仍然很健康[25]。就像所有否定的人通常会做的那样，他们对当时所看到、被认为是数量下滑证据的指标争论不休。但他们的论点充满了不一致。例如，在挑战"牡蛎数量减少是过渔所致"这一评估时，他们指出，这应该是由于广大地区的牡蛎床都已被污水污染而关闭了。而且，他们也搞不清楚因果关系，只因当时切萨皮克湾仍是美国最丰富的渔场之一，就得出结论认为海湾一定是健康的。

食它们，各种鲨鱼也会大量捕食它们；曾在一头鲨鱼的胃中发现了 100 条鱼。所有大型肉食性鱼类都以它们为食。鲔鱼的破坏力最强，一位缅因州绅士写道：'我经常在我的船桅顶上看到它们以古怪的姿势，像恶魔一样，快速地冲进鱼群；几乎像闪电一样迅速，将鱼朝各个方向驱散，并用它们的尾巴将数百条鱼抛入空中。'狭鳕、牙鳕、条纹鲈、鳕鱼、犬牙石首鱼（Squeteague）和颌针鱼（gar-fish）都是一些非常野蛮的敌人。剑鱼和雨伞旗鱼（bayonet-fish）冲进鱼群，用它们有力的剑左右戳刺，也消灭了很多鱼。然而，蓝鱼和鲣鱼才是最具破坏力的敌人，甚至比人类的破坏力都要强大。"

尽管存在这些争论，造成污染问题的证据却是再也无法被忽视了。到了 1970 年代，切萨皮克湾反复受到有毒浮游生物爆发和氧气含量过低的影响，造成大量鱼类死亡。一群关心海湾的公民和科学家在 1967 年成立了"切萨皮克湾基金会"（Chesapeake Bay Foundation），来研究海湾面临的问题和解决方案。[26] 几十年来付出的努力已经在某些方面初见成效，进而使得争论消止。比如某些种类的污染已经由于污水得到处理而显著减少；在一些河川支流中，水生植物再次遍布水底。

海湾中条纹鲈的故事，再次说明了我们对海洋生物的管理有多么不适当，事实上，只有在关注整体问题的情况下，才能保障长期生产。条纹鲈是切萨皮克湾的象征，这一象征意义同时也代表了自然的韧性和脆弱。[27] 对美洲土著来说，鲈鱼是一种很珍贵的食物，对刚抵达这里的殖民者来说同样如此，由于它们生活在牡蛎礁周围，故又被后者称为"岩礁鱼"（rockfish）。它们是最富营养的鱼类之一，可以长达 1 米以上，在鱼季时更是肥美多汁。它们成群捕捉猎物时会紧密聚集，追赶着像灰西鲱和大西洋油鲱等猎物，因而来到沿岸区域。19 世纪末，它们也是很受欢迎的娱乐渔业鱼种，因为它们上钩时会猛烈地抵抗，所以很吸引人们垂钓捕捉。一批又一批的垂钓者，在 20 世纪早期的夏天，将他们的鱼线投入切萨皮克和其他的河口。然而，鲈鱼在它们冬天的聚集处遭到商业拖网的过度捕捞，以至于在 1930 年代，它们的数量急剧下降。所幸由于沿海国家的通力合作，才使得它们的数量在 1940—1960 年代慢慢恢复，但在 1970 年代，由于近海渔业和娱乐渔业的影响，以及海湾栖息地劣化，其数量再度减少。1980 年代早期，鲈鱼的数量创下历史新低，政府部门不得不动用强力措施来帮助它们恢复数量。1985 年，马里兰州推出了一项完全禁止捕捉鲈鱼的法令；接着，1989 年，弗吉尼亚州也颁布了一道禁令。这一禁令相当成功，到了 2000 年时，条纹鲈产卵的数量增加了 10 倍。

但是，数量成功地恢复后，却助长了鲈鱼疾病的蔓延。1990 年代中期，对于娱乐渔业的禁令放开之后，垂钓者开始钓到生病的鲈鱼。有些鱼有白色的真菌斑；有的因为有细菌感染，鲜红色的溃疡遍布皮肤和嘴唇；还有很多看上去很衰弱；也有些外观上看起来很健康，但当切开后，却呈现出可怕的状况。

一艘娱乐渔船的船长吉姆·怀特（Jim White）就描述了那样一条鱼：

> 去年我为顾客清理一条鱼。我刚一切开鱼肉，就想把它扔了，不
> 过，我说："还是让我们来看看它到底吃了些什么。"我把它的胃再多切
> 开一点，它的脾脏随即掉了出来。这是我活这么大所见过的最恶心的东
> 西，那上面长满红、绿、黑各种颜色的疮。[28]

鲈鱼的复苏开始往反方向发展。当地的科学家们在做过很多病鱼的检
验和进行过更多让人头疼的思索后才意识到，原来鲈鱼是被很多种疾病所折
磨，而不只是受到新疾病的迫害。问题是：为什么？最终，马里兰自然资源
部（Maryland's Department of Natural Resources）的吉姆·厄普霍夫（Jim
Uphoff）解开了这个谜团。[29] 他发现，条纹鲈很虚弱并不是因为患有疾病，
而是因为它们在挨饿。衰弱的它们只能是被疾病所征服，而吃饱的鲈鱼则可以
摆脱这些感染。一个简单的事实是，数量增多的鲈鱼没有办法找到足够的主要
食物来源——大西洋油鲱。就像古德认识到的那样，19 世纪开发大西洋油鲱
渔业时，将鲈鱼在海湾中的食物来源猎捕一空，而它们曾经对于维系切萨皮克
湾食物网中的生命是非常重要的。①

在切萨皮克湾，出问题的并不止于条纹鲈。1997 年，大约在鲈鱼开始生
病的同一时间，成千上万条鱼在马里兰州波科摩克河下游附近死亡。20 多位
渔民和水质工人在接触到这些鱼和这个区域的水之后，开始出现健康问题，包
括皮疹和记忆力减退。祸源可以追溯到一次赤潮，造成赤潮的这种藻类，被
科学家称为 *Pfiesteria piscida*，是一种微生物，它们会在高营养的条件下爆发，
并且在某些情况下还会分泌出一种腐蚀性毒素，导致鱼类发生病变。它们被称
为"来自地狱的细胞"，能够啃食并穿透鱼类的身体，让它们的器官暴露出来，
从而导致死亡，而且它们分泌的毒素也会影响神经系统。当赤潮爆发时，人们
如果进入这样的水域，就会有得病的风险。所以在闷热的夏季，对于担心会生

---

① 2006 年捕获的条纹鲈的情况表明，近年来，它们挨饿的问题已经有所缓解。

病的游泳者来说，海湾所能提供的放松服务相当有限。自从 1997 年以来，这种藻类数量剧增已经爆发过好几次。减少污染进入海湾中是必须的，而"来自地狱的细胞"则为此提供了一个更好的理由。

*　　*　　*

切萨皮克湾经历的事情，同时也代表着困扰各地河口的问题。自人类文明之初起，河口就一直是人类影响海洋的一个重要区域。这里通常有着最悠久的人类居住历史，但也往往会因港口和工业而大大改变它们的原貌，并让河川成为将污染带入海洋的地方。这里也受到千百年来密集的渔业捕捞的影响。各种影响集聚在这些地方的结果就是，使得它们成为生物多样性流失和海洋生物灭绝的热点地区。[30] 此外，起初由于污染而造成的河口缺氧问题，如今已经扩散到了邻近河口海域。现在，在全球的许多河口，缺氧的死区都是永久或季节性存在的。许多第一批欧洲殖民者曾经生动地描述过的物种，在切萨皮克湾都已不复出现，另外还有数类物种已被列入美国濒危物种名单。美洲新世界步上了欧洲世界的旧路，将原本惊人的丰富，转变成一片赤贫状态。

17 第十七章
珊瑚礁的崩坏

　　我坐在摇晃的船舷上做着最后的装备检查：负重腰带就位，气瓶打开，面镜明亮。出现在我前面的是直接从海面升起的萨巴（Saba）岛，在加勒比海的艳阳下，拍击着黑亮火山断崖下方的浪花涌起泡沫。在进入水下世界之前，我向下左右寻找眼前的障碍物，可以区分出有着绿色和黄色特殊形状的，就是海水深处的珊瑚。在绿黄中，还有色调较轻的区域，就是沙底质的区块和沟槽。下潜之前的那一刻，永远都是充满期待的、也是任何事情都有可能的一刻。在海平面下闪动的光影，不禁让人想象到那些巨大的鱼和像是高耸城堡般的珊瑚礁等的生动景象。今天，我觉得自己的心情特别热切，因为这是我第一次在迷人的加勒比海水域潜水。

　　在进入失重状态后的第一秒，我就开始踢水，我的世界整个转变成蓝色。随着气泡消失，我开始向下沉潜，绿色物变成崎岖的礁石，上面附着珊瑚、海葵和海绵。一群鲜黄色、约有我的指节般大小的鱼儿，在摇曳的海扇间跳舞。上千条拟刺尾鲷（blue surgeonfish）在礁岩上川流不息，遮掩了大群愤怒匆忙的雀鲷前往洗劫它们领地中的繁茂海藻。当一条鹦哥鱼被另一条追逐时，一抹绿影闪过。向外扩张的麋鹿角状轴孔珊瑚搭起遮蔽，供给一群又一群胖嘟嘟的石鲈休息。它们身上的条纹色彩，为珊瑚礁增添了蓝色和金色。在珊瑚和摇曳的海扇上方，有成千上万条灰色的小鱼，在闪耀着蓝色的海水中交互游动，在海流中觅食着浮游生物。这些鱼似乎都没有注意到我这个吹出气泡、发出嘈杂声响的入侵者。

珊瑚礁是一种地质结构，由匍匐生长的珊瑚和藻类分泌碳酸钙，而形成像石头般的骨骼。珊瑚则由数百个至数千个珊瑚虫群落构成，形成各种形状和颜色。错综复杂而又回旋的珊瑚，就像是森林或是灌木丛一样，跟其他的浅水栖息地相比，是更多种生物的家。奇怪的是，它们既很强硬，又很脆弱，而更令人意外的是，它们非常容易受到人为干扰的影响。

16 年后的现在，我依然清晰地记得第一次在加勒比海潜水时的情形，那与我先前的经验非常不同。在那之前，我最熟悉的是沙特阿拉伯海中的红海珊瑚。那时候，我还是一个研究鱼类行为的学生。很少有探险者来到沙特阿拉伯这片海域，所以这里的珊瑚礁状况很少发生改变。我们在这片区域所用的图表，最近一次的更新是在 19 世纪。所到之处鲜有渔业活动，而且在我之前，从来没有水肺潜水员见过这里的珊瑚礁。我很快就发现，这里的情况跟加勒比海地区有很大不同，加勒比海地区的渔业彻底改变了珊瑚礁。第一次在加勒比海潜水时，让我感到惊讶的不是缤纷的生命，而是生命如此稀少。虽然萨巴的珊瑚礁中挤满了鱼，但它们大都小于我的手掌。躲藏在船只下方的，就只是船的影子，而不是大型的石斑鱼或是游经的鲨鱼；既没有连绵不绝如士兵般露出牙齿的笛鲷在它们的礁岩上守卫着珊瑚，也没有像爆炸般分散逃离掠食者攻击的鱼群，只有吃浮游生物和吃海藻的温顺生物，偶尔也会有比较大一点的石鲈，翻动着海底的沙子，寻找无脊椎动物。

在我读到这片区域的早期记录之前，我误解了加勒比海与红海之间的不同。我觉得加勒比海的珊瑚礁之所以会如此不同，一定是因为那里的环境和物种都不一样。这两片海洋早在 350 万年前，当北美洲与南美洲大陆碰撞在一起时，就已被太平洋分隔开来。自此之后，两个地方就开始走向各自不同的演化方向。今天的加勒比海与太平洋地区只有少数物种具有共通性，而也正是由于这样，才使得这两个地区的珊瑚礁看起来非常不一样。但我没有想到这里缺乏大型鱼类的原因其实再明显不过——它们已经被吃光了！

早先时期，加勒比海地区的旅行者和殖民者主要针对的目标都是大型猎物。17世纪末，海盗威廉·丹皮尔和他的伙伴们就是以海龟、海牛、海豹、鼠海豚、巨型石斑鱼、鲨鱼和海鸟为食。但是，随着这些岛屿上的人口增加，还有被解放的奴隶，渔业也就开始沿着海岸线在礁岩和海湾中发展起来。在像牙买加等人口稠密的岛屿上，其珊瑚礁鱼类已经被密集捕捞超过一个世纪。而在大多数区域，渔获努力都是在20世纪逐渐增加。1900年代早期的加勒比海访客看到的，是比较接近于我在红海潜水时所看到的景象。

1908年，受过剑桥教育的博物学家珀西·洛（Percy Lowe）与弗雷德里克·约翰斯通爵士（Sir Frederic Johnstone）及其妻子威尔顿伯爵夫人劳拉（Laura，Countess of Wilton），在约翰斯通爵士的游艇上拜访了天鹅群岛。天鹅群岛散布在加勒比海西边，距离洪都拉斯北方175公里。这些小岛在丹皮尔那个时代就已广为人知，不过，在珀西·洛到此造访之时，几乎已经被人遗忘了。弗雷德里克爵士和伯爵夫人热衷运动，他们喜欢猎杀任何会移动的动物。天鹅群岛提供了所有他们喜欢的猎物，因为那里的海洋中有很多大鱼：

> 大多数日子，一享用完早餐，威尔顿夫人和弗雷德里克就会前往海湾，花上一上午的时间来钓鱼，这对他们来说早就是例行公事。海湾中的水，就像是琴酒一样透彻，水深可能在18米以上，但是，明亮的热带阳光照亮了海下的仙境，所以，你很容易就能看到海底最小的物体，甚至是那些透过伪装、将身体的颜色模仿得跟周围的砂砾和珊瑚泥一样的动物。鱼儿游过海扇丛和摇曳的植物形动物，黑暗神秘的岩洞里外，和明亮的白色珊瑚沙绵延的地方，流动着五彩缤纷的颜色，就像是在另一个世界里上演着一场无声的庆典。[1]

珀西·洛在其书中一张泛黄的照片上，标注了他们的冒险结果："一个上午，威尔顿女士手钓捕鱼的成果。"[2] 相对于今天鱼的尺寸、数量和种类来说，那是一个屠杀的现场。至少有20条鱼被钓上游艇，没有一条小于男人的上臂，最大的是一条直到人的胸部那么高的巨鱼。全部都是石斑鱼，它们是礁区强有力的掠食者，仅次于鲨鱼。另一张照片呈现了一条一定比他旁边身穿白色制服的水手还要重的伊氏石斑鱼。今天在加勒比海，就算还有，也很少有地方能发现这么大群的鱼。然而，这样的景象对珀西·洛来说却是司空见惯，他几乎没有在他的书中评论这样的事情。实际上，在海湾里的珊瑚礁上方，还有更大的掠食者：

> 海里面看起来挤满了中型的鲨鱼，它们给我们带来了很大的困扰，因为它们一直跟游在船的四周并不断地想要靠近，我们必须用桨将它们阻止在一臂之外的距离。其中一条鲨鱼是那么友善地向我们靠近，但是直到水手长拎起船头横木，不断地拍打它的脑袋很多次后，这个大家伙才知道我们并不喜欢它一直靠得太近。[3]

每年冬季在加勒比海的短途旅行中，弗雷德里克爵士和威尔顿夫人都会在水上和水下杀死无数的动物。随着时间成为过去，事后回想起来，他们这种运动似乎是一种毫无意义的野蛮之举，但在当时那个年代，如果你既有钱又有闲，这的确是一种很合理的户外休闲活动。珀西·洛在他的书中，略带讽刺意味地写道：“献给劳拉·威尔顿伯爵夫人，感谢她对野生动物极佳的观察力和强烈的同情心。”[4]

在天鹅群岛，珀西·洛对水底生物的观察，只能透过一个系在船边、底部是玻璃的篮子进行。16年后，美国探险家威廉·毕比（William Beebe）不想再受限于此。在他的领导下，他组织了一个由纽约动物协会（New York Zoological Society）为主、前往海地的珊瑚礁花园的探险活动。毕比的装备包括一个沉重的不锈钢头盔，头盔前方有玻璃视窗，然后用软管输送由海面上打入的空气，就像是在太空漫步的太空人被拴在太空船上。因而毕比的潜水仅仅局限在船只下方的一个小范围内，在那个区域里，他漫步在珊瑚中，在一块石板上做笔记，记录海洋生物。那是一个丰富而神奇的世界，有着珊瑚形成的“城堡”，里面住满了雀鲷和如同仙子般的小鲈鱼：

在某次潜水活动中，我发现了一座奇妙而美丽的珊瑚城堡。我只能用一些空洞的文字来描述那里的景色，这个区域的轮廓就像是一座城堡，有城垛、塔楼。更让人惊奇的是，它还有一座惟妙惟肖的吊桥，这样的比喻是非常贴切的。更令人兴奋的是，城堡里面的居民，除了常见的光鳃雀鲷、蝴蝶鱼和虾虎，还有一整群精美的生灵，它们只有五厘米长。虽然这些鱼外表看起来很像光鳃雀鲷，但我们后来发现，它们实际上是身材娇小的鲈鱼，属于蓝纹鲈属。它们身体的前三分之二，包括头、颌、鳞和鳍，都是同样的深紫红色，然后，紫红色突然中断，接着的三分之一变成镉黄色。但是，这一切的详细描述，都在我们看到活生生的鱼的一刹那就被忘光了，我们看见一群鱼，就像是仙子般游出它们的珊瑚城堡时，感觉到了一种无法用言语描述的美丽。[5]

想要生活在这个仙境中很容易，因为这里的珊瑚非常丰富，这样的城堡和像这样的居民随处可见。在下一页中，毕比心中的那位收藏家开始浮现出来，他变得急切地想要拥有其中一种鱼：

我顺着绳子迅速上升，很快，一个看似无害、像是白色香肠的炸药棒就下降到接近巨大的火珊瑚洞穴。我们向旁边划了短短一段距离，拔起火药塞，然后，爆炸的震动就像是我们的船撞上了岩石一样……我再次下潜，在原本是珊瑚的地方，发现了一个巨大的圆锥体，就像是一块坚不可摧的云朵。[6]

毕比的探险基地是靠近首都太子港的一个同名的海湾，他发现的这座色彩艳丽、有着清澈海水和附满珊瑚的礁石，应该是自哥伦布1492年看见海地时就已存活的最大群落，当年这里被称为伊斯帕尼奥拉岛。毕比接着说道：

儒艮或海牛礁……是堡礁或是岸边的裙礁，与陆地平行，大约在我们的帆船西方6.5公里……那里的海扇和柳珊瑚，相对于珊瑚是次要的，那里的珊瑚是脑状的小丘，跟汽车一样大的麋鹿角状轴孔珊瑚森林有 3.6—4.5 米高……同孔珊瑚或是分支状的珊瑚则是圆柱形的，以一种奇怪的角度生长，像是有几噚深的白色灌木丛，浓密得无法穿透。在接近海平面时，它们的分支会变成扁平状，像是麋鹿角，也生长得比较不紧密。我曾不止一次蹑手蹑脚地冒险进入这些缠结的枝状珊瑚礁中，我将全身重量下压之前，会先试试看，并努力保持吸管不被卡住，或是我的裤裆不会被勾破。在比较开放的珊瑚礁区，不论发生什么事，随时都可以把头盔拔下，游上海面，但是这里的珊瑚礁纵横交错，像蜘蛛网一样，上方的珊瑚礁边缘像象牙般锋利，想要从中逃脱，就只能小心翼翼地选择路径，缓慢通行。[7]

毕比所说的同孔珊瑚，现在被称为轴孔珊瑚（*Acropora*），直到 1980 年代它们都是加勒比海地区最重要的造礁珊瑚。在其描述中，靠近海面的则是粗大分散、麋鹿角状轴孔珊瑚的生长形式，而在较深、较不受海浪影响的地方，则是生长着分支细致、浓密得像灌木丛般的雄鹿角状轴孔珊瑚。

如今太子港的珊瑚礁景象，跟毕比当时所看到的相比，其差异令人震惊：迷人的轴孔珊瑚森林早已消失；只有少量死去的珊瑚碎屑，仍然一堆堆地在那里滚动着，表明它们曾经存在过。潜水员看见零星的珊瑚被厚厚一层泥所包围，取代了这里原本清澈的海水、白色的沙滩和繁茂的珊瑚礁。小小的鱼鳍拍打着，扬起像云一般的红色和棕色沉积物，遮蔽了视线。到处都是长满海草的岩石堆，标记了毕比曾漫步其中的珊瑚礁城堡遗迹。偶尔也会有几条鱼游过来，打破单调的景象。有斑点的蜥鱼在底泥中向上盯着看，稀疏的雀鲷群停留在任何它们能找得到的珊瑚上，即便那还能称为珊瑚的话，也已是垂死的。

自从毕比造访以来，海地的珊瑚礁已经沦为岛上人口过剩和赤贫的牺牲品。人们砍掉山坡上的树木，结果引发了泥石流和大规模的侵蚀。数百万吨土壤都被冲入海湾，导致珊瑚窒息。使得本就糟糕的情形更加雪上加霜的是，一小船队的渔民早已地毯式地扫除了几乎所有的大型鱼类、龙虾和贝类。

有两种方法可以记录渔业所造成的影响：一种方法是找一个地方，随着时间变化来记录渔业行为增加时的捕获量改变，观察渔业对水下生物所造成的影响；另一种方法则是找到两个有着不同渔业活动强度的地方，来进行对比。加勒比海南部波奈岛（Bonaire）的状况，正好可以同时使用这两种方法来加以比较。我与同是海洋生物学家的妻子朱莉一道，曾在1993年首次拜访波奈岛。波奈岛的地势低矮崎岖，城镇就建在加勒比海很久以前曾经繁茂的珊瑚礁化石骨骸上。这些化石层层堆积，就像一层一层的蛋糕，按照顺序堆叠，地质学家用它来判定过去的海平面高度。最古老的化石层形成于10万年前，这些珊瑚的质地有很多都还是跟它们活着时一样易脆。在海平面上，尘土飞扬的米色悬崖直入海洋，接着，活珊瑚取代了化石。我们所发现的珊瑚礁都很美丽，在密集的指状珊瑚地毯上，高处和斜坡处镶嵌着巨大的脑状珊瑚，而羽毛状的海扇则在海流中摇曳生姿。珊瑚礁中挤满了鱼。看上去就像是一面墙的灰笛鲷群，一动不动地挂在伸展开来的麋鹿角状轴孔珊瑚上，用它们沉思中的黄色眼睛观察着珊瑚礁。午夜蓝的鹦哥鱼大胆地快速掠过我们的头顶，它们正在从浅水处向深处游动，并一边排出云状沙粒。成对的神仙鱼（又叫燕鱼）滑过，它们停下来浏览着海绵，其蓝色侧面上有一弯金色的新月。黑暗的洞穴中，在屈起的海扇叶片之间，与展开的石板状珊瑚的上方，有许多体型很大的石斑鱼，也有侧面是棋盘纹路、有着空洞目光的黑石斑，而背部呈现红色、肥美的黄鳍喙鲈则停在水中发呆。有时还会瞥见有着老虎条纹的拿骚石斑往深处游动。这里终于有了一些与红海相似的大型掠食性动物，不过，在其他我们潜过水的加勒比海区域中却都非常稀少。

波奈岛上的情况让我豁然开朗。海洋公园将整座岛包围起来，与我去过的其他地方相比，这里很少有人以捕鱼为业。于是我得出了这样的结论：这里应该就是健康、没有受到渔业干扰的加勒比海珊瑚礁应该有的样子。朱莉和我在接下来的五年里，不断在加勒比海周围，用计数的方式，观察鱼类族群数量和珊瑚礁在不同程度渔业压力下的状态。我们在数鱼时，也会估计这些鱼的长度并算出鱼的重量。我们在不同的岛屿间计算不同大小的鱼，因为几条小鱼的重量跟几条大鱼的重量是非常不一样的。结果令我们感到震惊，在有着最少渔业活动的波奈，和有着最多渔业活动的牙买加，所观察到的掠食性鱼类的总重量就有 90% 的落差。更令人担忧的是，食用海草的鱼类，其状况也是完全一样。牙买加珊瑚礁中的草食性鱼类，其重量只有波奈的十分之一。

用不着费力去寻找原因，就可知道为什么牙买加的鱼会这么少。当我专注地计算着游来游去、又小又神经质的鱼群时，曾不止一次惊讶地发现自己的目光停在了标枪的枪头上。那些轻巧地在水中浮潜的渔夫，在水深 15 米之内的地方来回挥舞着鱼枪，他们的腰带上系着一串鱼，最大的也不超过一个手掌大。还有好多陷阱散落在礁石上，鱼儿们很难避免不掉入其中。牙买加早就经历了很长时间的过度捕捞，以至于在岛上出现了一道很独特的名菜，用来克服没有鱼可吃的问题。那是用体型很小的鱼来煮"鱼茶"，也就是把整条鱼丢入锅中熬煮上几个小时，然后把骨头、鳞、鳍滤出，享受剩下来的富含蛋白质的美味高汤。

我和朱莉也绘制出了珊瑚礁中重要的商业性物种在不同岛屿间的重量变化。随着捕捞压力增加，物种开始依照体型大小，一个接着一个消失。最大的种类在这样的压力下首先屈服，接着就换上了体型较小的种类，开始逐渐遭受陷阱、网、钩和矛的猛烈攻击。波奈岛的博氏喙鲈、黄鳍喙鲈和虎喙鲈遭到首轮攻击之后，紧接着受到攻击的就是加勒比九棘鲈和金黄九棘鲈，这是两种加勒比海地区最小的石斑鱼。其他鱼类家族也是依循这样的模式，大型的巴西笛鲷和矮胖的白纹笛鲷将接力棒交给了银纹笛鲷，然后是娇小的八带笛鲷。紫鹦嘴鱼和虹彩鹦嘴鱼则交棒给体型较小的绿鹦鲷和皇后鹦嘴鱼，当它们消失后，又再交棒给更小的金缰鹦鲷和伊氏鹦嘴鱼。曾经数量众多的鱼，在加勒比海的珊瑚礁区，全部一起消失了。

一个物种承受渔业干扰的能力，取决于该物种的生命史与捕捞强度。生命短暂的物种很早就可以繁殖，但会在体型还很小、还很年轻时就死去。它们比较能够承受较高的捕捞强度，因为只要有足够的鱼、在足够长的时间中躲过被捕捞的命运，它们就能繁殖，让其物种族群维持一定数量。但是，体型越大、繁殖期越晚、寿命越长的物种族群，则是越来越难维持。对它们来说，随着捕捞强度增加，能够活到可以繁殖下一代的数量急速下降。大胆的掠食者，像石斑鱼，一直要到 7 岁、40 厘米长，才达到性成熟，因此，即使在捕捞强度低的地方，它们也很容易在成熟前就被捕捉，所以一旦渔捞强度增加，体型大又显眼的鱼就会最先消失。

在初次造访那里十年后，我又回到了波奈。由于长时间研究渔业，让我迫不及待地想要回到水里看看那里"健康"的珊瑚礁。但是，这里的珊瑚礁却也是令人沮丧地空空如也。过了一个小时后，我才像是受到了奖励一样，瞥见远远的深处有一条石斑鱼。回到那里的第一天，我浮潜了数公里，寻找记忆中丰盛的鱼群。一个星期过去了，我潜入更多的珊瑚礁区，并回到了我最喜欢的潜点，我终于了解到：波奈将会渐渐失去石斑鱼。相较于 1993 年，我所看到的石斑鱼只有当时的十分之一或十分之二。有一天，我与老船长唐·斯图尔特（Don Stewart）聊天，他住在这里已有很长一段时间，同时，他也是第一批在岛上设立潜水度假区的人之一。他给我讲了一个故事，让我重新思考自己对这座岛周边鱼类的认识。

1940、1950 年代很著名的奥地利潜水员汉斯·哈斯（Hans Hass），曾在 1939 年来到波奈岛，那是他的首次珊瑚礁之旅。他在《潜水探险》（*Diving to Adventure*）[8] 一书中，描述了他到那里既射鱼也"摄鱼"。但是，他用鱼叉的时间远多于用相机。他和两位朋友有计划地在波奈岛和临近的库拉索岛周围打鱼。小的鱼都很安全，因为他们不抓。至于笛鲷、梭鱼、河豚、鳞鲀、虹鱼、护士鲨和鹦哥鱼，都在珊瑚礁区中受到他们的鱼叉戳、刺、钉等诸般攻击。他们每天会在水中花上 6—8 个小时，哈斯偷偷把鱼卖给当地餐厅，以维持他们在当地的生活。在其鱼枪攻击下的众多种类的鱼中，石斑鱼最受青睐：

> 我跟着神仙鱼的方向游向岸边，不顾一切地向前游，直到它把我领到一处浅礁，然后，我看到一个巨大的鱼头，头上突出的眼睛，正从珊瑚礁间向外张望。那一定是一条超过 16 公斤重的石斑鱼。这个家伙跑到这么浅的水域做什么？在我好奇的同时，我下潜并靠近它，拿鱼叉刺它。但是，它马上就发现了，瞬间就将铁制的矛连同绑着矛的绳子一同折断，一边流着血，一边从我身边快速冲出，消失在珊瑚礁中。
>
> 我呼叫约尔格（Joerg）和阿尔弗雷德（Alfred）过来一起打鱼。我

们没有发现刚才那条鱼，但却确实发现了一些也很大的石斑鱼。有一条试图逃往深处，但约尔格在它后面紧追不放，它是第一条被抓到的。[9]

读过了他的书之后，我这才知道自己与哈斯所体验到的波奈岛珊瑚礁完全不同。我第一次造访时，看到那些有很多大型石斑鱼出没的地方，只是这个岛的一小部分。当哈斯在那里的时候，珊瑚礁的每个角落都有石斑鱼停留。就连加勒比海区最大的伊氏石斑鱼那里也有，而哈斯则热衷于杀死这些大型鱼类：

> 我在深水区遇到了一条体型大到我一个人明显无法带上岸的鲈鱼，我不知道是什么原因驱使我刺向它，它的力量如此强大，立刻就在我的眼前把矛折成两段，然后把我拖着下潜，就像是小孩被绳子拖着。随着奇怪的放弃念头闪现心底，我回想起了在德拉门（Drammond）遇上的类似情况，那时我曾被一条巨大的石斑鱼拖行，但我并未松手，我毫无胜算地抵抗着强大的拉力。一直到我觉得自己快要昏过去了，这才终于用刀把绳子割断。[10]

哈斯也发现那里有很多比石斑鱼还大的掠食者：

> 翻看我到库拉索岛探险前十天的日记，就会发现，几乎每一页上都提到了与鲨鱼相遇。一开始是详细介绍，然后就只是些简短的记录，但是，鲨鱼一直都在那里。它们从远处通过，或是在我们周围盘旋，或是毫无预警地从珊瑚礁中窜出。① [11]

相较之下，1993 年我在波奈岛持续一个月潜水数鱼的日子中，只瞥见过两次鲨鱼。

唐·斯图尔特指责哈斯独自一人就消灭了波奈岛的伊氏石斑鱼。但指责

---

① 哈斯在这次探险中到了库拉索岛，但这段摘录也描述了他在波奈岛时的见闻。

哈斯这样的人是造成这些石斑鱼灭亡的凶手，是不尽公平的。波奈岛就像其他岛屿的珊瑚礁一样濒临死亡，造成这样的原因是无数次不断的干扰。自从第二次世界大战以来，哈斯灭绝石斑鱼的工作，已慢慢被岛上的居民和游客逐步完成。1970年代初期，原本数量很多的拿骚石斑鱼不见了。进入1980年代之后，略小的革鳞鲪（marbled groupers）也不见了。在我第一次和第二次造访期间，一连串的减少，使得石斑鱼最后变得非常稀少，波奈岛的石斑鱼是一连串过渔的受害者。最大、最脆弱却又最有价值的物种，最先被当成目标，当它们变得稀少，目标就会转移到下一个受欢迎的物种，然后又是下一个，一直到最后，只有最具韧性的物种才能留存下来。在最极端的情况下，一连串的过渔，造成海里只剩下又小又没有什么价值、只能拿来做成牙买加鱼汤的鱼。

　　时至今日，几乎整个加勒比海都只空留珊瑚礁鬼城，虽然其整体结构摇

1950年间，在佛罗里达岛链附近的墨西哥洋流区中，一艘游艇一天之内所抓到的渔获，其中包括几条重达140—230公斤的伊氏石斑鱼。（图片来源：当代明信片）

摇欲坠，但在大多数地方，它们的轮廓依然存在。不过，大型鱼类、海龟、海牛和僧海豹，这些曾经挤满这一栖息地的生物，却是全都消失了。当然，如果你很认真地找，仍然可以找到伊氏石斑鱼或海牛，但它们的分布范围早已缩减到少数几个散落在这一区域的角落。在少数一些地方，例如开曼群岛、特克斯与凯科斯群岛（Turks and Caicos）和巴哈马等地，你仍然可以想象自己置身于过去的加勒比海中，但这些地方其实是广大贫瘠区域中少数的例外。失去这些巨型动物所造成的伤害，已经到了影响珊瑚礁本身的地步。例如，绿蠵龟曾经是啃食海草的主要动物，当有上千万的绿蠵龟在海底下的草原上大口嚼食海草时，草原几乎像是被耕犁过一样。丹皮尔在其 1697 年出版的《新环游世界》一书中是这样描述海草的："绿蠵龟生活在海洋中的草原上，深度介于 5.5—11 米……与海牛草（Manatee-grass）细小的叶片不同，这种海草有 0.6 厘米宽，15 厘米长。"[12]

不论海牛草还是海龟草，如今都比丹皮尔的记录中还要繁茂，因为它们几乎没有被啃食。现在，彼此纠结蔓生成厚厚一片的海草，取代了叶片几乎被啃食得一干二净的草原。由于这样叠在一起，导致叶片从末端开始腐烂，并且很容易感染真菌而生病，像在南佛罗里达和佛罗里达岛链之间的海湾里的大面积海草，都因污水等污染物助长病原体，致使海草染上流行病而死去。

为了发展农业而砍伐地表植物，其所造成的问题及对珊瑚礁的影响，已经升级为全球问题。哥伦布发现加勒比海岛屿之初，它们都被浓密的森林所覆盖。"上千种形状，每种都很美丽，"他写道，"所有的岛都可以让我们靠岸，而且都长满了上千种不同的高大树木，它们似乎都要伸展到天上去了。"[13]

在接下来的几个世纪中，这些岛屿上的植被，一开始被砍伐是为了要种植制作莱姆酒的甘蔗，然后是种植香蕉，再后来则是为了发展旅游业。现在，整个区域的珊瑚礁就跟海地的一样，都被像云一样的沉积物所覆盖，遮住了阳光，并且让珊瑚虫快要喘不过气来。径流携带着污水和化肥流入大海，不但导致疾病蔓延，也让藻类取代了珊瑚。而且，并非只有海草遇到了疾病问题，在疾病席卷加勒比海之后，珊瑚和其他有机体也都被击倒了。毕比曾在海地攀附过的厚实的雄鹿角状和麋鹿角状轴孔珊瑚，已在 1980 年代死于疾病。短短几年间，覆盖面积就下降了超过 95%。在许多地方，仅剩的珊瑚区块也在慢慢死去中，无法恢复昔日的荣景。科学家在活珊瑚下方钻出沉积物，以了解像波奈地区的珊瑚礁化石的组成。他们发现，加勒比海的珊瑚在这个区域中的主要地位，数百万年来都没有改变。而今珊瑚族群的崩坏则是前所未有的。这两个品种的珊瑚曾经都很丰富，但是现在却都已被列入美国濒危物种名单。

在这两种加勒比海地区的轴孔珊瑚受到冲击前不久，另一种加勒比海地区的特有物种就先被疾病击倒了。1980 年代中期，疾病消灭了 99% 的安第列斯冠海胆。正常情况下，珊瑚虫能够在珊瑚礁上生长，主要是因为生长快速的藻类会被鱼或海胆之类的草食性动物吃掉。随着海胆消失，只剩下鱼类来进行清除藻类的工作；但是，这样的速度实在是太慢了，特别是在过度捕捞、鱼类所剩无几的地方。从那时候开始，藻类逐渐接管了加勒比海地区，有些地方的珊瑚礁被飓风破坏后，就像爆炸般，瞬间就会发生巨大的改变。整个地区的活珊瑚覆盖区域仅剩下约 10%，与此相比，1970 年时，这里还有 50%-60% 的覆盖率。牙买加北部海岸沿岸和海地的海湾，现在由藻类覆盖的小丘，曾经都竖立着珊瑚。对潜水界的前辈们来说，如今的珊瑚礁已是面目全非。

第一批来到加勒比海的自由潜水和水肺潜水爱好者，其目的是为了捕鱼，这里面包括后来转变成热心的生态环境保护者汉斯·哈斯和雅克·库斯托（Jacques Cousteau）。也许，他们当时也曾认为自己所发现的丰富生命似乎是取之不尽的，就像 19 世纪的科学家赫胥黎认为渔业是富饶的一样。然而，在看到所爱之处的生命逐渐凋零之后，他们改变了自己的想法。最先发现渔业对海洋造成巨大冲击的人正是那些在珊瑚礁区工作的人，这并不是巧合。在人类历史上的大部分时间中，渔民们在水面上进行贸易，对于海底下究竟发生了什么事情，只能用他们抓到的、或是没有抓到的东西来判断。渔获量出现下降，往往被归咎于鱼都游到别的地方去了，而不是过渔。自从有了水肺潜水，可以进行水下探险之后，科学家们已经可以直接见证他们研究区域中物种族群减少的现象。而渔业也将不得不承认，是它造成了海洋生态恶化的影响。

18 第十八章
变动的基线

　　赞恩·葛雷（Zane Grey）对 19 世纪美国边疆生活的描述，在 20 世纪初期大受欢迎，使得大家昔日记忆中西部开发的艰困和粗糙的执法，随着时间远离而增添了几丝浪漫的幻想。1920 年代的葛雷是一个有钱人，他热衷于钓鱼，并以此作为他的休闲活动。1925 年，他造访了被称为"科尔特斯海"的加利福尼亚湾，当时很少有人在那里进行娱乐性垂钓，娱乐性垂钓运动在当时还只是刚刚起步。他和同伴驾驶着"渔人号"（Fisherman）游艇，在东太平洋附近海域的可可斯岛、加拉帕戈斯群岛、墨西哥沿岸，以及加利福尼亚湾南部，进行了一次短暂的旅程，享受着不同于以往的经验，在满满都是鱼类的海域中钓鱼（葛雷因其一年 365 天中有 300 天都在钓鱼而闻名）。海水伴随着巨大的鱼一起翻腾，相较于葛雷三个月来疯狂血腥的捕捞活动，他那些引人入胜的西部故事，看起来反而显得平淡无奇。他们捕获了巨大的马林鱼、剑鱼、旗鱼、巨大的鲔鱼、棘鳍、海豚、石斑鱼，以及无数的其他鱼种。在他出版的《在处女海域抓鱼的故事》（*Tales of Fishing Virgin Seas*）中 [1]，他回忆起自己的探险。就像之前来到这个区域的访客所经历的一样，鲨鱼会在渔获还未来得及被他拉上船之前就张开大嘴猛力吞咬，或者是吃掉用来垂钓目标渔获的饵料，干扰他抓鱼：

一段时间后，我用完了我的饵料，虽然仍然有各式各样的假饵，但就是没有活鱼当饵。不过，我所遇到的最大问题是那些多到我都懒得去数的鲨鱼。我的鱼钩钓到了鲔鱼、长鳍鲔、海豚、黄尾鲕和其他我叫不出名字的鱼。但是，我也有过好几次惨痛的经历——我自以为可以智胜鲨鱼而抓到鱼，我使尽力气，并用肿胀的眼睛，俯瞰清澈的水下（在可可斯岛），我可以看到我的鱼和其他的鱼，全部都被淡灰绿色的怪兽阴影遮盖。光影时明时暗，鲨鱼群不断变换队形，时而接近，时而远离，时而冲刺，然后，同样不可避免的悲剧就发生了。这片处女海域密密麻麻到处都是鱼，在这一天中，我很少看到重量在90斤以下的鱼。海豚和黄尾鲕是我所见过体型最大的，比我所能想象的还大。我心想，要是能把这些鱼都带回家，那该有多好！[2]

葛雷热爱自然，他也用生动的文字描绘了这个区域的美丽和壮阔。就像欣赏风景一样，他也欣赏鱼。在下面这段文字中，他就描述了一条跟他在海面上交战的巨大鲔鱼：

这条鲔鱼的重量应在90多斤，当它躺在甲板上时，我怀疑自己从未见过比它更好看的鱼。它的身体以金色、银色和紫色为主，还混合着许多其他的色调。就像我们抓到的其他鱼一样，我特别留意到它那又大又美丽的黑色眼睛，不由得让我想起了佛罗里达海鲢的眼睛。它的另一个显著特点是，沿着身体两侧到尾部，有着斑驳的青铜斑纹。这条鱼的外表看起来似乎是多变的，有着不规则的斑斓的点状和条状光泽，不断颤动、变化，聚集又消逝。[3]

就像那个时代的许多"运动员"一样，葛雷对野生动物之美的欣赏，与捕捉并杀死他所遇见动物的冲动，两者密不可分。这种狩猎的狂热，甚至扩展到他和他的同伴使用任何可用的工具，来捕捉那些就算抓到了也没有什么用处的动物。在下加利福尼亚最南端的圣卢卡斯海角（Cabo San Lucas），葛雷遇

到了一大群鲸鱼，可能是伪虎鲸：[①]

> 有一天下午，一群布满海洋的巨大黑鱼，从我们的西边游了过来。在我们眼力所及的地方到处都是，这些鱼又大又黑，有着扁平鼻子和黑色钩状鱼鳍，它们穿过蓝色水面。一开始，我们追逐着它们，拍拍照就满足了。但是，当我们发现它们在追鲔鱼，我们想起了它们是海中之狼，而且根据鱼类学家的说法，它们应该被消灭，于是我们就拿出了来复枪……我浪费了很多子弹，但却对它们没有造成任何伤害，因为在颠簸的船上很难射得准。最后，我终于打中了一头巨大而丑陋的野兽，不过我马上就后悔了，因为它向上抬起它那约有七米长的黑色身体，并朝我们的方向扑来。不管它是有意还是无意，它的确是一头凶猛的怪物，它可以用它那像重槌般的头重击，并把我们的船压扁，或是用它那宽大的尾鳍把我们粉碎。我快速地连续朝它开了两次枪，可以清楚地听到两颗子弹射中它的声音。然后，它纵身一跃。真是一头可怕的生物！[4]

后来，在他看到离鲸鱼不远的地方，葛雷和他的伙伴又遇上一头 15—18 米长的鲸鲨，慵懒地在海面上一边游动，一边吃着浮游生物。同样的，杀死它的冲动超越了正常反应，在还没有想到杀它的理由之前，他们就把一个鱼钩钩在鲸鲨的尾巴上。他们就这样被无视他们存在的鲸鲨拖着乱跑，度过了毫无收获的一天。最终，这头巨大的生物向下深潜，逃离了鱼钩和 500 米长的绳子。

赞恩·葛雷并不是唯一以运动之名、行洗劫大西洋海岸大型生物之实的人。大约在同一时间，另一个"无所畏惧"的娱乐性垂钓手米歇尔·赫奇斯（Mitchell Hedges）和他的同伴（一位富有的英国女士），也在其《与巨鱼的战争》（*Battles with Giant Fish*）一书中讲述了他们的探险。像珀西·洛一样，赫奇斯也将这本书献给他的赞助人——里士满·布朗女士（Lady Richmond

---

① 葛雷提到黑鱼是"鲸鱼杀手"，应该是在说杀人鲸，不过，他描述的鱼群数量超过一般杀人鲸群，而且它们的外观应该更像是伪虎鲸（*Pseudorca crassidens*, false killer whale）。

Brown)："一位好得要命的运动员，若不是她的启发和帮助（毫无疑问还有金钱），这些'战争'连开打的机会都没有。"他接着说："在原始的荒野，一个人身上最好或最坏的一面都会展现出来。"[5]赫奇斯有着大英帝国典型的蛮勇，在这本书的引言中，他展示了他的勇气：

　　娱乐性狩猎近年来失去了它对人们的吸引力，主要是由于现代化武器不分青红皂白地被用来屠杀动物，而且这项运动只局限于那些很幸运的有钱人。从海洋中抓起巨大的怪兽的娱乐性垂钓仍在起步阶段。它伴随着刺激和危险，一定会受到所有运动爱好者的欢迎，而且大家也不用为在海上驾驭这些海洋生物而感到良心不安，因为陆地上没有任何一种动物，会比海洋中的动物更野蛮、更残酷，像虎鲨就是其中的一个例子。[6]

　　赫奇斯对于跟巨鱼作战这件事非常认真，书中一页又一页的照片，都是他咬着烟斗，抓着巨大的魟鱼；从水面上拖起巨大的笛鲷；打开鲨鱼的下巴；取出锯鳐（锯鳐）的内脏，以及用铰链把海豚拉到游艇上。只要是大型动物就都会被抓，而大型动物则非常多。吊在树上的鲼，比一个男人还要高，重达200公斤；一排无声的鳄鱼，呈现死亡之姿，它们的下颚被棒子撑开；一堆鲨鱼被摊在沙滩上，它们的总重量超过3吨。毫无疑问，其中体型最大的就是在巴拿马湾捕获的锯鳐，布朗女士也与它拍了一张合照，这条大鱼身长9.5米，重达2590公斤。在把它切开后，赫奇斯发现了36条幼鳐，每一条都舞动着小锯嘴，跟它们的母亲长得一模一样。尽管赫奇斯虚张声势，其实他对海里的鱼是很害怕的：

　　我从来没有下过这片水域，因为梭鱼、鲨鱼、魟鱼、叮人的海藻和其他生物都生活在这里，我总觉得经过谨慎考虑的勇气才是真正的勇气，尽管美丽清澈的海水让人难以抗拒。[7]

1920 年，在塔沃吉拉岛（Taboguilla Island），米歇尔·赫奇斯和布朗女士，以及大量被捕获的鲨鱼。那一天，他们三个人捕获了三吨重的鲨鱼。图片来源：Hedges, F. A. M. (1923) *Battles with Giant Fish*. Duckworth, London.

　　看到这些浑身热得难受的渔人，置身于如此广阔而清凉的海水中，却因害怕而不敢下水，真是一件非常有趣的事情！

　　赞恩·葛雷的经历和他的书，鼓舞了很多人前去加利福尼亚湾探险，去猎捕躲藏在那里的巨鱼。狭长的加利福尼亚湾，长约 1000 公里，像手指一样伸入太平洋，把墨西哥西岸沙漠大陆跟沙漠半岛分割开来。17 世纪时，耶稣会人士定居在下加利福尼亚半岛南端，而这里也是包括威廉·丹皮尔等在内的海盗频繁出没之地。18、19 世纪时，半岛的周围是捕鲸的区域，其他鱼类则多半被置之不理。环绕加利福尼亚湾的荒凉沙漠区域，只能发展出很小的聚落，这些聚落的人对鱼类数量几乎没有影响。当鲸鱼在 19 世纪末期被捕捞一空后，这个区域就没落了，直到 1920 年代后期和 1930 年代才又开始慢慢复苏。

　　众多被下加利福尼亚的鱼所吸引而来的娱乐性垂钓手之一——格里芬·班克罗夫特（Griffing Bancroft），在 1932 年写下了下面这段文字：

　　数量多到难以想象的 [石斑鱼]，在沿岸和小岛边觅食。如果以 6.5 公里的时速，在合适的底床上拖动假饵，一定能够抓到鱼，唯一可赌的只有鱼的种类和尺寸而已。"一小时抓一吨"的口号，经常会被超越。[8]

　　另一位热衷于这项运动的娱乐性垂钓好手雷·坎农（Ray Cannon），曾是一位默片演员，后来则当过好莱坞电影导演，50 岁时，他抛开了好莱坞的压力，成为《西部户外新闻》（*Western Outdoor News*）的特派员。他接受的第一项任务就把他带到了下加利福尼亚，就此也展开了他后半生与这个地区之间的恋情。

　　最早吸引他注意的鱼是麦氏托头石首鱼。它是"叫姑鱼"的一种①，之所以会这么叫，是因为当雄鱼抽动发出声波的肌肉，使得充满空气的鱼鳔产生共鸣，就会发出像打鼓或"呼噜"的声音，尤其是在产卵季节。它们在沿海浅水区产卵，也有很多会进入河口繁殖。麦氏托头石首鱼以它们的尺寸和数量著名，最大可以超过 2 米长，体重超过 150 公斤。虽然这些动物向来都是独来独往，但却仍然吸引了大家的注意力。它们的数量曾经达到成千上万。冬季时，麦氏托头石首鱼居住在加利福尼亚湾中央；到了春天，由于古老的冲动，它们会成群结队地游向岸边。庞大的鱼群向北游入海湾的两侧，在科罗拉多河三角洲大规模产卵。

　　从 1920 年代开始，麦氏托头石首鱼成为加利福尼亚湾首次大规模商业捕鱼的主要鱼种。鱼群是如此丰富，当它们通过沿岸时，人们只要涉水入海，就可以用手或干草叉把鱼拖上岸。坎农描述了他在 1956 年目睹的产卵盛况：

　　　　一群麦氏托头石首鱼，一大群，就像是一支军队，不对，你必须用千吨来计算它们。当"那件事"发生的时候，我们正从蒂布龙岛（Tiburón Island）的钓鱼活动中回航，航向潘纳斯科港。那件事的经验，提供了足够我们下半辈子退想的材料："科尔特斯海"的海面非常平静，

---

① 石首鱼科中，中国人比较熟悉的有黄鱼、鮸鱼等。——译注

我们突然发现大约八公里的海水扰动，就像火山喷发了一样。真的很有可能是火山爆发，因为这里附近的山区都是由于火山作用抬升的。我们原先以为是地震或是涌潮，或者是其他现象。但当我们看到水面上出现约 30 厘米长的鱼尾，那些想法很快就被推翻了。然后，我们看到轮廓清晰、大约 1.8 米长的鱼，墨西哥当地船长快速地将我们这艘改造的鲔鱼船朝反方向驶出。速度之快，害得厨师从厨房直接滑出到船尾，手上还拿着一篮子他正在剥壳的虾子。[9]

具有讽刺意味的是，在 1920、1930 年代，麦氏托头石首鱼只有鱼鳔被使用①，它们会被送到加州和亚洲，用来增加中式浓汤的浓稠度。剩下的鱼体则被高高堆起，任由腐烂，或是作为肥料。1940、1950 年代，旅游业开始起步，道路逐渐从加利福尼亚延伸到下加利福尼亚半岛。有生意头脑的美国人，很快就从北方把冰运过来，然后用卡车把麦氏托头石首鱼载走，把它们当成海鲈卖到加州。这里的渔业由此开始蓬勃发展。

雷・坎农的文章造成垂钓者来此钓鱼的流行，但是这一热潮并未维持很长时间。由于麦氏托头石首鱼沿着海岸迁移，所以面对人类的捕捞，它们的抵抗力非常脆弱。1960 年代，商业捕鱼的渔民利用它们的这种行为，在其迁徙路线上设下道道刺网。1965 年时，坎农发表了一篇禁止使用刺网的公开声明：

> 曾经数量庞大的迁徙鱼群，由于它们那与众不同的繁殖行为，已经变得非常稀少，现在很可能已经减少到它们无法繁殖出足以维持族群数量的鱼。这种巨大的叫姑鱼，曾经吸引了一万多人在复活节周末来到圣菲利浦（San Felipe），除非我们开始采取行动，断然制止使用刺网，否则就会无法再吸引任何来访的垂钓者。[10]

但是，在这之后，并没见当地政府采取任何行动；接下来的十年，这里

---

①　制成花胶 (即鱼肚)。

的渔业彻底崩溃。到了 1980 年代，麦氏托头石首鱼已经非常罕见，而被列为
濒危物种。今天偶然可以看到的大都是幼鱼和仅有十斤重的小鱼，与昔日的巨
鱼相形见绌。

麦氏托头石首鱼的生态很快就被压垮了，不仅仅是由于渔业过度捕捞，
也是由于它们在科罗拉多三角洲大量失去产卵和繁殖的区域。科罗拉多河曾经
把洛矶山脉大量融雪所形成的洪流带入加利福尼亚湾。环境作家奥尔多·利奥
波德（Aldo Leopold）在《沙乡年鉴》中描述过那未受污染的美：

> 别再次回访荒野是明智的：如果有更金黄的百合，那一定是有人把
> 它镀上去的。再次拜访，不但糟蹋了旅程，也让回忆失去了光泽，那曾
> 经美好的冒险，会在心里永远明亮。因此，打从 1922 年我和哥哥在科
> 罗拉多三角洲划独木舟探险，在那之后，我就再也没有回去过了……
>
> 当阳光偷偷地越过马德雷山脉，山脉的阴影斜映在 160 公里美好的
> 荒野上，荒野就像一个平坦的碗，边缘是崎岖的山峰。在地图上，三角
> 洲被河流一分为二，但事实上，河在哪儿都不存在，却也是无所不在，
> 因为无法确定在 100 多个绿色潟湖中，哪一个可以提供最愉快又最缓慢
> 的路径让它流向海湾。所以，它前往每一个潟湖，我们也一样。河流不
> 断分开又汇聚，不断蜿蜒和转弯，它在令人惊叹的丛林中漫步；它绕着
> 圈圈；它与树木嬉戏；它虽然迷路了，却很开心，而我们也是一样。让
> 我再多说一句，去和一条不愿在海里失去自由的河流一起旅行吧……
>
> 我猜想，静止的水域因为有藻类，所以有着深翠绿色的色调，但是，
> 即使没有藻类也是一样绿。牧豆树和柳树所形成的翠围墙，把远方充满
> 棘刺的沙漠隔开。在每一个弯道，我们看到白鹭站在池塘中，每一个白
> 色的雕像，都和它白色的倒影相配；鸬鹚排着队伍飞掠过小米田，用它
> 们黑色的头探寻着小米；反嘴鹬、白羽鹬和黄足鹬，单脚站在岸边打着
> 瞌睡；绿头鸭、野鸭和水鸭警觉地飞向天空。当这些鸟飞上空中，它们
> 会在前方聚集成一小片云，然后再停栖，或是回到我们的后方分散开来。
> 一整队的白鹭停在远方的绿柳树上，看起来像是快要形成的暴风雪。[11]

　　利奥波德将三角洲描述为"流着奶与蜜的荒野"，但是这样的天堂却从1930 年代开始枯萎。一连串的水坝挡住了洪水，因为灌溉的需要，水被抽到亚利桑那州和新墨西哥州去灌溉旱地作物。胡佛（Hoover）和格兰峡谷（Glen Canyon）两个最大的水坝，分别在 1936 年和 1963 年完工。生命所需的淡水被抢走了，三角洲也开始盐化了，令利奥波德感到惊艳的绿色潟湖，要么是干掉，要么就是被结晶的灰白盐分所覆盖，因而被污染了。三角洲泥泞的水道曾经提供了无数的蛤蜊栖息地，河流注入海中，为数千平方公里的海洋带来养分，如今存活下来的蛤蜊已经很少，它们仅留下空壳，沉默地见证曾经丰富的过去。科学家用三角洲中的沉积物来比较千年来贝类动物的族群数量，然后估计现今的大型贝类产量要比水坝兴建之前少了 6%。[12] 曾经成群飞过、能够遮蔽阳光的候鸟，也已经和河流一道消失了。

　　数十种鱼类和贝类，跟麦氏托头石首鱼一样，在科罗拉多河口寻求产卵的地方。现在，它们产卵的地方，不再是可以让幼小生物顺利长大、肥沃且可以保护它们的环境，而是荒凉、上游没有河流连接的湾区北部。今天，这个三角洲被称为"反向河口"（reverse estuary），因为它的盐度越往内陆，不是越低而是越高 [13]。而且，在这里繁殖的物种，和少数仍在这里产卵的麦氏托头石首鱼，若想成功地存活到成熟期，还得躲过拖网的捕捞。当一队工业捕虾拖网船扫过加利福尼亚湾北侧的浅滩泥地，它们同时也耙过这些生物的孵育区；这些很细的网目，让幼鱼几乎没有机会逃走。1940 年，约翰·斯坦贝克（John Steinbeck）在其著作《来自科尔特斯海的记录》（*The Log from the Sea of Cortez*）中，描述了他与生物学家爱德华·里基茨（Edward Ricketts）一起在加利福尼亚湾航行时所见到的虾拖网船在此进行掠夺的行为：

　　　　包括母船在内，12 艘船组成一队，它们进行非常系统化的工作，不仅仅是从海底抓起每一只虾，同时也抓起所有活着的生物。它们拖着重叠的拖网，依梯队慢慢地巡航，几乎把所有的东西都从海底刮起。任何能逃走的生物，动作都必须非常快，否则就连鲨鱼都逃不掉。用大的刮板组成的拖网，拉起来就像是一个大袋子，当它把无数的生物捞起，丢到甲板上时，数以吨计的虾和不同种类的鱼混杂在一起，如马鲛、多种鲹鱼、星鲨和双髻鲨等鲨鱼、鳐、燕魟、小的鲔鱼、鲶鱼、很多很多的鳞鲀，也有海床底层的其他生物，例如海葵和长得像草的柳珊瑚……抓上岸的鱼被丢回海里，只有虾子被留下来。被弃置在海中的鱼几乎都濒临死亡，只有少数能再恢复活力。海鸥蜂拥而至，争食这些鱼。把这么多好食物就这样白白浪费掉，真是让人心疼！ [14]

只要渔业仍在密集使用刺网，麦氏托头石首鱼就将永远无法恢复其族群数量。刺网现在仍然设置在加利福尼亚湾北部海域，捕捉像吉氏毛突石首鱼等其他鱼类。这种渔网也会捕抓到加利福尼亚湾鼠海豚，并害得它们被淹死。而这种海豚仅在北加利福尼亚湾中被发现，非常稀有，就是在全世界范围也只剩下几百条，捕捞已经使得它们变成世界上最濒危的海洋哺乳类动物之一。

加利福尼亚湾的海洋生物丰富得令人难以置信，尤其是在坎农所称的"腰区"（Midriff）——位于加利福尼亚湾上方三分之二的部分，也是湾内较狭窄的地方。那里的两个大岛：蒂布龙岛和拉瓜尔达天使岛（Ángel de la Guarda，天使守护者之岛），使得海湾变得更为狭窄。潮差从湾区南方往北增加，海湾腰区的潮汐落差相当大，可以超过五米。[15] 潮水涨落之际，会将大量的水推入岛屿和沿岸间的狭窄通道，在海流的下缘处产生漩涡，在上缘处则产生涌升流。在大潮期间，所释放的能量相当巨大，涌升流的能量几乎像爆炸般被释放，让海水像沸腾似的喷出水面 1—3 米。

潮汐运动就像是一个有节奏的泵。从深海盆地靠近岛屿的地方吸收营养丰富的冷水，经过海水表层充分扰动后，使得海面富含养分，也让浮游生物大量生长，浮游生物又吸引来自数百甚至数千公里外的鱼过来觅食和产卵。坎农这么写道：

用"群"这个字远远无法描述在这些岛屿附近游动的、有着极大数量的鱼，当它们在整个海平面上从四面八方不断扰动的时候，它们必须被视为是一大群，或一整队军队，或者是像云一般。

18 世纪加利福尼亚湾土著与疑似加利福尼亚湾鼠海豚。它们是现今世界上最濒危的海豚之一，只剩下几百条。图片来源: Shelvocke, G. (1726) *A Voyage Round the World*. Cassell and Company Ltd, London, 1928.

每年春天，当长达 16 公里的黄尾鲕鱼群洄游至此，初遇从海底深处涌升上来的冰凉海水时，就会在海湾腰区的南缘，触发这一庞大得让人望而生畏的"鱼群堆叠"。像沙丁鱼和鳀鱼这些类似鲱鱼的鱼类，喜欢凉爽的温度和丰富的食物供给，在这个时候，它们会生产出几乎使海水饱和的数量。饥饿的黄尾鲕突然间快速游入这如同丰美草原般的区域，忘了应有的礼貌，开始像强有力的割草机一样收割牧草。它们彼此竞争，变得非常贪吃，狼吞虎咽后一个劲地呕吐，然后接着狼吞虎咽。

数以千计的海鸟，也随之而来参加盛宴，它们刺耳的鸣叫声，就像在广播，召集更多在远近岛屿栖息的鸟类加入进来。海狮们也获得通知，横冲直撞而来，同时发出消息。所有吃鱼的肉食性动物都以它们自己的方式，"发电报"邀请自己的伙伴一起加入这场狂欢。在这场屠杀狂热中，它们疯狂加入，把所有比自己小的东西都吞下去，遇到比自己大的，就将其开膛破肚或去头，甚至是自己的同类也一样。[16]

有数十种大型海洋鱼类都会来到加利福尼亚湾进行繁殖。坎农有好几次都描述到海湾腰区数量庞大的多种剑旗鱼（旗鱼、剑鱼和马林鱼）。曾经有一次，他宣称，在墨西哥大陆瓜伊马斯（Guaymas）附近方圆 32 公里内的每 900 平方米，都可以看到 4 条剑旗鱼，这样算下来，这个区域总共有约 15 万条剑旗鱼。然而，像雷·坎农和赞恩·葛雷一样在 1920、1930 年代来这里钓鱼的人，并未能拥有这样一个丰富的渔场太长时间。1940 年代，沙丁鱼渔业崩坏，围网的使用开始从太平洋沿岸向南移动，接下来是延绳钓，主要捕捉对象一开始是旗鱼和马林鱼，现在也开始针对那些曾经数量多到让早期来到这里的旅行者印象深刻的鲨鱼。工业捕鱼的冲击，夺走了海湾地区最壮观的野生动物景象，渔民近年来为了维持捕获量，甚至也开始捕捞前口辐鲼（Manta rays）。对于这种鱼，人们曾经只是赞叹其巨大及在水下之优雅而并不捕捞它们。为海湾地区带来名声的丰富动物正在相继消失，在两次世界大战之间，坎农与其他人曾经见过的、在海湾腰区跳动的庞大鱼群，也已不复存在了。

在沿海地区，驾着独木舟和小艇[1]来捕鱼的传统技能性渔民，亲眼见到曾经提供他们财富的海洋，在过去几十年间，如何一步步地走向衰败；他们曾经抓起的大鱼，现在已经很少能再发现了。墨西哥保护组织[2]的安德丽亚·萨恩斯－阿罗约（Andrea Saenz-Arroyo）和她的同事们，访谈了100多位加利福尼亚湾区沿岸、包含三个世代的渔民，以了解他们捕鱼的经验如何随着时间推移而发生改变[17]。她请渔民们列出他们曾经捕获很多、而现在数量已经剩下不多的鱼种，以及捕获它们的位置。研究结果发现，55岁以上的渔民，比30岁以上的渔民，可以多指出多四倍的捕获位置，以及多五倍的数量减少鱼种。同时也发现，捕鱼的地点有着世代上的差异，较年长的一代，基本上就是在自家门口捕鱼，而随着时间推移，渔民们不得不往越来越远的地方捕鱼，以维持他们能捕获的数量。如今，渔民集中在近海的海底山，和距离港口很远、很难抵达的区域捕鱼。这样的经验，在海湾地区附近，不断地被重复提到。[18]

萨恩斯－阿罗约询问渔民们，关于他们曾经捕获的最大海湾石斑[3]的尺寸[19]。这种石斑鱼只生活在加利福尼亚湾，以及下加利福尼亚到加州南部的太平洋沿岸区域。这种鱼的记录可达2米长，超过150公斤重，几乎跟麦氏托头石首鱼一样大。在格里芬·班克罗夫特和雷·坎农的时代，它们的数量非常多，曾经占到所有有鳍类渔获的一半，但是它们也在随着时间减少，到了现在，已经占不到渔获量的1%。1940、1950年代，渔民在丰收的日子可以抓到20—25条；然后，到了1960、1970年代，数量下降到10—12条；但是，自从1990年以来，没有一位渔民一天可以抓到超过4条；30岁以下的渔民，有一半以上的人甚至都没抓到过这种鱼。根据渔民的经验，他们抓到的最大的海湾石斑也在随着时间变小，较年长的渔民平均抓到最大的是84公斤，较年轻的渔民平均抓到最大的则是63公斤。[4]

---

[1] 小艇（pangas）是以木头和玻璃纤维制成的小船，长4—7米，配备有船外机引擎。

[2] 社区和生物多样性协会（Communidady Biodiversidad）。

[3] 海湾石斑（gulf grouper）的学名是乔氏喙鲈（*Mycteroperca jordani*）。

[4] 在历年被渔民捕获的海湾石斑中，最大只的平均尺寸变化，在整个族群的平均尺寸中并没有显著改变。等到较大的鱼被捕光后，平均尺寸下降的速度将会比目前更快。

1961年，大型鱼类娱乐性钓手雷·坎农在加利福尼亚湾与一条81公斤重的海湾石斑合影。(图片来源：经卡拉·莱姆许可转载)

　　年长渔民开始捕鱼的时候，海洋中充满像公牛白眼鲛和双髻鲨等大型掠食性动物、巨大的石斑鱼和笛鲷、绿蠵龟，以及像岩牡蛎和海螺等可食用的大型无脊椎动物。他们证明了这些动物是如何在他们的工作生活中被消耗殆尽的，中年渔民对这些丰盛过往的认知较少，最年轻的渔民更是不知道这些物种曾经很普遍。萨恩斯－阿罗约找到的那些老渔民，告诉了她曾经有过成千上万条海湾石斑聚集产卵的地方。四年的时间中，她在那些地方潜水三十多次，但却从未同时遇到过三条以上的海湾石斑。

　　具有讽刺意味的是，墨西哥的渔业政策正在进一步促使石斑鱼消失。国家的渔业统计是将16种不同的石斑鱼合到一起计算，而且由于近年来大家开始捕捉比较小的鱼种，因此有更多不同的鱼种被加入这一统计类别。这样将不同鱼种加在一起进行统计的结果，使得捕获量仍在增加，从而误导了官员们，让他们误以为石斑鱼的族群数量还很正常，因此，他们也就不断允许增加渔捞能力。转抓较小品种的鱼，掩盖了像伊氏石斑、海湾石斑和黑海鲈（巨坚鳞鲈）等大型鱼种消失的事实。残存下来的少数，仍然被多鱼种捕捞渔业所捕获，使得它们一步步走向灭绝之路。海湾石斑已被列入世界自然保护联盟的濒危物种红色名录中。

相对而言，加利福尼亚湾海洋动物种类及数量的减少则发生在近期，最年长的渔民都还记得那个有着丰富生物的海洋。然而，较年轻的一代已经将逐渐衰败的环境视为正常状况。这一现象被渔业科学家丹尼尔·保利（Daniel Pauly）称为"环境基线"（environmental baselines）的变动。每一代都会下意识地把他们年轻时记忆的环境状态视为"自然"的环境，因此，基线也就会不断发生改变。[20] 当他们以所认知的基线与现况进行比较时，通常就会掩盖环境恶化的严重性，年轻一代甚至不相信过去的海洋中曾经有过数量如此众多且体型庞大的物种。如何让一个年轻的渔民，在没有亲眼见过的情况下，去述说像山一样一整群的麦氏托头石首鱼洄游向北去产卵，或者是旗鱼的鳍不断点击海面，绵延整个海平面？今天的这个世代，从来没有经历过未建水坝之前那个利奥波德眼中"流着奶与蜜"的科罗拉多三角洲，对他们来说，炙热、覆盖着结晶盐层的河岸，以及贫乏的生态系统，就是这个区域的自然状态。

我们大家都很熟悉"基线变动"这一概念，它并非只涉及自然环境，它也有助于解释为什么人们能够忍受城市的缓慢扩张以及绿地损失，为什么人们没有注意到越来越多的噪音污染，为什么人们通勤的时间越来越长。改变是在缓缓地影响我们，尤其是完全不知道曾经有过变化的年轻一代。年轻人常爱鄙视年长者悲叹曾经美好的过去，认为那都是一些落伍或是天真浪漫的想法，但是，他们并不知道，那些已经失去的、现今无人亲眼目睹过的景象确实曾经存在过。在世界上大部分地区，人类活动对海洋的影响都可以追溯到数百年前，在有些地区甚至可以追溯到超过上千年。现如今，已经没有人见过鼎盛时期的鳕鱼和鲱鱼；没有人见过多达 500 头的抹香鲸集体游过；没有人见过比水还多的灰西鲱逆流而上的景观。很大一部分资源掠夺和物种数量减少发生的时间，比现今生活在地球上的任何人出生的时间都要早。

在切萨皮克湾，跳跃的鲟鱼群不再打破平静的夜晚，溅起的水花也不再会威胁船只的安全；加拿大新斯科舍的海象繁殖区已经沉寂；雪白的白鲸不再活跃于缅因湾中；人类食用的鲨鱼已经从北海消失；加勒比海的僧海豹也不再呼吸；现在，很少有海龟能够喘息着爬上那片曾经整个季节都充满着哗啦啦贝壳碎片的海滩。人类长久以来对大海物种数量的影响，造成了如今海洋生产力衰退的状态，但对我们来说，可以很轻易地就把现在的状态当成是正常现象，我们并不知道到底什么发生了改变。科学家们把了解生态系统的运作视为己任，但却没有意识到，他们所描述的地方，早就不是他们以为的自然状态了。在许多地方，保护人士已经制定了很详细的管理方法，以维持现有的生态系统状态，但却很少有人知道，现今的状态只是曾经丰富的景况中所残存的部分。这些生态系统真正需要的是减轻捕捞压力，这样它们才能得到恢复。

随着时间流逝，钓到大鱼的机会越来越少，赞恩·葛雷、雷·坎农和其他人的功迹获得了近乎神话的地位。他们书中描述的那些画面：数量难以估算的鱼群翻滚、扰动、拍打着水面，在今天看来，更像是虚构的小说，而不是真实的报道。然而，这些生命的毁灭绝不是虚构的，而是实实在在已经发生的。在萨恩斯－阿罗约的调查结果中，最足以让人警醒的是，跨世代对加利福尼亚湾环境改变的认知变化是如此迅速。你可能会预期，基线迅速改变会发生在现今的都市社会中，因为那里的人很少有机会接触到自然环境。相比之下，那些受访的渔民由于工作关系每天都会接触到海洋与海洋生物，许多年轻渔民也与仍在捕鱼的父母一起生活或捕鱼，但遗憾的是，年长一代的知识和经验却好像并没有传递给年青一代，或者也可能是他们说的故事不被年青一代相信。不论出于什么原因，如果人们忘记了海洋曾经是什么样子，以为现在的状态就是接近自然，我们也就无须再努力去恢复衰退中的海洋生态。然而，我们实际上真正需要的是，做得应比现今状况更好才对。

19 第十九章
幽灵栖息地

我的书架上方放着一个白鲍鱼壳，我非常喜欢它，时不时就会拿起来欣赏一番。它的背部向上隆起，形状像勺子，单面开口，沿着外缘有一排瘤状的孔。在它还活着的时候，它会从壳的下方将充满氧气的水吸入、浸满它的鳃；同时紧紧吸附住礁岩，然后通过那些瘤状的孔将气体排出。送给我这个壳的人，在抓到这只鲍鱼时还是一位正在加州念书的研究生。当然，他吃掉了这只鲍鱼，毕竟鲍鱼是一种很美味的食物，而且学生们总是喜欢免费的食物。这只鲍鱼的大小，从头到尾有 20 厘米，这样的尺寸足以成为很好的一餐。

从外观上来看，这个壳是一个表面粗糙的螺旋，从其中一端扁平的涡旋，辐射出有着粉红色光泽的隆起。更深的椭圆线与隆起处相交成直角，这些线条记下了这只鲍鱼的年龄。在它 5 岁时留下的线条有两个修复处，表明它在当时受到某些甲壳类动物的攻击之后存活了下来。这只鲍鱼身上背负着的，几乎是一个生物群落：有一层珊瑚藻在上面形成洁白的斑块；成束网状的苔藓虫覆盖了它高高低低的表面；有紫色螺旋外壳的虫附着其上；空的藤壶壳像一个角塔；杯状珊瑚则像一个钙化的疣般凸起；还有小小的孔洞，表明这里曾经是穿孔海绵和软体动物的家。这个贝壳最美丽的时候，是在它死去之后。所有附在它上方的动物都离开了。当覆盖处露出来的时候，边缘绒状的肉足下方，有一层珍珠光泽的内衬。当我在阳光下查看它时，壳的螺旋闪耀着交融着乳白光的绿色、黄色、粉红色和淡紫色。我不知道后代子孙们会不会在某个博物馆中凝视这个贝壳，就像我们这一代张望着度度鸟的标本一样。白鲍鱼是当今世界上最稀有的软体动物之一，可能很快就要绝种了，但它却并非一直都这么稀有。加州海岸鲍鱼的命运是一连串物种枯竭的故事之一，一个品种接着一个品种被扫荡一空。渔业因为它们而兴盛，又因为它们的数量崩坏而萧条。加州的巨藻森林是鲍鱼喜欢的家，但现在却是幽灵栖息地形成的活生生案例。巨藻仍然在那里，但是，许多曾经居住在这些森林里的物种却都已经消失了。在世界上的很多地方，商业性渔民并不是唯一造成近岸栖息地衰亡的原因，娱乐性渔业钓手和休闲潜水员也都对此负有一定责任。

　　鲍鱼分布在地球上温带区域有着波浪拍打海岸的地方，它们的肉和壳长久以来一直都相当有价值。沿海的贝塚表明，生活在加利福尼亚海峡群岛的人类，早在一万年前就曾食用过鲍鱼①。鲍鱼食用巨藻和浮游性藻类，用它们的壳缘下方来网罗这些叶状体，然后用锉刀般的口器嚼食。少数一些品种则会在浅水区域以小型海藻为食。有八种鲍鱼出现在加州，从潮线一直到约 60 米深的岩石区，每一种都有自己喜欢的区位②。它们大多数都是以壳的颜色来命名，虽然在水底下，当它们身上覆盖着一层海藻和其他生物的时候，看起来长得都一样。

　　加州鲍鱼的商业性捕捞始于 1850 年代，当时追逐"淘金热"来到这里的中国移民劳工，在潮间带的浅水区域捕捞红色、绿色和黑色的鲍鱼。它们被干燥后，除了提供当地需求外，也出口到中国。19 世纪末，抓鲍鱼是一项竞争非常激烈的渔业活动，而这一渔业也已经蔓延到下加利福尼亚州南部。光是

---

① 　下面是一篇很好的关于鲍鱼渔业的历史文献：L. Rogers-Bennett, P. L. Haaker, T. O. Huff, and P. K. Dayton (2002) Estimating baseline abundances of abalone in California for restoration. *CalCOFI Reports* 43: 97—111。

② 　这些鲍鱼包括红鲍螺（*Haliotis rufescens*）、孔雀鲍螺（*H. fulgens*）、桃红鲍螺（*H. corrugata*）、黑鲍螺（*H. cracherodii*）、白鲍螺（*H. sorenseni*）、堪察加鲍螺（*H. kamtschatkana*），以及被很多科学家认为是堪察加鲍螺亚种的螺纹鲍螺（*H. k. assimilis*）和北国鲍螺（*H. walallensis*）。

1879 年一年，从加州到下加利福尼亚，就捕捞了近 2000 吨鲍鱼。[1] 之后，鲍鱼变得稀少到必须对这一渔业采取某些限制措施。加州从 1900 年开始禁止在浅水海域捕捞鲍鱼①，中国人被迫出局，不过，取而代之的是日本的硬盔潜水员（hard-hat divers）。他们在鲍鱼最多的巨藻森林中追捕它们，富于冒险精神的美国人很快就也加入了他们的行列。

所谓"硬盔潜水"，指的是穿着笨重的装备，加上铅制的靴子，好让潜水员能够下沉。他们身上有条绳子固定在船上，同时用空气软管提供空气，又长又滑的巨藻叶片会缠绕潜水员的蛙鞋和呼吸软管，从而限制了他们的活动。尽管存在这些障碍，早期的潜水员还是取得了让人难以置信的成功，通常一个人一天就可以抓到五六百只鲍鱼。潜水员向北移动到北加州门多西诺区时，他们发现了数量更加丰富的鲍鱼。在那里，一个潜水员一天下潜 6 个小时，平均可以抓到 2300 只鲍鱼。潜水员发现那里的鲍鱼数量多到就像叠罗汉一样，5—12 只叠在一起。一位渔业观察员在 1913 年说道：

> 我曾看到潜水员每隔 6—7 分钟就把网子送上来，网子里装满了大约 50 只绿鲍鱼（孔雀鲍螺）和波纹（粉红）鲍鱼。在他采集的 [5—6 个小时] 时间，抓到了满满 30—40 篮，而每一篮都有 45 公斤重的肉和壳，加起来的总数有 1.5—2 吨重。[2]

南加州的鲍鱼渔业抵挡不住这种没有限制的捕捞压力，还在 1930 年代之前就已陷入困境。随着鲍鱼变得更难找到，加州鱼类和野生动物狩猎部（California's Department of Fish and Game）开始限定每天可以捕捞的鲍鱼大小和数量，以及可以采集鲍鱼的地方和捕捉方式。早在 1907 年时，禁捕保护区（No-take reserves）就已被引入南加州，以便给产卵的鲍鱼提供庇护，并加强 1900 年禁止在浅海区捕捉鲍鱼这一禁令的效果。

想要规范商业性渔业，是一项非常具有挑战性的工作，但在 1920 年代，

---

① 后来又废止了这一管制措施。

成群结队的业余爱好者也加入了这些渔民的行列。一位渔业管理官员在 1931 年评论道："数以百计的游客和牧场工人，带着有细齿的梳状工具，出现在每一个可以抵达的珊瑚礁和岩石上。他们无视对数量及尺寸的限制，使得州郡当局不得不加强取缔，结果搞到工作繁重不堪。"[3]

由于娱乐性渔业并未受到禁止商业性渔业在浅海区域捕捉鲍鱼的限制，数量众多的休闲钓客就在所有浅海区域采集鲍鱼，甚至是在一些最难抵达的地方。当时，娱乐性渔业的采集范围仅限制在几米深的海域中，其中有一部分与硬盔潜水员采集的区域重叠。第二次世界大战期间，许多原本用来保护鲍鱼族群的禁捕保护区都被重新开放，以供应蛋白质来源。尽管鲍鱼日益稀少，潜水渔业却仍在继续扩大，而且在第二次世界大战结束后，受过军事训练的潜水员大量涌入，从而再度促进了鲍鱼渔业的蓬勃发展。1960 年，加州鱼类和野生动物狩猎部发出了 500 多张商业许可证，虽然鲍鱼族群数量减少，但因价格上涨，鲍鱼渔业还是呈现出一片欣欣向荣的态势。

从餐厅菜单的价目表上可以看出鲍鱼的价位甚高。根据德州农工大学格伦·琼斯（Glen Jones）的计算，1930 年时，在旧金山，一盘鲍鱼要价 7 美元（已换算成 2004 年的物价水准）。[4] 其价格上涨速度甚至超过了通货膨胀，这是因为在 1930 年代晚期，鲍鱼已经被过度捕捞。鲍鱼价格在 1950 年代再次上涨，后期上涨的水准大约是通货膨胀率的 7—10 倍，并一直持续到今天。现如今，鲍鱼已经成了有钱人的奢侈品。2006 年，在美国，一份鲍鱼餐要价超过 80 美元；具有讽刺意味的是，大部分鲍鱼都是从澳洲和新西兰进口来的。

在鲍鱼数量崩溃时，这一渔业之所以还能继续维持一阵子，是因为它向北扩展到俄勒冈州、华盛顿州和加拿大，以及受人喜爱的鲍鱼种类有所增加。对鲍鱼种类偏好的程度，很明显是根据尺寸和可及度。在 19 世纪时，目标物种包括红、绿、黑这几种人们可以在浅海区域采集到的最大物种。潜水员开始往更深的地方采集鲍鱼，他们一开始的目标是红鲍鱼，一直到 1940 年代，它们都是被采集的主要品种。[5] 红鲍鱼是尺寸最大的品种，宽度可以超过 30 厘米。每个受人喜爱的品种都是一年接着一年变得越来越稀少，这一产业于是就把目标转移到第二受欢迎的品种身上。粉红鲍鱼是体型次大的鲍鱼，宽度可达 25 厘米。第二次世界大战之后，总上岸渔获量迅速上升，一开始主要是粉红鲍鱼，因为红鲍鱼多半在容易抵达的地方都已经消失了。粉红鲍鱼生长缓慢，采集的数量很快就超过了它们可以自然补充的数量。从 1950 年代初期开始，它们在一段很长的时间中逐渐减少，但是，总捕获量仍然维持不变，因为潜水员把目标转向了更远处且较少被采集区域中的红鲍鱼。红鲍鱼的捕获量在 1960 年代早期达到最高峰，紧接着就是在 1960 年代晚期捕获量急剧下降。绿鲍鱼、黑鲍鱼和白鲍鱼的大小都可达 20—25 厘米，当红鲍鱼的数量衰减之后，鲍鱼渔业就开始转换目标到绿鲍鱼身上。这种鲍鱼的捕获量大增，并在 1970—1973 年间达到高峰，但是没过多久，绿鲍鱼的数量就也崩溃了。

白鲍鱼生活在更深的区域，大约在 25—60 米深的海水中。它们在 1970 年代初期才成为目标物种，但在 1970 年代中期就达到了捕获量的最高峰，并于 1977 年数量崩溃。另外还有一种罕见的杂色螺纹鲍鱼，它是堪察加鲍鱼的南方亚种，也在这时候被当作目标，只不过，其数量也很快就被消耗一空。此时，渔民们被迫回到 19 世纪鲍鱼渔业开始的潮间带区域。黑鲍鱼的分布范围从潮线一直到大约八米深的地方，自 1900 年开始的商业性鲍鱼采集，在当时对它们的影响还很小。1980 年代早期的捕获量维持稳定，直到一种被称为"鲍鱼凋萎综合征"（withering syndrome）的传染病在 1985 年爆发，紧接着其族群就崩溃了。即使如此，鲍鱼也没有得到喘息的机会，当潜水员将目标转换到布满礁区凹洞中的红海胆时，只要一发现鲍鱼，他们就也会一起采集。

从 1960 年代开始，一直到 1980 年代，政府制定了越来越多的保护鲍鱼措施，但是，鲍鱼剩余的数量实在太少，以至于来不及挽救鲍鱼渔业。这一渔业之所以看上去依然显得很健康，只不过是因为人们不断地扩张采捕的范围和转变目标物种。当捕获量维持稳定之时，除了表面上的限制之外，管理者并不愿意采取更多的保护措施。事后来看，这一渔业显然从 1900 年就踏上了自我毁灭之路。1960 年代时，已经没有新的渔场了；到了 1980 年代，已经没有鲍鱼了。在奄奄一息了十年之后，商业性鲍鱼渔业在 1997 年正式宣告结束；鲍鱼在一连串的过度捕捞之中，一个品种接着一个品种的族群数量都被压垮了。

在超过一个半世纪的时间内，鲍鱼渔业在加州的潮间带抓走了数亿只鲍鱼。今天，南加州的一些鲍鱼种类已经绝种或是濒临绝种。有一项估计声称，粉红鲍鱼在 1940 年代，在礁岩底层的密度是每公顷数千只，现在则已萎缩到比之前丰富度百分之一的百分之一还要少。红鲍鱼在整个地区都极其罕见，在人们比较容易抵达的地方，它们早已被捕捞一空。在近海岛屿，一个潜水员如果一小时能抓到满满一手，就算是很幸运的了。

自从 2001 年以来，白鲍鱼就被列入美国濒危物种名单，其分布仅限于南加州和墨西哥的下加利福尼亚北端。在被大规模商业捕捞之前，估计它们在加州的数量介于 30 万—100 万之间。[6] 1996 年，科学家们在潜水艇中寻找海洋中残存的白鲍鱼，发现只有极少数个体还散布在超过 33 米深的海水中。根据它们的栖息地面积，科学家们估计，在整个它们的分布区域中，仅剩下 1600—3000 只。

长期以来，人们一直认为，当一个物种的数量减少到濒临灭绝的地步时，对其捕捞就会减少。因为当其数量很少时，捕捞它们从经济效益角度考虑很不划算。赫胥黎在 1883 年时说："任何可能过度捕捞的物种，数量都会一直减少，直到最后一个自然平衡的点……这个平衡点总是会早在这个物种灭绝之前就已达到。"[7]

赫胥黎所想到的是鲱鱼和鳕鱼，但他却从未想到过像捕捉鲍鱼这样的渔业。有两个因素同时存在，使得鲍鱼几乎被捕捉一空。价格上涨意味着，即使其数量下降了，它还是可以保有经济效益。现在，一只鲍鱼的售价是 200—300 美元，如此一来，即使它们的数量非常稀少，还是值得去捕捉。第二个因素是，因为这一渔业的目标同时有好几个种类，虽然受欢迎种类的数量在下跌，但只要它们一被发现，还是会不断地被采集。只要有某个物种仍有商业价值，其他的也会一起被捕捉，直到它们的数量变得极度稀少为止。

白鲍鱼如今行将灭绝，即使仍有少量分布，但其分布方式使得我们几乎可以肯定它们将会灭绝，除非人们积极作出努力，来恢复它们的数量①。它们的繁殖是靠着雄性和雌性鲍鱼彼此缓慢摇晃，然后同时释放卵子和精子，在开放水域中混合受精。只有在它们非常接近彼此时才会成功受精，但是，它们要能繁殖，首先要能找到对方。鲍鱼不是短跑运动员，它们快步行进时，每分钟大约可以跨越一米。在鲍鱼数量丰富的时候，找到伴侣从来不是一件难事，但是，如今残存的白鲍鱼很分散地分布在超过数百公里的海岸，只有数十只彼此的距离足够接近，让它们或许能够遇到另一只。而且它们大多数都是藏身在深海水域，那里的水太冷，使得受精卵无法正常发育。自从1960年代后期以来，白鲍鱼就几乎没有再繁衍过后代。南加州的红鲍鱼族群也遭受了同样的命运。除了在圣米格尔岛之外，它们的数量持续下滑，尽管早就明令禁止捕捞。它们的数量已经少到无法成功繁殖。

鲍鱼并非巨藻森林中唯一会吸引渔民捕捉的动物。1920年代，加州兴起了休闲渔业，随着休闲钓客不断增多，业余捕捉鲍鱼的人也增加了。1930年代，他们带着面镜和鱼叉赶到加州寻找任何大到可以食用的东西（通常都是为了比赛，而不是为了好吃），当时加州正在宣扬它那充满阳光、大海和海浪的生活方式，再加上像《国家地理杂志》等刊物在早期时不断颂扬使用鱼叉的渔人，从而鼓舞着成千上万的人加入这一行列。1949年，在一篇描述圣地牙哥"搜刮海底俱乐部"（Bottom Scratchers Club）的文章中，呈现出了当时典型的热切心态。[8] 其会员必须要能一口气潜入水下九米，并带上来三只鲍鱼；下潜六米，带上来一只龙虾；另外还要下潜六米，带上来两条鲨鱼，而且，捕鲨鱼还必须是徒手捉住它们的尾巴（至少一次要抓一条！）。所以，这个俱乐部只有区区15个成员，一点也不令人意外。这些人在浪涛中抓取加州大比目鱼、巨大的石斑鱼、黑海鲈和隆头鱼，还有一麻袋又一麻袋的鲍鱼。

就像"搜刮海底俱乐部"的会员一样，早期的鱼叉渔人通常都会捕捉到大

① 1990年代晚期，为了保护这些种类，搭乘潜水器的潜水员一共采集了18只白鲍鱼进行人工繁殖。鲍鱼在人工养殖下繁殖的状况很好，可以生产数十万的后代，但是将基因如此高度单一的物种放归海洋并不是一项可以随便作出的决定。更何况，人工养殖的鲍鱼已被证实更容易受到黑鲍鱼萎凋病的攻击。因此，在这一情况下，放归鲍鱼的负面影响会比其正面影响还多。

型渔获，有时候甚至还是巨大型的。杰克·普罗达诺维奇（Jack Prodanovitch）回忆起一条潜伏在巨藻叶片中的巨大黑海鲈：

> 大约四年前，我和沃利·波特斯（Wally Potts），还有我们的太太，一起到拉荷亚洞穴（La Jolla caves）附近抓鱼。我们组成"战斗队形"在水中游动，彼此相距约有 15 米，我在内侧，距离悬崖很近。根据以往的经验，我知道我们会通过一条渠道，在那里通常会发现好鱼。突然间，我发现了一个不应该存在的礁石，而且这块"礁石"还会移动。于是我赶紧回到水面，大声呼叫沃利和我一起去窥视深处。我们看到了一条巨兽——一条黑海鲈，或是大海鲈①，它少说也有 450 斤重。[9]

　　不用说，他们用鱼叉攻击了那条鱼，虽然那条鱼在那次攻击中最终幸存了下来，但下一次它可能就不会再那么走运了。这些大型动物只生活在巨藻森林中的有限范围内，其活动范围可能不超过几公顷。[10] 渔民们可以针对同一只动物，一而再再而三地捕捉，直到抓到为止。在普罗达诺维奇和波特斯发现那条巨鱼差不多同一段时间，有人抓到一条黑海鲈，在它的肚子里发现了五个鱼钩、一米长的钓线、前导线和一个 170 克的沉子②。1950 年代之后，人们发展出使用强力鱼枪来捕鱼，可以捕获 50—100 公斤、甚至是更重的鱼。同样是在那个年代，使用鱼枪的渔人也因为潜水设备日益普及，分布的范围也开始变得更加广泛。鲨鱼和魟鱼被当成目标猎物，并不是因为它们好吃，而是被当成一种娱乐，龙虾则在商业性渔业和娱乐性渔业中受到一致的喜爱。所有目标物种的数量都在迅速变少，然后随着时间推移，最脆弱的物种也就最先消失了。

　　如果"搜刮海底俱乐部"的成员可以把时间倒转 50 年，他们就会在巨藻森林周遭和里面发现到处都是巨大的黑海鲈。这个物种分布在从南加州到

---

① 黑海鲈（black sea bass）的学名是巨坚鳞鲈（*Stereolepis gigas*），跟加勒比海和东太平洋中被称为大海鲈（jewfish）的鱼是不一样的，大海鲈后来改名为伊氏石斑鱼。

② 钓鱼时，用来使钓线向下沉的铅锤。——译注

1907 年左右，在美国加州圣卡塔利娜岛（Santa Catalina Island, California）被捕上岸的巨大黑海鲈。这三条鱼的重量分别是 57、100、146 公斤。图片来源：照片所有人，C. F. (1909) *Big Game at Sea*. Hodder and Stoughton, London.

下加利福尼亚，以及加利福尼亚湾中。大约从 1870 年开始，人们就在用手钓方式对其进行商业性渔业捕捞。自从 1895 年左右开始，娱乐性渔业也看上了它。[11] 加州的渔获量高峰是在 1931 年，达到 115 吨。三年后，墨西哥的渔获量也达到了高峰，多达 367 吨。像大多数大型鱼类一样，黑海鲈很长寿。一条重达 198 公斤的巨鱼可以活到 90—100 岁。

与许多其他种类的鱼类一样，黑海鲈在产卵时期也会有群聚行为，每年都会在固定的时间和地点进行。一旦它们聚集的地点被人发现，潜水员和钓客就会日复一日地来到这个地方捕捉它们，直到最后几条也被捉光为止。世界上其他地方的经验表明，一旦鱼群从它们聚集的地方消失，就永远不会再恢复。当加州海鲈族群的数量下降后，钓客开始前往墨西哥参加"黑海鲈特殊行程"，在每趟旅程中，他们可以捕获数十种物种，其中黑海鲈就有 50—100 条。雷·坎农描述了 1956 年在鱼类族群数量急剧下降之前，他在墨西哥加利福尼亚湾一处鱼类聚集产卵处捕鱼的经验：

> 黑海鲈的数量如此之多，我以前从未见过……我们在南方海湾 800米范围、21—26 米深、底质是礁岩的地方，遇到了密度很高的黑海鲈……一艘小型商业性手钓渔船已经抓获了三吨黑海鲈，并且打算抓到五吨。我们抓到了大约九吨，也失去了大约九吨（虽然上钩了，但是逃掉了）。我们抓到的最大一条，重达 113 公斤。[12]

鱼枪渔业并不是只在加州和墨西哥得到发展①。世界各地一队又一队的潜水员都在整装前往海洋中。雅克·库斯托描述了 1930—1950 年代这一渔业对地中海区域所造成的影响：

> 水下的渔猎活动开始流行，到处都是弩、矛、弹簧枪、火药驱动的箭，和像美国作家盖伊·吉尔帕特里克（Guy Gilpatric）那般优雅地用

---

① 1982 年，加州禁止商业性渔业和娱乐性渔业捕捞黑海鲈。

西洋剑刺鱼。这股热潮导致沿岸鱼类几乎被一扫而空，并引起商业渔民的愤怒，他们声称我们把鱼都抓光了，而且还损坏了渔网，洗劫了他们的围网，因为我们的呼吸管①而害得他们去喝西北风……②

在面镜潜水的时代，仲马（Dumas）很轻松愉快地在雷布吕斯克（Le Brusq）下了个赌注，赌他可以在两个小时内用鱼叉抓到约 100 公斤的鱼。他在这段时间内下潜了五次，深度达到 14—18 米。每一次下潜，他都能在他屏住呼吸的短时间内刺中一条巨大的鱼并与之搏斗。他带回四条石斑和一条重达 36 公斤的卵形鲳鲹③（liche），它们的总重量约有 127 公斤。[13]

在澳洲，鱼枪渔业兴盛于 1950 年代晚期。西澳环境部的约翰·奥塔韦（John Ottaway）描述了他所见到的鱼枪渔业造成的影响：

我毫不怀疑，鱼枪渔业在 1960 年代的普及度，和 1960 年代晚期对水肺潜水员从事鱼枪渔业这种行为不加限制（因为潜水装备很容易取得），是沿着南澳海岸近岸鱼类族群数量出现惊人下跌的主要原因。从阿德莱德近岸的礁区开始，鱼群数量的枯竭现象向外呈放射状分布。

1960 年代早期，在有着许多礁岩的哈雷海湾（Hallett Cove）和斯坦瓦克港（Port Stanvac）区域，我总能见到成百上千条鱼，而且常能看到 5 公斤以上（有时还会超过 10 公斤）的珊瑚礁鱼类和远洋鱼类。我们留下那些大鱼，因为较小的鱼很多，也更好吃。而且我们认为，大鱼可能是重要的繁殖鱼源。我们也常能看到鲨鱼，从经常见到的 60 厘米长的虎鲨，到较少见到的 4—5 米长的大白鲨都有。

1978 年，我又回到同一地区数次并四处巡看，我震惊地发现，我

---

① 即潜水换气设备。——译注
② 密史脱拉风（Mistrals）是来自北方强劲而寒冷的风，有时会扫过法国南部。
③ 这种鲹鱼的学名是卵形鲳鲹（*Trachinotus glaucus*）。

曾用鱼枪抓鱼的地方已经变成一片"荒原"，我没有发现任何一条超过几百克的鱼。甚至就连会大群出现的大洋鱼也没有。[14]

然而，近岸鱼类的枯竭并不能完全归咎于休闲潜水员和钓客，因为商业渔民大约在同一时期开始捕捉起各种不同种类的鱼，一种物种数量枯竭之后，就转向另一种，就像鲍鱼和沙丁鱼一样。一开始，他们使用手钓渔具，然后在1960、1970年代，刺网也成为他们使用的武器，他们将刺网放置在巨藻森林边缘。斯克里普斯海洋学研究所的保罗·戴顿（Paul Dayton）及其同事，记录了自1970年代以来，拉荷亚巨藻森林中动物数量减少的情形。戴顿在1970年代所观察到的海底，已经跟"搜刮海底俱乐部"当时看到的海底很不一样了，而同样的，"搜刮海底俱乐部"也没有来得及见到巨藻森林在未受干扰之前的壮丽模样。当年，他们在潜水之时，已经没有海獭了，海狗和海狮的数量也已大为减少。钓客和商业渔民在当时已经造成白海鲈（锤形石首鱼）之类的物种大幅减少。这种漂亮的鱼是一种石首鱼①，有着修长而强壮的身体，背上金属光泽的蓝色，向腹部逐渐转变成银白色。它曾能长到超过1米长和超过30公斤重。戴顿提到1950年代的潜水员或许可以期望在巨藻森林边缘看到成百上千的白海鲈鱼群，伴随着黄尾鲕（一种鲹鱼）②。雷·坎农在1955年造访拉荷亚的海草床时，发现了数量和种类仍然众多的鱼（还有渔船！）：

无数的鱼挤在拉荷亚中的小区域，真是让人感到震惊！几乎所有南加州水域中娱乐性渔业的目标鱼种在这里都能看到，而且仅分布在斯克里普斯海洋学研究所和洛马岬（Point Loma）中间这块相对较小的巨藻森林区域。

上周我赶到那里时，同时有150艘渔船正在那个区域作业，包括

---

① 白海鲈（white sea bass）的学名是有名锤形石首鱼（*Atractoscion nobilis*）。
② 戴顿等人的研究（本章注释10）标出了1930年代到1990年代在加州的捕获地点，1930年代到1950年代的捕获量，每年可达1000—2000吨。

12 艘娱乐渔船（每艘可以搭载数十位付费钓客的商业船只）和 16 艘大型私人船只。其余的都是小船。这一景象并没有什么不寻常的，通常一到周末，所有人都会出动，而且每个不同水平的钓手都可以抓到鱼。

根据"H&M 洛马岬娱乐渔业公司"发布的官方统计，我们一天内捕获的有：黄尾鲫 18 条、梭鱼 865 条、长鳍鲔 3 条、白海鲈 62 条、鲣鱼 375 条、马林鱼 1 条（重达 185 公斤）、黑海鲈 1 条（重达 291 公斤）、其他鱼类 640 条。另外还有一项 [浮潜潜水员的] 世界纪录，那是一条 22 公斤的黄尾鲫。在其他鱼类中，有浅水区的平鲉、大口副鲈、隆头鱼、太平洋鲭鱼、大比目鱼、鲨鱼、苔鲉杜父鱼，以及无数其他种类的鱼。[15]

1950 年代，近岸地区显然感受到了娱乐性渔业给其造成的极端压力。但即便如此，也是直到 1960 年代初期刺网渔业加入后，白海鲈的商业捕获量才开始下降。到了 1980 年，捕获量仅剩下数十吨，之后便一直维持这一数量。[16] 想要找到白海鲈的全盛时期，我们就必须回顾 20 世纪初，以及更早的时期。起先的渔获量很高，但却在 1922 年崩溃，这发生在戴顿开始记录捕获资料的十多年之前。[17] 可想而知，曾在早期捕捉鲍鱼的硬盔潜水员们头顶上盘旋着的是多么庞大的鱼群！

那些潜水员一定也看到了成千上万条平鲉在巨藻森林中穿梭。平鲉吸引来了早期商业捕捞业者的兴趣，它们很快就遭遇到类似鲍鱼的命运。平鲉是一种多刺、长得像鲈鱼的鱼，跟大西洋红鱼一样是平鲉属的成员，在北美太平洋海岸有着缤纷的多样性，从墨西哥到阿拉斯加中间，总类多达 96 种[18]。其分布的北界与南界分别是白令海和加利福尼亚湾，在那里仅分布有少数种类。不过，在加州海岸就有 50 多种。外形上，这些种类都像是鲈鱼的不同变化型，有些比较长，有些比较瘦，有的矮胖，有的有圆桶般的胸部，还有的则相当娇俏。颜色从单调的灰色到浓艳的胭脂红都有，例如黑带平鲉（tiger rockfish）奶油色的身体上有明亮的红色条纹，云纹平鲉（china rockfish）的黄色条纹上则有黑色的斜纹和大量的黄色斑点。所有的种类都有镶着金边或银边之蓝色或绿色的美丽大眼睛。在水下，许多平鲉都会用它们吸引人的眼睛注视着潜水员，并会让他们靠得很近进行观察。平鲉栖息在珊瑚礁中的岩石堆和 1000 米或更深的峡谷中，每个种类都有自己栖息地的深度范围。

平鲉的商业捕捞大约是跟鲍鱼的商业捕捞开始于同一个时期，主要是供旧金山居民食用。早期渔民两三个人在一艘船上，用手钓和较短的延绳钓挂着有饵料的钩子捕捞。这种方式一直盛行到 20 世纪，直到渔民使用底拖网，在相对没有多少障碍物的海底，像华盛顿州普吉特海湾进行捕捞之时。

像大西洋红鱼一样，太平洋平鲉制成的鱼片，冻结起来后很好运输，然而，它们在让人们尝到多种类口味上则花了些时间。拖网渔业的渔获是混合了一大袋的各种物种，在 1950、1960 年代，当比较为人所知的种类数量还很多的时候，大多数在俄勒冈州和华盛顿州捕获的平鲉，都被绞碎卖给用来制作貂皮大衣的养貂场当饲料。不过其他人对于它们的口味就没有那么挑剔。1960 年代，在北太平洋海上，日本和苏联的远洋捕鱼船队使用中层水域拖网，或是用底拖网来捕捉太平洋海鲈和其他几个品种的平鲉。1965 年，他们单在阿拉斯加湾就捞走了超过 50 万吨的渔获。[19]

1970 年代，在美国和加拿大，钓客提高了平鲉的市场价值，平鲉于是也就开始日益普及。1970 年代晚期，俄勒冈州渔民发现寡平鲉会在晚上从海底浮起，可以用拖网拖过粗糙的海底表面来捕捉它们 [20]。这个方法让年渔获量有了短暂的繁荣，增加到每年超过 200 吨。当寡平鲉数量变少时，拖网渔民又将目标转向其他物种。1960 年代和 1970 年代，快速增加的刺网渔业更进一步增加了捕捞压力。

就像许多其他物种，大的平鲉如今数量已经减少到几乎无法维持族群自然更替的地步，在那些捕捞压力很高的区域更是早已消失。1970 年代，米尔顿·拉夫（Milton Love）在圣巴巴拉靠近城镇、受到过度捕捞的珊瑚礁附近，进行关于平鲉的博士课题研究。两年间，他每周潜水观察，总共只看到两条成熟的拟鲒平鲉。从休闲钓客的捕鱼模式所呈现的明显迹象中可以看出鱼类数量减少的状况。搭载钓客的娱乐渔船的捕获率，从 1980 年每千小时超过 3000 条平鲉，到 1996 年仅剩下 345 条。[21] 总渔获量同样也在下跌。褐菖鲉的数量下降了 98.7%；蓝平鲉下降了 95.2%；拟鲉平鲉下降了 83%；而郭氏平鲉（chillipepper）则已几乎抓不到了。1996 年所捕捞到的渔获，相较于数十年前抓到的大鱼，几乎都是体型小的种类或是幼鱼。到了 2000 年，娱乐渔船为了找到好的钓场，必须在近海航行超过 160 公里。

主要商业物种的渔业数据告诉我们，如今许多种平鲉都已深陷困境，数量仅为 1960 年时的几个百分点，而 1960 年代的状况还远不及原始丰富的自然状态，这表明鱼群数量的跌幅可能更大。它们现在的数量可能还不到未受捕捞影响前的 1%，而许多种类都已濒临灭绝①。任职于加拿大渔业暨海洋部的格雷厄姆·吉莱斯皮（Graham Gillespie）这么说道："平鲉渔业的管理，就像一出占希腊悲剧。最后，所有人都死了。"[22]

直到今天，将太平洋沿岸的鱼捕捞一空的工作仍在持续进行。1970 年代后期，渔民开始捕捉英属哥伦比亚的活鱼，以供应温哥华的亚洲餐厅。亚洲食客热衷鲜鱼，没有什么能比得上从餐厅水族箱里捞上来、现点现杀的鱼来得更为新鲜。渔业迅速向南蔓延，到了 1980 年代后期，加州人用手钓渔具和陷阱来捕捉活体动物。他们的目标物种有很多，但那些捕获物却很少能够存活到送达餐厅的时候。其中最受欢迎的种类是颜色鲜艳的种类，像云纹平鲉和黄黑平鲉。至于在巨藻森林和其他栖息地中扮演着生物结构中重要角色的其他物种，也都一并被捕捞。例如，云斑鲉杜父鱼是一种体型魁梧、长得像蝎子的鱼，它的嘴巴很大，以鲍鱼、章鱼和其他无脊椎动物为食。再如美丽突额隆头鱼，它是一种生活在巨藻森林中的隆头鱼，也是一种受到鱼叉渔人喜爱的鱼，有着强有力的下颚和牙齿，用来食用草食性的海胆。自从海獭被捕捉光之后，这些物种可以防止南加州的巨藻森林因为海胆的过度啃食而消失。而在鱼类族群数量崩溃之后，主要的海胆捕食者转变成了人类，于是，巨紫球海胆渔业便保障了巨藻的未来。就像大多数新兴渔业一样，活鱼捕捉业还没有看到自己的活动会受到限制。2006 年，加州渔猎部承认，渔获量只能猜测，他们并不知道这一

---

① 稀棘平鲉（Bocaccio，褐菖鲉）是极度濒危物种，名列国际保护联盟组织的红色名单，此外还有一些其他种类的石狗公也符合濒危条件，只是尚未进行评估。

渔业对目标物种及其栖息地所造成的影响是什么样。

现在，全球的巨藻森林和其他许多沿岸栖息地都变成了"幽灵栖息地"。几年前我在加利福尼亚海峡群岛潜水时，看到成群的小鱼掠过巨藻冠层，偶尔也会发现一些较大的鱼潜伏在随浪摇曳的巨藻之中。这样的场景看上去真的很美，但是，商业性渔业和娱乐性渔业早已清除了这些大鱼，洗劫了壮观的巨藻森林。科学家如今研究的巨藻聚落已经衰败，并不完整，保罗·戴顿与我们分享了他的这种失落感：

> 这就像是在大型草食性动物和肉食性动物都消失后去研究塞伦盖蒂大草原（Serengeti）[①]一样，人们还是能够欣赏白蚁和其他小型的草食性动物，只是人们看到的自然，与它本来的面目可谓是相形见绌。在这里，我们可以研究海藻，但是，它们只是一层薄薄美丽的面纱，在海洋中平静地起伏，没有一点蛛丝马迹，能够显现其中原本应该存在的奇妙物种，它们都因人类的贪婪而消失了。[23]

---

① 塞伦盖蒂大草原位于坦桑尼亚西北部至肯尼亚西南部之间，面积3万平方公里，生活着约70种大型哺乳类动物和500种特有鸟类，半年一次的大型动物迁移是世界十大自然旅游奇观之一。这里是非洲唯一仍有众多陆地动物迁移的地区，也是目前保存最完好的原始生态系统。——编注

20 第二十章
渔 猎 公 海

日复一日，日复又一日，

我们被困在［大海上］，没有微风，也没有动静；

就像画中的船，

一动也不动地陷在画中的海洋上。

水，水，到处都是水，

所有的船板却日渐缩水；

水，水，到处都是水，

却没有一滴能解渴的水。[1]

    英国诗人柯勒律治（Coleridge）所写的《古舟子咏》这首诗，将船只在远离陆地的无风带海域中，静止不动的可怕单调景象描述得再形象不过。几个世纪以来，公海这一空旷得无边无际的海上平原总是令人害怕。早期的航海人心里都明白，船只一旦驶离沿海安全的水域，许多人都将再也不会看到陆地。船员会因为船舶遭遇突如其来的飓风而成为受害者，或是在无风的未知水域中漂流而渴死，就像诗中那名老水手略带几分嘲弄意味的话语：围绕他们的咸水湖正在向他们招手。正是在开放海域那令人恐怖的广阔中，得上坏血病的水手们，耗尽能量后，希望也跟着幻灭，最后，连性命也丢了。航海人的感觉很容易理解，就像柯勒律治诗中的水手所感受到的那样：

> 孤独，孤独，全然，全然的孤独，
> 孤独在那又宽又广的海上！
> 从来就不会有哪位圣人，
> 可怜我那痛苦的灵魂。[2]

开放海域是令人想尽快穿越之地，而非想要驻足之处。只有那些身上黏着盐粒、沾满油脂的捕鲸人才会把公海当成家，不断地寻找富饶的猎场。近年来，自从有了更加便捷可靠的船舶、详细的海图，以及每日天气预报，使得航行中大多数的不确定性大为降低，公海已不再让人望而生畏，但仍备受敬重。

在人类历史上的多半时间内，由于公海太过危险偏僻又无丰富的渔获，而且在此捕鱼花费太高，渔民总是对其避之唯恐不及。公海中只有鲸鱼有足够的价值，能够诱使人跨越遥远的地平线。有时在同一次航行中，就得同时冒着浮冰和赤道附近炙热的极端气候风险；但要是时值沿海鱼群丰富，冒险离开海岸就没什么意义了，尤其是在没有冰块的情况下，能在长途航行返家途中让捕获的鱼保存完好的方法极其有限。不管在任何情况下，很深的公海都没有什么可以提供给渔民，比起大陆架处浅海的丰饶，公海就像是沙漠一般。

全球只有8%的海洋是大陆延伸出去的大陆架浅水区域，不过，单是在这一区域中就捕捞了全世界75%的渔获。[3] 大陆架是有着平缓斜坡的海域，有着高低起伏的丘陵谷地和开阔平原的海底地形，深度大约可达200米，之后就是陡峭、深度剧降至海沟的大陆坡。它们的宽度有很大差异，像加拿大东部和北欧的大陆架可以宽达数百或数千公里，而像大西洋中央的亚速群岛就没有大陆架。大陆架的水域有来自河川径流带来的养分，由于水很浅，这里的海底还是会受到风暴和潮汐海流的影响，扬起沉在底下的肥沃养分，在水体中混合。因为有丰富的营养供应，浮游生物在阳光可以照到的表层迅速生长，使得大陆架成为海洋中生产力最高的地方。

相较于沿海水域，公海区域大都非常深而且很贫瘠，有 87% 的面积超过 1000 米深。在这些区域，养分由阳光可及、植物可以生长的海洋表层向深处递减，一直下沉到超出风暴及潮汐海流可将营养带到的深度。由于远离陆地上的河川径流，公海对于养分非常饥渴，像浮游生物生长必不可少的铁等微量元素也非常缺乏。这一不停涌动的蓝色公海，让在甲板上发呆片刻的水手们为之着迷。清澈如琴酒般的海水，吸引着他们的目光望向深深的海底，但是海洋中的物体看起来与实际尺寸并不一致。在水下滑行的污斑白眼鲛（花鲨），其四米长的身躯看起来只比鲣鱼大上一些，它出现的时候，会伴随着一群像是先锋小队的饵鱼；两米长的赤蠵龟，看起来就像一个派的大小，在渐渐消失于靛蓝深海里的光束中嬉戏。公海因为缺少浮游生物和其他悬浮物质，因而显得如此惊人的清澈；由于这里的食物很少，相应的，大型动物也很稀少。

早期跨越海洋的航海家，必须携带充分的食物，因为他们无法靠捕鱼为生。库克船长从夏威夷到北美洲的航行，穿越了广袤无垠的贫瘠海洋；1778 年，就在他发现努特卡海湾和那里遍布的海獭之前不久，他在日志中写道："如果不是我们已经知道距离美洲大陆不远了，在我们周围很少有迹象表明我们将会遇到大陆，我们很可能就会认为，至少在 1000 里格的距离内是没有陆地的，因为自从离开三明治群岛，我们几乎没有见到一只鸟或一只海洋动物。"[4]

1787 年，拉彼鲁兹从堪察加半岛向南横跨太平洋中部时，也遇到了荒芜的区域："鸟类已经完全消失了，我们遇上了来自东方的强劲涌浪，就像在大西洋遇到的西方涌浪一样。在这片广袤之海，我们没有看到鲣鱼或剑鱼，连飞鱼都很少。新鲜食物已经全部耗尽，我们急需抓到鱼来改善严峻的食物供给。"[5]

然而，并非所有的公海都是没有生命的。就像在陆地上一样，最丰饶的河谷也可能切过沙漠。大海上也有一些地方，在荒芜中有生命洋溢着。地质和海洋环境的改变，使得营养物质可以由表面累积，这些地方也因而受惠，有生物聚集。例如，涌升流会将底层富含养分的水层，从海底带上海面。有些地方的涌升流是因陆地边缘的表层水被离岸风推动，取代了深层的海水而形成。中纬度的太平洋上，在非圣婴年①的时候，会有自东向西吹的盛行风，因为行星旋转的关系，让东风在赤道以北偏北，在赤道以南偏南，这样的风会将海底深处的水带到海面。

拉彼鲁兹在其1787年的航行中，在赤道偏南4°的地方，他的命运改变了。虽然仍未看见陆地，但他已经驶入中太平洋内有涌升流温和滋养之处。在汪洋大海中，分散在这个地区的岛屿，给海鸟提供了落脚之处。这些突然出现的海鸟相当受欢迎，也让船员们舒缓了饥饿之苦，特别是白燕鸥和乌燕鸥，"数量众多的鸟，在我们船只周围飞翔。到了晚上，它们震耳欲聋的噪音，让我们在甲板上几乎难以对话，于是我们猎捕了好些鸟，以作为被它们尖叫声打扰的报复，同时也让我们可以有一顿像样的餐点"[6]。但是，海洋中类似这样食物丰富的区域非常有限，再往南航行2°之后，鸟儿就消失了。

涌升流提供了世界上一些最大的渔业所需，像生活在南美洲北部海岸的秘鲁鳀鱼。1790年代，在东太平洋东西来回寻找抹香鲸的詹姆斯·科内特，生动地描述了秘鲁的涌升流：

> 经常在这个海岸出现的鱼有海豚（剑鱼）和栖息于热带地区的鱼，在平静的夜晚，可以看到大群小鱼聚集到一起，就像是破晓前一样（因为它们身上闪着磷光）。一直都没有看见海龟，直到我们到了利马北部，那里有被称为赤蠵龟的海龟，然后在厄瓜多尔北部，我们发现水面上有数量众多、背上隆起的物种（棱皮龟，又叫革龟）。我们经常会从海豹和鼠海豚体内取出非常多的鱿鱼，鱿鱼也是抹香鲸的食物；有时也会看到许多魔鬼鱼（即前口蝠鲼）和翻车鱼②，翻车鱼给我们提供了一道好吃

---

① 圣婴（厄尔尼诺）：太平洋赤道带大范围内海洋和大气相互作用后失去平衡而产生的一种气候现象。19世纪的秘鲁海员发现，每2—7年里，海洋中就会出现一股异常的暖流，时间在圣诞节前后，故名圣婴（EL Nino）。这股暖流不但会扰乱海洋生态平衡，还会严重影响全世界的气候。——编注

② 翻车鱼，正式中文名叫"翻车鲀"，俗称"翻车鱼"，台湾人觉得"翻车"不吉利，改叫"曼波鱼"，因为这种鱼游泳动作相当笨拙，在水中游动如同跳曼波舞一般。此外它在许多语言中都有别名，如英美等地称其为"大洋太阳鱼"（Ocean Sunfish），法国称其为"月亮鱼"；它只有头没有尾巴，背鳍和臀鳍如同张开的翅膀，体型很大，常会比成年男子还高一头。——编注

又健康的每日食材……在我们的航线上……我们遇上了很大一群的鲱鱼（可能是鲲鱼）、海龟、鼠海豚、黑鱼（可能是领航鲸、瓶鼻海豚或伪虎鲸）、魔鬼鱼、长须鲸，但自从我们离开海岸，鸟类的数量就大为减少。海岸边有无数成群的鲣鸟，它们非常温驯，不仅停栖在船舶的各处，甚至停在我们的船上和桨上，就连桨在划动时也不会离开。当快要有风暴或夜幕降临时，几乎每只海龟背上都会停着一只鸟；虽然龟背这个令人费解的栖息处相当抢手，但海龟们对于鸟儿在它们背上的活动却是毫无所动，相当怡然自得。而这些获得胜利、成功占领龟背的鸟儿，通常都会帮助海龟处理吸附在它们身上的鱼和蛆，帮海龟缓解它们的困扰。现在，我们看到很多海豚和鼠海豚，也抓了很多鼠海豚，将它们跟盐腌过的猪肉一起做成非常美味的香肠，这变成我们常吃的食物。海蛇也一样有很多，许多船员都会将海蛇做成营养美味的餐点。[7]

秘鲁涌升流是由来自南美洲大陆的离岸风推挤海水所形成的。风将来自南方的洪堡洋流（Humboldt Current）冷水团，从秘鲁带向离岸的加拉帕戈斯群岛，洪堡洋流也跟涌升流一样富含养分。在这两股强大的洋流，或其他水团交会处的开放水域周围，特别是在冷水团遇到暖水团的地方，会聚集起很多生物。科内特就是乘着洪堡洋流，从南美洲前往加拉帕戈斯群岛：

无数飞鸟与我们同行，我们也存放了很多海龟，但它们很快就变少了。我们继续大量捕捉鲣鱼、海豚、鼠海豚和黑鱼。之后，开始下起大雷雨，每天陪伴我们的是惊人的雨声和强劲的水流……在航程中，我们漂流在至少有近四里宽的洋流中，而且不知道这样的洋流何时会停下来。即使在6.5公里时速的航行中，洋流还是会经常改变船的航向，足足转了半个罗盘，而且与舵的方向相反，我只曾在挪威海岸边经历过类似的强大海流。在短短的距离内，这些洋流的出现，像是沉重的破碎机，冒着泡，如沸腾了一般。我们用336米长的绳子测试了好几次，都还探不到底。我也尝试计算洋流的流速和它的流向，它是来自西南略偏西的方向，以每小时 3.7 公里的速度流动。这些洋流是局部性的，不论是不是会受其所控，我们都会尽可能地避免再次遇上。鸟类、鱼类、海龟、海豹、翻车鱼和其他海洋动物的活动都保持在其边缘，洋流中经常可以看到一大片奶油色的"鲸脂"（水母和其他胶状浮游生物），而在秘鲁海岸观察到的，则多了一些红色色调。[8]

有些公海上具有高生产量的热点区域，可以从太空中看出来。1992 年，驾驶太空梭的太空人看到，在中太平洋上有一条线横跨海洋，于是就请海洋学家前往该区调查。这条线标志着南北赤道流的辐合带，这条宽十公里、长好几百公里的带状线，是浮游生物聚积的地方。在船上就可以看到这片区域就像是裂开来了一样，汹涌的波涛中有着明亮的绿色，这就是其中富含的硅藻。20 世纪初的探险家暨自然学家威廉·毕比，在《大角星号历险记》(*The Arcturus Adventure*) 中描述了他跨越一个位于太平洋中的辐合带的经历：

> 在探深、测温及用过早餐后，7：30，我上到舰桥，看到水中有一条朝向北方的线，很奇特。船长说，从黎明时分开始，船就已经跟这条线平行行驶了。我试着让"大角星号"转向这条线，结果发现了太平洋中的马尾藻海 (Sargasso Sea)。这时候，这条线就像是一座很长的水墙，使所有的漂浮物都在此停留堆积……
>
> 我尽可能地接近它，以便做更进一步的观察。我看到这条线由东北向西南一直延伸到两边的海平面。我们身处在这条线的南边，海水看起来有些暗沉，而且很不平静，但相对于北边的海水，已经算是比较明亮平缓了。"大角星号"最终跨越了这条裂缝，这条狭窄、充满泡沫且曲折的线横跨平静的海面，喷出白色的浪花，标示着巨大海流的交会处。[9]

这些处在海流通道中的海洋生物，连接大洋中生产力高的热点地区，在各处间迁徙，它们的移动受到自然界的控制。鲔鱼是公海迁徙物种中最终极的漫游者，太平洋长鳍鲔每年都会从日本外海游到太平洋东岸，迁徙超过 9000

公里。它们算准受浮游生物爆发吸引的众多猎物像鲲鱼和沙丁鱼出现之时，现身于太平洋两侧。大西洋黑鲔从直布罗陀海峡进入地中海再进入黑海的迁徙行为，古人早已清楚地知道，亚里士多德和老普林尼对此都有详细描述。地中海中的大型动物在迁徙时会靠近海岸，特别是在那些深水可以接触陆地且海流可以拍打到海岸之处。它们有时会留在眼力所及的海岸附近觅食或孵育长达好几个星期，甚至好几个月。日本海岸沉浸在温暖的黑潮之中，更往北，则混合了从鄂霍次克海和白令海来的冷海流。这些水域对鲸鱼和鲔鱼等在高生产力水域觅食的鱼类来说，就像是中央车站。灰鲸、海豹和鲑鱼从下加利福尼亚半岛、加州和无数条河流中，沿着北美海岸，向北进入白令海。巨型的洄游鱼类，包括剑鱼、旗鱼和马林鱼，沿着墨西哥和加州的海岸，季节性地往近海靠近，猎捕袭击大群的沙丁鱼、鲲鱼和鱿鱼。

＊　　＊　　＊

20 世纪早期，在大型鱼类出没的沿岸水域，捕捉鲔鱼和剑鱼等大洋鱼类的利润开始增加。一开始，休闲钓客的目标主要是大型鱼类，但它们的肉质要比其他鱼种逊色不少。大西洋黑鲔是现今世界上最有价值的鱼种之一，春季时可以在西大西洋看到。它们由墨西哥湾的冬季繁殖地，向北洄游到位于缅因湾和新斯科舍的夏季觅食处。它们乘着温暖的墨西哥湾流，汇流入向南流动且富含养分的拉布拉多冷水流。在春天时，这道海流在南北海流交会处，有大量的浮游生物生长，让海水变成绿色，也让这里充满了鱼群。

鲔鱼是鱼类的象征：它们的肌肉紧实光滑，加上其半月形尾巴，可以向两侧拍打出迅速的断奏，使它们可以熟练而毫不费力地滑水；其形似水上飞机的胸鳍轻弹扭转，迎向看不见的海洋微风，使其变得更为敏捷。

黑鲔是鲔鱼族群中的巨人。我曾在新斯科舍南岸的白点小屋（White Point Lodge）住过一周，熊熊燃烧的壁炉上方，有一个巨大的麋鹿头观察着会客厅，它的鹿角影子似乎充满整个房间。根据说明，当这头巨大的麋鹿还漫步在新斯科舍的森林中时，它的重量超过 450 公斤。麋鹿头的下方是一张 1930—1940 年代娱乐钓手的褪色照片，码头起重架上吊起的巨型黑鲔，使得站在一旁精疲力尽、露齿而笑的钓客们显得非常矮小。这些鱼的重量可达 700 公斤，并且超过四米长，连巨大的麋鹿都被比了下去。

高级黑鲔在拍卖市场上可以卖到一条 10 万美元，接着，餐厅会以高一倍的价钱售出。现在，几乎所有的黑鲔都会被迅速冷冻空运到日本，在东京最大的筑地鱼市卖出。在黎明前的黑暗中，买家在一排排僵硬的鱼中挑选，检查每一条鱼的颜色和脂肪含量，买家用食指和拇指揉捏一块鱼肉来判断，肥的鱼是最有价值的。仅在一天之前，这些鱼可能才乘着波澜壮阔的墨西哥湾暖流来到大西洋，它们的侧翼感到一阵凉爽的海水，跳跃在成群的鲱鱼之中，给鲱鱼带来致命的冲击。然而，1920—1930 年代间，尽管白点小屋的钓客们沉迷于在新斯科舍海域捕捉黑鲔，但是这种鱼却只被用来作为宠物的食品！不过，后来由于罐头制作技术的发展，罐头鲔鱼可以得到良好的保存，这为已经存在的鲔鱼市场创造出了新的产品，鲔鱼渔业于是便在北美西海岸发展起来，其主要目标是大的白肉长鳍鲔。不久之后，商业渔民就开始在东海岸尝试使用他们的渔具来捕捉黑鲔。1942 年时，著名的娱乐钓手基普·法林顿（Kip Farrington）曾感叹道：

> 东边的人也喜欢用鱼叉去镖刺巨型鲔鱼，虽然比起剑鱼，很难用这种方式捕捉到鲔鱼。我对这种所谓的"运动"没有任何评论；这种大鱼的价值只有每磅三四美分，在有剑鱼可以捕捉的情况下，没有什么理由去镖刺这些鱼。[10]

在法林顿那个时代，娱乐性与商业性目标鱼种的差异被彻底翻转。大型鱼类，也就是海洋中的顶端掠食者，被商业渔民当成主要猎物。1940 年代初期，美国人已经发展出品尝大型鱼类之道。新英格兰一年约有 1300 吨剑鱼被捕捞上岸，但是另有 1800 吨则是从加拿大和日本进口而来。[11] 直到第二次世界大战时，离开海岸去捕捉这些鱼类，成本仍然太高。黑鲔与剑鱼是新英格兰水域的季节性访客，它们来此捕食那些将墨西哥湾暖流和拉布拉多洋流分隔开、闪闪发亮的鱼群。在长岛、鳕鱼角和新斯科舍的岸边眼力可及之处，就能捕捉到它们，但在战争结束后，公海捕鱼的整个情况都变了。

当时，日本和苏联都急需食物，而且和平时代的大型船只也都需要工作。对日本人来说，捕鱼本就是他们的生活方式。1930 年代，日本成为全世界最大的渔业国，其渔获量足足有美国的两倍之多！[12] 日本人在白令海捕捞螃蟹，在南极捕捉鲸鱼，在中国南海和黄海捕捞石首鱼和鲷鱼。日本庞大的远洋捕捞船队在战时被迫应征参战，战争结束解编后又重新开始捕鱼。战后最初几年，日本渔业集中在岛屿附近水域，鱼源由于战时渔业禁令而受益，就像欧洲的鱼源一样。渔业技术进步迅速：可以装上船的冷冻设备，让渔船可以航往更远之处；更大的网，则让渔民可以更有效率地捕鱼；在公海上捕鱼的时代就此展开。

起初，在公海捕鱼的船队作业之处离家较近，但随后船长们发现更远的地方会有更多的渔获。在往后的数十年间，在公海捕鱼重复着跟在沿岸浅水域捕鱼一样的景况：远洋船队扩散到尚未开发的海域，那里的鱼又大又多；接着，越来越多的国家受到高获利的吸引，纷纷加入捕鱼船队。从 1950 年代到 20 世纪末期，日本延绳钓船队所记录的资料，让我们看到了渔业的转变和前所未知的细节。已故的兰塞姆·迈尔斯（Ransom Myers）和鲍里斯·沃姆（Boris Worm），以及其来自加拿大达尔豪斯大学的同事们，经过记录筛选，重建渔获努力的成长及扩张，以了解其对海洋鱼类的影响。

1950 年代中期，日本船队分布在整个西太平洋地区，从日本海到澳洲海岸，向东到达夏威夷和法属波利尼西亚。1960 年代，他们越过印度洋，进入大西洋，将巴西到西非的赤道水域都包围了。到了 1970 年代，他们的捕鱼处已经遍布全球，从西到东横跨太平洋、印度洋，及从纽芬兰到福克兰群岛的大西洋。由于各国相继都宣布了 200 海里专属经济海域，促使当时吨位更大的船只从沿海推进到国际水域。但是，1970 年代中期是变化的开始，在海上进行地毯式搜捕的船只，开始对某些区域弃之不理。多年过去之后，这些区域变大和转移，也加入了新区域，其他区域的某些部分则再次开始有了捕鱼活动。

迈尔斯和沃姆更深入地研究了捕捞记录，他们发现，在每个新开发的渔场，都在不断重复着相同的模式。一开始的渔获量都非常多，只要延绳钓渔船投下鱼线，马上就可以钓到鲔鱼、剑鱼、马林鱼和旗鱼，但初期的成功很快就消退了。在迈尔斯和沃姆所考察的九个公海捕鱼区中，在开发的第一个 15 年后，渔获率下降了 80%。[13] 这也难怪船长们会把他们的船只开往距离港口更远的地方去找鱼。为了维持渔获量，渔民还采用了增加渔获努力的古老伎俩。现今的公海延绳钓鱼线可以长达 100 公里，其上布满 3 万个鱼钩，他们从南到北、由西到东，在海洋中布下了致命的天罗地网。

除了高价值的目标物种，延绳钓渔船也捕捉了数百万条鲨鱼。鲨鱼是野性的缩影，人类总是对它们存在着恐惧和敬畏。1899 年，威廉·麦金塔选择了用大青鲨作为《海洋资源》一书的书封，把它说成是"经常成群破坏渔网和鱼钩的物种，并且藐视人类的影响力"。许多人仍然认为鲨鱼就是这个样子，但是，时代早已改变了。在麦金塔生活的那个年代，海洋中充满鲨鱼，它们追逐着挤在海岸边的大群鲱鱼、鲭鱼和毛鳞鱼。几个世纪前的探险家、商人和冒险家们，不断地重复叙述着他们的船边跟着体型巨大、数量又多的鲨鱼群，但在 20 世纪后期，鲨鱼已经从掠食者及人类抓鱼的竞争对手，转变成人类的猎物。

鲨鱼时常被延绳钓误捕，此类混获（bycatch）也困扰着渔民。1950 年代，渔民会将绳子切断，然后把它们丢回大海，或是先打死它们，再弃置一旁。现如今，由于将鲨鱼鳍视为珍馐的亚洲国家日渐富裕起来，鲨鱼开始有了价值。目前整个公海都在猎捕鲨鱼，这也给鲨鱼造成毁灭性的影响。在一项渔业研究中，保护人士斯图尔特·皮姆（Stuart Pimm）在船只航行穿过太平洋东部后，很惊讶地发现，几乎每一头被抓到的鲨鱼的下巴上，都挂有一个或多个鱼钩。这些都是幸运儿，它们曾经逃脱掉被捕捉的命运，而其他被抓的就没有这么幸运了。有些延绳钓船只在抓到它们后，会将它们压在甲板上，活活地将它们的鳍切下，再把它们丢入海中任由其慢慢死去。迈尔斯及其同事也利用延绳钓渔业的资料，记录了鲨鱼丰富度下降的情况。广阔的海洋世界已经失去了 90%以上的鲨鱼，其中有些种类，例如污斑白眼鲛，受冲击的程度尤为严重。这种鲨鱼曾经攻击过在作战中沉没的海军船员，它们在墨西哥湾的数量已经缩减到原来的一百五十分之一，而且很可能在其他没有数据的地方也有类似的缩减幅度。而在不久之前，它们可能还是世界上最常见的大型动物之一。

就像其他公海渔业捕捞的物种一样，鲨鱼的体型也变得越来越小。这是因为渔业会优先选择较年长且较大的鱼，从而让族群的组成变成以较年轻的动物为主。1950—1990 年代，墨西哥湾的污斑白眼鲛体型下降了三分之一；尖吻鲭鲨的大小也减少了一半；灰真鲨小了 60%；镰状真鲨更是惊人地缩小了83%。[14] 在太平洋，麦金塔在其书中提到的大青鲨，尺寸也小了一半。[15] 然而，平均体型缩小会大大降低族群的繁殖力，因为相较于小的动物，体型大的动物较为多产。

鲔鱼并不是唯一受到公海渔业作业影响的目标物种。被称为"死亡墙"的流网可以长达 90 公里，因其无选择性的屠杀，已经在 1992 年被联合国明确禁止使用。但是，取而代之的大型延绳钓渔船，同样造成了非目标鱼种的高死亡率，数千只赤蠵龟、革龟、榄蠵龟因而被屠杀。在饵料不被饥饿的鸟儿误食的新方法发明出来以前，还会有各类的信天翁跟着遭殃 ①。太平洋中的革龟，距离灭绝只有几步之遥；革龟是现存最大的爬行动物，其重量可以超过 700 公斤，长达 2.5 米；这些无害的、以水母为食的海龟，并不会误食鱼钩，但是，它们一旦被延绳钓的绳子缠住就会溺毙。革龟会回到太平洋的海滩筑巢，这是估计其数量的最好时机，它们的数量已从 1980 年的 9 万只，下降到现在的不到 5000 只。革龟甚至已经从一些原先的聚集地完全消失了。

沃姆和迈尔斯参照延绳钓捕获的数据，用另一种方式来看在公海上捕鱼所造成的影响。他们计算每 50 个鱼钩会抓到不同族群的数量，像鲔鱼类、剑鱼类，并在全球海洋上标记这样的现象。他们的研究发现，丰富的海洋掠食性动物聚集之处是可以预测的，相对于此，其他地方的物种则相当稀少。有着高度生物多样性的地方，就像是海洋的十字路口和生产力热点，比如像冷水流和暖水流交会的地方；这些地方包括离开加勒比海向北流动的墨西哥湾流其所流经的中大西洋的佛罗里达州东部，澳洲东北部的珊瑚海，中太平洋东部，以及与日本黑潮交界处的海洋。这些生物聚集的地方，同样也吸引着从世界各地

---

① 对信天翁的屠杀并未完全停止。有一支活跃的大型非法捕鱼船队在公海上漫游，其船员对于因捕捞作业而死的野生动物无动于衷，而且也不愿意使用人道渔具。在非法渔业受到管控之前，有些本不至于丧命的海上野生动物，仍会持续不断地枉死。

而来的渔业，去伤害生活在那里的动物。让人担忧的是，虽然各个区域的具体状况有所不同，但从 1950 年代到 1990 年代，它们的物种多样性都已降低了 10%—50%，捕鱼正在使全球海洋变得贫瘠。2005 年，在这项研究结果发表之后，沃姆谈到了他发现这些海洋绿洲的感想：

> 解开了一个很难的谜题，就像是第一次看到夜空中的星座，即使许多星光已灭。美丽与悲剧同时存在……无论你走到哪里，在每一个海洋盆地，我们今天所看到的"热点"，都不过是那些曾经存在的残迹。[16]

渔业一步步地改变公海。巨型掠食性鱼类如今正在步上庞大鲸鱼的后尘，一个地方接着一个地方、一个物种接着一个物种地消失；混获正在造成波浪中的巨型生物死亡，包括革龟、海豚、鼠海豚、鲸鲨、信天翁……这份死亡名单很长很长。革龟有着长达一亿年的演化历史，而今，我们却让它们处于濒临灭亡的边缘。究其因，只因我们对鲔鱼、旗鱼和马林鱼有着肆无忌惮的欲望。

捕鱼造成了一些令人意想不到的后果，例如鲔鱼在追逐猎物时，会将小鱼成群追赶至海水表面，使它们无处可逃，海鸟来到这处鱼多到像是水沸腾般的地方，很容易就能捕食到这些从深海中被驱赶到浅水区的小鱼。当鲔鱼数量下降后，小鱼在水表聚集得像水沸腾般的现象也跟着减少了，鸟类也难以在此捕食猎物；现在，有些鸟靠吃渔船上丢弃的下杂鱼为生，但有些鸟就得挨饿了。虽然还是有些物种由于竞争对手被清除而从这一食物网开放出来的空间中得利，但就像在沿岸海域一样，整体趋势是减少的。我们只能猜测，如果公海的渔业继续如此不受约束，一切都将惨淡收场！

1970—1980 年代，世界各国纷纷宣告自己拥有 200 海里专属经济海域，三分之一的海洋首度由国家来控制。在这些水域中，珍贵的自由被限缩了，因为各国都想要限制其他人取得属于它们的渔业或是像石油和天然气等资源。在经济海域以外，盛行于这些水域中的自由，自 17 世纪以来，几乎没有发生过改变。现在，公海受到联合国海洋法下的国际渔业协定约束，由各区域的渔业管理组织负责管理。这些组织理应控制公海的捕获量，并且负责保护鱼源，但在大多数情况下，这些管理都是无效的，像大西洋鲔类资源保护委员会（International Commission for the Conservation of Atlantic Tunas）就是其中一个例子。而且，就像在 16、17 世纪一样，公海上仍有很多不受约束的海盗和无视法律与规定的海盗渔船，受到还能谋取巨大利益的引诱，捕捞了估计可达半数的全球公海渔获总量。他们船上悬挂的旗帜，是向没有签署公约来保护公海的国家买来的。他们暗中把渔获偷渡上岸，就像在国际间走私毒品一样有利可图，而这一切都被那些保持缄默、不在乎在其境外发生了些什么事的国家所庇护。就目前的情况来看，直到失去控制之前，公海上能有合理渔业管理的希望并不大。

如果基普·法林顿今天还活着，不知他会如何痛心失去了他最爱的大型鱼类！新英格兰和加拿大东部水域，已不再有大群巨型黑鲔和剑鱼的身影。我们很难知晓，现在的黑鲔数量，跟在两次大战之间的繁华时代相比，差异究竟有多大。名不副实的大西洋鲔类资源保护委员会，从 1970 年代开始记录鲔类捕获量，从那时候起，黑鲔的数量已经减少了 90% 以上。但是，它们并不是从 1970 年代才开始减少的。这一渔业在 1970 年代之前超过 40 年前就开始了。根据兰塞姆·迈尔斯和鲍里斯·沃姆的估计，1970 年代之前，鱼源减少数量的保守下限，是在开始捕捞的第一个 15 年间就减少了 80%；这样算起来，1940 年代的每 50 条鱼，折合到现在只有 1 条。这些帝王般的鱼还残存的部分，如今正在遭到那些法林顿抱怨的镖鱼手的后代们比以往任何时候都更加无情的追捕。现在，这些鱼的价格是如此昂贵，以至于足以支付雇人开着飞机或直升机巡视海洋看到鱼后就引导渔船前往捕杀的成本。很明显，这已经不是在捕鱼了，而根本就是在灭绝一个物种！

21 第二十一章
亵渎最后的伟大荒野

1967 年，我学会了捕鱼；对当时只有 5 岁的我来说，那是一个天堂般的夏天；在那个夏天，我花了很多时间，趴在距离我家不远的苏格兰高地上一处池塘边的草地上。我凝视着浅浅的水滩，然后就成为与水中生物同在的一分子，在泥巴和水草间追逐着它们稍纵即逝的生命。我跟踪拖着卵石状和棒状身体匍匐前进的石蛾幼虫，穿过覆满腐叶土的洞穴和峡谷。我看着有角的幼虫拖着身体爬上芦苇，蜻蜓脱离它们在水中的幼虫期。但是，最能吸引我注意力的是刺鱼，它们是我的猎物。雄刺鱼有着鲜艳的红色肚子，吸引着雌刺鱼和像我一样的小男孩。一整天下来的成果，就是果酱瓶中愤怒面孔的数量。

在离我的池塘很遥远的世界上，披头士的知名度达到巅峰，而冷战也笼罩着世界。苏联的捕鱼船队全面地在公海上寻找可以开发的新鱼源。当美国人成功地登上月球时，苏联则在探索地球上最后的荒野，成为在超过 1000 米深、有着无尽黑夜的水域中捕鱼的先锋。他们的努力标志着第三次也是最后一次拖网革命。第一次革命，本书前面已经讨论过，是由 14 世纪发明的拖网所揭开的；第二次革命则是 19 世纪后期的蒸汽动力拖网渔船。

苏联的第一艘深海拖网渔船，用更大的绞盘和增加缆绳的长度与强度，简单地改良了那些已经在大陆架上使用的拖网。1960 年代中期，苏联、波兰和东德的渔业调查船，系统地探查了大西洋和太平洋，从大陆的两侧，用回声探深仪和拖网横扫整片海洋。在接近冰点的大西洋深处、浅水区拖网鞭长莫及的区域中，他们发现了大量可供开发的物种，像马舌鲽（台湾俗称扁鳕）和圆吻突吻鳕（roundnose grenadier）。拖网拖过这些未曾开发过的渔场，每小时就可捞捕 15—30 吨的鱼，让 20 世纪中期的渔民们尝到了祖先们在 19 世纪浅水海域中捕鱼时所获得的成功滋味。马舌鲽鱼看起来比在大陆架上捕捉到的大比目鱼颜色更深也更瘦一些，而它们马上就有了一个现成的市场。至于圆吻突吻鳕，有着钝形的头、凸出的大眼，以及鞭状的细尾，比较不为大众所熟悉，但在味道上，它却毫不逊色，渔业科学家描述它的肉质"可口、细腻，比鳕鱼更嫩"[1]。这种鱼体型又大，肉质又紧实。苏联共产主义下的消费者，即使排着一眼望不到头的队伍，也是耐心等待，并无怨言。

受到初期成功的鼓舞，很快就有拖网渔船队开始在公海上作业，给巨大的海上水产加工船提供渔获进行处理。一开始，他们在泥泞的大陆坡，也就是大陆架向下陡降到大洋深处海沟的泥泞斜坡区域进行捕捞作业。但是，粗糙的地表会使拖网破裂。早期参与调查的俄罗斯渔业科学家潘车尼克（Pechenik）和特洛伊安诺夫斯基（Troyanovskii），描述了他们在北大西洋边缘所遇到的各种不同海床："在大陆架边缘和大陆坡上半部，大约 800—1000 米深的地方，到处都是砾石、卵石，或是大石头。几乎到处都有海绵，有些地方则有珊瑚。"[2] "这些由大石头、珊瑚和海绵结合而成的复杂的海底构造，让渔具很难在冰岛南方的大陆坡上运作，拖网被缠住、撕裂的情形，在这里经常发生……在［拉布拉多大陆坡］的某些区段，约 800—850 米深的地方，珊瑚对拖网造成很大阻碍。"[3]

一定要想出一些办法来解决这样的问题。没过多久，网具就得到了改良，用沉重的钢和橡胶制成的滚轮和链条，取代了在浅水区拖网上较小的滚筒和拖底链。于是，拖网现在就可以"跳跃"着穿过崎岖的区域，通过岩石、珊瑚或是海绵等障碍物，这些海底障碍物都会在拖网行经的路径上被刮倒。这样的渔具被称为"滚轮式底拖网"（rockhopper gears），可以在海底山的两侧和尖端区域进行捕捞，由此也开发出了更具经济价值的渔场。

深海的生产力甚至比公海还低。大多数生活在海沟的动物，几乎完全依赖来自浅水区的食物，像在阳光可及处水中植物所产生的有机物质，以及动物尸体和植物上飘落的一点点食物。这些有机物从阳光可以照射到的水层，像雪花般下沉到黑暗中。有些动物则会更加积极地去寻找食物，在夜晚从深层水域上升到浅层水域觅食。虽然养分贫乏的公海海域生产力很低，食物来源非常有限，但它们仍然提供了海洋食物网中的一个重要环节，将食物从海洋表层带到深海中殷殷期盼的掠食者口中。

泥泞的海底平原就跟大陆一样广大，覆盖了大部分海底区域。但当地形单调的海底平原两侧向中央推挤出海底山，将它的顶峰推到交叠的水层上时，就会制造出一个像口袋一样的高生产区域。海流在海底山的四围循环，与来自表层的海水混合后，形成巨大的回旋，将海床上的养分带到表层。海底山由于可以将养分带到海表面，形成了像绿洲一样的高生产力区域，从而吸引着无数的野生动物。对鲔鱼之类的物种来说，这些地方是它们迁徙穿越大洋时的航点和补给站。来自日本的长鳍鲔，会在夏威夷的海底山上停留数日，在温暖的表面海水和冷凉的海底山坡水域中来回下潜，在继续自己的旅程之前先进行觅食。信天翁飞行数千英里，追捕那些在海底山坡上回旋水流中的鱼类和鱿鱼，然后将猎物带回到遥远的小岛栖息地，喂食等待中的幼雏。

流经海底山的海流带来食物，就像是一条永不停止的输送带，将广袤海洋中的产物，分送给生活在这周围的动物们。这使得海底山区域能够维持数量很多的鱼。例如，1960 年代末期，苏联渔民发现，数量庞大的李氏拟五棘鲷（pelagic armourhead）群聚在夏威夷的海底山周围。[4] 李氏拟五棘鲷看起来就像是热带的笛鲷，背部高高耸起，胖胖的，有着深色专注的双眼，其银灰色的身体像幽灵般与灰蓝色的深海融为一体，拖网渔船可以很轻松地舀起一群群挤在一起的李氏拟五棘鲷。苏联人发现了这样一个金矿，然后，渔业开始爆发式地发展，苏联和日本的渔船每年都会捞捕数万吨的鱼来换取现金。但这个鱼矿在崩坏之前，仅仅持续了 10 年。1976—1977 年间，渔获量从 3 万吨下跌到仅剩 3500 吨，之后就再也没有恢复过。但是渔民却并不为此所动，因为估计至少有 8 万座以上的海底山分布在世界各地的海洋中，所以他们仍能保持乐观心态。

　　大多数在泥泞大陆坡上活动的鱼类并不适合人类食用。因为在水流很弱的深海中，它们不大需要强有力的肌肉。而且它们所能获得的食物非常贫乏，难以维持高活动力的生活，它们水水软软的肉很不好吃。由于油脂含量很低，它们也不常被制成动物饲料。相比之下，渔民对海底山更有兴趣，而且海底山的鱼类也较受人欢迎，因为这里有着强劲的水流，所以在此生活的鱼类，肌肉特别发达，加上这里的食物营养丰富，从而很好地滋养了海底山的鱼类。

　　下一个鱼矿是在新西兰海域。苏联船只在查汉姆海岭（Chatham Rise）800—1000 米深处捕捞时，碰巧遇上了具有商业价值的鲜橘色鱼群。这种从背部到腹部都很宽的鱼，有着强健得像是披了盔甲的头，像猫头鹰般专注的眼睛，向下弯曲的嘴，虽然它们只有 70 厘米长，但却很粗壮，而且肌肉发达。[5] 新西兰人很快就加入苏联船队追捕这种鱼，离开沿海区域，去探索他们国家周围的海底峡谷和山脉。

　　想要销售这种长相奇特的鱼，首先就得帮它换个名字。科学家给它取的学名是"大西洋胸燧鲷"（*Hoplostethus atlanticus*），属于燧鲷科（slimehead）。但是，不论燧鲷鱼片包装得如何精美，使用这个名字都很难让消费者把它放到手推车上；不过，若是将其改名为"橘棘鲷"（orange roughy），对消费者就会很有吸引力。它们紧实如瓷器般的肉质，在货架上看起来很不错。更好的是，它能承受几次的退冰跟冷冻都不会腐坏，这让它成为像鳕鱼这类浅水鱼很理想的替代品。橘棘鲷的味道实际上并没有什么特别之处，然而，经过处理之后，裹着面包粉的鱼片、鱼饼和炸鱼条的销量却是非常不错。

　　查汉姆海岭是一座水下山脉，绵延在新西兰南岛以东，范围跟南岛的面积一样大，其最高峰在海下 500 米左右，是深海底拖网可及之处。于是，渔民迅速准备好深海捕鱼的器具，渔获量也随之猛增并在 1980 年代中期达到每年 5 万吨。新西兰的成功，诱使澳洲渔民也开始在塔斯马尼亚试试他们的运气。艾伦·巴尼特（Alan Barnett）是第一拨在那里抓到橘棘鲷的渔民之一，1989年，他在塔斯马尼亚东边大陆架边缘一座名为圣海伦山的海底山挖到了渔矿。圣海伦山是一座圆锥形的死火山，位于深度超过 1 公里的海床上方 600 米处。就像许多具有商业价值的深海物种一样，橘棘鲷也在海底山周围聚集产卵。圣海伦山是鱼群交配混战的区域，渔船可以利用声纳发现密集的鱼群，然后下拖网将它们捞起。只要下网下对地方，只需要几分钟时间，就可以捕捞到五六十吨的鱼。一位渔民说，初期在这里抓鱼非常容易，只要在水中拖一个布袋[①]，就可以抓到鱼。[6] 在头一年，圣海伦山区域的橘棘鲷渔获量达到了 1.7 万吨。被捕捞上岸的鱼的数量更是惊人，挤满了所有的冷冻设施，满载的卡车甚至得将渔获拉到垃圾掩埋场丢弃。

　　捕捞得实在是太多又太快了。早期的渔业管理者，既不了解橘棘鲷，也没有管理深海渔业的经验。不过，新西兰的渔业管理者认为，捕捞还是应该有所节制，于是他们便依据其对体型大约相当的浅海鱼生物学的了解来设定捕捞配额。他们假设，深海鱼类和浅海鱼类，除了居住的深度不同，其他各方面都一样；但是后来的事实证明，生活在深海的鱼和生活在浅海的鱼有很大不同。橘棘鲷是一种奇怪的鱼类，当它们从一个个的海底山区域被捞起后，渔获量很快就垂直下跌。原来，这种鱼被捕获时已经非常老了。虽然海底山是高生产力的热点，但这只是相对其他深海部分而言。在黑暗而寒冷的区域中，生命的步调非常缓慢。科学家们一开始用鱼鳞上的环状构造错估了橘棘鲷的年龄，对浅海鱼来说，由于一年中生长速率的改变，使得它们身上的鳞片会有特殊的年轮，但在橘棘鲷的鱼鳞上形成年轮则需要更长的时间。根据封存在鱼的耳石中的放射性同位素测量结果，提供了正确的鱼龄估算。结果显示，橘棘鲷可以活到至少 150 岁！那些在鱼贩摊位上出售的鱼，对人类来说，其年龄相当于老年人！此外，这种鱼直到 22—40 岁才会进入生殖成熟期。

　　这样长寿而晚熟的组合，使得它们跟其他鱼类一样，难以逃脱过渔的命运。此类物种的数量和成长率都很低，对于需要可持续发展的渔业来说，必须遵守的一个原则是：鱼类被捕捞的速度，不能高于它们可以自行补充的速度。由于橘棘鲷生长速度缓慢，能够维持它们可持续的捕捞量，大约是每年其族群数量的 1%—2%。它们会在海底山周围聚集的特性，导致它们很容易被发现和捕捞，从而增加了其被过渔的风险。再加上它们多是在产卵场遭到捕捞，更是

---

① 这里说的布袋（chaff bag）指的是布制的小型袋子，通常用于农业上，用来分装种子、饲料和植生废弃物。

加重了问题的严重性。浅海中的物种在聚集产卵期间特别脆弱，例如温带海洋的鲱鱼和热带的石斑鱼，在其产卵期通常都会季节性或区域性地限制捕捞。具有讽刺意味的是，在深海渔业中，渔民却可以毫无顾忌地捕捞因产卵而聚集的鱼类，以确保有足够的渔获与收益。

深海渔业捕捞的速度远远超出了可以维持可持续的数量，族群的崩溃势不可免。十年之内，澳洲和新西兰的渔业就陷入困境，渔获量急转直下。渔业管理者努力想要遏止渔获量下滑，于是将配额量订得更为严苛。到了1990年代后期，澳洲的棘鲷热潮就结束了，每年的渔获量下降到大约几百吨。新西兰的渔业相对比较稳定，但也只是因为其深水渔场较为广大。渔获量在1990年代下降后，维持在每年约1.5万吨。然而这种稳定并不是通过管理控制，而是经由一连串新渔场的过渔。当所有的新渔场都一一被发现并被捕捞殆尽后，新西兰的橘棘鲷渔业将会踏上和澳洲一样的末路。

深海原本不受这些问题干扰，但在1980—1990年代间，深海渔业却在世界各地蓬勃发展。由于浅海渔业鱼群的数量下滑，以及越来越多的规定限制，使得特别是像欧洲的渔民，从大陆架转向深海捕捞。对于胸怀壮志的年轻船长来说，没有配额限制的深海，不仅可以谋生，甚至还是可以发财的好地方。而对于投资的银行家来说，深海提供了具有吸引力的回报，而且比传统渔业所冒的风险更小。于是，带着新式巨型拖网的渔船船队便启航了，每艘都价值数百万美元并配备有高度先进的定位仪器，用来找鱼和抓鱼。

在北大西洋，这些超级拖网渔船再度无情地在先前苏联和东欧船队打开的伤痕上进行作业。1960年代充满商业希望的圆吻突吻鳕，在大西洋中被铲除一空，许多渔业科学家都担心这个物种的数量已经低于它们能够恢复的边缘。大西洋的橘棘鲷数量，比澳洲和新西兰海域的还少，而其渔获量在五年内先是暴增跟着又暴跌。30年后的今天，深海渔业的目标物种来了又去，就像早期一连串浅海鱼类遭受过度捕捞的过程，正在以快转模式被重复放映。不同的是，即使我们已经停止捕捞，深海鱼类却也较难复原，因为它们生长缓慢，繁殖较难成功，加上拖网持续不断地损坏其栖息地，都削减了它们能够从数量枯竭中恢复的能力。

关于拖网渔业给鱼类及其栖息地造成破坏性影响的投诉，在 20 世纪初期陷入了沉默。也许，在整个世界的浅海大陆架上隆隆前进的拖网，似乎是无可避免的。而渔民则认为，对于这种不可抗拒的未来，并没有什么好争辩的。但他们之所以停止抗议，或许是因为有证据表明，损害也在随着时间而减少。第一艘拖网渔船进入无人捕捞过的渔场，摧毁了那些历经几十年、甚至几百年才形成的海底生态。在最初几年，底拖网的拖动，将原本满是珊瑚、海绵、海扇和海葵的海床，变成由泥巴、卵石、海星和蠕虫组成的海底。虽然后来的拖网继续捕捉了许多体型过小的鱼，然而，最糟糕的破坏后果已经出现，最脆弱的鱼类早就被清除一空，无法再捕捞到众多的数量。在 20 世纪后期，深海渔业这种破坏原始区域的渔捞方式，重新点燃了对使用底拖网捕鱼的争议。

最有利可图的深海渔业目标，是在具有重要生物意义的区域，包括海底山、峡谷和山脊。大多数深海栖息地都被泥巴覆盖，但在这些地方，强劲的海流足以把沉积物带走。海流带来的食物，供给群聚的鱼类食用，并维持着数量丰富的滤食性动物，包括珊瑚、海绵、海扇、水螅和无数其他脆弱的物种。苏联渔业科学家之所以会记录下这些动物，仅仅是因为它们在 1960 年代会对捕鱼构成障碍。[7] 但是近年来，由于潜艇灯的灯光束照亮了海底山坡的面貌，人们这才发现这个地方是一座有着无脊椎动物、华丽而丰美的花园。1990 年代中期，美国的潜水艇经过了阿拉斯加海底山的两侧，科学家们遇到了美得让人快要窒息的珊瑚林。亮橘色的水螅挂在赭黄色的海绵上，像精致的叶片随着巨浪起伏；礁岩上，柳珊瑚的红色扇叶向上伸展，像迷宫般有刺的水螅体随着微风般的水流，让浮游生物在其中漂动；黑樱桃色的阳燧足，紧抓住一个亮粉橘色的珊瑚分枝，在一瞬间就弯起它错综复杂的腕；体型细长的螃蟹，蹑手蹑脚地跨过成堆叠起、有着坚硬外壳的薰衣草色海鞘。在这片林地中间，受到聚光灯惊吓的鱼，先是停住不动，跟着便轻摇闪亮的鱼尾，向下潜入黑暗之中。

面对这样一幅生机勃勃的景象，很难想象 18 世纪时的人们会认为深海中没有生命存在。当时睿智的人们认为，没有生物能够承受得住深海中足以压碎身体的压力、永远的黑暗和海沟中如同北极般的冰冷。在《欧洲海域自然史》（*Natural History of European Seas*）一书中，博物学家爱德华·福布斯

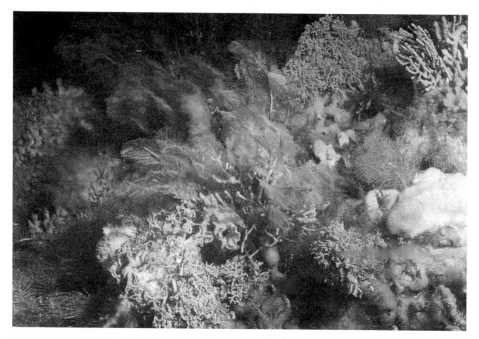

丰富的动物种类，包含珊瑚、海扇、海绵和无脊椎动物，覆满着阿拉斯加阿留申群岛中阿黛勒岛（Adale Island）的水下山坡。这一幕是通过潜水器窗口拍下来的，呈现出从未受到底拖网袭击的区域。[图片来源：阿尔贝托·林德纳（Alberto Lindner）/ 美国海洋暨大气总署]

（Edward Forbes）用网和耙网来探测深海的深度，他探测到了 615 米。福布斯是不列颠群岛中的曼岛人，他在 1850 年代总结了当时所知的情况：

> 我们所在区域的深海中，最终也是最深的地方，有着深海珊瑚，欧洲大洋中的这些植形动物，因为有石化的特征，而被如此命名。在这么深的地方，奇特生物的数量很少，但却足以呈现这个区域的特色……当我们下潜到更深处，那里的生物越来越多变，也越来越少，表明已经逐渐靠近海底深渊，在那里，生命要么是不存在，要么就是仅有微乎其微的生命火花，证明生命的存在。它的极限还未可知，在这片广袤的深海区域中，还有最美好的地方等待着深海探险去发现。[8]

福布斯没能更进一步参与深海探勘，1854 年，39 岁的他，眼看就要获得爱丁堡大学的教授职位时却过世了。如果他还活着，一定会参加第一次深海大勘探——"挑战者号"（Challenger）的探险。皇家海军舰艇"挑战者号"于1872年从英国的朴次茅斯港启航，在海上航行超过三年时间。这艘船环绕整个地球，并煞费苦心地放下钢制的颚，在空中抓紧再放开达数百次之多，在其所到之处，甚至是最深的海底，都带回了有生命存在的证据。

深海生物终于获得确认，从那时候开始，许多国家都加入了深海探索。经由这些探险活动，人们记录下了深海中的生命，开始认识我们这个星球上深不可测的海洋。深海很快就被证明是地球生物生存的最大空间，也就是说，生物圈中95%的生命都在深海。只是让人无奈的是，大部分时候，当这些动物被带上海面时都已濒临死亡，并且往往因为快速减压，使得它们的外型被扭曲得非常可怕。没有人见过它们生活在深海中的自然面貌，直到美国探险家威廉·毕比和他的同伴欧提斯·巴顿（Otis Barton）决定亲自去探访深海生命。1930年代初，他们开发出能够带着他们潜入深海的"探海球"（bathysphere）。这个球体是由四厘米厚的钢所制成的，虽然不太舒适，但却足够装得下两个男人。这个球体由钢缆悬挂在船的底部，他们在里面蜷曲着身体，透过两个约八厘米石英玻璃的小舷窗来观察海沟。1934年，在百慕大外海，"探海球"成功地下探到大西洋的800米深处。毕比记录下了他们潜入深海的体验：

> 随着深度越来越深，只有微光，我们会说这仍然还有点亮。在我看来，这就像是一道快要熄灭的恐怖火焰。我发现，我们都期待着光线被吹灭、进入绝对黑暗的那一刻。但是，只有在你把眼睛闭上再睁开的时候，你才会意识到从深蓝色转变到更深蓝色的过程缓慢得可怕。在地上满月的夜晚，我总是能想象到黄色的阳光和盛开的鲜红色的无形花朵，但在这里，当搜寻用的光线关上，黄色、橘色和红色都无法想象，整个空间充满蓝色，没有任何思绪可以想到其他颜色。[9]

再往下深潜，他们遇到了充满生命的水层：凝胶状半透明的樽海鞘，它是一种像海鞘的动物，仿佛缎带般挂在海中；飞奔过的虾子；被强光灯吓呆的鱼；好奇的鱿鱼，和无数微小的桡足类和浮游生物。关上灯后，他们发现，像星座般的鱼类和浮游生物点亮了黑暗，它们在虚无中，用无声的蓝色、紫红色、粉红色、纯白色的脉冲光彼此沟通。毕比继续写道：

> 有时候，未知生物所发出的光线是如此明亮，我的视线因此昏花了好几秒。在一般情况下，这里有着丰富的光线，会让人无可避免地想到晴朗、没有月亮的夜空星星。它们不断移动，让人搞不清它们前进的方向，因而无法集中视线，但在经过一连串的努力之后，我开始可以明确跟随这些互相有关联的光线，在很多情况下，最后可以看出鱼类的轮廓。[10]

毕比和巴顿开启了由人类操控载具探索深海的时代。接下来的几十年中，探险家和科学家们拜访了海底山和峡谷，在海洋深处乘着墨西哥湾暖流，并于1960年碰触到最深的海底——位于太平洋马里亚纳群岛附近马里亚纳海沟的“挑战者深渊”（Challenger Deep）。这道深达10920米的海沟，在轻易装下珠穆朗玛峰之后，仍有很多剩余空间。而即使在最底层的世界也仍有生命。领航员雅克·皮卡德（Jacques Piccard）和唐·沃尔什（Don Walsh）在其1960年的航行中，在海沟的底部休息时，看到了一条鱼、一只虾和海参爬行的痕迹，这才终止了人们认为在最深的海底不可能有生命存在的想法。

1970年代，深海科学家已经开发出了更便捷的方法来到海底：通过建造可以拴在母船上的遥控潜水器（ROV）下潜，然后由在母船上的工作小组操控。当时生物学家已取样的地方只是深海海底的万分之一，仍有许多地方在等待着人们去探索。人们开玩笑地说，我们对月球阴暗面已有的了解比深海还多。遥控系统大大提高了勘探的速率，再加上与载人潜水器相结合，令人兴奋的发现一个接着一个出现。1977年，海洋科学家们搭乘“阿尔文号”（Alvin）在加拉帕戈斯群岛附近2000—3000米深的海底巡航时，发现了深海热泉（hydrothermal vents）。这些热泉喷出黑色、富含硫黄的水，温度高达摄氏300℃左右。如果是在陆地上，这样的水早已经滚了，但因为深海高压的关系，使得这些水不至于沸腾。“沐浴”在炎热而富含矿物质的水中的生物，是非常丰足的，像血红色的管虫、巨大的白蛤、红色的虾、苍白的龙虾、排列紧密的棕色贻贝，和其他许多生活在这里的生物，让深海生物学彻底改观。最初的时候，这些生物如何在这里幸存下来是一个谜，后来一位哈佛大学生物学家发现，它们与一种细菌共生，这种细菌可以在没有光线的状态下，将硫化物转变为能量和食物。现在，已知的深海热泉，遍布海洋各处。

一直到过去十年左右我们才意识到，北大西洋深海的冷水区域有着大量的珊瑚礁聚落。爱德华·福布斯早在19世纪中期就已清楚地知道有深水珊瑚，但他并不知道它们会聚集成礁。早期的拖网渔船船长都知道在深海中哪里有大片的珊瑚生长，因为珊瑚会扯坏他们的渔网。1920年代，法国科学家茹班（M. L. Joubin）发表了一篇文章"深海珊瑚：拖网渔船的麻烦"（Deep Sea Corals: A Nuisance to Trawlers），标注了分布在欧洲大陆架边缘的珊瑚，好让渔民得以避开那些高风险区域。

> 过去几年中，法国渔船船主大幅增加船只的吨位和马力，这让他们能够操纵拖网抵达以前从未到过的深海区域。
>
> 在冰冷黑暗的海水中，大约是从水深200米处开始，他们遇到了分支状的珊瑚。这些珊瑚由极其坚硬的石灰石所组成，它们有着白色而尖锐的边缘；其坚硬度像瓷器一样，网子会因此被撕裂，并挂在珊瑚上头；它们所做的最微不足道的坏事，就是它们里面充满着断裂的枝干，让拖网无法在此作业。有一天，"须鳉号"（Tanche）的拖网，仅拖了一次网，就捞起了五六吨的断裂枝干。[11]

一直要到1980年代，北海石油企业用遥控潜水器擦过海床来绘制海底地图以便安排管线路径时，这些壮丽的珊瑚礁才最终被展现出来。有些绵延数十公里的珊瑚礁聚落，是珊瑚在满布沙砾的海底山脊上，以每年几厘米的速度，花了几千年时间才建成的。这些珊瑚礁是千余种物种的栖息地，也是许多具有重要商业价值的鱼类和其他人类不太熟悉的生物的家。

在这寒冷、如同仙境般的美丽珊瑚中，挪威科学家发现了一个令人不安的事实：在他们到来之前，已经有人早先一步发现了这里。遥控潜水器沿着珊瑚礁的边缘航行，发现活珊瑚突然消失，取而代之的是碎石和沙粒。在有些地方，几米长的巨大的珊瑚礁块被拖起来，翻到旁边的活珊瑚上。在海扇和海绵中间的空隙中，有像大镰刀割出的深沟横跨海底。没过多久，他们便看到了顶端缠着撕裂拖网的珊瑚礁，以及沉重钢制拖网门拖行通过珊瑚礁后切出的沟槽，发现罪魁祸首就是拖网捕捞。他们计算的结果是，有30%—50%的挪威深海珊瑚礁已经受到20世纪后期拖网渔业的严重损伤或毁坏。就像在茹班的文章中所呈现的，在现在这波深海底拖渔业开启之前，浅海的珊瑚礁很可能已经遭受过同样的命运。挪威渔民曾在海底的"粗糙表面"上用双拖网捕捞，首先投下一条锁链悬挂在两艘船中间来移除障碍物，然后再返回，将鱼从残骸中捞起。

现在的商业拖网渔船可以在水下2000米深的地方作业。这一深度是威廉·毕比早期下潜深度的两倍。每到一处，科学家们都会发现拖网产生破坏性影响的证据。几十年来，深海拖网渔船在公海上到处漫游，摧毁了无数的重要生物栖息地；如果是在陆地上，那些地方早就会被划为国家公园。在那些深海生物甚至还没有得到科学描述之前，我们就已经失去了它们。现今的海洋学家想必能够深深地理解埃及古物学家的那种挫折感：当他们发现新的墓穴时，却发现里面早就被洗劫一空。当科学家们的潜水器降落在新标示出的海底山上，打开灯光后，能看到的只有过去生命的残存碎片。缅因大学科学家莱斯·沃特林，谈起他在2005年拜访西北大西洋海底山时的经历：

> 我们到崛起角海底山（Corner Rise seamounts）研究深海珊瑚和海扇。即使它们距离任何你所能到达的北大西洋上的陆地都一样远，但在1970—1990年间，苏联已经在这里捕捞了大约20年的鱼。我们依据美国著名阳遂足分类学家的名字，把第一座称为莱曼海底山（Lyman Seamount）[那时我们还不知道苏联人叫它亚库塔特（Yakutat）]。在完成现代化制图之后，我们挑了好几个潜水点，并准备好遥控潜水器。当遥控潜水器下降到超过1000米深的时候，我们每个人都是满怀期待。

在潜水器向下沉降的两个小时中，控制室里的每个人都在问：我们将会降落在什么样的海底、我们将会发现多少种和多少数量的珊瑚、这在科学上具有什么样的意义等问题。虽然在莱曼海底山，我们并没有预期会有什么样的景象映入眼帘，但最后我们还是感到既惊讶又困惑。让我们感到惊讶的是，那里看起来像是海底山的上层已经被毁坏、压碎和崩解，图像中显示出的是，它的表层到处都已被深深割划过；让我们感到困惑的则是，我们没有想到渔具会给这里造成如此惨重的浩劫。我们要求遥控潜水器的驾驶员这样开、那样开，而每种视角都呈现出相同的残破景观。很多可能造成这样重度破坏的原因都被提了出来：它是否已经受损？难道这是在自然过程中造成的？可是，我们明知道一直都有人在这里捕鱼，因此问题也就变成：究竟是什么样的渔具，或是渔具的哪个部分，能够造成这样的结果？原因似乎是苏联渔具沉重的拖网门，反复不断地在这座海底中央的山峰上拖行，由此造成的结果就是，现在这里几乎没有任何生命存在。其表面除了碎石，什么都没有，看起来，在很长一段时间里，珊瑚聚落都不可能在这里恢复了。[12]

具有同样破坏性的力量也已造访过其他地方。北美东部外海地区奇特美丽的玻璃海绵区域，在被拖网拖过后，已经被人们遗忘了。南方海洋中的海底山上，曾经有着住满无脊椎动物的繁茂森林，但在几十年间，因用拖网捕捞橘棘鲷，已被清除一空，仅剩下光秃秃的岩石。一项关于早期珊瑚礁被澳洲捕捞橘棘鲷的船只混获的研究发现，每 2.25 吨橘棘鲷被拖上海面，就有 1 吨珊瑚礁也一起被捞起。[13] 目前我们只能推测还有多少珊瑚礁被毁坏后仍然留存在海底。但当澳洲科学家比较过被拖网拖过的海底山和没被拖过的海底山，就可看出两者之间存在极为强烈的反差。尚未被拖网拖过的海底山，表面覆盖着地毯般的珊瑚和其他无脊椎动物。而被拖网拖过的海底山，则是一片令人震惊的不毛之地：纵横交错着拖网反复拖行的伤痕，暴露在裸露岩石的荒凉景象中。

　　即使可能有机会恢复，深海拖网所造成的伤害也将会持续上数个世代。许多巨大的珊瑚都是花了数百年乃至数千年的时间才形成目前的规模。环保组织"绿色和平"在新西兰利用《资讯自由法》迫使渔业观察员公开他们在深海拖网船上所拍到的照片。在其中一张照片上，有一个比人还高、重达数百公斤的巨大珊瑚礁，从网上取下后，被起重机吊起丢回海中。

深海渔业与其说是在捕捞，不如说是在采矿，而被捞走的深海鱼类，就像是煤或石油，是无法再生的资源。从事深海渔业的巨大船只，一天光是运作就要花费数千美元。他们用无法可持续发展的速度进行捕捞，纯粹只为平衡收支。没有任何一种工业规模的深海渔业，可以同时兼顾商业利益与可持续发展。若是用可持续发展的速率来捕鱼，他们就会破产。但是，深海渔业疯狂的地方并不在于它只是过度开采目标鱼群。无数没有商业价值的物种也都变成鱼钩和渔网下的牺牲品。就像目标物种一样，它们非常容易受到过度捕捞的影响，因为它们生长缓慢；例如有着驼峰和闪亮眼睛的库克笠鳞鲨；有着奇怪独角的剑吻鲨；可以吞下比自己还大的猎物的囊咽鱼（宽咽鱼，吞噬鳗）；像足球一样大的巨型单细胞；没有外壳的有孔虫（xenophyophores）；没有下巴、滴着黏液无颌的盲鳗；用鳍站立的短头深海狗母鱼。许多物种都正在无声无息地消失，在我们这个星球上，它们的生命即将结束，却连个讣文或墓志铭都没有。

自从 1970 年代以来，世界上的海底山由于渔业追求快速利润而被无情地开采。苏联船队在其他国家还没有注意到它们的活动前，就把大多数大西洋区域的海底山一扫而空。深海拖网渔船船长就像 18 世纪在未被发现的区域中猎捕海豹的船长一样，必须是第一个发现资源的人，因为这些资源的发现者同时也是毁灭者。不久之前，深海似乎比月亮还要遥远，更鲜为人知，仍然是地球上最后的边疆，让人类得以扩张和占用。但是，在海底深渊，我们仍然延续着长期建立起来的模式，将大型动物猎捕殆尽，同时也破坏了它们的栖息地。再一次，也是最后一次，拖网渔船破坏了原始的海洋荒野，摧毁了看不见的森林，将无人知晓的海底"黄石公园"铲得一干二净。在 1883 年英国皇家调查委员会上，苏格兰邓巴渔民罗伯特·史密斯（Robert Smyth）说道："如果社会大众知晓更多［拖网］所造成的破坏，也知道它仍在继续使用的话，民众就会站出来谴责这种邪恶的捕鱼方式。"[14] 他的话至今仍跟在那时一样真实。

第三部

海洋的过去与未来

22 第二十二章
无 处 可 躲

    在西非海岸的某个地方，一根浮木 ① 在空无一物的海面上随着海浪忽上忽下。从海面上看，这是广袤无垠的大海上唯一漂流的孤立物体；从海面下看，它是一个地标，也是无数的鱼类和其他动物生活的重心。一群很小的饵鱼在木头下方徘徊，随着波浪起伏，整群小鱼紧张得来回猛冲，它们的身上闪闪发光。水母在柔和的海流中一顿一顿地推进，在稚鱼群躲藏处，拖着像银色廉价帘子般的触手。一群鲣鱼（金枪鱼）懒洋洋地盘旋在浮木周围，暗影中的蓝色鲨鱼正潜伏在远处。赤蠵龟在附近探出海面呼吸，并用它那年长天真的眼睛，观察了一下这根浮木。而它所不知道的是，这根浮木附有卫星信号发射器，几天后，一艘围网渔船就会根据信号引导，前来这里捕鱼。

    没有人知道，为什么在开放海域中，鱼类会聚集在漂浮物的四周。这不可能是因为物体能对聚集在周围的饵鱼提供保护，因为就一根浮木或一片漂浮的植生，又能提供多少保护？也许只是因为它在广袤无边看似没有生命的水世

---

① 这些浮木被称为人工集鱼器 (Fish Aggregation Device, FAD)，是鲣鲔围网经常用来聚集鱼群、增加渔获量的方法。但因它会吸引未成熟的幼鱼，并增加混获其他生物的几率，像中西太平洋渔业委员会的区域渔业组织已开始规范对人工集鱼器的使用。

界中提供了一个参考点，虽然只是一个小点。围网渔船长久以来都在海上寻找浮木或其他漂浮物并在其周围下网，因为他们知道在这里捕鱼会有好收获。

不用多久，就有人想到可以把浮木放到海中，但问题是如何在毫无标示物的公海上再次找到这些浮木？先前提到的 1960 年代那些设想在水下利用核反应堆来创造出涌升流的渔业科学家们想出了一个方法。[1] 1964 年，在第一颗人造卫星"斯普特尼克一号"（Sputnik I）升空七年后，他们建议把卫星信号发射器装在用来集鱼的浮木上，这样一来，浮木就可以在海上漂浮一到两周，然后，围网渔船就可以回来收成。在现今的电子化时代，他们想象的技术已经实现了。围网渔船用浮木在水中种下一片名副其实的森林，再加上其他的集鱼器材，引诱分散的鱼群聚集在一起。等到他们再次回来的时候，不管那里有什么，他们都会毫不留情、很有效率地将鱼连同海龟、鲨鱼和海豚一起捕捞上船。由于某种不明原因，浮木尤其会吸引鲣鲔类的稚鱼，鲣鲔类虽然是目标鱼种，但捕捞这些稚鱼却是一种浪费。捕捉了这些还没有成熟的鲔鱼稚鱼，围网渔船就等同于放弃了未来的高渔获量，因为不让鲔鱼有繁殖的机会就会危及未来的渔获量。如同画布般的巨大海洋，曾经大到足以让鱼类在其中迷失自己，但如今，就连公海也几乎无法为鱼群提供躲避处，因为新技术比传统渔法更为致命。

渔业已经把其触角伸展到令人吃惊的地方来搜捕鱼群。1930 年代发明了声纳深度感测器和鱼探机。之后，在第二次世界大战期间，这方面的技术快速更新。他们在船只下方发射脉波，记录碰到海床与鱼群时的回波。冷战期间，为了让潜艇能在外国水域进行秘密行动，声纳系统又有了进一步发展。当东西方关系得到改善后，军事科技解禁，渔业也因此而获得了意外的好处。除了早先可以增强鱼群探测的能力外，声纳现在还被用来呈现海床结构影像。通过现代的多波束侧扫声纳（multibeam side-scan sonar）设备，可以绘制出精细的海床图。只要短短几周时间，配有这项装备的船只就可以绘制出数百平方公里的海床，海底的每一个皱褶和巨石都可一览无遗。地质学家以极大的热情采用该技术，开始疯狂地绘图，就像 19 世纪及 20 世纪初期的制图家系统地绘制陆地上的等高线一样。例如，美国地质调查局出版的地图上，就崭新地呈现出渔民们所熟悉的地貌，让他们可以找出以前不知道的海底山和峡谷。再加上另一个

冷战后的和平红利——高精密度的全球定位系统（GPS），渔民现在可以在从
前风险太高的地方下钩或拖网，穿透海洋深处鱼类最后的避难所。由于现今的
科技进步，在以前几乎一定会失去渔网的地方进行捕捞也变得相对可行。在这
些从前曾是鱼类避难所的地方，捕捞者可以获得很大的渔获；对渔民来说，即
使这里仍有残余的风险，也还是很值得去一试。一位缅因湾渔民这样描述新技
术给他带来的好处：

> 这个东西把海洋变成了一张玻璃桌。它好到可以让你找到被鳕鱼团
> 团包围的山峰，鳕鱼就这样紧紧地黏在这里，这里是你以前害怕失去网
> 子、不会靠近的地方，而现在却可以如此靠近，可以一再地下网，直到
> 几乎抓完最后一条鱼为止。[2]

　　渔业没有耐性并不让人奇怪，由于政府单位绘制海图的速度不够快，无
法满足他们的需求，于是也就有了私人公司以营利为目的销售海底的秘密。只
要有合适的价码，他们就会给船长提供任何他们想要了解的海图。现在，大多
数渔船都配备有自己的海底影像仪，尽管与先进的侧扫声纳相比，这些设备还
不够精准。现代渔船的驾驶舱比起船只，更像是一艘大型喷气式客机的驾驶
舱。船上的声纳系统可以即时呈现海底的形状和底质，供渔民选择最佳的渔场
和闪避障碍物。新的电脑软件，经由分布在网子上的侦测器，可以把网子的满
载程度和网子前方有些什么的资料回传，让船长可以"驾驶"拖网。有些网子
上面还配备有供电系统，可以调整开关。技术娴熟的船长就像骑在网子上，在
"看到"鱼群后，就可控制渔网朝向鱼群前进。
　　延绳钓渔业在20世纪后半叶同样发展迅速。19世纪，在纽芬兰大浅滩对
抗拖网的延绳钓渔民，使用的是涂有沥青的麻制鱼线。面对渔获量下降，他们
的应对之道是使用更长的鱼线和更多的钩子。但在第二次世界大战后，他们的
装备有了200多年来首次重大技术革命。1958年，美国杜邦公司发明出单丝
鱼线（monofilament fishing line）。单丝由化学聚合物制成，比传统材料更加
坚固耐用，而且是半透明的，很难被鱼看见。新的鱼线促使渔业迈向一个新阶

段，让渔民可以使用比以前更长、更具杀伤力的钓线。在公海上捕鱼的船队，迅速采用了这种新的渔具，新渔场中的鱼类数量也随之加速减少。

最近，延绳钓也和拖网渔业一样受益于高科技电子革命。琳达·格林劳（Lynda Greenlaw）是一位在北美东部公海上捕捉剑鱼的船长，她在《饥饿的海洋》（*The Hungry Ocean*）一书中，描述了采用新技术后她所看到的改变：

> 现在，寻找可以捕捉剑鱼的水域，跟我大一那年夏天首次与奥尔登（Alden）登上"沃尔特·利曼号"（Walter Leeman）时，已经很不一样了。海洋电子仪器的技术进步，是造成渔业革命的原因。"沃尔特·利曼号"上没有全球定位系统，没有温度感测器，没有都卜勒海流剖面仪，没有彩色超音波扫描仪，没有录影绘图仪，也没有蜂鸣器浮标。我们没有单丝鱼线；相反，我们的配备是以三股绳捻成、浸了沥青的主线，卡扣和钓钩是用绳结固定在主线上，我们不需要用到卷轴。奥尔登·利曼靠的是第六感来寻找鱼群，他只需要最基本的电子设备。但他能闻到鱼，往往是仅凭着直觉就航向某一片水域。虽然我花了很长时间跟奥尔登学习如何捕捉剑鱼，但最重要的一课是教不来的，奥尔登捕鱼的能力从来没有复制到我身上。
>
> 我这一代最成功的渔民是伪科学家、渔具工程师和电子高手。我们不会像奥尔登那样凭着感觉开船，而是会研究数据，并用统计结果来做决定。我们高度依赖技术，并且追求鱼饵和钓具的完美。我并不觉得自己无能，因为"汉娜·博登号"（Hannah Boden）上有最先进的设备，我始终相信自己可以超越奥尔登多年来进行延绳钓所创下的最高纪录。[3]

格林劳所进行的剑鱼捕捞，的确是最先进的。剑鱼就跟其他大型食肉动物一样，都会寻找海洋中生产力最高的地方去觅食。每年一到春天，它们就会沿着北美洲东海岸迁徙，前往南方温暖的墨西哥湾流和北方寒冷的拉布拉多洋流交会的辐合区。在温暖和寒冷的洋流环绕的地方，冰冷的海水中富含高营养盐，遇到温暖的环境，就会刺激浮游生物生长，并将浮游生物提供给成群微小的饵鱼。若是你能找到这样的地方，你就能发现鱼群。像奥尔登·利曼这样的老渔民，是通过观察海水的迹象来决定在何处进行延绳钓。他们寻找鸟类盘旋和海豚觅食的地方，仔细观察大海的颜色，判断海浪的高度和方向，感觉空气中温度和风的微妙变化。现在的船队则是依赖来自美国国家海洋和大气管理局（NOAA）每天由传真或电子邮件传来的卫星影像和海面温度资料。船长使用全球定位系统导航来寻找温度梯度变化最陡的地方，他们在那里拖行水下温度感测器来测量不同水层的温度，找出放置渔具最完美的深度。除此之外，他们也倚重船上其他的电子设备，就像格林劳所描述的：

> 都卜勒海流剖面仪是"汉娜·博登号"上最先进的设备……它被用来侦测水层中的跃温层（thermoclines），这些水层比其他水层有着更丰富的鱼群。就像床上有一层层厚薄不同的毯子，每一层的海水都有很大不同，然后想象这些毯子都在移动。每一层海水都有不同的温度和海流，一旦渔民判定好哪一层是最有生产力的，就可以用都卜勒海流剖面仪来追踪这一层。[4]

格林劳的剑鱼饵是一种前人做梦也想不到的新技术。每一条主线旁挂着钓钩的侧线，都再加挂一支化学荧光棒。在漆黑的夜晚，鱼群会被这些神秘的冷光所吸引，赤蠵龟也一样会被吸引过来。对勉力维生的船长来说，凡是能够带来一线希望的东西无疑都值得一试。在钓绳上装上无线电呼叫机，可以帮助定位，比起传统的简单浮具，可以减少渔具的损失，减少花在寻找遗失钓组上的时间，从而使得他们可以用更多的鱼线与更多的时间来抓鱼。

有了这么一堆电子设备的协助，比起其他对手，格林劳是一个非常成功的剑鱼渔船船长。但是，即使有了这些最新的设备，捕鱼有时也还是要靠运气：

> 电子设备也并非总是万无一失，但却可以帮助我避免一些灾难般的钓组问题。不过，最令人沮丧的是，当鱼线在水面上下都绷得很紧，潮水很深，海水很蓝，有海鸟和饵鱼，钓组一切都很完美，但在拉回后，

却发现没有一条剑鱼。不论船长有哪种电子设备，或是有什么捕鱼窍门，如果那里没有鱼，你怎样也抓不到鱼。只有把渔具放到海里，才能知道鱼是否在家。我想这就是为什么我做的工作会被称为"钓鱼"。如果轻而易举就能抓到鱼，我们会把这样的工作称为"抓鱼"，而且会有更多的人加入这样的工作。然后，或许就会有保护人士或剑鱼维权运动人士主张禁止商业捕鱼。奥尔登曾告诉我，他相信，只用鱼钩和鱼叉去捕鱼，才可能永远不会使像剑鱼之类会繁殖产卵的鱼灭亡。但在捕剑鱼的 17 年中，我不曾见到鱼源枯竭的证据。[5]

格林劳没有看到枯竭的证据，只是因为她有一连串不断更新的仪器，带着她直接前往剑鱼最后聚集的地方。她的捕获率仍然很高，就像那些在鳕鱼族群崩溃前在纽芬兰大浅滩捕捉鳕鱼的加拿大渔民一样，因为她能追逐鱼群到它们最后的据点。1930 年代和 1940 年代，数量丰富的剑鱼向南分布到长岛及更远的地方。当渔民在这些地区大肆捕捉，造成鱼群数量减少后，其分布范围就开始往北移动。生态学家现已确认，当一个物种的族群数量严重降低后，物种在地理上的分布就会出现紧缩现象。生活在环境条件较为良好的中心区域的动物或植物，会比生活在外围的更为有利。当时机不好时，处在外围的物种会率先消失。而且格林劳也忽略了另一个渔业变化。她抓到的鱼平均重约 45 公斤，但在 1960 年代却是平均重约 100 公斤。新的捕捞技术掩盖了目标鱼种族群减少的事实，往往使人们无视于其行为所导致的后果。

而许多所谓的传统捕鱼技术，也会随着时间发生变化；这些技术变得更为致命，鱼类也变得比以往更为脆弱，哪怕是在一些原本可以给鱼类提供保护的区域。像加勒比海地区美属维京群岛的圣约翰岛周围海域，这里在 1962 年被划为维京群岛国家公园，其范围包括岛上一半的陆域。当时虽然禁止使用鱼叉打渔，但却没有人觉得有任何理由去限制使用像鱼笼这种传统渔法。安第列斯鱼笼（Antillean fish traps）是一种之字形的网状笼子，侧边上有一个或两个网状漏斗，鱼可以通过漏斗进入鱼笼。鱼笼里面通常会放置鱼、贝、椰子或面包当作诱饵。鱼在陷阱外面查看时，会沿着网的曲面进入漏斗，然后它们很快就会发现自己掉进了陷阱中。虽然有些鱼最终得以成功逃脱，但其他大多数鱼都无法靠自己找到出口。这种陷阱可能是由来自非洲的奴隶们所带来的，因为这种陷阱酷似在非洲使用的陷阱。传统上，编织鱼笼所用的材料是红树林植物的根部和树枝，用植物纤维制成的绳子捆制而成。在这样的骨架上，渔民会编织由棕榈叶制成、网目 2—4 厘米的网。小的鱼笼通常在设置几个小时后，就会在同一次捕捞行动中被捞起来，大的鱼笼则是放置数天或一周后才会去查看。

之后，圣约翰国家公园范围扩大并改名为"维京群岛国家公园与生物圈保护区"。生物圈保护区的基本特征是：人类可以在公园的形态中善用环境，而非排除所有人类活动。公园成立之初，只有少数人家在圣约翰周围的珊瑚礁捕鱼。他们使用的是传统鱼笼，只是那时候以红树林植物的根和棕榈树叶制成的笼子，已经被焊上延伸钢制框架的鸡笼给取代了。

多年以来，由于海岛经济发展，渔业也在不知不觉间跟着转变。渔民从捕鱼供自己食用，转变为捕鱼供给旅游市场。他们买了更大、装有船外机的渔船，并设下越来越多的鱼笼，以便跟上市场需求的步伐。到了 1990 年代，当初在国家公园成立时设下十个鱼笼的人家，现在已改为设下数百个，然而，不仅是捕捞强度增加的问题，还有幽灵渔业的问题——渔具常常会遗失，遗失的渔具仍会继续捕捉并杀死鱼，而人类却无法利用那些鱼。用棕榈叶制成的鱼笼在遗失后，会继续杀害鱼达数月之久。但是，比起传统鱼笼，现代化的鱼笼一旦遗失，捕鱼的时间往往会持续更久。鱼笼这种装置的捕鱼能力好得出奇，就跟大型工业化渔具一样，导致最具经济价值却又最脆弱的大型掠食性鱼类减少。在强度很高的捕捞活动下，像拿骚和伊氏石斑鱼等鱼种都消失了。而且，由于陷阱捕鱼是没有选择性的，在加勒比海地区，它可以捕捉到上百种鱼类，因此，显而易见，它会对每种栖息在珊瑚礁区的鱼类都造成影响。1990 年代晚期，国家公园的工作人员开始意识到，珊瑚礁区遇到了麻烦。一项坦白的评估表明，保护区中鱼类的状况，并不比保护区外鱼类的状况更好。从结果来看，近 40 年来，国家公园在这个区域所做的保护工作，并没有给鱼类提供很好的庇护，减少渔业对它们的影响。[6]

在太平洋地区，也存在类似这样的情况：由于传统渔法的现代化，使得渔民们能够捕到更多的鱼，与其相应，鱼类的避难所则减少了。隆头鹦哥是体型最大的鹦哥鱼，可以长达 1.3 米，重达 46 公斤。它们的名字来自于大的个体有明显鼓起的额头。它们是珊瑚礁区少数吃活珊瑚的鱼类，它们用像鹦鹉利喙般的嘴咬下珊瑚礁的小块，并深入珊瑚块中啃食。珊瑚碎片先经过鱼的咽头被磨碎后，组织部分才被消化。隆头鹦哥在珊瑚礁区以松散的群体方式活动。有幸遇到这种动物的潜水员，永远不会忘记那健壮的棕绿色隆头鹦哥鱼群快速穿越珊瑚礁时所闪现眼前的景象：突然间，它们在发出看不见的信号后，就一起下潜到美丽的珊瑚礁丛中，开始用嘴撞击和磨碎珊瑚，使之成为碎片。

白天的时候，隆头鹦哥是一种非常小心的动物，它们从来不会被鱼钩吸引，或是让潜水员靠近到可以用鱼叉来捕捉它们。但一到晚上，它们就会整群地游到浅水区的海底沙洲上休息。萨摩亚的渔民发现了它们在夜间特别脆弱的习性，因此就选在天黑后用火把、浮潜装备和鱼枪来捕捉它们。不久之后，渔民也开始用起潜水装备，这让隆头鹦哥完全没有机会躲过捕捉。夏威夷大学的查克·伯克兰（Chuck Birkeland）教授目睹了隆头鹦哥在萨摩亚被屠宰的经过之后，这样评论道："现在，鱼枪和夜灯对隆头鹦哥致命的程度，就像 19 世纪来复枪和铁路对北美大平原上的美洲野牛一样。"[7]

在新的捕捉技术蔓延开来之后，隆头鹦哥在太平洋的其他地区同样遭受迫害。比如说在斐济，隆头鹦哥几乎已经绝迹。就跟其他体型大的物种一样，捕捞造成的数量耗减使其族群变得非常脆弱，因为它们的繁殖速度很慢，即使受到最轻度的捕捞，也来不及补充其族群数量。

就连休闲钓客，也因配备了高科技装备，而给鱼类进一步造成毁灭性的后果。钓一整天鱼，不再是像伊萨克·沃尔顿①那个年代的轻松乡村旅游。当我还是个孩子时，我很是钟情于垂钓。打包好午餐、钓鱼竿和几只在家里绑好的苍蝇，我就会步行进入山丘，在有遮阴的水塘或河湾中试试手气，也消磨一下时光。我可能是有史以来最不成功的垂钓者，三年中只钓到了一条彩虹鳟，

---

① 伊萨克·沃尔顿（Isaak Walton, 1594—1683），17 世纪英国作家，以《垂钓大全》一书著称。

而这还是由于我在收线准备再抛出的时候，刚好钓到它的鳃。如果我有一些现代垂钓技术帮忙的话，也许我会收获更多。现在，走在我家所在的约克乌斯河畔（River Ouse），我看到钓客们拖着巨大的塞满渔具的冰箱，奋力赶往钓点。因为装备太重，这些钓客用推车推行，但是，由于沉重的背袋里至少装着10种不同的钓竿，把他们的身体都给压弯了。就像商业捕鱼一样，在娱乐性渔业中，人与鱼之间的冲突同样在不断增加。

现在，许多休闲钓客都在用先进的技术抓鱼。他们使用的新型高强度碳氟线比单丝更细，而且跟水有着相同的折射率，鱼儿几乎看不见钓线。碳纤维的钓竿对于钓线末端的活动更为敏感。即使不是很有钱的垂钓者，也都可以使用轻量的钓线，将钓线抛出到30年前可抛出到的最远的地方。从前无法达到的钓点，如今已不再遥不可及。电脑模拟软件让假饵进化到可以在水中几乎像真鱼般上下摆动，点头或屈身，甚至能让它们在移动时发出声响。最新的假饵更是采用了全息照片，让它们看起来更加立体，比传统假饵更像活生生的饵。

至于在船上垂钓的人，还有更多的科技支持。比如在五大湖区捕捉玻璃梭吻鲈的渔民，使用全球定位系统、声纳鱼探机、深度侦测器及航照影像，来绘制出鱼所在位置的图像。有些人甚至配备有摄影相机，这种相机可以沉入水中，让渔民可以在船上用荧幕观察鱼及其栖息环境。钓鱼不再是一种"运动"，因为在这种不公平的状况下，鱼很少能有机会抵抗。

几乎每种渔业都经历过这些技术所带来的奇迹。当鱼源耗尽，捕获量减少，精明的渔民就会改用更好的装备来抓鱼。19世纪晚期，蒸汽拖网渔船大大增加了渔捞能力，但在1920年代中期，正是因为它们的成功，反而使其沦为受害者。1906—1937年间，单位渔获努力下降了24%，尽管第一次世界大战后曾有过短暂复苏。[8] 面对渔获量下降，1920年代，渔民对拖网作出了重要的改良，从而又增加了25%的渔捞能力。他们将拖网的门，移到更靠近加长缆绳系船索（用来拖曳拖网的缆绳）之处。这个新的位置使得网门维持张开的效果比之前更好，并可将鱼群赶入网中，而且这样的设计还能使用更大的拖网。与此同时，渔民也做了另一项改变，他们在拖过海床的底绳上加装了由钢和橡胶制成的圆盘。有了这些滚轮或滚筒，网子就可以"骑乘"在障碍物上，让拖网船可以在从前海底太崎岖无法作业的地方工作。

1943 年，英国著名渔业科学家迈克尔·格雷厄姆（Michael Graham）描述了技术渐渐进入渔业的过程：

> 除了鲱鱼之外，1909—1913 年间，各国渔民在北海的平均渔获量为 43.4 万吨。1928—1932 年间为 42.8 万吨，比之前少了一点……这些数字表明，现代北海拖网渔民所拥有的技术和渴望，只不过是为这个世界带来了之前尚未有那么多麻烦时就能有的产量……
>
> 事实上，最奇怪也是最具有讽刺意味的影响之一就是发明这些技术的人所处的位置。他的发明刚开始受到推崇，是因为它可以弥补使用旧渔法的船只渔获量下降的状况。在一开始时，创新的发明的确有助于增加渔获量。那些使用新技术的人都会说："你一定要跟上时代。"然而，很快，当每个人都用上这项新技术后，一两年间，这项技术就会将鱼类族群减少到新低，产量会跌到不比从前多甚或是更少，但是渔民仍然必须使用新技术。虽然在没有这种技术时，渔民的日子还好过些，但是由于鱼类族群的数量已经减少了，渔民如果不使用这些技术的话，就无法维持自身生计。此外，渔民还需要这些技术来增加渔捞能力，只为维持在新技术未曾出现之前的水准，所以他必须接受这样的代价。[9]

随着渔场增加和扩张，技术也在不断进步中。格雷厄姆所描述的滚筒是直径可达 20 厘米的圆盘，它们形成的"拖底链"（trickler chains），会让底绳后方海底的鱼类受到惊吓而跑进网子里。这些设备让渔民可以穿过从前必须避开的崎岖海床。在引进滚筒之前，崎岖的海底是成鱼可以居住、不易捕捞的地方。这些地方给多产的大型动物提供了一个很好的栖息地。海底崎岖的区域同时也是许多物种，包括鳕鱼、大比目鱼、舒鳕和平鲉之稚鱼的孵育处。一旦这些地方开始出现渔业活动，就会使鱼类族群的数量加速下降。直至今天，拖网渔业还在开发新的深海渔场，它所使用的是一种加装了 60—80 厘米钢球的网具。这种由早期滚筒衍生出来的新一代傲慢渔具，可以让渔网穿过岩石及充满珊瑚的峡谷，摧毁深海中的珊瑚礁和海脊。拖网由一万匹马力、可以拖得动直径三米的岩石或珊瑚礁的船只带动。拖网被重达五吨的网门张开，制造商将其命名为"峡谷破坏者"（Canyonbusters），还真是名副其实！

20 世纪是渔业技术革命的时代，渔民们拥有了更快的船、更大的渔网、更坚韧的材料、更精准的天气预报，以及海床实景投影。但即使有这些科学设备和装置，今天的渔船船长却并没有比他们 19 世纪的前辈们做得更成功。他们在追逐数量减少中的资源，每一项新的技术都将对自然环境的压迫增深了一层，将鱼类族群的数量推到一个新的低点。每开发一处从前未受渔业影响的区域，就又缩减了鱼类最后的避难所。人鱼之间的战斗变得非常复杂，而且极度不公！我们已经让鱼无处可躲。如果再任由这种情况继续这样发展下去，这场竞赛将没有赢家。目标鱼种一旦被捕捞一空，渔民就会失业。那个曾经启发过人类无数世代的美丽而丰沛的海洋，也将会被毁灭。

当然，事情也并非必然就会这样结束。

23

第二十三章
炭烤水母或剑鱼排？

对世界渔业来说，1988 年是很重要的一年，但当时却并没有人注意到这件事。从人类的历史来看，除了战争或是瘟疫时的震荡之外，全球的渔获量都在不断增加。过去两个世纪中，渔获量不断飙升，一直到 1980 年代才开始减缓下来。在那之后，一般大众都认为，卸鱼量（landings，从船上卸到码头上鱼的数量）大致保持不变。在蓬勃发展之际，渔业出现问题的迹象很少会被注意到，即使有一些族群的数量已经减少或崩溃了，但至少表面看上去还是能够维持整体鱼类供应量。2001 年，这副安逸的假象被加拿大英属哥伦比亚大学的科学家们给拆穿了，他们发现亚洲某些国家的官员为了达到国家生产目标而虚报渔获量。[1] 科学家们注意到，亚洲海域生态环境的生产力不可能提供那些国家官方所宣称的渔获量。当渔获量被修正到真实数值后，资料显示，自 1988 年以来，虽然渔获努力不断增加，但是全球的卸鱼量却开始负增长。从那时起，全球的卸鱼量每年下降超过 50 万吨。①

---

① 除去秘鲁的鳀鱼外，每年下降约 66 万吨。鳀鱼捕获量会随着厄尔尼诺现象的状态而有很大变动。（参见本章注释 1）

由目前的下降趋势推断，2050 年可收获的鱼将是今天的 70% 左右。当人们开始重视吃鱼对健康的益处时，鱼类的供应却在减少。世界卫生组织的营养学家建议我们每周吃 200—300 克的鱼。现今的全球卸鱼量仅够勉强满足目前世界人口的需求，虽然实际状况是，大部分捕获的鱼都被拿去喂养牲畜，还有许多人拒绝食用鱼类作为蛋白质来源。然而，如果全球卸鱼量就像预测的那样继续下降，考虑到世界人口预计将会从现在的 60 亿增长到 2050 年的 100 亿，那么到了那个时候，捕获的鱼将只够满足全球一半人口的需求。

呈现惨淡趋势的渔获总量图，隐藏了猎杀海洋的规模。前面章节中所上演的区域性渔获减少的场面，可以勾勒出世界舞台上普遍上演的戏码。一开始，渔业以大型的高经济价值物种为目标，通常都是掠食性动物。当物种数量减少时，就换到另一个区域捕鱼，或是将目标转换成下一个较具价值的物种。渔民们回应渔获下降的方式是不断提升渔捞能力，发展出更好的方法来找寻鱼群，并把它们从不断减少的避难所中抓起来。当鱼类族群量下降，生了病的渔业是靠着上扬的鱼价和政府补贴政策在支撑，结果就是大型掠食性动物消失，渔民转向捕捉我们曾经毫无兴趣的物种，也就是所谓的"向食物网底层捕捞"（fishing down the food web）。海洋生态系统中曾经有过大量的鲨鱼、海豚和海鸟，追逐着数量多得让人难以想象的小鱼。在它们都被消灭之后，我们就开始捕捉比较小型的动物。英属哥伦比亚大学的丹尼尔·保利（Daniel Pauly）是第一个描述这一现象的人，令人印象深刻的是，他说我们今天吃的鱼，是我们的祖父母拿来作为饵料的鱼。[2] 他们那个年代被端上桌的鱼是吃其他鱼类的，而我们现在吃的很多种动物则都是以浮游生物，或是在海床上刮筛出活的"泥土"为食。今天我们吃的明虾、蟹和龙虾，曾经是饥饿鳕鱼的食物。我们把海洋中的沙鳗、毛鳞鱼和鱿鱼一扫而空，略过那些曾经以它们为食的动物，虽然人类过去也曾依序食用过那些动物。当初曾经是视而不见的动物，现在却开始被人类食用；保利警告说，等到有一天海洋中没有鱼的时候，我们最终将会直接食用浮游生物。

保利及其同事们重建了 1950 年以来不断紧缩的全球食物网路径。他们使用各国上报给联合国粮农组织的渔获统计资料，根据每个物种食用的东西，给它们一个数值来代表其"营养阶层"（trophic level）。食物网中的营养阶层，表示一个物种所需养分的来源。植物类属于第一营养阶层，如海藻和微小的浮游植物，用数值 1 来表示。草食动物是下一个阶层，用数值 2 来表示，它们被营养阶层 3、4、5 的食肉动物食用（大型食肉动物会吃营养阶层低于它们的小型食肉动物）。在大海中，数值 5 或接近 5 的最高阶层掠食性动物有剑鱼、杀人鲸、大白鲨和人类。大多数动物都会食用多个不同营养阶层的物种。像我们人类就是杂食动物，会食用所有其他营养阶层的生物，包括植物和动物。这些赋予每个物种或是某群物种（在统计上被加总计算的数个物种）的数字，反映出它们在食物选择上的多样性。保利再将这个营养阶层的数值乘以每个物种或

本图展现了海洋食物网因渔业活动而崩解的过程。箭头表示时间方向。过去（左方），生态系统中有着丰富而复杂的栖息地，让许多掠食物种得以生存；现在（中央），掠食性物种的数量已经很少了，而且许多复杂的海底栖息地都已被沙和泥取代。如果按照目前的趋势继续下去（右方），大型鱼类将会所剩无几，最后我们可能只剩下水母可吃。（图片来源：丹尼尔·保利）

某群物种在总渔获量中所占的比例，所得出来的数字即表示在某个地区某一年所抓到渔获的平均营养阶层。

自 1950 年以来，卸鱼量的平均营养阶层已经下降了，例如在北大西洋，这一数值从 3.5 下降到 1990 年代后期的 2.8。在地中海地区，其 3.1 的营养阶层，一开始就比其他地区还低，这可能并非巧合。因为"食物链的长度"，也就是从植物到掠食者中间的链结数量，在不同海域，会由于生产力的不同而有差异。能量在每个阶层都会由于呼吸作用和繁殖而有损失。一个阶层所摄取的能量，在被下一个阶层的物种吃掉后，大约只有 10% 的能量能够传递出去，所以一些生产力较高的生态系统可以支持较多的营养阶层。地中海并没有很高的生产力，但这里同样在进行商业性捕捞，而且在历史上历经捕捞的时间，比其他任何一个海域都更长。罗马、希腊、埃及、亚述和犹太渔民，远在 2000 年乃至更早之前，就开始不断地在这个区域进行贸易活动 [3]，因而这里很可能会比其他海域更早遭遇到向食物网底层捕捞的状况。

反过来，从渔业生产的角度来看，族群数量较少的鱼类，并不一定就产量不好。渔业科学的一个基本原则是：减少鱼类种群的大小，将会提高其生产力。1930 年代，渔业科学家发现，比起在高族群密度的状况下生长受到限制，若能减少鱼类族群数量，则可因为减少了对食物和空间的争夺，反而能够促进族群数量增加。丹麦渔业科学家彼得森（C. G. J. Petersen）是第一个产生这种想法的人。[4] 他注意到，波罗的海卡特加特海峡地区的鲽鱼捕获量，曾在 1870—1890 年代大幅增加。渔民们告诉他，当他们在 1870 年代开始捕捉鲽鱼时，那里周围有许多又大又瘦又难吃的鱼，但在 1890 年代中期，主要渔获变成体型较小的鲽鱼。较大的鱼变得很稀少，又老又僵的大鱼，让位给肉质较软嫩、年轻的鱼。降低鱼群的密度和让年轻的鱼取代年老的鱼这两种方式，都会使鱼群数量增加。首先，由于密度较低，每一条鱼相应就可以获得更多的食物。其次，几乎所有渔业都是优先捕捉大型动物，这样一来，鱼的体型就会随着时间减小，而且幼鱼的生长速度比年长的前辈们还要快，一个主要由年轻有活力的动物们所组成的族群，会比一个以又大又老又肥的动物为主的族群更有生产力。1942 年，拉塞尔这样描述彼得森所观察到的鲽鱼和其他鱼类：

某种程度上，抓鱼对鱼类族群是件好事，因为这样可以清除累积在族群中较老、成长较缓慢的鱼，让留下来的鱼可以更加快速地生长，并给新来者让出空间，让其数量更多，长得更快。一个受到捕捞活动影响的鱼类族群，会因生长速率增加，而使得其食物利用效率更高，而且其族群更新速度也会变得更快。[5]

这种因为捕鱼行为而使得鱼类族群突然爆发的现象，被渔业科学家称为"剩余生产量"（surplus yield）。剩余生产量与捕捞压力两者之间的关系就像是一个驼峰：剩余生产量随着渔获努力而增加，但这样的增加会达到极限，一旦密集捕捞超过这个极限，捕获量就会开始减少。最大的剩余生产量，被称为"最大持续生产量"（maximum sustainable yield）。根据渔业模式，通过将族群数量减少到未被开发之前族群量的一半，即可达到最大持续生产量。这个想法很快就成为渔业管理的指导原则，而最大持续生产量就是这个原则的象征性概念。如果我们能使捕捞压力与最大持续生产量的族群量相符，渔业就可兴旺。从那时起，这个概念就已在渔业科学中稳坐霸权地位，尽管它有严重的瑕疵，但却仍被认为是一个极度不可能失败的方法。

在渔业管理的尝试中，曾经有过不好的经验。维持长期可持续生产量的目标已被证实经常会伴随着牺牲短期利益。对大多数物种来说，渔业已经将其族群减小到比最大持续生产量的目标水准还要小，从而大幅减少了其族群的生产量。而霍尔特（E. W. L. Holt）早在 1894 年就已正确地预知到这个问题：

大家对于拖网渔业一开始可以改善鲽鱼的品质都有共识，但是这个原则尚未被广泛接受，因为就算我们的出发点是善意的，但将地球表面如此改善，也可能会让鲽鱼陷入危机。[6]

近期的研究让我们更加清楚地了解到鱼类族群在未被开发之前的规模，其规模往往比渔业科学家们所评估的数量高出许多。历史上，人类长期以来对鱼类族群造成的影响，已经远大于大多数科学家所相信的。许多鱼类族群如今已

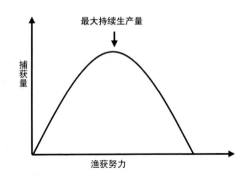

渔获物尺寸与渔获努力消耗之间的典型关系。当被捕捞的物种
族群已经减少到未受捕鱼干扰之前的一半时，通常就会被认为
是达到了可以长期维持的最高产量。

经凋零到它们还未被利用之前的十分之一，甚至是千分之一。就连托马斯·赫
胥黎也不得不得出这样一个结论：伟大的渔业不仅仅是被人类所控制，而是几
乎已经被人类所摧毁。由于系统性地低估原始族群的数量，使得维持目标物种
的最大持续生产量也被低估了，致使族群更有趋向于崩溃的风险。

　　有句古老的谚语说，医生会掩盖自己的过失，但是渔业管理者和政客们
则是早就在抱着"渔业中的过失很容易就能被改善"这一想法自欺欺人。生
产过剩的产量曲线表明：只要减轻捕捞压力，鱼类族群数量就会恢复，渔获
量也会再次上升。在某些渔业中，这的确被证明情况属实。例如，20 世纪初，
国际协议必须缩减渔获努力，被过度捕捞的太平洋大比目鱼因而恢复了数量。
1970 年代，禁止在欧洲捕捞鲱鱼之后，北方的鲱鱼族群数量也得到了恢复。
1970 年代早期和 1980 年代中期，秘鲁的鳀鱼在经历了戏剧性的崩溃后，也在
努力恢复中。北美洲东部的条纹鲈的数量也在 1980 年代恢复了。但是，每出
现一个恢复案例，也都会有好几个反例。波罗的海斯堪的纳维亚的鲱鱼在数百
年前就消失了，而且一直没有恢复。北大西洋大比目鱼曾是鱼线渔民的主要渔
获物，在 19 世纪数量崩溃之后，已经不再是捕捉的重点。曾经统治加勒比海
礁区的拿骚石斑鱼，如今在大多数这个区域的国家里几乎都已见不到了。加利
福尼亚湾满满都是准备产卵的麦氏托头石首鱼的年代已然逝去。在大西洋中，

伟大的黑鲔也已经失去了它的宝座。

加拿大达尔豪斯大学的杰夫·哈钦斯（Jeff Hutchings），寻找 90 种数量已经减少了 13%–90% 的商业性利用鱼类族群的恢复迹象 [7]。他研究了其中 25 种物种，这些物种在数量减少之前，留有 15 年以上的族群数据资料；观察它们经过长时间复育后，族群数量是否还能恢复过来。结果表明，只有 12% 的物种完全恢复，这些物种都是鲱鱼家族中体型较小、生活在开放水域的物种，另有 40% 的物种一点也没有恢复的迹象。

族群数量没有恢复的例子中，最有名的是纽芬兰大浅滩的鳕鱼，那里的鳕鱼数量被减少到不及未被开发时数量的 1%。人们提出了多种理论来解释为什么在 1992 年发布鳕鱼禁捕令之后，它们的族群数量却并没有恢复。有些人认为，这是因为鳕鱼的主食毛鳞鱼鱼群被捉去制成鱼粉，从而造成鳕鱼族群数量无法恢复。但是，近海的毛鳞鱼渔业在 1991 年就关闭了，而且近年来近岸的毛鳞鱼渔获量也减少了。也有些渔业学家指出，毛鳞鱼其实是鳕鱼鱼苗的天敌，太多的毛鳞鱼可能反倒会让鳕鱼族群数量无法恢复，所以捕捉毛鳞鱼对鳕鱼来说是好事一桩。另外，尤其是猎海豹者认为，这是因为竖琴海豹太多了，它们会吃掉鳕鱼的幼鱼。他们的这一观点引发了增加扑杀小海豹的诉求。可以确定的是，研究结果表明，数量稀少的鳕鱼稚鱼的死亡率非常高，但却没人知道这是为什么。其中一个可能的原因是，在纽芬兰大浅滩上进行的渔业活动中，鳕鱼仍在遭到捕杀。除非停止所有的渔业行为，不然鳕鱼不可能完全幸免于难。捕干贝、螃蟹的渔民，和用拖网捕明虾的渔民，就像其他人一样，仍然在纽芬兰大浅滩上进行捕捞工作。最后，当然少不了会有的是，当一切说法都无法解释的时候，总是会归咎于天气不适合鳕鱼生存。

捕鱼似乎已经改变了纽芬兰大浅滩上的游戏规则，将鳕鱼变成只不过是一种鱼而已，而不再是自然界中的一股力量。这里生态系统的结构已经发生了转变，然而，是否可以回到过去的状态，目前还不清楚。1940 年，约翰·斯坦贝克在加利福尼亚湾看到捕虾的渔民用工具刮擦海底时，就已意识到了这一点："认为遭受攻击的物种会恢复，是不正确的。平衡被扰动后，往往会给新物种带来优势，而且会永久性地摧毁物种间原有的关系。" [8]

各种形式的底拖网捕捞，已经给海底栖息地造成了难以估计的破坏。它毁掉了由生长缓慢的无脊椎动物花了超过千年的时间才建立起来的复杂栖息地，将地质环境进行重组，把岩石构成的大陆架磨平，让起伏的沙地变得平缓，刨平土堆，消灭礁石；它铲平了三度空间的立体世界，移除了垂直分布的物种。对需要依赖复杂生活环境的物种来说，拖网捕捞让海底的状况变得非常恶劣。底拖网渔船对海底环境的转变，可能是大西洋大比目鱼未能恢复的原因之一，而它同时也造成纽芬兰大浅滩鳕鱼幼鱼的死亡率居高不下。

我们太迟才意识到：捕鱼已对目标物种的族群数量造成了严重影响，并且这一影响可能很难逆转。在鳕鱼族群崩溃之前，纽芬兰纪念大学的乔治·罗斯，曾用声纳设备研究了鳕鱼群在纽芬兰的大陆架边缘集结产卵的行为。[9] 通过鱼体反射的音波脉冲，罗斯可以看到鱼群详细的尺寸和形状，解析度甚至高到可以看到单个每条鱼。数亿条鱼在长达数十公里的大陆架边缘集结，在这些鱼群的主体中，鱼群形成柱状上升产卵，成对的雌鱼和雄鱼一同释放卵子和精子。当产卵完成后，混杂着鳕鱼成鱼与未成熟幼鱼的鱼群，就会朝着穿越大陆架的方向游去。它们沿着很深的通道横切大陆架，维持在重叠于冰冷水域下方的几道温暖的洋流之中。体型较大、较年长的鱼会带领鱼群游向近岸，这些被罗斯称为"前哨部队"的鱼已被捕鱼活动消灭了，因此，也许鳕鱼族群之所以无法恢复，正是由于年轻的鱼群无法再像以前一样找到前往它们产卵场域的路径。对加勒比海中的拿骚石斑鱼来说，这肯定是真的。这些动物每年都会聚集在固定的交配地点产卵，有些甚至要旅行数十乃至上百公里赶往这些地方。它们会形成数以万计的群体，当渔民在一个地方发现了它们，不消几年时间，这个地方的鱼就会被捕捉一空。而这样的模式却是一再被重复。没有人知道拿骚石斑鱼是如何找到它们的产卵场。族群数量一旦减少，几乎没有证据表明，聚集产卵的群体还能恢复。随着有经验的鱼不见了，一些年轻的鱼，可能永远都没有办法找到这些地方来产卵。

在缅因湾，老渔民的说法证实了鳕鱼过去曾在近岸处传统的产卵聚集地产卵。[10] 在新英格兰沿岸，几乎每一个重要的海湾都有自己的鳕鱼群，那些鳕鱼会在预定的时间里赶往那里产卵。马萨诸塞州的伊普斯维奇湾（Ipswich

Bay），曾经在冬末之时款待过数量庞大的鳕鱼群。1953 年，美国渔业科学家亨利·毕格罗写道：

> 每年冬季和春季，都会有大群成熟的鳕鱼聚集在伊普斯维奇湾地区，这里应该是安海岬（Cape Ann）北方、缅因湾内最重要的鳕鱼生产中心，但这里就像马萨诸塞湾的产卵场一样，被限制在一个相当狭小而固定的区域……这里的鳕鱼以极大的数量聚集到一起……在产卵季节，比如 1879 年的春天，当渔业还不如今天这般密集，而且鳕鱼的数量可能还相对更加丰富的时候，光是在伊普斯维奇湾的渔场，当地渔民就捕获到 5000 多吨的鳕鱼，其中主要是抱卵的鱼。[11]

老渔民回忆起 1930—1950 年代当地沿着海岸聚集产卵的鳕鱼群是如何一群接着一群、一个海湾接着一个海湾地消失，让人联想到这些鱼群是地方性的鱼群，以它们自己的海湾为家。对海湾中加拿大鳕鱼族群遗传差异的研究支持了这一看法，这表明曾被视为单一、无定形的鳕鱼族群，实际上是由许多地方性的种群组成的。[12] 很多地方性种群都已因为过渔而被清除了，而且它们的恢复前景并不乐观。例如，1950 年代的研究表明，北海靠近约克郡弗兰伯勒角（又译夫兰巴罗岬）残存的鳕鱼，与之前消失的鳕鱼是不同的种群。[13]

对海洋的损害，既来自今天无情的密集捕捞，也来自我们具有破坏性和浪费的捕鱼方式。每年除去 8000 万吨的野生渔获卸鱼量，渔民还扔掉了另外 1600 万吨—4000 万吨的鱼。弃获（discard）的数量不够精确，是因为很少有哪个国家会认为这个数据足够重要到要花费开支来搜集正确的数字。科学家们最佳的猜测，是用全部捕捞数量的四分之一到四分之三，来估算没有经过任何利用就被丢回海里的鱼，它们大都已经死去或是濒临死亡。如果说很难找到关于弃获的统计数据，那么要想估计出没有上到甲板上就在水中被杀死的鱼的数量，也就更难了。底拖网作业的影片，及被拖网拖过后的海床研究显示，很多躲过被捕捉的动物们都受了伤，或者死去了。另外，由遗失的渔具所造成的幽灵渔业也很严重。1998 年，迈克尔·德怀尔（Michael Dwyer）参加了在拉布拉多北部深海一趟残忍的刺网捕鱼之行。他根据其亲身经历写下了《心碎之海》（*Sea of Heartbreak*）一书，这是我所读过的关于破坏性捕鱼最令人不寒而栗的描述。他的描述不但揭发了鱼由于混获而死去这种不分青红皂的浪费，同时也突显出究竟有多少遗失的渔具在我们看不见的海底继续杀害鱼类：

> 过去的四天四夜中，在近海中并没有收获。我们已经花了无止尽到能让骨髓都冻结的时间，蹒跚地在船舷边寻找恶臭的浮标，然后花更多的时间拉起只有一点点大圆鲹、却满满都是其他生物的渔网，其中包括十多条鲨鱼，和在我看来有一个中队那么多的蝠鲼。
>
> 更加雪上加霜的是，在我们努力拉回 20 张网之后，一串网断掉漂走了。我们失去了 50 张网，之后，我们又枉然地花去剩下的一天时间向南试着找回失去的网。
>
> 就在下一次起网之时，另一串网又与我们分开了。韦恩（Wayne）知道网子在海底被缠住了，而滚轮则在另外一端的崎岖表面继续滚动，突然间，50 张网就这样都不见了。
>
> 渔网是以最致命且最有效的方式来设计的。它就像在海底设立了一道栅栏，挂满海洋生物后就会倒下。渔网与海底的土地接触后，螃蟹会开始食用这些网上的生物，随着时间推移，最终会将这些海洋生物全部分解掉。这时候，渔网又会再度升起，鱼也会再次不分青红皂白地被捕捉。网子在被填满后，又会再度倒下，就这样一遍又一遍，直到永远。拖网渔民讲述着关于发现陈旧、遗失的渔具和渔网中充满各种动物遗骸的故事。更可怕的是，这却是一种极为常见的合法商业捕鱼方式。[14]

德怀尔还描述了一张遗失了很久的渔网被捞起后的恐怖景象：

> 我竭力不让腐烂的鱼和海绵散发出的臭味让自己恶心得吐起来。水闸口往往塞满死鱼。挑选桌上纠缠的网子高高叠起。生产速度就像蜗牛

在爬行。我们抓到上百只岩蟹和 20 条银鲛①。海底的部分岩石在滚轮边
跟着网子一起被捞起，有着充满各种颜色、色调、形状、尺寸的硬珊瑚
碎片。每一小块碎片都要挑出来，因为哪怕只是一小片，都可能会让
三四张网子纠缠在一起。这是一个让人心碎之海。[15]

　　在航程结束时，渔民有时会把所有用过的刺网全都扔到海里。虽然这种
做法是非法的，但是因为加拿大政府对渔民有补贴，使得渔网几乎免费，所以
此举也算是受到间接鼓励。最近的一项研究表明，在北大西洋深海捕捞鲨鱼和
鲛鳐鱼的渔船，大约在这片海域设置了 5800—8700 公里长的刺网，并一直保
持着与海底接触的状态。[16] 每年有超过 1250 公里长的渔网遗失或是被丢弃，
这样的渔网让鱼儿不断死亡，却既没人注意，也无人知道。

　　现代渔业的材料非常耐用，单丝和塑胶的分解需要几百年时间。就像是
受到诅咒的"漂泊的荷兰人"②永远在大海上漂泊一样，遗失的船筏及被丢弃
的渔网和绳索在公海上漂流数十年之后，会在某些海洋区域聚积，那里是洋流
辐合之处，吸引远洋的巨型动物前来觅食。美国国家海洋和大气管理局的观察
员，通过卫星资料找到这些洋流辐合的区域，并在这些地方发现，在 1992 年
联合国禁止使用前遗失或被丢弃的流网，在巨大的如同墓地般的区域回旋盘
绕。这些网中，有些仍很致命，造成海龟、鲸鱼、鸟类和鱼类被缠裹其中。

　　在渔业枯竭的故事中，有一个危险的转折。随着国内渔业产量急剧下降，
许多发达国家不是在自己国内找出问题来解决，而是去寻找更远之处的渔场。
这一模式一再被重复，当渔业蔓延到新的地方，不久之后，那里的鱼源就也开
始枯竭了。在自己国家内的水域无处可去时，发达国家开始往欠发达国家的水
域中寻找新渔场。西非国家是特别具有吸引力的目标，那里的许多水域都被季
节性的涌升流所滋养。由于它们国内的船队太小，无法精确地将其资源捕捞殆
尽，所以欧盟和其他一些国家（包括日本、韩国），大力推动与大西洋中的欠

---

①　银鲛一般被称为兔子鱼（rabbitfish），它们是银鲛科（*Chimaeridae*）的一员，在全球的深海中都有分布。

②　"漂泊的荷兰人"（Flying Dutchman）：一艘传说中永远无法返回家乡的幽灵船。——译注

发达国家及印度和太平洋岛国签定"入渔许可"（access agreements），让它们
这些国家在支付过一些费用后，就可以在另一个国家的水域里捕鱼。

理论上，如果欠发达国家没有能力在自己的水域捕鱼，那么让其他有能
力的国家来捕鱼，然后将部分收益交给所有权国家，这样的协定对双方都有好
处。如果管理得当，由于鱼群是可再生资源，渔业收益可以年复一年地不断获
得，这样做也是有道理的。然而，对实用主义者来说，利益是短视的：鱼源没
有被开发，会被当成浪费获益的机会，而这样的协定则可以给欠发达国家带来
其所急需的硬通货（强势货币）。但问题是，入渔协定一般都是很不公平的。
目前欧盟所提供的入渔金，相对于鱼的价值，实在是便宜太多。例如，入渔金
的计算方式是按进行渔捞的船只数目来计算，所以，那些提供渔权的国家都被
欺瞒了其渔业资源的真实价值。更可悲的是，欠发达国家之所以会签署这些不
公平的协定，部分原因是它们迫切需要强势货币来偿还外债，另一方面也是因
为腐败政客乐于从这些交易中收取回扣。

这些都是入渔协定产生的诸多问题，但是在这之外还有更多问题。在许
多地方，对采捕的鱼体尺寸都没有限制，而仅限制捕捞船只的数量，这对建造
巨型船只的热潮起到了不正当的推波助澜之效。例如，爱尔兰的"大西洋黎明
号"（Atlantic Dawn）在 2000 年时是世界上最大的渔船，它是用来庆祝爱尔兰
渔业重生的象征。"大西洋黎明号"的重量超过 1.4 万吨，长 144 米，其围网周
长 1 公里，可深达 150 米，能网住数量庞大的鱼群。

但这却是一艘永远都不应该开建的渔船。尤其是在这个严重过渔、鱼源
大幅降低的时代，我们应该尽力缩减渔捞能力，而不是反其道而行之，建造
这么一艘会猛吃鱼群的新一代怪物。不幸的是，由于入渔协定粗糙的经济计
算，让这么做变成是有道理的。如果没有特别的渔捞限额，那么，最大的船将
会抓到最多的鱼，并会从中获得最大部分的利润。这些船的船长必须尽可能快
速地把抓到的鱼换成钱，来还给投资者。像"大西洋黎明号"，除去造价 9500
万美元现金，还有来自政府的补贴。就像两个世纪前的捕海豹船，这些巨大的
渔船为了追求利润，必须到处追逐消减中的鱼源。对于建造巨型渔船的新风气
来说，可持续发展并不是一个问题，问题是如何迅速攫取利润，来偿还投资债

务。所以，能抓得越多越快越好。欠发达国家的水域正在被掠夺，取代了其被殖民多年来被剥削的陆域财富。例如，2003 年，毛里塔尼亚有 250 多艘外商独资的渔获加工船在清空那里的水域。日本仅仅支付给太平洋岛国基里巴斯在其海域捕捉上岸的鲔鱼价值的 5%。2006 年，西非的几内亚比索让 76 艘欧盟的捕鲔船进入捕鱼，其中有注册的欧盟拖网渔船总吨数超过 1.2 万吨。总体而言，进入 21 世纪迄今，已有 800 多艘欧盟渔船在西非沿岸捕鱼。

入渔协定所带来的渔业，在西非造成了意料之外而不幸的后果。当地方渔获萎缩后，人们开始进入森林猎杀野生动物，以满足其对蛋白质的需求。[17] 新兴的丛林肉（bush-meat）贸易，掠杀了森林中的野生动物，也因此，人类开始近距离接触这些会传播外来疾病的动物，例如，黑猩猩会将爱滋病毒和埃博拉病毒传播给人类。

一连串的世界鱼类资源枯竭已经接近尾声，因为渔船很快就将无处可去。加拿大达尔豪斯大学的鲍里斯·沃姆和他的同事们估计，2005 年时所捕捞的鱼类族群，有 29% 都已崩溃；而自 1950 年以来，65% 所有渔业所捕捞的族群都已崩溃（后一个数字较高，因为考虑到了数量极其稀少、少到我们不再捕捉的物种）。循着当前数量下滑的轨迹，到了 2048 年，我们目前所捕捉的所有的鱼类和贝类族群都将崩溃① [18]。事实上，就连比世界陆域面积大上两倍的深海区域也不是无限供应的，其中的渔业资源很快就会被消耗一空。值得进行渔业的区域，是在水深小于 3000 米的地方，因为只有这些地方才有足够的鱼可抓。像鲨鱼和虹鱼几乎不会生活在比这一深度更深的地方。[19] 公海是所有国家管辖范围之外的海域，属于全球共有的资源，公海深度在 800—3000 米之间的区域，大约仅占公海总面积的 3% 多一点。300 艘实力雄厚的深海拖网船，就是在这个小小的公海区域中密集捕捞。它们每天总共袭击约 1500 平方公里的海

---

① 这篇文章中的图表（参见本章注释 18）立即引起一些学术单位和渔业管理组织会员们的批评，尽管他们大都不曾从事渔业。也许对那些捕鱼的人来说，渔获减少是不言自明的。丹尼尔·保利和他在英属哥伦比亚大学的同事们，用多种不同的方法来估算鱼类族群随着时间消失的状况，他们所有的推算都以沃姆等人文章中的数据为根据。因而，当时的批评并无法挑战他们关于渔业正快速地在世界各地崩溃，以及渔业资源将会很快消耗一空（除非你特别喜欢吃水母）的主要结论。

床，等于是每一秒钟就有相当于两个半足球场或近四个美式足球场面积的海床被摧毁，这比陆地上的热带雨林消失的速度还快。我们每呼吸一次，一个超过十个足球场面积区域中的鱼和无脊椎动物就已被掠夺一空。每一年，船队都会清空一个如同法国面积般大小的海床；如果这些拖网船作业的区域不重叠，只要 16 年时间，就可以把脆弱的深海栖息地整个拖过一遍，然后，一切就都被摧毁了！幸运的是，拖网渔船在前往下一个区域之前，往往会集中在相同的地方作业，所以海底尚有一些还未被袭击过的地方。然而，这些数字所呈现的仅是在公海捕鱼的状况。拖网渔船每年在各国水域中的作业区域，其面积是公海的两倍以上。这些脆弱的环境仅剩的时间就快要用完了。

今天，我们看到海洋出现了全然陌生的新生态状态，就是捕鱼所造成的结果。一个普遍的变化是，从以有鳍鱼类为主，转变到以无脊椎动物为主。在加拿大从鳕鱼转变成螃蟹、龙虾和明虾；缅因湾则从底栖鱼类转变成龙虾和海胆；在欧洲北部则是海螯虾崛起，因为它们的鱼类天敌减少了。无脊椎动物在生态系统中成为优势物种，而且深受渔民欢迎，因为它们的肉很有价值，有时甚至比被它们取代的鱼类还要高。然而，这种在自然环境中不受控制的实验，存在着严重的风险。在陆地上，我们知道单一作物是不稳定的，面对害虫、杂草和疾病，必须给其喷洒精心调配的化学药剂，才能确保其生机和纯度。我们在水产养殖中也在这么做，但在海洋中我们却没有办法如法炮制。令人担忧的问题已经出现迹象。例如，在苏格兰西部外海，渔民发现海螯虾遭到涡鞭藻寄生的现象普遍增加。这种微小的涡鞭藻会入侵寄主的身体，然后把寄主的器官转变成寄生虫。当这一过程完成后，自由游动阶段的寄生虫就会从每一个孔洞和交界处爆发出来，让海螯虾看起来像是在抽烟一样（这种疾病因而俗称为"抽烟的螃蟹病"，smoking crab disease）。被感染的海螯虾在垂死之际，行动变得缓慢，会更长时间地待在其洞穴外。当这片水域中有很多鳕鱼和其他掠食性鱼类时，受感染的虾很快就会被捕食，从而可以限制住寄生虫的传播。但是如今已经没有了这样的调控机制。要是海螯虾再消失的话，渔民也就几乎没有别的替代物种可以捕捉了。

疾病和寄生虫在海洋中发生的频率出现爆发，像"抽烟的螃蟹病"发生的频率就正在上升。由于食物网遭到破坏，我们已经在不知不觉间去除了一些对这些生物的自然控制，而日益严重的污染问题也有利于微生物生长。另外，被弃获的鱼在海底腐烂后，也许会形成感染源聚积之处，但生态系统被简化及不稳定，也使得它们很容易受到像船舶压舱水所带来的、或是由水产养殖引进的外来物种入侵。受到干扰和压力下的生态系统，更易遭受这种入侵，而且，入侵的还不仅仅是疾病和寄生虫。比如说在黑海，由于过渔和污染，已经使得栉水母开始爆炸性地蔓延。[20] 在缅因湾，过渔导致海胆爆发，致使原生海藻锐减，当人们转变目标，开始捕捉海胆时，这才发现开始生长的海藻种群大多都是外来种。

我们正在目睹一个即将没有鱼类的海洋。河口、海岸和像波罗的海的封闭海域，正在遭受严重的脱氧作用，因为我们去除了食用浮游生物的动物，并在这些区域大量倾入来自陆域之工业和农业的营养盐。墨西哥湾的密西西比河口，每年都会形成 20 多万平方公里的死亡区域[21]，而全世界则有 50 多个季节性或永久性的缺氧死亡区域。[22] 在亚得里亚海的"黏液事件"（mucilage events）中，凝胶状微生物形成巨大的垫状物，旅游区的沙滩因而在夏天被迫关闭达数周之久。这种微生物从海底呈柱状向上升起，外观看起来像"鼻涕火山"（snot volcanoes），似乎是亚得里亚海在以巨大的规模在擤鼻涕。斯克里普斯海洋研究所的杰瑞米·杰克森指出，这些地区正在进行反向的海洋演化过程。不知不觉间，我们正在重建类似前寒武纪时代、海洋中多细胞生物兴起之前的微生物全盛时期。

当海洋中某些物种的数量变得比较稀少时，渔业管理者往往就会不再管它们了，转而把注意力转移到另一种数量还相当丰沛的物种上——我们原本应该投入更多的时间和精力去帮助那些物种恢复其族群数量，但却由于它们的产值变得如此微小，似乎不值得这么麻烦去助它们一臂之力。1970 年代，南加州的白鲍鱼仅仅经过五年的密集采捕，数量就变得如此稀少，渔业管理员于是就直接将其从应回报并记录收获量的物种名单上删除了。[23] 这让我们想到了不再被保护的雪豹，因为最后剩下的雪豹数量，已经少到没有必要再去考虑要不要保护的问题。

渔业机构几乎无法了解野生物种数量稀少所带来的问题。由于某种原因，人类非常珍视稀少的东西。纵观历史，黄金和珠宝吸引了成千上万的人们，忍受骇人的风险，并仅为几个小玩意而犯下暴行；动物的情况也是一样，东欧的黑手党清除了里海中最后的鲟鱼。在中国，渔民则是锲而不舍地追求最后残存的黄唇鱼（bahaba）[24]。这种鱼是墨西哥麦氏托头石首鱼的亲戚，并和它们大小相仿，最长可达 2 米，最重可达 200 斤。就像麦氏托头石首鱼一样，这种巨大的鱼类会在从长江口到香港一带的河口聚集产卵。从 1930 年代开始，聚集产卵的鱼群被拖网渔船锁定，然后，其族群数量很快就崩溃了。时至今日，所剩无几的黄唇鱼是如此珍贵，因而被称为"软金"，它们的鱼鳔价值相当于七倍重的黄金。很长一段时间以来，人类把海洋生物只当成商品看待。如果想要防止永远失去这些物种的话，我们对待海洋生物的态度必须快点改变。

我猜想，等到非洲丘陵中钻石含量很高的金伯利岩管状脉被用尽的那一天，矿业管理员一定会感到很心痛。对于一些特殊生成的石膏被磨碎，拿来制成石膏板，地质学家也许会感到难过，对此我并不太敢肯定。但我自己肯定会为看到珊瑚包围的空地被铲平而痛苦万分。我们正在失去那些从未有人描述、甚至可能从未有人见过的物种，这是一件令人痛心的事情。数千年来，它们与我们共享地球，在海洋深处过着不受打扰的生活。灭绝是一种无法挽回的损失，会产生一种永远无法纾解的痛，这是一种会在人类历史上一代传一代的痛！

成立保护区来防止马达加斯加象鸟消失，现在为时已晚。它们仅存在于《一千零一夜》中，被描述成神奇的大鹏鸟，那是一只巨大的鸟，将辛巴达带离一座荒岛。[25] 曾经在未开发的毛里求斯的古道上缓慢爬行的巨龟也都消失了，就像跟它们生活在同一个岛上的度度鸟一样。没有人知道，当黎明逐渐笼罩在印度洋上空时，度度鸟会发出什么样奇怪的啼叫声，如今仅存的只有几具安静的骨骸和白化了的龟甲残片。不过，有些海中巨兽仍与我们同在。只要我们采取行动，我们还有机会阻止它们消失，这样我们的子孙也就不用站在旗鱼的树脂铸模前，绞尽脑汁地去想象它是如何在洪堡洋流的白浪头上跃起、太阳光又是如何在它像鳟鱼般紧实的肌肉上反射出蓝色和粉红色的光彩——因为旗鱼将会依然存在，在大海中自由自在，供人尽情地去想象。

不过，在这片阴云密布的海洋中，也有一些明亮的色块。近几十年来，许多国家在减少沿岸及海洋污染上都取得了良好的进展。相较于过去，污水在被放流之前，都已依照更高的标准处理过。而且也已经达成了国际协议，限制在海上倾倒和丢弃废弃物。虽然有大量的地区性物种消失，但已很少再有物种由于我们的海洋管理不善而出现全球性灭绝。值得注意的是，我们已经知道有数千种陆域物种灭绝，但关于近年来海洋中灭绝物种的数量，用十个手指头就可以数得完。相较于陆地，大海是较不为人类所知的，而且海洋中有许多小到不起眼的生物体，以至于我们可能忽略了其中一些物种的消失。然而，灭绝的浪潮并没有在海洋中爆发，这种看法还是合理的。这也意味着海洋还是有可能恢复的，也是时候该做些改变了。但是为了避免造成不可挽回的灾难，我们所急需的不外乎是一种完全创新的渔业管理。

24

第二十四章
渔业管理的新方向

渔业科学可以测定水域中有多少鱼，以及其中有多少可以捕捞，但这只是渔业管理的一部分。要想了解为什么渔业在世界各地都出现了问题，我们需要检视一下科学建议是如何被转换为渔业行为管制的。这一转换过程中的严重缺失和渔业科学本身的瑕疵，同样都应为鱼类族群数量的减少负责并接受谴责。欧洲的渔业管理是一个很典型的例子，渔业管理者让渔民和鱼都深感失望。

自从 1983 年开始，许多欧洲的渔业都被纳入共同渔业政策（Common Fisheries Policy）的管理范畴。[①]这项政策的推出，源于法国、西德、意大利、荷兰、比利时和卢森堡这六个欧盟最早的会员国仓促达成的协议，而这六个国家在当时没有一个是主要的渔业国。不过，它们显然相当具有野心，因为它们将共同渔业政策中让所有成员国都能共享进入水域及使用资源这一"机会平等"原则视为神圣不可侵犯。

由于渔业资源被视为共享资源，自然也就必须经过所有成员国同意且集中管理。简单来说，成员国的渔业科学专家们在 50 个区域中进行统计，评估

---

① 尽管 1970 年就已设立了共同渔业政策的指导原则，但在所有会员国完全同意和实施之前，已经过去了 13 年时间。

具有商业重要性的鱼类族群大小及组成①。这些科学家每年一次，运用他们的专长，在国际海洋探测委员会（ICES）的保护伞下，给位于布鲁塞尔的渔业局提供意见，官员们再把这些意见转换成渔获量建议。这些建议会在渔业委员会部长年会上提出来予以讨论，各会员国的部长们接着进行谈判，判定在每个区域中每个国家的每艘船可以捕捉多少渔获。

前面我曾提到，过去欧洲的渔业管理是一场灾难。严重过渔的物种名单在 1970 年是 10%，到了 2000 年几乎增加到了 50%！既然有这么多专家，又怎么会出现如此严重的错误？虽然各国行政细节有所不同，但是造成欧洲渔业管理不合宜与失败的原因，也可以用来解释全世界大多数的渔业管理问题。

在 1930、1940 年代的早期渔业管理中，认为渔业捕捞所造成的死亡量，可以被调整到各种鱼类族群能够自我调适的水准。由于鱼类族群的大小受到环境变动的影响很大，渔业可造成鱼类死亡量的标准也应逐年调整，以因应自然变动中的族群数量。对欧洲渔业管理部门的官员来说，作为这样的弹性调整，就是设定渔获配额。当各国渔业部长在布鲁塞尔开会时，他们会先针对欧洲海域的每一个物种在每个统计区中的总容许捕获量（TAC）达成共识，然后再决定容许捕获总额如何分配给各会员国②。这是一种具有竞争性的讨价还价制度，各国渔业部长都在彼此较劲，尽力为自己的国家争取到最多的配额。我经常在想：为什么这样的会议总是在圣诞节前召开？有一年，我在伦敦的一个研讨会上遇到了英国渔业部长，就向他问起了这个问题，他解释说，如果不是眼看圣诞假期前夕最后一班回家的飞机就要飞走了，没有什么其他方法可以让大家达成共识！

我与约克大学的同事们，一起研究了过去 15 年来，欧洲各国渔业部长们所做决策的记录。平均来说，他们通过实施的渔获配额，约比布鲁塞尔渔业局官员们建议的数量还多 25%—35%。反过来，由于经过政治考量的权宜之计，

---

① 有少数几种类被认为是一个种群，像鳐和魟被归类在一起。这样归并的一个负面影响是，它会隐藏个别物种的族群变化。例如，鳐鱼的数量垂直下滑，就是由于相似但体形较小的鱼种渔获增加而被忽略。

② 各国内的渔业组织再将配额分配给各艘渔船。

传递给政客们的数字，往往会比科学建议的数量更多。因此，政客们所设定的配额往往过多，与海中鱼类的数量并不吻合。当渔民无法捕捉到配额的数量，就像加拿大渔民近年来在纽芬兰大浅滩无法捕捉到配额数量的鳕鱼一样时，你就知道鱼会有麻烦了。我们可以看到，在欧洲，这一模式在不断重复。政客每年总是设定比真正捕获量还多的配额，这些配额措施，不但不能通过充分地控管渔业来减少渔业活动，反而不可避免地让各国内的渔业组织将配额分配给各艘渔船，致使鱼类族群数量很快崩溃。将各类鱼种的捕获量交由政客决定，是第一个根本性的错误，然而，由政治来决定捕捉量，在全球来说都是常态，而非例外。而也正是这一点造成了加拿大东部鳕鱼族群的崩溃。不仅如此，此外还有其他同样糟糕的渔业管理错误。

对官方来说，渔获配额是官僚们的便宜之举，这可以让统计学家在港口就能搜集到卸鱼量资料，而不需要跟船出海，遭受晕船之苦。但它却无法计算出在海上被捕获并杀死的鱼的数量。这是因为并非所有捕获的鱼都会被带上岸，只有极少数渔业能够只捕捉它们的目标物种，而不干扰其他物种[①]。对大多数渔业来说，渔具相对没有选择性，通常都会抓到混杂多样物种的渔获。拖网渔业更是出了名的缺乏选择性。在北海，他们可以捕捉到几十种具有不同商业重要性的鱼类，而热带地区的拖网渔业则可以抓到数百种不同的鱼类。在欧洲，对于同样一种渔法所捕捉到的不同物种，都有不同的渔获配额规定。当渔船已经用尽了某一种的配额，就会继续捕抓其他物种，但在这样的捕捞中仍然不可避免地会抓到前一个物种。这时他们就会丢弃那些已经死去、数量超出额度的物种，而不会把它们带回港口（但这只是理论上如此，因为许多国家都致力于控制超过配额的鱼非法上岸）。渔船往往只有一种或少数几种鱼类的配额，所

---

① 1970年代鲱鱼渔业崩溃后，欧洲北方的鲱鱼渔业管理相当成功，鱼源开始恢复。与其他失败的例子不同，这一成功有两个原因：第一，鲱鱼业与其他大洋性集体洄游的鱼类渔业一样，都是只针对单一物种的渔业，它们会形成紧密的群体，所以捕捉它们时不会抓到其他物种，目标鱼种不是鲱鱼的渔民也不会意外捕捉到鲱鱼。因此，鲱鱼捕获量代表了主要渔业所造成的死亡量，这样渔业科学家们就很容易设定可持续捕捞的管理目标，政客们也很容易落实。第二个原因是，鲱鱼是其他十多种掠食动物（如鳕鱼）的食物，这些掠食者的数量都已减少很多，因此，对鲱鱼来说，非人类掠食者所造成的死亡得以暂缓。

以必须丢弃所有其他种类，哪怕它们是可以食用且极好的食物。一个特别令人憎恶但又普遍运用在丢弃渔获行为上的做法是"掠夺式经营"（high grading）。并非所有鱼的价值都相同。有些鱼种比其他的更有价值，有些鱼种个体较大的价值比个体小的高，有些鱼种则刚好相反。当鱼还很多的时候，渔民会先用最有价值的鱼来填满配额，丢弃其余仅有较低价值的鱼。对渔民来说，这样的行为具有重要经济意义，但是，这样做对渔业和环境却是有害的。

无论丢掉渔获的原因是什么，那些被丢弃的鱼并不会被记录在渔业统计中，但它们就跟着陆的渔获一样，都已经死掉了。忽略这样的丢弃行为，使得根据各种鱼类族群大小来调整渔业所能造成的鱼类死亡量的措施变得很可笑。在现实生活中，对大多数鱼类来说，渔业所造成的鱼类死亡量，大都超过或严重超过科学家们由族群数量估算出的可采捕量。过去 40 年中，北海黑线鳕平均每年的卸鱼量有 13 万吨，而估计的被丢弃量平均则有 8.7 万吨[1]。这真是一种极大的浪费！究其因，渔获配额是一种工具，用来将捕获量分配给不同的渔民，而不是用来保护海洋中的物种族群。

混获是另外一个问题。没有选择性的渔具，会捕获上来许多没有商业价值的物种，或是渔民没有配额的物种。过去 40 年间，由于工业化的鱼粉渔业的混获问题，每年有 3.1 万吨黑线鳕被北海吞噬。少数生命力强的物种，像海星，被混获捕捞后还可以活到第二天，但大多数动物都已经死去或是濒临死亡，于是就被扔在一旁。虾和明虾拖网的混获问题最为严重，约翰·斯坦贝克认为，每抓起 1 公斤明虾，同时会抓起 5—15 公斤的其他海洋生物。另外，深海渔业也极具破坏力，大多数深海物种都没有市场价值，因为它们的肉质太水，而且几乎所有被捞起的混获都会因为深海与海平面间的巨大压差而死去。

弗兰克·巴克兰是最早发现另一种形式的混获造成问题的渔业生物学家之一。1860 年代，他发现稚鱼及贝类的捕捉，破坏了这些物种的未来生产力，不过，当时由于拖网渔业的发展，渔民对稚鱼混获现象的关注已经相当普遍。

---

[1] 挪威渔业网（Norway's fisheries Website）：www.fisheries.no/marine_stocks/fish_stocks/haddock/north_sea_haddock.htm

随着时间推移，混获在渔业中的比例出现了逐渐下降的趋势。这既是因为原先具有高经济价值的物种已经枯竭，使得更多物种出现其商业价值，也是因为渔业本身耗尽了被混获的物种。

除了混获，还有从未被讨论过但却同样会摧毁物种和栖息地的"混杀"（bykill）。鱼类、贝类、珊瑚和海绵，在原地被最具破坏性的渔具重击、划伤及粉碎，但却仍被留在水中。每年数千公里长的渔网、延绳钓和其他渔具的遗失，造成对鱼类的大屠杀。幽灵渔业所捕捉的动物，永远无法为人类的福祉作出贡献，但它们却仍然被杀害了。

过去的渔业管理者很少考虑混获问题，除非该混获的物种具有重要的商业价值。人们认为混获是在追求蛋白质需求时一种必要的损失。非目标物种和栖息地，对只重视某个单一物种的任何一门科学都是毫无意义的。对抽着烟斗、穿着斜纹软呢夹克的早期渔业科学家们来说，每个鱼种都是互相独立的，需要单独分别管理。他们用几个简单的方程式来呈现渔业，是为了要在他们所在的学科中展现进步。他们被迫牺牲海洋中生命的复杂性，通过简单的单一物种模式来描述鱼类族群。那些模式一次呈现一个物种族群，从出生率、成长速度到死亡率，并在大多数情况下忽略鱼类所生长的环境。方程式所呈现出的鱼类，就像是粒子在均质化的海洋中随机移动，然后被没有在思考的渔民随机捕获。栖息地的影响很微小，因为模式中只是简单地假设一定有足够的栖息地和品种，足以支持物种成长。同样的，在模式中，食物供应问题也是微不足道。即使这个物种被认为会捕食另一种渔业的目标物种，那种渔业也不会被包含进模式中，尽管它可能会限制鱼类食物的获取。虽然现在使用的模式越来越复杂，但这种单一物种的思考方式至今仍然遍及于渔业管理之中，例如，国际海洋探测委员会中的不同子委员会所考虑到的，通常都是不同的单一物种或是某些群物种①。

① 这些委员们彼此之间很少有什么互动，尽管他们管理的目标物种间有着掠食者与猎物的关系，像鲱鱼委员会的讨论和鲱鱼掠食者管理的委员会就是分开的。而近来渔业所造成的损害，已经严重到让国际海洋探测委员会的子委员会介入调查，但这个子委员会与其他所有委员会之间却都没有关联。

忽视目标鱼种生活其中的生态系统，可能是渔业管理中最令人震惊的失败之处。早期的科学家们忽略了栖息地，是因为他们不明白渔业正在改变栖息地，并会深远地影响目标物种。他们的数学模式没有模拟到掠食者与猎物之间的关系。现在，电脑已经可以进行更为复杂的运算，但是，这些模式对于帮助我们提升管理渔业的能力仍然比较有限。

在现实的渔业管理中，就连最复杂的模型看上去也仍然像是卡通。它们将数百个食物网上的连接，在空间上简化成一个简单而且代表性很差的过程。直到今天，其中许多假设仍和以往最简单的模式一样，都是有错误的。例如，鱼类的"鱼源"仍被当成单一且独立物种的族群数量，即使我们知道许多物种在其栖息地边缘会有族群混合的情况，甚至会迁移到充满其他物种的区域。此外，如今更复杂的模式还隐含着所谓"复杂性的危机"：想要呈现得更多，实际上却是更少。在模式中增加一层又一层的细节，每一层中都有它自己的假设，最后导致结果不稳定。模式预测结果变得飘忽不定，以至于获得的结论可能会彻底造成误解。

生态学和经济学在这一点上有很多共同点。它们都涉及高度复杂的系统，这些系统都被无数不同的外力所影响。这也就是为什么经济学家预测未来的能力并不比渔业管理者高明的原因所在。财政部门很少能够准确预测几个月后的国家整体经济表现，因为其中实在有太多未知数。如果你无法准确度量这些因素，却将所有的未知条件都放入模式中，那并不会对你有什么帮助。管理经费者了解这些模式的局限性，这就是为什么说财务管理既是科学也是艺术。有些有灵感（或者是勇敢）的管理者宁可相信自己的直觉。有些人所获丰盈，另外一些人则是输得精光。大多数的开发投资组合都会把风险分散，所以，管理者从来都不会把太多的信心放在同一个经济体或公司上。

直到近几年来，渔业管理者们才开始采取低风险的管理策略。从 1950 年代到 1990 年代，渔业政策的主要目标是调整渔业造成的鱼类死亡量，使鱼群量可以长期维持在"最大持续生产量"的水准上。所谓"最大持续生产量"这一概念，就是来自单一物种渔业模式。这些模式假设某种鱼类族群的渔获死亡率可与生长率达到平衡。模式说，如果可以让渔获努力达到这一平衡，就会永远都有鱼。但在现实生活中，并没有这种固定的最大持续生产量可以作为标准。族群数量永远都在变动，就像渔业一样，受到自然力的推拉。再加上其他复杂的因素，像其他渔业中未被记录的混获和弃获，都使得那些目标毫无意义。

即便是对一个外行来说，最大持续生产量也有一个令人感到荒谬的假设：补充的数量与亲代族群数量无关。换句话说就是，有多少子代长大后可被渔业行为捕获与有多少亲代无关。不过，由于环境变动是造成鱼类族群数量波动的主因，生产数量与可存活后代数量之间的相关性并不高，因此，这样的假设并不像第一眼所见那般牵强。但在这样的关系中，有一点我们可以百分之百地确定，那就是：如果没有亲代，就不会有子代，自然也就没有渔业了。当亲代族群数量下降到某个程度，繁殖成功率也会快速下降。渔业科学家将族群低于这个水平时称为"补充性过渔"（recruitment overfish），因为此时已经没有足够的亲代去繁衍后代，以补充渔获死亡及自然死亡的数量。

近年来，渔业管理者逐渐放弃了达到最大持续生产量的目标，开始支持族群数量保持在补充性过渔的门槛之上。这个方法被视为可以避险，但奇怪的是，这样的族群数量却比维持最大持续生产量的数量还要少。对于一般鱼种，这意味着只要能保持三分之一以上的族群数量，物种就会像没有受到渔业影响一样。为了便于比较，最大持续生产量通常被定义为未受开发族群数量的二分之一。当然，如何判定出在没有渔业干扰下的鱼群数量仍有难度。从本书的历史角度来看，我们在很多例子中都严重低估了未开发时的鱼群数量，一旦过渔的门槛被低估，就会把鱼群数量推入更高的崩溃风险中。

即使渔业管理者已经更新其目标，以防止族群崩溃，但他们所关注的往往仍然固定在单一物种上。他们不愿意改变的原因之一是，他们宁愿相信错误的不是科学本身，而是对科学的应用。他们抱怨，如果政客能够落实他们给出的建议，渔业就不会衰退。这是真的，正如前面提到的，科学的建议总是被政客忽视或是被打折扣。而同样真实的是，光是控制捕捉技术和可以着陆的种类等，这些用来规范渔业所使用的主要方法，对于想要达到可持续的目标，都不够有效。但是科学本身也有缺陷。用以支持渔业管理的理论和模式，在大多数例子中，仍然没能认识到健康、完整的生态系统对于鱼类生产的重要性。

为了恢复全球渔业，我们必须改变管理海洋的思路。过去数百年来，渔业管理就像是一场渔民与管理者间的攻防战：管理者制定法律来约束渔业行为，渔民则在规定中想出其他办法。在大多数地方，渔民一向都是领先管理者一步，于是鱼群数量不断下降。最后，如果渔民赢得比赛，这个行业就将自我毁灭。在多数地方，即使在最好的状况下，管理者也只能说他们是在减缓自杀的速度。只有在我们设定较为温和的捕捞目标并以较不影响鱼类栖息地和其他海洋生物物种的方式来进行捕捞的情况下，渔业才有可能是可持续的。

所需的改革并不涉及复杂的科学，也不需要很高的学位才能理解它们。改革的概念很直接，就是一般常识，我们可以将其归纳为七点：降低目前的渔捞能力；消除有风险倾向的决策；取消渔获配额，代之以实行捕捞管制；要求渔民保留他们所捕捉的渔获；要求渔民使用减少混获的改良渔具；禁止或限制使用最具破坏性的捕捉方法；广泛落实禁止任何捕捞的海洋保护区网络[①]。

减少捕捞量

改革的第一步是降低捕鱼强度。早期渔业科学的一大发展就是基于观察渔业随着时间发生的演变。1948 年，迈克尔·格雷厄姆在《理性的北海鳕鱼渔业》(*Rational Fishing of the Cod of the North Sea*) 一书中总结道：

> 人们普遍认为，通过市场更好的安排或者是分配，可以使鳕鱼渔业更进步。然而，只要不是所有渔业国家都对每年持续增加的渔捞能力总量作出一些限制，受到过度捕捞的鱼群的特性，就会导致所有想使这个

---

① 许多改革都出现在英国皇家委员会 2004 年发布的环境污染报告《力挽狂澜》(*Turning the Tide*, RCEP, London, www.rcep.org.uk/fishreport.htm) 中，这份报告开始关注欧洲渔业对环境造成的影响。

行业进步的努力全都白费。任何措施只要保证可以增加获利，即使包含了对渔网网目的规定，渔业活动仍会倾向于增加。本来停泊在港湾休息的渔船，将会再次出海；船主也会更愿意更新渔船和渔具；由于预期将会有更好的收益，甚至连船员们都可能会充满出海的热情。然而，正如我们已经看到的，不断在已经过渔的鱼群中增加渔业活动，势必导致鱼源缩小到没有经济效益的水准。结果，这些措施即使实现承诺，使收益增加，也都不会长久。[1]

　　格雷厄姆的这一观察，目前已被接受为一个基本的经济原则。在取用资源没有受到限制的情况下，只要渔业仍然有利可图，人们就会不断加入渔业活动，直到每个渔民平均的收益是零时才会停止。今天，大多数工业化的渔业都在用许可证和配额来限制入渔①。但是，就算不增加新船和人力，渔捞能力还是可以通过新技术得到提升。这也意味着，即使入渔受到一定限制，几乎所有渔业的渔捞能力，都会比确保可持续的能力还要高。虽然渔船减少了，但还是可以用更少的努力来捕捉到跟之前一样多的量，而且船员们的收益都还有所增加。所以，减少渔业活动是改革渔业管理的第一步。

　　据估计，2002 年北海上的渔捞能力，比实际所需的还要多上 40%。欧洲共同渔业政策的一个主要基础是通过补偿渔民淘汰旧渔船使之退役，来减少渔获努力②，这种方法可以追溯到 1930 年英国政府买下鲱鱼渔业中的老旧船只。[2] 然而，让船只退役并不是解决产能过剩的完美办法，因为最先参与此项计划的都是情况最差的渔民，他们会卖掉那些最老、最不适合航行的旧船。而且企业所属的船队拥有许多渔船，老旧船只退役后，可以再投资购买新的渔具和电子设备，来将其他渔船升级。因此，减少渔获努力虽然是很重要的一步，但却仍然无法解决所有问题。

---

① 在欠发达国家，许多自给性渔业仍然是开放取用的，这是在人口密度很高的地区渔民生活贫困的原因之一。开放代表鱼类族群已被高度过渔，捕捞仅能勉强维持生计。

② 有天晚上我在晚间新闻里听到一位英国渔业官员说“我们捕获的渔获等同渔获努力”，其实他说的与事实完全相反！

消除有风险的决策

第二项改革是消除有风险倾向的决策。也就是说，在订定可容许捕获量的政策时，必须禁止政客参与，改以根据目前最新的科学来提供选择。政治和渔业管理的时间尺度非常不同。渔业部长们是今天在位也许明天就会离开的一群人。他们很少会在这个职位上待太久，因为这只是他们得到像工业贸易署或外交部长等更高职位前的一个跳板。他们在其任内所做的决定，主要是为了在短时间内取悦选民。任何其决定所造成的不好后果，都会丢给下一任或是下下一任部长去处理。但是，"可持续渔业"与这种情况却正好相反，从其定义就可知道，这是需要长期努力的。放弃现今渔获所造成的效益，可能要 5—10 年之后才会显现出来，而这已远远超出了政客们的视野。

在经济学中，政治和社会的时间尺度也存在着极大差异。在经过云霄飞车般的经济波动之后，许多国家都已意识到，银行利率应该由一群独立且不会受到他们所做决定影响的专家来决定，只有寻求长期经济稳定的政客才能胜任中央银行委员。同理，渔业管理决策也必须由独立的组织，采纳科学建议的原貌：关于多少渔获是可安全捕捞并可维持物种在生态系统中扮演的角色，应由一群专家来作出最好的判断。至于超过那些建议的渔获容许决策，应该只发生在最不寻常的情况下。

有些国家已经走向地方分权的渔业管理方式。像美国就有八个渔业管理委员会，涵盖其不同区域。委员会成员来自科学、工业、保护机构和一般民众，但是，来自渔业的成员仍占一半以上。[3] 让渔民来负责渔业管理政策，就好比是让狐狸来看管鸡舍。在他们的想法中，短期经济学占有很大比重，例如下一笔偿还船只贷款的钱从哪里来，等等。因而，渔业管理委员会一直遭到严厉批评，认为他们没有作出艰难的决定以确保可持续发展，并不令人意外。独立的决策并不代表决策该由这个产业来做。把管理重点放在非目标物种及其栖息地上，既无法保障未来的渔业，也无法正确地指出渔业的问题。

取消渔获配额

第三项改革是消除渔获配额，代之以限制渔获努力。就像我之前提到的，捕获配额只能阻止渔获着陆（至少在合法状态中是这样），却并不能停止鱼被杀死。必须放弃配额规定，改以限制渔船在哪里、多长时间，以及可用什么样的渔具来捕鱼。只有限制渔获努力，我们才能防止鱼被杀死，给它们长大和繁衍后代的机会。在美国，限制渔捞能力在很多渔业中已经使用了很长一段时间，但在欧洲，这个想法的起步还很缓慢。不过，现在欧洲渔业管理者正在尝试用法规限制渔船可以在海上停留的天数。当然，限制渔获努力的方式也要与时俱进，视技术进步而作出调整。

要求渔民保留他们所捕的渔获

第四项改革方案是要求渔民保留他们捕获的东西。丢弃目标鱼种，普遍被认为是一种可悲的浪费。毕竟鱼都死了，把它们放回海中，对它们并没有什么帮助。管理者坚称超过配额的鱼该被扔掉，因为如果船只可以保留它们，就表示过度捕捞还可以得到奖赏。但矛盾的是，坚持渔船可以保留它们所捕获的，反而是一种强有力的保护措施，使限制渔获努力的方式得以执行。像挪威等有些国家就已经把这个想法付诸实践。

这个想法之所以有效，是因为鱼的价值会随着大小及种类而有所不同。要求渔民不管捕获什么都要保留，意味着能够最有选择性地抓到目标物种的渔民就能赚得最多。其他人则被迫带回低价的混获渔获，在挪威，这些低价渔获会被政府以低价收购拿去做成鱼粉。有很多方法都能让捕鱼变得更具选择性，像改良渔具，以及更谨慎地选择渔场，等等。这项改革提供了经济诱因，促使渔民主动采用最好的捕鱼方式。

使用目前最好的捕鱼技术来减少混获

这项方案要求渔民使用经过设计可以防止混获的渔具以达到上一方案的目标。多年来，为了减少混获，世界各地政府部门的渔业实验室一直都在改良渔具。但是，只有在极少数情况下，他们的发明才会被渔民采纳。这方面一个著名的例子就是在捕虾拖网中装置海龟脱逃器。那是将塑胶网格以某种角度放置在拖网的颈部装置，它能引导海龟通过一个可以让它们逃走的盖子。使用这些装置之前，美国和墨西哥在墨西哥湾的捕虾船队，每年都会淹死数千只海龟，使一些物种快速趋向灭绝。可悲的是，大多数混获物种都缺乏像海龟这样的魅力，它们也没有得到给予濒危物种的法律支持，来迫使渔业改革。而即便是那些有魅力的物种，也会遇上立法迟钝及渔业管理者漠视等问题。像在英吉利海峡，由两艘渔船拖行、用来捕捉海鲈的双拖网，往往会杀死港湾鼠海豚①。

经验证明，渔民大都不愿使用带有防混获设计的渔具，因为改用这样的渔具会增加他们的成本，而且还可能会减少其捕获量。因此，希望渔民自愿采用最佳的捕鱼方法是不切实际的。减少混获的渔具通常也会减少目标物种的捕获量。但有时采用防止混获的渔具也会另有好处，像捕虾渔业中众多的混获都必须用手工进行分类，而改用防止混获的渔具就可以加速处理流程，减少渔获的缺点于是就被抵消了。然而，这样增加的效益并不足以成为诱因，使渔民接受改变渔具所增加的成本。由于使用的人少，又会导致制造商不愿制造新的渔具。如果明天能把所有堆满渔业研究机构中落满灰尘的减少混获装置都拿到海里用的话，渔业就可以在一夕之间变成一种更加良性的活动。然而，唯有通过法律强制规定所有人都必须使用，才能让渔民接受并使用这种渔具。

---

① 截止 2006 年，欧盟禁止双拖网在英吉利海峡捕捉海鲈以失败收场，尽管已有明确迹象表明，减少中的海洋哺乳类必须由其他法令来保护。双拖网是巨型的中层水域拖网，在两艘船之间拖行，这对鼠海豚来说很难避开。海豚的混获比较少，这是因为海豚已经所剩无几。共同渔业政策落实 30 多年来，欧盟只引入了少量渔业管理制度，它们都是用来保护非目标鱼种和它们的栖息地，而且还是非常不情愿的。

禁止或限制最具破坏性的渔具

然而，有些渔具即使经过改良也仍然极具破坏性，无法改变太多它们所造成的伤害。例如，底拖网不管如何使用，总是会粉碎、切断珊瑚之类的底栖物种。唯一的解决方法就是完全禁止使用，或者是极其严格地限制底拖网能够使用的地方。

从 14 世纪以来，总是造成破坏的底拖网，已经引起了激烈乃至暴力的抗议。然而，这种方法早就传遍地球上的每一片海域。有些地区已经明令禁止使用拖网，主要是沿海地区，尤其是在被认为具有重要商业价值物种的产卵或育苗的所在地。但在大多数情况下，渔民只要愿意下网的话，就可以在任何一个地方使用拖网。深海应该是底拖网永远不该运作的地方，因为用来穿透深海的渔具比较重，而且比在浅海中更具破坏性。绳子上沉重的钢制滚轮，和用来撑开网子的五吨重门板，与水下 1000 米处脆弱的世界无法和谐共存。凡是拖网扫过的深海，都会遭受巨大乃至可能无法复原的伤害。

限制渔具仅能在某些地方使用，有很多原因，也包括为了要保护海狮的食物。在北太平洋的阿留申群岛上斯特拉海狮聚集地半径 37 公里的范围内，已禁止使用捕狭鳕的拖网。靠近海鸟栖息地的地方使用浮刺网组也是不恰当的，因为下潜的海鸟会被网缠住，然后淹死。双拖网不应该被用在会对海洋哺乳动物造成危害的地方。在珊瑚礁区不应该使用鱼枪，因为它会取走体型最大、最具繁殖力同时也是数量最少的鱼。毒鱼和炸鱼的破坏力太大，在任何情况下都不应该使用，虽然在很多热带地区，它们仍在被用来杀死大量的鱼。

虽然拖网在本书中一直受到很多批评，但我们却并不需要全面禁止使用底拖网。广阔的由砾石、沙和泥组成的浅水大陆架栖息地就非常适合拖网渔业。历史上，长期在这些地方重复进行拖网捕鱼，反而有利于能够耐受拖网渔业所造成影响的动植物族群。拖网有很高的效率，意味着用这种方法捕鱼的成本很低。从渔业观点来看，减少拖网捕鱼，很多地方就会产生更多的鱼，但这并不代表就要坚持完全停止拖网渔业。广大的土地每年都会耕犁，用来种植作物，所以我们也没有理由禁止在海洋中耕犁一些区域以捕获鱼类。不过，当然，也并非在任何地方都可以这样去做。

除非我们把一些地方保护起来，否则海洋将会一直贫瘠下去，其中的野生动物也将会持续消失。现在是泥、沙和砾石的地区，在拖网抵达之前，曾经有着多么丰富的生命！唯有保护这些地方，我们才能再次看到丰富的海景。仅靠降低渔获努力力，即使是非常严格地降低，底栖生物也不会恢复。将拖网使用的频率由每年一次改成隔年一次，对珊瑚和海绵等长寿的物种来说并没有什么不同。那些地方禁止拖网拖行，才是唯一能让栖息地完全恢复的关键所在。并不是只有活在海底的生物才需要喘息的机会，数以千计我们已知所剩无几的物种，和另外数以千计我们还不了解的物种，也都需要庇护所。令人惊讶的是，在保护鱼类不受捕鱼影响的同时，也可以使渔业蒙受其利。我们下一章的主题就是设立海洋保护区，这也是第七项渔业管理改革。

25

第二十五章
回复丰富的海洋

我第一次潜入伯利兹的"侯禅海洋生态保护区"（Hol Chan Marine Reserve）时获得了一个启示。在潟湖与开阔的加勒比海之间，这个保护区横跨渠道中的堡礁。当我下潜到渠道中时，密集的笛鲷和石鲈群盘旋在我的下方。三条一米多长、胸部呈桶状的石斑鱼，在礁岩间分散开，隐没在潟湖里的海草地毯中。一群一群的鱼栖息在岩壁、洞穴和悬壁上，或是随着海浪在珊瑚礁丘上来回游动。两米长的比我的大腿还粗的海鳗，在渠道中的沙质底部上蜿蜒前进。看起来让人难以相信，但当我游入渠道，鱼的密度确实在增加。没过多久，那里的鱼就比珊瑚礁还多，岩壁上充满生命，就像是充满各种色彩的鳞状马赛克在移动。一群铁饼状的蝙蝠鱼出现在我的头顶，在光照之下映出剪影。流线型的梭鱼挂在如同天花板的海面之下，它们镜面般的身体闪烁着蓝色，几乎与背景融为一体。在渠道通往外海的礁石上，厚嘴唇的黑色石鲈相互推挤着抢位子。在更深的蓝色中，一头鲨鱼安静地四下巡逻，它的目光停在了我的身上。

1991 年，当时我正在参与一个新的研究计划，研究海洋保护区对海洋生物的影响。海洋保护区是保护海洋生物不被任何方式捕捞的区域。要找到一个研究地点相当不易，因为当时世界上的保护区还很少，而且大都是纸上谈兵，

许多禁止捕捞作业的海洋保护区，像伯利兹的侯禅保护区，在渔业活动停止后，很快就出现了高密度的大鱼。(图片来源：卡鲁姆·罗伯茨)

保护从来没有落实过。当我在那里潜水时，侯禅保护区的巡护员已经戒备森严地守护这片保护区有四年之久了。比起其他我见过的加勒比海珊瑚礁，这里的生命非常丰沛。保护区内有 1600 平方米的珊瑚礁。渠道中鱼的密度是保护区外的 6—10 倍，珊瑚礁中的鱼类密度之高，是所有记录中数一数二的。鱼的密度向保护区的边缘递减，但仍比邻近未受保护的珊瑚礁高出 50%[1]。这让我想到：如果捕鱼能如此急剧地降低鱼的丰富度，那它真的是一股强大的力量；而同样重要的是，这个保护区的情况表明，只要认真设置保护，很快就可以让生命重回珊瑚礁中。

在我发表第一篇关于海洋保护区的研究论文时，与海洋保护区影响有关的研究不到十篇。然而，15 年后，该领域已经出现了 1000 多篇相关论文、数十篇评论和好几本书。从一开始的小规模试点，到现在海洋保护区已经扩及几十个国家和上百个地点，包括许多不同的栖息地和气候。因此，海洋保护区很容易被认为是一种新的事物。

其实，为海洋生物设立庇护所的想法具有悠久的历史。横跨太平洋，从巴布亚新几内亚到夏威夷，岛上居民传统上一直都会限制在某些区域的珊瑚礁捕鱼。在大多数地方，这些"休养生息"的区域在一段时间后都会再次对渔民开放，给其提供丰富的资源，而不是永久保护。但在保护区中捕鱼则会受到重罚。在夏威夷，违反保护区戒律者，甚至会被殴打致死。

在欧洲，18 世纪晚期的法国就已经有了这样的想法；19 世纪晚期，在进行过禁止底拖网保护区的实验之后，这样的想法再次被提出。在法国，早在19 世纪初，就有一些区域禁止以任何形式捕鱼。设立这些保护区的目的，不是为了防止漂亮的鱼被鱼钩或拖网抓走，而是为了使渔业受益。例如，1793—1830 年间，在靠近马赛的地方禁止拖网作业。当这个区域重新开放捕鱼时，渔获据说多得出奇，每拖一次网就可以抓到七吨，而且渔获物主要是很肥的海鲂和无须鳕。[2] 1912 年，法国渔业科学家马塞尔·艾胡贝尔解释了设立海洋保护区背后的理论：

> 控制成群的鲱鱼或沙丁鱼这一想法是可笑的。但在海底觅食的鱼类栖息地却是固定的，可以对其进行审慎监管。一旦鱼苗和幼鱼得到安全庇护，保护原则很快就可以扩展到某些成熟鱼类的个体身上，使其成为它们种族的保护者。
>
> 为了达到这个目的，我们可以选择一个自然状态下这种鱼聚集且进行孵育的海底，明确划出这个区域的位置，然后下令禁止在该区域进行任何捕捞；这样我们就可以拥有一片区域，鱼可以在里面繁衍、生长，有一个可供人类取用的动物资源，或是如法文中所说的驻扎区（cantonnement）。这种保护区的功效早已得到实验证明……
>
> 在解释保护区的理论中，我已经暗示了两种保护方法。它们应该是暂时性的还是永久的？很明显，理想的保护区可被视为一个动物资源，在定义上它是一个不可被侵犯的区域，在这里，有繁殖力的成鱼与幼鱼同样受到保护。它是一个巨大的综合育苗场、一个有效的生产中心，当

个体在这个区域中因数量过多而开始相互竞争时，它们将会往各个方向
扩散出去……我们应该设立很多保护区，如果可能，就让它成为永久
的，如果不行，就让它成为暂时的。[3]

早在现代学者发表第一篇关于保护区学术文章的 70 年前，在艾胡贝尔的
陈述中，其实就已经说明了其理论基础。然而，他的著作早已被人遗忘，今天
的科学家们重新创造了这些原则。这一理论认为，海洋保护区在两个重要方面
可对渔业作出贡献。其一，保护区防止鱼类被捕捞，这可以让它们活得更久，
长得更大。大鱼比小鱼能繁殖更多后代，所以，在一个保护状况良好的保护区
中，鱼群可以产生比在渔场中更多的幼鱼。鱼会把卵产在海床上或释放到水体
中。无论是哪种方式，在这些卵孵化成鱼苗之前，都要花上数天到数月时间，
像浮游生物一样生活，然后才会蜕变成稚鱼。到了这个时候，很多小鱼都已迁
徙到超出保护区的界线，因此这些幼鱼就会对补充渔场作出贡献。艾胡贝尔所
预测的第二个渔业利益，发生在保护区中的鱼群数量已经建立起来之时。随着
鱼群密度增加，有些鱼会寻求较不拥挤的生活环境，于是它们就会从保护区中
迁往邻近渔场。艾胡贝尔的最后一项建议是，要想使这些保护区运作良好，还
需要沿着所有的海岸和海洋建立起一个保护区网络，而这也正是现代保护区理
论的根基所在。

19 世纪末法国的保护区所取得的成果，足以说服管理者。就像艾胡贝尔
所说的：

> 1899 年，海洋渔业咨询委员会凭借 1852 年 1 月 5 日的法律所赋予
> 它的权力，表达了海洋部门的期待是普遍成立保护区。它甚至主张：如
> 果保护区都被绝对遵守的话，拖网只能被允许在没有管制的水域作业
> （拖网自 1862 年开始被禁止在离岸五公里内作业）。1901 年的时候，它
> 建议，除了维持已有的保护区之外，若有需要，还可以在沿海区域渔民
> 很多、但尚未变得很拥挤的区域再新增一些保护区。[4]

艾胡贝尔是一位有远见的科学家，如果他的建议早在他那个年代就被采纳，我相信渔业绝对不会陷入今天这般可怕的境地。除了设立海洋保护区，他还坚信，像虾拖网这类最具破坏性的渔具应该全面禁止。我们在过了一个世纪之后才回归他的想法，而此时海洋里的生物已经比他那个年代少了很多。对于人类要花这么长的时间来体认他的理论，艾胡贝尔可能并不会感到惊讶。他揶揄道："理论上的迫切需要，往往与企业利益相冲突，在沿海广设保护区，很快就会引起渔民的愤怒。"[5]

1880 年代到 1890 年代，威廉·麦金塔在苏格兰海湾进行了禁止拖网作业的实验，但这却是一个有缺陷的实验，使得设置保护区的构想受到沉重打击。麦金塔是位苏格兰渔业科学家，他受英国政府之托，进行关于拖网对渔业影响的研究，以确定拖网是否会使鱼源枯竭。在这个实验中，许多海湾和河口都禁止使用拖网。在超过十年的时间中，麦金塔用实验性的拖网来进行调查，以了解鱼群数量是否得到恢复。然而，由于使用手钓渔具和陷阱的渔民仍然继续在这些区域捕鱼，结果就像麦金塔在 1892 年所观察到的那样：

> 当地渔业社区由于禁止使用拖网的规定而获得的好处无疑是巨大的。他们可以在管制区的任何地方放置钓线，可以放置数小时而无须看管，而且没有（被拖网干扰的）风险。鲽鱼在冬季的高经济价值，一定会让渔民们的生活在物质方面变得更加舒适。但是，获得更多的金钱也不是没有缺点的。[6]

当钓鱼的渔民仍能不受限制地在受保护地区捕鱼并受益，如此密集地使用渔业资源，会使原本完全受保护区域中应该恢复的渔业资源受到阻碍。尽管禁止使用拖网保护了海底栖息地不受损害，也减少了未成熟的幼鱼被捕捉，但是取得的成果却被错误地受到怀疑。大约在同一时间，渔民自己提议每年关闭丹麦、德国和荷兰邻近的北海海岸一季，以减少对稚鱼的伤害[7]。但是这个想法却被拒绝了，因为其意见被像麦金塔这类可以左右英国政府决策的人认为"太不切实际了"。

今天的这一代几乎是在偶然中重新发现了保护区限制捕捞的好处。1970年代，在智利、菲律宾、新西兰，科学家们在邻近研究站的地方设立了小型保护区。那是实验生态学蓬勃发展的时代，科学家们开始用铁丝笼和其他种类的装置布满海岸，用来排除或是包含某种动物，以了解这一种类对鱼类生态系统的影响。然而他们想要的保护区并不是为了保护海洋生物，而是要保护他们的实验不受捕鱼活动的干扰！在新西兰靠近奥克兰崎岖、多岩石的海岸边，比尔·巴兰坦（Bill Ballantine）经过多年努力，才在他的实验室前建立起"利海洋保护区"（Leigh Marine Reserve）。那时还没有可以用来设立海洋保护区的法律，而且政府官员对保护区的看法也相当冷漠，甚或充满敌意。不屈不挠的巴兰坦，不眠不休地工作，争取到了社会大众对保护区的支持，并说服渔民他们完全能够禁得起减少仅 5 平方公里的渔场。1977 年，也就是保护区的想法被提出 12 年后，这个想法终于被落实了。[8]

几年后，巴兰坦和他的同事们发现了一些意想不到的变化。像龙虾等具有重要商业价值的动物的密度和尺寸快速增加。例如，龙虾的族群数量在受到保护后，每年增长了 10%。另外，由于不再掉入陷阱，能够活得更长，它们的尺寸也增加了。[9] 至于鱼的反应速度，一开始则较慢，六种商业性鱼类中，在六年后，仅有红唇指鲈一种在数量上有所增加[10]。然而，这样的状况很快就改变了。经过 12 年的保护，笛鲷、红唇指鲈和银鳕（蓝鳕）的数量都比保护区外的渔场多上很多。[11] 暗灰色、肉质结实的笛鲷有着很大的消费需求，它们也随着时间而恢复了族群数量，1990 年代末期，它们在保护区里的数量高于区外六倍[12]。它们的尺寸也随着年龄而增加，保护区中的平均尺寸达到32 厘米，而生活在没有受到保护的礁区中的平均尺寸则只有 19 厘米。

利海洋保护区的研究，支持了艾胡贝尔的预言：保护区就像是一个生产中心，鱼类可以向外分散到邻近的渔场中。捕龙虾的渔民最先注意到了这样的变化后，就开始把陷阱设置在靠近保护区边界的地方，以获取因"溢出效应"发生而离开保护区的龙虾。巴兰坦回忆起，有一次在他查看过保护区四周后，有位访客赞扬保护区的边界用浮标标示得很清楚。他回答说，他们并没有标示边界，那些是设在保护区周围的龙虾陷阱的浮标。经过十多年的保护，当地人的态度也发生了改变。亲身感受到保护区的正面影响后，五分之四的商业渔民表示，他们希望能够设立更多的保护区。[13] 另外也有同样比例的人表示，他们会积极防止保护区中的盗猎行为。五分之二的人认为，自从设立保护区后，他们的渔获量增加了，几乎没有人认为渔获减少了。

到了 1990 年代后期，就连利海洋保护区周遭仍在持续进行捕鱼的区域也发生了变化。保护区成立之初，礁区大都是光秃秃的，只有一大群海胆以有系统的方式，来回嚼食长在礁岩上的藻类。只有一些零星丛生的海藻打破了单调的景色。经过 20 多年保护，保护区中长出了丰美的巨藻森林，被海胆啃食后的贫瘠之地，已经减少到只剩下几块补丁分散在四处。[14] 现在，巨藻冠可以给笛鲷和龙虾等海胆的天敌提供庇护所。在保护区中，很老的笛鲷们的厚唇上点缀着十多个黑色疤痕，可以看出那是被海胆刺伤所留下的。实验证明，保护区内海胆受掠食的速率是保护区外的七倍之多，它们使海胆数量减少，并使巨藻有机会生长。巨藻森林再生则给许多其他物种提供了栖息地。

胡安·卡洛斯－凯斯迪亚（Juan Carlos-Castilla）也看到了同样巨大的变化。当他将智利拉斯克鲁塞斯研究站（Las Cruces Research Station）前的礁岩海岸围起来时，他原本是想禁止那些在沿岸边采集可食用软体动物及其他动物的人们在此采集。同样的，他的动机也不是为了保护，而是为了防止其试验受到干扰。但是试验结果却非常戏剧化，完全出乎意料！短短几年时间，保护区内的礁岩海岸上丛生出很厚的褐藻，跟保护区外光秃秃的岩石形成强烈对比。凯斯迪亚也发现了一种采集者的目标物——智利鲍鱼，一种以草食性螺类为食的掠食性螺类 [15]。这种鲍鱼一度由于人类过量捕食而减少，这时却开始出现恢复，并控制住了草食性物种的数量。这使得海藻再次蓬勃生长。

海洋保护区提供了关于海洋生命具有韧性的活生生的例子，使我们对于海洋能从过渔的影响中恢复过来抱有更多期望。在人们设立保护区并有良好看管的地方，结果都非常可观。我有幸亲眼目睹了圣卢西亚的转变，那里是东加勒比海的向风群岛之一。苏弗里耶尔（Soufrière）是一个充满活力的社区，拥有一万人口，坐落在岛屿西南的群山之间。海滨排满了拴在岸上或是浮在水上、油漆得光鲜亮丽的木质渔船。船身上漆着名字，像"更多火"（More

Fire)、"我的钱"（My Money）、"求主帮助我"（Lord Help Me），以及"没多少"（Not Much）。当初，"没多少"被命名时，苏弗里耶尔的珊瑚礁正处于可怕的状态。我在 1994 年初次造访这里的时候，当地的渔业状况非常糟糕。许多船只都没有引擎，渔民通常都要逆着海流，划上好几个小时，才能抵达渔场。他们费力地在可以烤干人的炎阳下和暴雨中搬运陷阱篮，只为捕得一篮小鱼，作为一天的奖励。我从海面下看过去，有些陷阱是空的，另外一些里面的鱼只够做一个三明治，抓到的鱼大都是不适合食用的种类，例如，像金鳞鱼和锯鳞鱼之类鱼刺和鱼骨比肉多的鱼。

水下的礁岩非常美丽，上面覆盖着珊瑚、海扇和形形色色的海绵。我潜游在这座茂密森林的空隙间，一大群小鱼在我的前方分开。只要一有突如其来的动作，它们就会全部一起瞬间转弯，整群合并在一起，看上去就像是一个巨大的动物在珊瑚礁上徘徊。麋鹿角状轴孔珊瑚 [①] 的分支向外张开，成为有着黄色条纹的须鲷和金黄色石鲈的庇护所，而它们都比我的手掌大不了多少。一些小的石斑鱼，在我游近的时候，会冲过去寻找庇护，然后转过头来盯着我这个笨拙的入侵者。我往洞穴里窥视，发现了密集成群、呈胭脂红的锯鳞鱼。它们的大眼睛显现出其昼伏夜出的习性，当它们翻转身体时，一眨一眨地，就像是镜子一般。有时候，银光一闪，小鱼瞬间攒动，宣告鲹鱼正在礁岩边缘捕食。除此之外，这个区域几乎没有大型动物。这里没有长过 30 厘米的鱼，大都不到 20 厘米。难怪在此捕鱼会这般不易！

问题爆发于 1990 年代早期，渔民受到不断增长的旅游业冲击。越来越多的潜水游客，打断了他们正在进行的捕鱼工作，渔民将渔获量下降归咎于他们，而潜水中心则指责渔民把珊瑚礁中客人想要看的大鱼都抓光了。经过为期两年的谈判，他们一起想出了一个计划——设立一个管制区，包括苏弗里耶尔周围 11 公里的海岸在内。这个计划的核心是一个包含四个保护区的网络，保护区中禁止捕鱼，但允许水肺潜水。保护区包括了海岸 35% 面积的珊瑚礁。

---

① 圣卢西亚的麋鹿角状轴孔珊瑚大都在 1980 年代死于传染病，它们坚硬的骨骼到现在还很完整，多半都还留在原本生长之处。

旅游业者期待鱼类能在这个区域中受到保护，让这里的潜水状况变得更好，同时，潜水游客也不会干扰到渔民。而渔民则希望保护区可以让生了病的渔业获得重生。保护区在我造访之后那一年，也就是在 1995 年开始落实。

此后七年，每年我都会与一群热心的学生和其他科学家一起回到圣卢西亚，来为这里的珊瑚礁进行诊断。每次造访，我们都会在保护区内外十几个地点潜水，计算鱼和珊瑚，一直到开始感到头晕、面镜中的眼睛都快凸出来了为止。每次造访到了第三个星期后，我都会开始在梦里数鱼；到了第五个星期，我会开始数自己早餐吃了几口食物；到了第八个星期，我就会达到西藏僧侣的宁静境界。当数字迷人地显示，受到过度捕捞的珊瑚礁已经开始恢复，这一切都是值得的！

我们将所捕获的五种重要商业性鱼类家族分类并一一称重，包括石斑鱼、笛鲷、石鲈、刺尾鲷和鹦哥鱼。七年来，在海洋保护区中，这些物种的总重量跃升了五倍。而对渔民来说更重要的是，由于溢出效应，渔场中的鱼也增加了三倍之多。在研究的第五年，当保护区内的鱼群数量增加了三倍、保护区外的也增加了两倍时，我们开始检验渔获量是否有所增加。尽管由于设立保护区而放弃了三分之一的渔场，但陷阱渔业仍在蓬勃发展。大型诱饵陷阱的捕获量增加了 46%，小型陷阱的捕获量则几乎增加了一倍！渔民只需花上较少的时间就可以抓到更多的鱼。不仅如此，他们所抓到的鱼也更大更好。他们的陷阱中仍然有大量的小鱼，但现在有了很肥的笛鲷和石鲈，多到足以养活一家人。尽管圣卢西亚渔民一开始对于给保护区一个机会抱有很大的怀疑态度，但是随着他们从保护区中不断获得好处，他们已经变成愿意发声的支持者。

并不需要大量的数据和图表来告诉我们礁区正在发生改变，我们在水下就可以看到。随着时间过去，我们看到了一个像是慢速展现的奇迹。我们看到石斑鱼和笛鲷从迷人的稚鱼长成沉稳的大鱼。先是一条黄尾笛鲷出现在珊瑚礁上方，接着是两条，然后变成一小群。在研究结束时，鱼群已经变成由 20—80 厘米长的鱼所组成。随着浮游生物增加，新的鱼群也开始在此定居。一些大小令人印象深刻的石鲈，开始在悬壁上聚集；华丽而俗气的鹦哥鱼，肚子里装满海藻，到处竞争捍卫它们的领域；还有一些神秘的眼睛从洞里向外窥看，而这些都是以前所没有的。下午的时候，鹦哥鱼前往集体产卵场，也就是我数鱼的地点，它们就从我身边经过。最初几年，每隔5—10分钟才会有一条鱼通过。后来，通常可以看到10—12条鱼，彼此很靠近地游过。七年保护期间创造了奇迹，让鱼有了成长的时间和空间。成群的小鱼仍在我的周围闪烁，就像是云一般的水中蝴蝶，但现在，大鱼也开始现身其中！我在1995年很少看到的鱼，现在已经变成经常可以遇到的朋友；当时常能看到的鱼，现在它们的数量都已变得非常丰富。整个礁区充满了生命！

圣卢西亚的礁区已经被开发利用了好几个世纪，想要让它们完全复原，需要七年以上的保护。我在那里前前后后数百次的潜水经历中，不曾遇见过任何一头礁鲨，并仅遇到过几个像在波奈和侯禅海洋保护区中才会有的大型石斑品种。如果捕鱼已经将某一物种从当地移除，那么再想将其恢复过来，就得从远方的种源重新殖民，而这往往会需要很长一段时间。

位于佛罗里达州的梅里特岛国家野生动物保护区（Merritt Island National Wildlife Refuge），展现出了在恢复保护区中的物种上保持足够耐心的价值。佛罗里达东侧的梅里特岛，有40平方公里的沿岸潟湖，是美国保护得最好的海洋保护区。它成立于1962年，当初的目的是为了保护火箭，而不是鱼，因为它囊括了位于卡纳维拉尔角的肯尼迪太空中心。2000年，佛罗里达国家海洋渔业局的海洋保护区专家吉姆·博恩塞克（Jim Bohnsack）觉得很好奇，因为他发现，无数的钓鱼世界纪录都出现在这个保护区附近。

国际钓鱼运动协会保存有所有垂钓的世界纪录。对于不同种的鱼，有很多记录项目，主要记录使用鱼线的强度和捕获者的性别。博恩塞克将1960—1999年间记录中黑鼓鱼（佛罗里达多须石首鱼）、红鼓鱼（眼斑拟石首鱼）和云纹犬牙石首鱼被捕捉的地点和日期绘制在地图上[1]。结果发现，在佛罗里达捕获的世界纪录大鱼中，有62%的黑鼓鱼、54%的红鼓鱼和50%的云纹犬牙石首鱼都是在保护区方圆100公里内抓到的。这样密集的比例很是惊人，因为

---

[1] 黑鼓鱼（*Pogonias cromis*）、红鼓鱼（*Sciaenops ocellatus*）和云纹犬牙石首鱼（*Cynoscion nebulosus*）都属于石首鱼。

这个区域只占了佛罗里达 13% 的海岸，而整个佛罗里达附近的区域，都是这些物种良好的栖息地。

记录渔获量的时间，显示了海洋保护区的长期影响。海洋保护区成立之前，这里曾是佛罗里达州海岸最密集捕鱼的区域之一。1957—1962 年，在梅里特岛附近海域，有 600 多名从事商业捕鱼的渔民，每年捕获约 2700 吨鱼。[16] 另有 75 万名休闲钓客，平均每年的渔获量超过 1500 吨。前面提到的三个鱼种中，很少有创下世界纪录的鱼在成立初期的保护区附近被抓到。然而，在这段空窗期过后，这三种鱼的世界纪录突然增加。最短寿的云纹犬牙石首鱼在保护区成立九年后，首先开始看到变化；在等待了 27 年后出现的则是红鼓鱼；最后，在 31 年后，在这里所捕获的黑鼓鱼，终于书写了新的世界纪录。这样的模式很容易解释。之所以会抓到创下世界纪录的鱼，是因为某些动物长到了超过现存纪录的大小。在它们还不够老的时候，它们无法通过这道门槛。如果很密集地捕鱼，没有鱼能够存活到足以长到那么大，所以，那时还没有世界纪录产生。云纹犬牙石首鱼可以活到 15 年，红鼓鱼则可活到 30 年，黑鼓鱼的寿命甚至可以高达 70 年。云纹犬牙石首鱼的世界纪录在 1990 年之后就没有再创新过了，但是红鼓鱼和黑鼓鱼却都没有减缓的迹象。尤其是黑鼓鱼，还会持续增加数十年。今天的渔民可以抓到 40—50 公斤的黑鼓鱼，让这个世代的人瞥见早期欧洲殖民者所见到的巨鱼。今天的钓客有机会钓到这样的庞然大物，正是因为梅里特保护区的溢出效应。

大多数我所描述的保护区虽然都是小型的，但却都产生了大规模的影响力。1994 年，新英格兰渔业管理委员会在乔治浅滩设立了禁止大型拖网作业的保护区，好让云纹犬牙石首鱼这类遭受严重过渔的底栖鱼类能够恢复数量。三个保护区横跨浅滩，涵盖 1.7 万平方公里的渔场。虽然它们仍然容许一些陷阱、延绳钓和其他形式的捕鱼方法，并非全然的保护，但所有会影响海床的渔具，包括拖网和扇贝耙网，都一律禁止使用。关于保护区对大陆架保护区的影响，这个保护区提供了一个很实用的例证。率先出现反弹的是扇贝的族群数量。在保护区成立五年后，大尺寸的扇贝在保护区中的丰富度，比区外整整高出 14 倍。[17] 为了管理保护区，船只按规定都要配备卫星追踪装置。卫星资料显示，捕扇贝的渔民很快就开始聚集在保护区边缘，受益于由于区内族群繁殖而离开保护区的年轻扇贝。捕扇贝的渔民已经看到他们的行业正在重新焕发活力。

底栖鱼类也开始对这样的保护有所反应。黑线鳕和黄尾锥齿鲽已经展现出强劲的复苏力。鳕鱼族群仍然很少，但最近的数据表明情况已经略有改善。保护区中的鱼类栖息地也开始出现改变，大型无脊椎动物的丰富度和在海床上生活的植物都增加了。进展的速度总体上来看比较缓慢，毕竟这个保护区设立只有 10 年左右的时间。虽然暂时还无法扭转近一个世纪拖网捕鱼所造成的损坏，但这些早期出现的迹象都表明，恢复是有希望的。在最近的研究调查中，已经开始能在保护区中抓到少数濒危的滑鳐稚鱼。对那些非常容易受到拖网影响而减少的物种来说，乔治浅滩这类禁止使用拖网的庇护所，是它们恢复数量的唯一希望。

随着海洋保护区在各地海岸与海洋间扩散开来，保护区的经验得到了快速的累积。而汇集来自世界各地的经验，也可以对它们的有效性作出一个总结。[18] 经过几年的保护，保护区中所有具有商业价值的鱼类总量就能增加两倍，甚或可以达到四倍。持续的保护能够带来更大的收益。例如，菲律宾的阿波岛保护区，在经过 18 年的保护后，大型掠食性鱼类的生物量增加了 17 倍。[19] 当地渔民已经有了增加渔获的经历，就像那些圣卢西亚渔民一样。[20]

渔业科学的基础是减少鱼类族群数量和去除较大、较年长的鱼，这样可以使得剩下的鱼快速生长，以增加生产力。但是，这一效果同时也会大大减少族群的产卵量，使鱼种的补充量与未来可抓到的数量都受到威胁。海洋保护区由于能让较大、较年长、较肥的鱼存活及繁衍，因而有利于维护渔业资源再生。捕鱼会减少产卵量，因为它同时也降低了族群数量和个体平均尺寸。小鱼的繁殖力远较大鱼来得差。例如，10 公斤重的石斑鱼能比 0.5 公斤重的多生产 93 倍的卵。大鱼每多重一克，就可比小鱼多生产 4.5 倍的鱼卵。

鱼的繁殖力会随其年龄增加而增加，这一点与人类不同。这也是为什么经过持续的保护后，虽然也会有区域性差异，但保护区的产卵量通常都会高于未受保护区域的 10—100 倍。例如，在五公里长的利海洋保护区，如果产卵量比未受保护的区域中多 20 倍，那么保护区中能够产生的鱼类后代的数量，就相当于在 100 公里未受保护的海岸所能产生的。保护区也让数量濒临枯竭的物种能有恢复的机会，并可为高度脆弱的物种提供庇护所，从而提高了生物多样性。随着时间增加，保护区会逐渐发展出更丰富、更多样化的物种群落，创造出像珊瑚、海藻和软体动物等的三度空间的栖息地结构。保护区成功的关键在于，在其范围内要彻底执行保护。从热带到温带到极区，无论是在浅水还是在深水海域，无论是近岸、大陆架还是离岸区域，无论是在像岩盘或珊瑚礁的硬底质还是在像泥滩地、红树林和海草床等的软底质区域，海洋保护区的效果都相当成功。不管这片海洋原先是否有着像乔治浅滩那样的商业拖网渔业，还是有着像苏弗里耶尔那样的传统陷阱渔业，海洋保护区都可以运作得很好。

　　在海洋保护区中，先锋性的努力成果已经充分证明，有效地禁止渔捞可以带来什么样的改变。与此同时，它们也使我们意识到捕鱼给海洋所造成的巨大影响。虽然现今的海洋保护区大都是分散的，而且范围很小，但它们却给我们提供了一个了解过去的窗口。正是它们的存在，让我们得以再次惊叹海洋生命的神秘、辉煌、丰富和繁茂！

26

第二十六章

鱼 的 未 来

　　我在伦敦国家肖像馆里威廉·丹皮尔的肖像画前陷入沉思。他面无表情地直视前方，嘴唇的曲线和眼睛上方下垂的眼皮，都表明他是一位意志坚定的人。在他右手边有一幅《丹皮尔的航行》（*Dampier's Voyages*）的副本。我就像绘制这幅肖像的画家一样，直视着他的眼睛并遥想着他生活的那个年代。我们无法看到丹皮尔所看到的。他的著作书页僵硬无声地站着，我们只能观看，而无法进一步进入他的世界。我们所看到的是他和另一些人认为应该记载的。其他的都已不复可见。但是，那些东西并不一定就此便要永远消失。

　　我们的江河海洋并不缺乏生命。孩子们仍然可以在潮池（也叫岩池）中发现惊喜；钓客们仍然可以在防波堤上垂钓；不计其数的小型无脊椎动物，仍然生活在海底的沙砾中。但是，曾经有过很多鱼的地方，由于人类捕捞的关系，已经变得非常贫瘠。海洋野生动物影片的制作小组，必须走上数千公里，才能见到在丹皮尔那个年代人人都能见到并很熟悉的丰富生命。我们会惊叹那个年代如同雄壮大军般的鲱鱼、毛鳞鱼、沙丁鱼和它们那贪婪饥饿的伙伴鲸鱼、海豚、鲨鱼和鲔鱼。今天的海洋充满了幽灵栖息地，其中的大型居民都被抓光了。有些人可能会认同娱乐渔人米歇尔·赫奇斯的看法：清除海上凶猛的肉食动物也并非全是一件坏事。但是，我们如此拆解海洋生态系统，必然会给海洋带来具有破坏性的、难以预料的后果。

随着物种的消失和食物网的崩溃，带来了危险的不稳定性。海洋生态危机正在发生。渔业由于捕尽了其所依存的海洋物种而伤及自身，但其影响力所威胁的，并不仅仅是这个行业将会走向自我毁灭的终局。全面移除海洋生物和毁坏它们的栖息地，也导致海洋生态失去韧性。此外，渔业也在侵蚀海洋提供人类需求的能力。过渔让海洋环境变得不稳定，例如，它扩大了缺氧的死亡区域，有毒藻类大量繁殖而形成藻华。自然环境遭受天灾后的恢复力，或是对一连串由人类造成的压力的承受力，都与它受损害的程度有关，所以渔业一项项崩溃，物种一个个灭绝，栖息地一片片毁坏。人们很容易将错误归咎于贪婪的渔业公司和它们的工厂船只、急切地想要讨好渔业的懦弱政治家，或者是众多穷苦人家炸鱼和毒鱼，以取得海洋中仅剩的一些鱼。但是，指责别人的过错于事无补。每一个吃鱼和肉的人 ①，对海洋丰富生命的逝去都负有不可推卸的责任，而且只有大家一起努力，才能恢复大海的物产。

自从千年前从事商业捕鱼的渔民第一次撒网和抛出鱼钩起，海洋的面貌已经完全被改变了。渔业活动在几个世纪以来不断增加，但在 19 世纪时，人们仍然理所当然地认为，海洋的广大远远超出渔业活动可达的范围，所以并不需要限制渔业，或者是设立保护区。到了 20 世纪，捕捞强度逐渐增加并达到史无前例的高点，而且现代化的捕鱼技术也让鱼类无处可躲。今天，鱼类唯一的庇护所就是在我们特别设立的区域。不幸的是，海洋保护区在面积和受保护的品质上，都要远远落后于陆地上的保护区。

几个世纪以来，随着渔业和贸易不断扩张，我们对海洋和陆地持有完全不同的概念。至今我们仍然认为，海洋是任何人和任何国家都可以随心所欲、自由来去的地方，海洋资源是我们可以免费取用的。或许这就是为什么我们一直不愿意保护海洋的原因所在。在陆地上，保护区随着人口增加而增加。与海

---

① 我这里所说的肉指的是陆地上的动物和鸟类的肉。工业化渔业捞取了大量的鱼，以提供食物来喂养陆地上人类饲养的动物。

洋相比，在陆地上维护野生动物和栖息地环境的丰富度和多样性上，我们做了更多的努力，也获得了较大的进展。全世界已有 12% 的陆地被划为保护区，而海洋则只有 0.6% 的面积被划为保护区。更加糟糕的是，大部分海洋保护区都还允许渔业活动持续进行。限制所有捕捞活动的区域仅占全球海洋面积的五千分之一。

迟至今日我们才体认到：禁止渔捞活动的"自然庇护所"（natural refuges），对于维系渔业、维持海洋生态系统的健康和多样性，有着关键性的作用。但这并不表示，只要有了海洋保护区就可以重建渔业，我先前提及的管理措施也是必要的。渔业管理改革中，最后也是最重要的部分，就是禁止一切捕捞行为的区域。保护区可以巩固并强化我们所有的努力。但是，保护也有其自身限制。保护区并没有起死回生的能力。我们无法让已经灭绝的物种复生，要想恢复区域性消失的动物，需要从其他区域引入，单靠剩余的族群自然传播是不够的。从加拿大北方鳕鱼的例子中我们也可看到，渔业会改变海洋生态系统和主要物种的组成。大多数状况下，这是不好的，因为主要的渔业目标鱼类消失或是数量大大减少后，即使将渔业活动整个停止，这些改变也很难恢复。在地中海与尤里西斯一起航行的鱼类，曾经是僧海豹、赤蠵龟和鼠海豚喜爱的丰富食物，却因捕猎和过渔而消失无踪，并彻底改变了那里食物网的结构。想要让它们恢复昔日的荣景，可谓是困难重重。而这也表明：我们越早采取行动来保护海洋生物，就越能确保成功。

对有些人来说，成立海洋保护区，意味着承认管理失败。按照他们的逻辑，如果我们在使用海洋资源上已经做好该做的管理工作，保护区就不应该是必要的。许多渔业管理者仍然执著地认为，终有一天他们的模式将会奏效，而且政客们将会听取他们的建议，成功只是时间早晚问题。但是，我们还有多少时间呢？过去 50 年内，这种方法一再被尝试和改进。少数成功的例子被管理者当成引以为傲的功绩，但他们却装着没有看到失败的例子不断增加。欧洲的共同渔业政策充分说明了最严重的缺失：有缺陷的模式、有缺陷的建议、政府官员们无力的建议，然后，政客们根本就不把这些建议当回事。等到最终不可避免地出现问题时，欧洲国家就派出船只赶往欠发达国家，用极低的价格掠夺别人的鱼。

　　我们仍在浪费海洋资源。如果不打破这种失败的循环，人类就会失去这一主要的蛋白质来源，以及许多其他相关的东西。净化水质、养分循环和碳储存等等的生态系统过程被扰乱后，人类的生活也将发生改变。我们可以从简单的常识入手来进行管理，避免发生这种灾难性的错误。海洋保护区正是改革的重中之重。但光靠四处设立保护区来支撑1940、1950年代科学家们想象中"合理的渔业管理"这座摇摇欲坠的大厦是不够的。它们必须是我们在海洋中一切活动的基础，是关注的核心所在。保护区是首要手段，而非一切都失败后的最后办法。

　　海洋保护区可以给渔业带来的好处，要比马塞尔·艾胡贝尔在20世纪早期所预见的更多。渔业所造成的普遍性影响之一是，它压缩了所采捕动物的生命周期。原本在其生命周期中可以繁殖多次的长寿物种，被迫必须快速成长，并且在年轻时期就死去了。在它们成为鱼钩、渔网、拖网下的受难者之前，它们通常只有很短的时间来繁殖一次或两次后代，而无法如此适应的物种就消失了。即便是能够适应的物种，其成长速度也变得更加缓慢，并在较小尺寸时就被迫成熟。这是因为渔业比较喜欢捕捞尺寸较小且较早开始繁殖的动物，所以它们必须在被捕获前争取些时间来产生下一代。在目前鱼源枯竭的族群中，这些小型鱼类是主要成员，它们产卵量少，从而降低了它们族群更新的能力。与有许多较大、较老繁殖者的族群相比，它们缺少面对环境条件变动及长期气候变迁的适应能力。通过给鱼类提供庇护所，使它们不被捕捞，保护区可以提高其族群体型尺寸的基线，让族群发展出较为自然的年龄结构，使产卵量增加，在条件不利的状况下可以维持幼鱼的存活量，进而也能使海洋生物回复韧性。如果没有海洋保护区，遇上环境状况不佳的时候，就会不可避免地给渔业这个依赖环境条件的产业造成沉重打击，导致鱼类族群和渔业崩坏，就像目前已经发生的状况。这是因为我们现在所用的捕鱼方式破坏了族群的韧性，即使减少捕捞，或是完全停止捕捞，也很难让那些已经枯竭的族群得到恢复。

　　政府官员只需大笔一挥就可以将渔业法规一笔勾销。但是海洋保护区就比较持久，也必须持久，因为持久性是保护理念的基石，必须阻止那些反复无常的立法机构将其废除。海洋保护区应该如同艾胡贝尔所描述的，是不容人类侵犯的海洋生物收容所。这样一来，即便保护区外的管理出了问题，或是遭到过渔，我们也仍然可以借助保护区中受到保护的动物来启动恢复机制。海洋保护区给我们提供了预防管理失败的保障。

设立海洋保护区，不仅可以提高被我们抓来吃的海洋物种的韧性，也会提高其栖息地的韧性。因为在保护区内禁止捕捞，能使像珊瑚、海绵、海鞘类和软体动物等可增加海床环境结构复杂性的物种得到恢复，这些物种可以提供无数的功能，例如净化水质等。这是很重要的，因为渔业造成的机械性破坏，也会重创这些动物族群。在保护区成立之后，随着时间的推移，这些"生物的工程师"也将能够开始繁殖得更多、更稳定。另一方面，栖息地的复原也有助于那些受到渔业损伤的商业性物种恢复生产力。

将海洋保护区与渔业管理予以整合，可以克服长久以来多物种渔业管理所面临的两难局面。不同的鱼类所能承受的捕捉量是不一样的。如果一种渔具可以捕捉到很多不同种类，那就必须折中地在较脆弱物种和较具韧性物种的需求之间取得平衡。是应该以较脆弱物种为基准，使所有物种的族群都可维持，还是应该更加努力地去捕鱼，以抓到更多较具韧性的物种呢？几乎所有关于这一两难问题的解决方式，不论是在自觉还是默认的情况下，都是牺牲较大、较脆弱的物种。而这些物种则是渔业中"最弱的一环"[1]。如果我们更加努力地去捕捞，自然可以抓到更多其他物种，但若我们这么做，就要冒着可能失去较脆弱物种的风险。海洋保护区提供了解决这一困境的方法：脆弱的物种可以获得保护区的庇护，渔场则可用来密集地生产更多渔获。

我们需要多少海洋保护区，才能恢复已经失去或是面临灭绝的生物并可达到那些渔业管理者梦想着却又每天都在逃避的可持续目标？小型的海洋保护区，像圣卢西亚的保护区网络，可以给当地居民提供渔业利益。除了少数例外，像澳洲的大堡礁和美国的西北夏威夷群岛国家保护地，现今的保护区大都小而分散。为了能在国家层面或全球范围产生显著影响，除了现有的海洋保护

---

[1]　感谢史蒂夫·盖恩斯（Steve Gaines）和艾伦·哈斯丁斯（Alan Hastings）的说明。

区，我们还需要通过增加新的保护区，并将其串连成网络，以扩大规模。

通过渔业管理者使用的族群模式，可以深入了解覆盖范围上的需求。渔业管理者今天的主要目标是避免补充性过渔，也就是避免族群数量低于它们能够自我恢复的数量。根据渔业模式，可以通过维持族群原始数量的三分之一，来避免大部分物种陷入补充性过渔状态。对大多数物种来说，在达到这个数量水准之前，需要很多修复工作，尤其是要更新传统观点，因为其所建议的族群数量通常要比实际原始的族群量低了 10% 甚或更低。海洋保护区作为重建海洋生物族群的工作之一，能够大大增加族群恢复的成功性。乔治浅滩的渔业管理者已经看到扇贝和底栖鱼类的恢复状况极具成功希望，因为他们降低了渔获努力并在区内禁止拖网及耙网作业。短短六年内，黑线鳕多了五倍，扇贝增加了 14 倍，鳕鱼则增加了 50%，而且，溢出效应也使得周围的渔业一起跟着受益。这些保护区如果是真正禁止任何捕捞形式的海洋保护区，还会更有成效。

我们可以做一个粗略的估计，来看一下大约需要多少保护区，才足以将目前枯竭的族群量提高到可持续发展的水准。许多鱼类的族群都已降低到不及自然丰富度的 10%，像黑鲔鱼、拿骚石斑鱼、鳕鱼、大西洋大圆鲹、大比目鱼，等等。为了简便起见，假设这个数字是 10%。为了推估，将单位面积海洋保护区可增加的再生量设为渔场的 10 倍，将所有的保护区与渔场加总后，大约需要 30% 的海洋面积被划为保护区，才能提升族群再生量达到可持续发展的水准。这一计算是假设在保护区外仍有像往常一样的渔业活动。如果其他管理措施也能落实到非保护区，以减少渔业造成的影响，可以预期，在渔场中将会有倍增的再生量。在这种情况下，为了达到可持续发展目标，我们所需要的保护区大约得覆盖 20% 的海洋。

其他科学家采用更加复杂的方法来估算海洋需要多大的保护面积。尽管用来计算的方法有很多种，但是他们的答案却有很高的一致性。他们认为，海洋保护区的覆盖率必须达到海洋总面积的 20%—40%[1]。这样做能为渔业带来最大的回馈，为脆弱的物种提供足够的庇护所，维系族群中的基因多样性，并能给生物多样性提供全方位的保护。如果答案是这样的话，最直接的反应就是：如果没有海洋保护区，就无法让渔业或保护受益；如果海洋有百分之百覆盖率的保护区，将会使保护达到最大功效，但是这样一来也就没有渔业了。根据模式的计算，渔业利益在覆盖率达到 20%—40% 之间的某处时会达到最高。一些表现最好的海洋保护区和部分受保护区域的情况都支持了这些预测。圣卢西亚的苏弗里耶尔海洋保护区，涵盖了 35% 的珊瑚礁栖息地；梅里特岛国家野生动物保护区，包含了佛罗里达州北部 22% 的潟湖；乔治浅滩禁用拖网的区域，占底栖鱼类 25% 左右的栖息地和 40% 左右的扇贝栖息地。这些都是很重要的数字，是扭转全球渔业所需提升的保护尺度。

　　由于物种各不相同，所以也并非所有物种受益于保护区的程度都一样。马歇尔·艾胡贝尔对保护沙丁鱼和鲱鱼的想法嗤之以鼻，认为它们不断迁徙，无法因保护区而受益。的确，高度迁徙的物种，像平鲉或条纹鲈这类生活在珊瑚礁或碎石堆中的物种，能够获得来自保护区的保护要比较少。但是，策略性地设置保护区同样有利于洄游物种。例如加勒比海的拿骚石斑鱼要迁移数十公里才能到达产卵场，现在，由于它们聚集的地方受到保护，所以比较不会遇到麻烦。尽管为时已晚，但是这种保护也已逐渐扩展到其他物种聚集的繁殖产卵场。在美属维京群岛，红点石斑鱼聚集的产卵场在受到保护后，其平均尺寸随之迅速增加。[2] 同时，这种雌雄同体的鱼的大型雄鱼数量也增加了①，这应该会提高孵育的成功率。海底山和辐合带是鲔鱼在海洋通道上的休息站和补给区。目前人们锁定在脆弱带上捕捉它们，如集中觅食区。所以我们只要特别保护类似这样的地方，就可显著增加鲔鱼的生存机会。洄游物种的稚鱼，例如鳕鱼的稚鱼，喜欢栖息在未受拖网干扰、复杂且生物丰富的海底环境，所以这些动物也会因为保护区而受益。然而，就像所有被捕捞的海洋生物一样，洄游物种在保护区外也需要一些其他保护。因为即便有了保护区，但若我们仍在其他地区竭尽所能地捕鱼，保护也就没有意义可言。这就是为什么我认为其他管理措施同样必不可缺。

　　为了实现江河海洋因为马赛克般组成的保护区而闪闪发光的愿景，我们

---

① 大部分石斑鱼都属于雌性先熟的雌雄同体，这表明幼鱼会先成熟为雌鱼，然后会再经过自然的性转变而成为雄鱼。——译注

必须认识到还有很多工作要做。目前全世界只有 0.6% 的海洋受到保护，而要把保护工作做好，需要在沿海国家和公海的水域增加 50 倍的海洋保护区面积，这远远超出了许多政客、渔业管理者，甚至是在保护组织工作的一些人所愿意支持的限度。在我自己的职业生涯中，我曾跟数百位这样的人谈过，他们还没有把人类对海洋影响的程度，如我在本书中所描述的，融入他们的世界观。即使在最坦白的情况下，他们大都也只愿容许把几个百分比的海洋划入海洋保护区并受到保护。其余的则应该继续如常使用，或者是划出禁止挖掘生物或钻油等特定活动的区域。

如果我们坚持这种管理模式，我相信，海洋生物将会持续下滑到只剩下水母和有机物质所组成的黏液团。少数受保护区保护的特别区域，可能会提醒游客：我们已经失去了什么。而这些分散的保护区，仅能维持海洋中一部分的物种，因为从长远来看，这些保护区无法维持最大、最脆弱及洄游物种的族群。在这样的保护区中潜水，就像是在观看罗马湿壁画，灰泥区块大都已经崩坏。难道我们真的希望只能在想象中去缅怀那些已经失去的物种吗？

我相信，我们需要从头翻转这样的模式。我们不应只想着在特殊或偏僻的地方设立海洋保护区，而是必须将保护区视为所有管理的基础。根据这样的观点，保护区应该涵盖 30% 的海域，在某些地方或许需要更多。它们可以与其他不同程度地允许某些对环境影响较小的渔业活动的海洋保护区一起实施。这样的保护区是依据不同的使用来划分区域，比如像允许使用底拖网的区域。这样做的目的是控制较有侵入性的活动，让它们远离敏感区域。没有受到保护的地方只应占到整个海洋的一小部分，而不是像目前这样占了海洋的大部分。

民意调查显示，社会大众已经有了准备改变的想法。例如，几年前，在一项关于美国人对待海洋态度的民意调查中，受访者惊讶地发现，原来受保护的海洋竟是如此之少。平均而言，他们认为有 22% 的海洋已被完全保护，禁止任何捕捞，而在了解到大多数国家的海洋保护区都允许存在某些形式的捕捞后，他们感到无比失望和愤怒。这些名为"保护区"的区域真是我们的耻辱！2003 年在一次研讨会上，我看到一份由美国鱼类暨野生动物局提供的折页，上面宣称可以"在国家野生动物保护区系统（National Wildlife Refuge System）

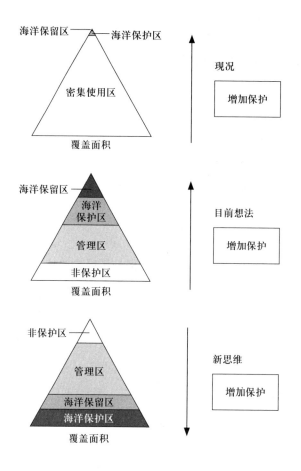

目前，禁止一切捕捞活动的海洋保护区仅占海洋（上图）的一小部分，而一般的海洋保护区也只覆盖了 0.6% 的海洋面积。如今大多数政府都已接受了需要增加保护海洋的看法（中图），但大多数人却仍然认为保护区只需要 5%—10% 的海洋面积，仅占顶端的一小部分，其他则是保护较少的区域。新兴科学认知到人类对海洋的影响，建议我们翻转此种管理模式。根据这样的观点，为了让海洋能够持续提供对人类生存非常重要的生态过程与帮助，如渔业等，海洋保护区需要覆盖 20%—40% 的海洋面积。（图片来源：卡鲁姆・罗伯茨）

中发现大自然中最佳的狩猎及捕鱼地点"。显然，就连某些保护人士，对于"保护区"的概念，仍然存有认知上的问题。我的一个学生也在英国做了问卷调查。平均来看，人们认为英国已有 16% 的海洋受到海洋保护区保护（在调查当时，正确的答案是 0.0004%）。当问到受访者，他们认为英国应该有多少海洋用这种方式来保护，所得到的答案平均是 54%。95% 的人都认为，应该要有超过 20% 以上的海洋被划为保护区。[①]

人们喜欢大海。我们生命中一些最珍贵的记忆也是到海边旅游、收集贝壳、海上泛舟、用海藻筑篱，以及充满好奇地凝视着礁岩上的潮池。大海鼓舞并抚慰我们；它使我们着迷，也让我们恐惧。它不断地在改变，却看似从未改变。今日沙滩上呢喃的涨潮潮水，与当时在加勒比海海湾中摇晃着丹皮尔及其同伴所停泊船只的潮水是一样的。地中海耀眼的蓝色，跟汉尼拔率领他的舰队启航前往征服罗马的时候同样令人炫目。但是，许多在他们船边嬉戏的动物们如今已经很稀少了，或者是深陷困境，需要我们及时伸出援手，它们才能恢复。

改变这一切的枪声已经响起。2000 年，美国总统克林顿颁布了一项行政命令，要求政府部门建立起一个全国性的海洋保护区网络，这项政策后来由小布什政府签署。在 2002 年的世界可持续发展峰会上，沿海国家承诺在 2012 年前建立起国家级的海洋保护区网络。与此同时，欧洲国家也承诺在 2010 年前建立起欧洲区内的网络。然而，这些承诺对于保护区的数量和大小的目标，以及该如何管理，仍然模糊不清。海洋保护区必须提供真实的庇护所。世界自然保护联盟于 2003 年举办的世界公园大会建议，每种海洋栖息地都应该有至少 20%—30% 受到保护，并且禁止所有捕捞行为。就像在各国领海一样，保护区网络也应该包含公海在内。联合国正计划在全球共有资源中发展海洋保护区的机制，目前已经获得广泛支持。

许多国家都已取得了良好的进展。南非承诺要保护其 20% 的水域，目前其 18% 的领海都已处在保护范围内，而且其保护区网络也已向外扩及近海。在澳洲，三分之一的大堡礁海洋公园从 2004 年起就禁止捕捞，涵盖了超过十万平方公里的珊瑚礁、海草、沼泽。这个保护区网络包括了在海洋公园中所有不同栖息地的代表区域，并树立了卓越的典范，可供其他保护区效法。英国皇家环境污染委员会建议，到 2004 年，全英 30% 的水域都应成为海洋保护

---

① 这个调查是在 2005—2006 年用随机方式寄送问卷给英国 2000 户人家，有 25% 的人回复。就像其他调查一样，会回复的人通常都会比没有回复的人对于投票主题有较强烈的看法。然而，他们也代表了很大一部分的人口。这表明有很高比例的人支持保护海洋生物。

绿色和平组织对全球海洋保护区的建议，是在公海（也就是超过所有国家管辖范围的海洋）设立 40% 的保护区。公海是地球上受保护最少的地方，我们必须将视野放宽，逆转数个世纪以来对其过度开发所造成的不利影响。图片来源：Roberts, C. M., L. Mason and J. P. Hawkins (2006) *Roadmap to Recovery: A Global Network of Marine Reserves*. Greenpeace International, Amsterdam.

区。我们正在朝着可以恢复昔日辉煌海洋的全球海洋保护区网络迈进。但是，如果我们想要取得彻底成功，就必须有更大的雄心并快速行动。

　　我们的世界有能力负担起保护海洋的重任吗？根据 2004 年做过的一项估计，运作一个占世界海洋 30% 的全球海洋保护区网络，每年约需投入 120 亿—140 亿美元。[3] 而且，初期设置的费用大约是这一金额的五倍。这样算下来，总金额似乎是很高，但若我们换个角度去想，这一金额其实远低于在鼓励过剩的渔捞能力和扶植过度捕捞上所补助的 150 亿—300 亿美元。例如，大多数国家都减免了渔民的燃料税，或是提供免费渔网，很多国家甚至还奖励渔民去其他国家水域捕鱼。比起 2004 年全球高达 9000 亿的国防开支①，我们维护海洋健康所需的款项，其实是微不足道的。而且这样的费用也低于欧洲人和美国人在冰淇淋上所消费的 310 亿美元，大约只等于我们花在香水上的 150 亿，或是花在邮轮上的 140 亿美元。此外，保护区网络还可以创造出 100 多万个长

―――――――――――

① 请参考 www.globalsecurity.org。

期就业机会，包括负责人、管理员和行政人员。沿岸保护区的运作费用，可以从游客那里回收。某些保护区，像加勒比海的萨巴岛和波奈岛海洋公园，已经可以完全自筹资金，其资金来自对游客进行的合理收费。保护区网络给渔业带来的可以预期的庞大效益，完全可以抵消其花费的成本；只需提高英属爱尔兰海 10% 和北海 2%—3% 的渔获量，就可以负担得起管理区域内海洋保护区的费用。[4] 我们的世界肯定可以负担得起海洋保护区。再不赶快设立保护区，其后果才是我们负担不起的。

*　　*　　*

在伯利兹南部距离岸边 50 公里的地方有一处名为"葛兰登沙嘴"（Gladden Spit）的地方，在其堡礁的弯处形成了一个陡峭的水下海岬。这里的珊瑚礁深度骤降至超过 1000 米深，一直下降到开曼群岛海沟。当太阳西下，将天空染成一片红紫色时，黏滑的风吹动海浪，也让船上的缆线咯咯作响。我与三位同伴整装待发，在海面短暂停留检查过装备便开始下潜。可以离开剧烈摇晃的船只，进入这个宁静的世界，是一种无比欣悦的解脱。我往下寻找珊瑚礁，但海底太深了，一时还无法看到。光束照在斑点状的浮游生物上，就像尘埃悬浮在靛蓝之中。在这座水的殿堂中，我感到自己非常渺小。再向下潜，我看到了模糊移动的影子，和一个闪着银光的侧身，然后，一个接一个，就像是向下转动的鱼轮。当我更靠近时，才知道那是数百条光滑的狗笛鲷。鱼群就像是一座移动的墙壁，当我潜到它们中间，它们立刻就从两侧分开，然后再将我吞没。当鱼群旋转经过，无数双鱼眼睛无动于衷地看着我，每一张脸颊上都有一个淡淡的泪滴形状。一大群旋转着的鱼向我推挤，它们发光的银色身体上，带有粉红色的印子，这些狗笛鲷们不顾一切，任由原始欲望把它们带到这里。我向上修正自己估计的数量，一定至少有 5000 条鱼，也许更多。它们使我放松地处于一种空无状态，一直到鱼群开始离开、变少。但这其实是我由于水流的关系在慢慢离开。仿佛有一种无形的力量，迫使鱼群停留在同一个地方。

我从远处可以看到，它们一整群形成一个旋转圆柱在珊瑚礁上方升起。当圆柱接触到礁石，鱼群就像是被吹开，露出鱼柱的底端。鱼群从底部回旋上升，到达顶端的鱼则又向下，形成一个连续的回圈。它们看起来都很肥，肿胀的肚子里由于有卵而变得沉重许多。它们在这里聚集产卵，许多鱼经过长途跋涉，产卵的时机已到。在鱼群聚集的黑暗之中，有一小群激动地向上猛冲，它们的身体微微颤抖着挤在一起。在水下几米处，它们就像是爆炸般大量释放出如云般的卵子和精子，然后转身冲向海底。另一小群也开始作出类似的迅速动作，就像是从喷泉中喷出的喷流，从鱼群中冲出。接着有更多的鱼群加入进来，像喷泉般的鱼群猛然向上，释放出大量的精卵悬浮在水中，让水都要饱和了，之后才又慢慢下沉到深处。

我漂浮在如同云朵般汹涌的精卵中，被疯狂却仍未见的新生命团团围绕。我瞥见一个在黑暗中移动的影子，一开始，似乎很小，而且没有固定的形状。当它逐渐接近，我分辨出那镰刀状尾巴拍打出的节拍，那是鲨鱼靠近的信号。在它扁平的头上有一抹黑色的笑容，巨大的胸鳍上有着类似星座的白点，整个看上去就像是一架水上飞机的侧面。它是鲸鲨，是海洋中最大的鱼类。这个庞然大物穿过云状的卵群向我而来，它张开巨大的嘴巴，将水中的卵群滤入嘴中。它几乎没有发现我的存在，既没有摆动显示警戒，也没有打招呼示意。当我向后划以免被它撞上时，它那强劲的侧翼像潜水艇一样从我旁边滑过。然后，另外一条出现在我的身后，这一条甚至比刚刚那一条还大。在接下来的半个小时中，鲸鲨在海中交错，随着夜幕开始低垂，享用着水中分散如云状的鱼子。当鱼群聚集产卵的时候，就像是海底世界晚餐时间的锣声开始响起。在这个完美的时间点，鲸鲨来到了葛兰登沙嘴，一直要到产卵结束，它们才会离开。[5]

世界上还有一些像葛兰登沙嘴这样的地方，让我们还有可能在那里发现自然界中的神奇之处。在阿拉斯加的河口，当鲑鱼准备逆流而上产卵时，依然会聚集成坚不可摧的队伍，引来许多露齿的鲑鲨（太平洋鼠鲨）、海豹、海獭和杀人鲸。大群的双髻鲨仍然环绕在加拉帕戈斯群岛的海底山边。数量众多的鲔鱼，如沸腾般从洪堡寒流中爆发，重重闯入密度很高的球状鳀鱼群。大白鲨仍然兴奋地在南非海域冲闯无阻，口中咬着海豹跃出海面，在半空中转身。这样的景象是很久以前那个丰盈海洋的残影，为我们提供了一扇了解过去世界的窗口，让我们看到了几个世纪前的旅行者和渔民眼中所见的海洋。它们也带给了我们今天的海洋还有得救的希望。然而，就连这些地方也在受到严重威胁，而我们可以拯救它们的时间眼看就快用完了^①。我是一个乐观主义者。我的心里抱着这样一个希望：从现在开始算起的 100 年后，某户人家可能会在一间落满灰尘的二手书店里发现这本书。他们读着这本书，不住地摇着头，对我们这些先人险些摧毁丰盛的海洋感到不可思议。这户未来人家里的读者们，将会对保护海洋意识的及时盛行心存感激，而不是像我在读马塞尔·艾胡贝尔在 20 世纪初期对海洋保护区的号召时心里充满遗憾。他们会回想起上个暑假令人惊叹的潜水之旅：他们是如何被成群密集的鱼、眼睛明亮繁多的螃蟹和龙虾，以及大群的掠食性动物所环绕。当他们这些游客坐在夕阳下的海滩上享用着美味的晚餐时，他们喜欢的西班牙海鲜炖饭中的海鲜都是来自可持续渔业捕捞的。^②（关于今日如何选择可持续渔业捕捞的海鲜，请见本页注释②。）

　　我们能够恢复海洋生命和栖息地，因为这样做对我们每个人都有好处。大范围的海洋保护区网络，再加上其他鱼类及其栖息地的保护措施，最能满足商业与保护两者的利益。你可以取用并同时保护海洋资源，因为海洋保护区可以帮助维持周边渔场的渔获。但你不能只取用而不保护，因为这样做是无法长久的。

---

① 以葛兰登沙嘴为例，在我 2006 年写作本书时，虽然这里已经成立了海洋保护区，但还是允许人们在笛鲷聚集产卵时捕捉它们。而这里则是伯利兹唯一仅存的笛鲷产卵聚集所在，其他地方的笛鲷早在几年前就已被捕捞光了。

② 本书读者可以通过选择以可持续方式捕捞的海鲜来帮助改善海洋的状态。海洋工作委员会（www.msc.org）会给造成较小环境损害的可持续渔业所捕捉到的鱼和其他海鲜类颁发认证，得到认证的渔业会有 MSC 的标志。下一次买海鲜时，你可以购买带有这种标志的，并避免购买非可持续渔业所捕捞的渔获。蒙特利尔湾水族馆（www.mbayaq.org/cr/seafoodwatch.asp）、奥杜邦协会（www.audubon.org/campaign/lo/seafood）、蓝色海洋研究所（www.blueoceaninstitute.org/miniguide.pdf）、美国的可持续海鲜指南（www.seafoodchoices.com），以及英国的海洋环境保护协会（www.mcsuk.org），都提供有关于吃什么鱼最好和什么鱼则应避免食用的详细清单。

注　释

前　言

1. Fanning, E. (1833) *Voyages Around the World; with Selected Sketches of Voyages to the South Seas, North and South Pacific Oceans, China etc.* Collins & Hannay, New York.

第一章　杀戮的号角

1. Waxell, S. (ca. 1745) *The American Expedition.* Translated by M. A. Michael. William Hodge and Company Ltd., London, 1952.
2. Bell, M. E. (1960) *Touched with Fire: Alaska's George William Steller.* William Morrow and Company, New York.
3. Steller, G. W. (1988) *Journal of a Voyage with Bering, 1741—1742.* Translated by M. A. Engel and O. W. Frost. Stanford University Press, Stanford, California.
4. Ibid..
5. Ibid..
6. Ibid..
7. Ibid..
8. Ibid..
9. Waxell (ca. 1745) *The American Expedition.*
10. Steller (1988) *Journal of a Voyage with Bering.*
11. Golder, F. A. (1925) *Bering's Voyages. An Account of the Efforts of the Russians to Determine the Relation of Asia and America.* Volume II. Translated by L. Stejneger. American Geographical

Society Research Series No. 2.

12. Steller, G. W. (1751) *De Bestiis Marinis. Translated as The Beasts of the Sea* by W. Miller and J. E. Miller in *The Fur Seals and Fur-Seal Islands of the North Pacific Ocean*, part 3. Government Printing Office, Washington, DC, 1899.

13. Steller (1988) *Journal of a Voyage with Bering.*

14. Ibid..

15. Ibid..

16. Ibid..

17. Krasheninnikov, S. P. (1754) *The History of Kamtschatka and the Kurilski Islands, with the Countries Adjacent.* Translated by J. Grieve. Quadrangle Books, Chicago, 1962.

18. Goode, G. B. (1884) *The Fisheries and Fishery Industries of the United States. Section I. Natural History of Useful Aquatic Animals.* Government Printing Office, Washington, DC.

19. Ibid..

第二章　密集捕捞之始

1. Barrett, J. H., A. M. Locker, and C. M. Roberts (2004) The origins of intensive marine fishing in medieval Europe: The English evidence. *Proceedings of the Royal Society B* 271: 2417—2421. Barrett, J. H., A. M. Locker, and C. M. Roberts (2004) Dark Age economics revisited: The English fish bone evidence ad 600—1600. *Antiquity* 78: 618—636.

2. Hoffmann, R. C. (1997) *Fishers' Craft and Lettered Art: Tracts on Fishing from the End of the Middle Ages.* University of Toronto Press, Toronto.

3. Radcliffe, W. (1921) *Fishing from Earliest Times.* John Murray, London. Currency conversions are to 2005 values.

4. Hoffmann, R. C. (1999) Fish and man: Changing relations in medieval central Europe. *Beiträge zur Mittelalterarchäologie in Österreich* 15: S187—S195.

5. Barrett et al. (2004) The origins of intensive marine fishing.

6. Ibid..

7. Barrett, J. H. (1999) Archaeo-ichthyological evidence for long-term socioeconomic trends in northern Scotland: 3500 BC to AD 1500. *Journal of Archaeological Science* 26: 353—388.

8. Ibid..

9. Roberts, N. (1989) *The Holocene: An Environmental History.* Blackwell, Oxford.

10. Bitel, L. M. (2002) *Women in Early Medieval Europe, 400—1100.* Cambridge University Press, Cambridge.

11. Hoffmann, R. C. (1996) Economic development and aquatic ecosystems in medieval Europe.

The American Historical Review 101: 630—669.

12. Pliny the Elder (ad 23.24—79). *Natural History: A Selection*. Translated by J. F. Healy. Penguin Books, London, 1991.

13. Hoffmann (1996) Economic development and aquatic ecosystems.

14. Reynolds, T. (1983) *Stronger Than a Hundred Men: A History of the Vertical Water Wheel*. Johns Hopkins University Press, Baltimore.

15. Hoffmann (1996) Economic development and aquatic ecosystems.

16. Ibid..

17. Ibid..

18. Hoffmann, R. C. (1995) Environmental change and the culture of common carp in medieval Europe. *Guelph Ichthyology Reviews* 3: 57—85.

19. Ibid..

20. Hoffmann, R. (2000) Medieval fishing. Pages 331—392 in P. Squatriti (ed.) *Working with Water in Medieval Europe*. Brill, Leiden.

21. Ibid..

22. Barrett et al. (2004) The origins of intensive marine fishing.

23. Barrett (1999) Archaeo-ichthyological evidence.

24. Gade, J. A. (1951) *The Hanseatic Control of Norwegian Commerce During the Late Middle Ages*. E. J. Brill, Leiden.

25. Urbańczyk, P. (1992) *Medieval Arctic Norway*. Institute of the History of Material Culture, Polish Academy of Sciences, Warsaw, Poland.

26. Ibid..

27. Hoffmann, R. C. (2001) Frontier foods for late medieval consumers: Culture, economy, ecology. *Environment and History* 7: 131—167.

28. Magnus, O. (1555) *Historia de Gentibus Septentrionalibus. Description of the Northern Peoples*. Volume 1. Translated by P. Fisher and H. Higgens. Hakluyt Society, London, 1996.

29. Nilsson, L. (1947) Fishing in the Lofotens. *The National Geographic Magazine* 91: 377—388.

30. Gade (1951) *The Hanseatic Control of Norwegian Commerce*.

31. Hoffmann (2000) Medieval fishing.

32. Starkey, D. J., C. Reid, and N. Ashcroft (eds.) (2000) *England's Sea Fisheries: The Commercial Sea Fisheries of England and Wales Since 1300*. Chatham Publishing, London.

33. Ibid..

34. Myers, R. A., and B. Worm (2003) Rapid worldwide depletion of predatory fish communities. *Nature* 423: 280—283.

35. Hoffmann, R. C. (2002) Carp, cods, connections: New fisheries in the medieval European

economy and environment. Pages 3—55 in M. J. Henninger-Voss (ed.) *Animals in Human Histories: The Mirror of Nature and Culture*. University of Rochester Press, New York.

第三章　新疆土——纽芬兰

1. Williamson, J. A. (1962) *The Cabot Voyages and Bristol Discovery under Henry VII*. Hakluyt Society, Cambridge University Press, Cambridge.

2. Pope, P. E. (1997) *The Many Landfalls of John Cabot*. University of Toronto Press, Toronto.

3. De Soncino's letter to the Duke of Milan, 18 December 1497. Quoted in J. A. Williamson (1962) *The Cabot Voyages and Bristol Discovery under Henry VII*. Hakluyt Society, Cambridge University Press, Cambridge.

4. Peter Martyr's first account of Sebastian Cabot's voyage, 1516. Quoted in J. A. Williamson (1962) *The Cabot Voyages and Bristol Discovery under Henry VII*. Hakluyt Society, Cambridge University Press, Cambridge.

5. Sabine, L. (1853) *Report on the Principal Fisheries of the American Seas*. Robert Armstrong, Printer, Washington, DC.

6. Cell, G. T. (ed.) (1982) *Newfoundland Discovered: English Attempts at Colonisation, 1610—1630*. Hakluyt Society, London.

7. Mason, J. (1620) *A Brief Discourse of the New-Found-Land*. Andro Hart, Edinburgh. Reprinted in G. T. Cell (ed.) (1982) *Newfoundland Discovered: English Attempts at Colonisation, 1610—1630*. Hakluyt Society, London.

8. Davis, J. (1595) *The Worldes Hydrographical Discription*. Thomas Dawson, London.

9. De Charlevoix, P. (1744) *Journal of a Voyage to North America*. Reprinted by University Microfilms Inc., Ann Arbor, Michigan, 1966.

10. Briere, J. -F. (1997) The French fishery in North America in the 18th century. Pages 47—64 in J. E. Candow and C. Corbin (eds.) *How Deep Is the Ocean? Historical Essays on Canada's Atlantic Fishery*. University College of Cape Breton Press, Sydney.

11. Tulloch, J. (1997) The New England Fishery and Trade at Canso, 1720—1744. Pages 65—74 in J. E. Candow and C. Corbin (eds.) *How Deep Is the Ocean? Historical Essays on Canada's Atlantic Fishery*. University College of Cape Breton Press, Sydney.

12. Gabriel Archer's account of Captain Gosnold's Voyage to "North Virginia" in 1602. Reprinted in D. B. Quinn and A. M. Quinn (eds.) (1983) *The English New England Voyages 1602—1608*. Hakluyt Society, London.

13. Brereton, J. (1602) *A Briefe and True Relation of the Discoverie of the North Part of Virginia*. Reprinted in D. B. Quinn and A. M. Quinn (eds.) (1983) *The English New England Voyages*

1602—1608. Hakluyt Society, London.

14. Ibid..

15. Rosier, J. (1605) *A True Relation of the Most Prosperous Voyage Made in this Present Yeere 1605, by Captaine George Waymouth, in the Discoverie of the Land of Virginia.* George Bishop, London. Reprinted in D. B. Quinn and A. M. Quinn (eds.) (1983) *The English New England Voyages 1602—1608.* Hakluyt Society, London.

16. Davies, R. (1607) *The Relation of a Voyage, Unto New-England, Began from the Lizard, ye First of June 1607. By Captain Popham in ye Ship y e Gift, & Captain Gilbert in ye Mary and John.* Reprinted in D. B. Quinn and A. M. Quinn (eds.) (1983) *The English New England Voyages 1602—1608.* Hakluyt Society, London.

17. Pring, M. (1603) *A Voyage Set Out from the Citie of Bristoll at the Charge of the Chiefest Merchants and Inhabitants of the said Citie with a Small Ship and Barke for the Discoverie of the North Part of Virginia, in the Yeere 1603. Under the Command of me Martin Pring.* Reprinted in D. B. Quinn and A. M. Quinn (eds.) (1983) *The English New England Voyages 1602—1608.* Hakluyt Society, London.

18. De Charlevoix (1744) *Journal of a Voyage to North America.* Lawson, J. (1709) *A New Voyage to Carolina.* Reprinted by University Microfilms Inc., Ann Arbor, Michigan, 1966.

19. Lindholt, P. J. (ed.) (1988). *John Josselyn, Colonial Traveller: A Critical Edition of Two Voyages to New-England.* University Press of New England, Hanover, New Hampshire.

20. Stahle, D. W., M. K. Cleaveland, D. B. Blanton, M. D. Therrell, and D. A. Gay (1998) The lost colony and Jamestown droughts. *Science* 280: 564—567.

21. Wood, W. (1634) *New England's Prospect.* Edited with an introduction by A. T. Vaughan. University of Massachusetts Press, Amherst, 1993.

22. Brereton (1602) *A Briefe and True Relation of the Discoverie of the North Part of Virginia.*

23. De Charlevoix (1744) *Journal of a Voyage to North America.*

24. Gaskell, J. (2000) *Who Killed the Great Auk?* Oxford University Press, Oxford.

25. Ibid..

26. Black guillemots now breed only in the high Arctic. Ehrlich, P. R., D. S. Dobkin, and D. Wheye (1988) *The Birders Handbook.* Simon & Schuster Inc., New York.

27. Gaskell (2000) *Who Killed the Great Auk?*

28. De Charlevoix (1744) *Journal of a Voyage to North America.*

29. Cartwright, G. (1792) *Journal of Transactions and Events during a Residence of Nearly Sixteen Years on the Coast of Labrador.* Reprinted in C. W. Townsend (ed.) (1911) *Captain Cartwright and his Labrador Journal.* Dana Estes & Company, Boston.

30. Ibid..

第四章 鱼比水多

1. Smith, J. (1612) *A Map of Virginia with a Description of the Country, the Commodities, People, Government and Religion.* Joseph Barnes, Oxford. Reprinted in P. L. Barbour (ed.) *The Jamestown Voyages Under the First Charter 1606—1609.* Volume II. Hakluyt Society, Cambridge University Press, Cambridge, 1969.

2. Letter from the Council in Virginia, 22 June 1607. Reprinted in P. L. Barbour (ed.) *The Jamestown Voyages Under the First Charter 1606—1609.* Volume I. Hakluyt Society, Cambridge University Press, Cambridge, 1969.

3. Tilp, F. (1978) *This Was Potomac River.* 2nd edition. Frederick Tilp, Alexandria, Virginia.

4. Ibid..

5. Studley, T., A. Todkill, W. Russell, N. Powell, W. Phettyplace, R. Wyffin, and T. Abbay (1612) *The Proceedings of the English Colonie in Virginia.* Reprinted in P. L. Barbour (ed.) *The Jamestown Voyages Under the First Charter 1606—1609.* Volume I. Hakluyt Society, Cambridge University Press, Cambridge, 1969.

6. Archer, G. (1607) *The Description of the Now Discovered River and Country of Virginia.* Reprinted in P. L. Barbour (ed.) *The Jamestown Voyages Under the First Charter 1606—1609.* Volume I. Hakluyt Society, Cambridge University Press, Cambridge, 1969.

7. Wharton, J. (1957) *The Bounty of the Chesapeake: Fishing in Colonial Virginia.* Virginia 350th Anniversary Celebration Corporation, Williamsburg.

8. Lawson, J. (1709) *A New Voyage to Carolina.* Reprinted by University Microfilms Inc., Ann Arbor, Michigan, 1966.

9. Wharton (1957) *The Bounty of the Chesapeake.*

10. Wharton (1957) *The Bounty of the Chesapeake.*

11. Lawson (1709) *A New Voyage to Carolina.*

12. Anonymous (1965) *The Watercolor Drawings of John White.* National Gallery of Art, Smithsonian Institution, Washington, DC.

13. Lawson (1709) *A New Voyage to Carolina.*

14. Wharton (1957) *The Bounty of the Chesapeake.*

15. Wharton (1957) *The Bounty of the Chesapeake.*

16. Wharton (1957) *The Bounty of the Chesapeake.* Beverley, R. (1705) *The History and Present State of Virginia.* Edited by Louis B. Wright. Published for the Institute of Early American History and Culture by the University of North Carolina Press, North Carolina, 1947.

17. Wharton (1957) *The Bounty of the Chesapeake.*

18. Tilp (1978) *This Was Potomac River.*

19. Ibid..

20. Wood, W. (1634) *New England's Prospect. A True, Lively, and Experimental Description of that Part of America, Commonly Called New England: Discovering the State of that Countrie, Both as it Stands to our New-come English Planters; and to the Old Native Inhabitants.* Edited with an introduction by A. T. Vaughan. University of Massachusetts Press, Amherst, 1993.

21. Ibid..

22. Ibid..

23. Cartwright, G. (1792) *Journal of Transactions and Events During a Residence of Nearly Sixteen Years on the Coast of Labrador.* Reprinted in C. W. Townsend (ed.) *Captain Cartwright and his Labrador Journal.* Dana Estes & Company, Boston, 1911.

24. De Charlevoix, P. (1744) *Journal of a Voyage to North America.* Reprinted by University Microfilms Inc., Ann Arbor, Michigan, 1966. The Province of New France (Quebec) had approximately seven thousand inhabitants at this time.

25. Wood, W. (1634) *New England's Prospect. A True, Lively, and Experimental Description of that Part of America, Commonly Called New England: Discovering the State of that Countrie, Both as it Stands to our New-come English Planters; and to the Old Native Inhabitants.* Edited with an introduction by A. T. Vaughan. University of Massachusetts, Amherst, 1993.

26. Wharton, J. (1957) *The Bounty of the Chesapeake.*

27. The story of Judge Cooper and his fish weir is beautifully told by David Grettler's (2001) The nature of capitalism: Environmental change and conflict over commercial fishing in nineteenth-century Delaware. *Environmental History* 6: 451—473.

28. Wharton (1957) *The Bounty of the Chesapeake.*

29. Grettler (2001) The nature of capitalism.

30. Buckley, B., and S. W. Nixon (2001) *An Historical Assessment of Anadro-mous Fish in the Blackstone River.* University of Rhode Island Graduate School of Oceanography, Narragansett.

31. Sabine, L. (1853) *Report on the Principal Fisheries of the American Seas.* Robert Armstrong, Printer, Washington, DC.

32. Lawson (1709) *A New Voyage to Carolina.*

33. Wharton (1957) *The Bounty of the Chesapeake.*

34. Tilp (1978) *This Was Potomac River.*

35. Lawson (1709) *A New Voyage to Carolina.*

第五章 掠夺加勒比海

1. Dampier, W. (1697) *A New Voyage Round the World*. Dover Publications Inc., New York, 1968.

2. Esquemeling, J. (1684) *The Buccaneers of America*. Dover Publications Inc., New York, 1967.

3. Basil Ringrose's account is included as part 4 of Esquemeling's book. See note 2.

4. Parry, J. H. (1963) *The Age of Reconnaissance. Discovery, Exploration and Settlement. 1450—1650*. Phoenix Press, London, 2000.

5. *The Voyages and Travels of Sir John Maundeville, K'* (1905) Cassell and Company Ltd., London.

6. Walker, D. J. R. (1992) *Columbus and the Golden World of the Arawaks: The Story of the First Americans and their Caribbean Environment*. Ian Randle Publishers, Kingston.

7. Dampier (1697) *A New Voyage*.

8. Ibid..

9. Long, E. (1774) *The History of Jamaica*, London. Reprinted by Ian Randle Publishers, Kingston, 2003.

10. Jane, C. (ed.) (1930) *Select Documents Illustrating the Four Voyages of Columbus*. Volumes I and II. Hakluyt Society, London.

11. Ibid..

12. Drake, Sir Francis (1586) *Sir Francis Drake's West Indian Voyage 1585—86*. Edited by M. F. Keeler. Hakluyt Society, London, 1981.

13. Ibid..

14. Quoted in A. Carr, (1967) *So Excellente a Fishe*. Charles Scribner's Sons, New York.

15. Long (1774) *The History of Jamaica*.

16. World Conservation Union www. iucn-mtsg. org/red_list/

17. Jackson's talk was published two years later in the journal *Coral Reefs*. Jackson, J. B. C. (1997) Reefs Since Columbus. Coral Reefs 16: S23—S32.

18. Sauer, C. O. (1966) *The Early Spanish Main*. University of California Press, Berkeley and Los Angeles.

19. McClenachan, L. (2006) Conservation implications of historic sea turtle nesting beach loss. *Frontiers of Ecology and Environment* 4: 290—296.

20. Esquemeling (1684) *The Buccaneers of America*.

21. Jane (1930) *Select Documents*.

22. Esquemeling (1684) *The Buccaneers of America*.

23. Walker (1992) *Columbus and the Golden World of the Arawaks*.

24. Wing, E. S. (2001) The sustainability of resources used by Native Americans on five Caribbean Islands. *International Journal of Osteoarchaeology* 11: 112—126.

第六章　商业冒险时期

1. Dampier, W. (1697) *A New Voyage Round the World.* Dover Publications Inc., New York, 1968.

2. Ibid..

3. Rogers, Captain W. (1712) *A Cruising Voyage Round the World.* Dover Publications Inc., New York, 1970.

4. Ibid..

5. Ibid..

6. Colnett, J. (1798) *A Voyage to the South Atlantic and Around Cape Horn into the Pacific Ocean for the Purpose of Extending the Spermaceti Whale Fisheries and Other Objects of Commerce.* N. Israel, Amsterdam, and Da Capo Press, New York, 1968.

7. Lamb, W. K. (ed.) (1984) *A Voyage of Discovery to the North Pacific Ocean and Round the World 1791—1795.* Volumes I–IV. By George Vancouver. Hakluyt Society, London.

8. J. Gerlach and K. L. Canning (1997) Evolution and history of the giant tortoises of the Aldabra Island group. Phelsumania. www. phelsumania. com/public/articles/fauna_ dipsochelys_1. html

9. Rogers (1712) *A Cruising Voyage.*

10. Townsend, C. H. (1925) The Galápagos tortoises in their relation to the whaling industry: A study of old logbooks. *Zoologica*, New York Zoological Society. www. du. edu/~ttyler/ploughboy/ townsendgaltort. htm

11. Hayes, D. (2001) *Historical Atlas of the North Pacific Ocean.* Sasquatch Books, Seattle.

12. Cook, J. (1999) *The Journals of Captain Cook.* Edited by Philip Edwards. Penguin Classics, London.

13. Gough, B. M. (1992) *The Northwest Coast: British Navigation, Trade, and Discoveries to 1812.* University of British Columbia Press, Vancouver.

14. Steller, G. W. *Journal of a Voyage with Bering, 1741—1742.* Translated by M. A. Engel and O. W. Frost. Stanford University Press, Stanford, California, 1988.

15. Gough (1992) *The Northwest Coast.*

16. Ogden, A. (1941) *The California Sea Otter Trade: 1784—1848.* University of California Press, Berkeley and Los Angeles.

17. Jackman, S. W. (ed.) (1978) *The Journal of William Sturgis.* Sono Nis Press, Victoria, Canada.

18. Ibid..

19. Ogden (1941) *The California Sea Otter Trade.*

20. Ibid..

21. Ibid..

22. Lamb (1984) *A Voyage of Discovery.*

23. *The First and Second Discovery of the Gulf of California, and the Sea-coast on the Northwest or Back Side of America by M. John Baptista Ramusio.* In volume XI of R. Hakluyt. *The Principal Navigations Voyages Traffiques & Discoveries of the English Nation.* James MacLehose and Sons, Glasgow.

24. Clavigero, F. J. (1786) *The History of [Lower] California.* Translated from the Italian by S. E. Lake. Edited by A. A. Gray. Manessier Publishing Company, Riverside, California, 1971.

25. Ogden (1941) *The California Sea Otter Trade.*

26. Chambers, P. (2004) *A Sheltered Life: The Unexpected History of the Giant Tortoise.* John Murray, London

27. Rogers (1712) *A Cruising Voyage.*

第七章　捕鲸——第一个全球产业

1. Lund, N. (ed.) (1984) *Two Voyagers at the Court of King Alfred.* William Sessions Limited, York.

2. Lee, S. -M., and D. Robineau. (2004) The cetaceans of the Neolithic rock carvings of Bangudae (South Korea) and the beginning of whaling in the North-West Pacific. *L'anthropologie* 108: 137—151.

3. Gardiner, M. (1997) The exploitation of sea-mammals in medieval England: Bones in their social context. *Archaeological Journal* 154: 173—195.

4. Jenkins, J. T. (1921) *A History of the Whale Fisheries.* Kennikat Press, Port Washington, New York, 1971.

5. Gardiner (1997) The exploitation of sea-mammals.

6. Wolff, W. J. (2000) The south-eastern North Sea: Losses of vertebrate fauna during the past 2000 years. *Biological Conservation* 95: 209—217.

7. Jenkins (1921) *A History of the Whale Fisheries.*

8. Cartier, J. (1535) *A Shorte and Briefe Narration of the Navigation Made by the Commandment of the King of France, to the Islands of Canada.* In volume VIII of R. Hakluyt (1904) *The Principal Navigations Voyages Traffiques & Discoveries of the English Nation.* James MacLehose and Sons, Glasgow.

9. Ibid..

10. Major, K. (2001) *As Near to Heaven by Sea: A History of Newfoundland and Labrador.* Penguin Books, Toronto.

11. Ibid..

12. *The First Voyage Made by Master Anthonie Jenkinson from the Citie of London Toward the Land of Russia, Begun the Twelfth of May in the Yeere 1557.* In volume II of R. Hakluyt (1904) *The Principal Navigations Voyages Traffiques & Discoveries of the English Nation.* James MacLehose and Sons, Glasgow.

13. Magnus, O. (1555) *Historia de Gentibus Septentrionalibus.* Volume III. Edited by P. Foote. Hakluyt Society, London, 1998.

14. Ibid..

15. Best, G. *A True Discourse of the Three Voyages of Discoverie, for the Finding of a Passage to Cathaya, by the Northwest, under the Conduct of Martin Frobisher Generall.* In J. McDermott (ed.) (2001) *The Third Voyage of Martin Frobisher to Baffin Island: 1578.* Hakluyt Society, London.

16. Pages 414—422 in M. John Janes Marchant, *The Third Voyage Northwestward, Made by M. John Davis Gentleman, as Chiefe Captaine & Pilot Generall, for the Discovery of a Passage to the Isles of the Moluccas or the Coast of China, in the Yeere 1587.* In volume VII of R. Hakluyt (1904) The Principal Navigations Voyages

17. Credland, A. G. (1995) *The Hull Whaling Trade: An Arctic Enterprise.* Hutton Press, Yorkshire.

18. Barron, W. (1895) *Old Whaling Days.* Conway Maritime Press, London, 1996.

19. Dykes, J. (1980) *Yorkshire's Whaling Days.* Dalesman Books, Yorkshire.

20. Hartwig, G. (1892) *The Sea and its Living Wonders.* Longmans, Green, and Co., London.

21. Mr. Richard Mather, *Journal to New England, 1635.* www. newenglandancestors. org/ libraries/manuscripts/images_nehgs_mather_intro_656_61801. asp

22. Ibid..

23. Jenkins (1921) *A History of the Whale Fisheries.*

24. Shelvocke, G. (1726) *A Voyage Round the World.* Cassell and Company Ltd., London, 1928.

25. Page 702 in M. E. Hoare (ed.) *The Resolution Journal of Johann Reinhold Forster 1772—1775.* Volume IV. Hakluyt Society, London, 1982.

26. Dunmore, J. (ed. and trans.) (1994) *The Journal of Jean-François de Galaup de la Pérouse: 1785—1788.* Volume I. Hakluyt Society, London.

27. Ibid..

28. Gosse, P. H. (1845) *The Ocean.* Society for Promoting Christian Knowledge, London.

29. Beale, T. (1835) *A Few Observations on the Natural History of the Sperm Whale, With an Account of the Rise and Progress of the Fishery, and of the Modes of Pursuing, Killing, and' Cutting*

In" that Animal, with a List of its Favorite Places of Resort. Effingham Wilson, Royal Exchange, London.

30. Dunmore (1994) *The Journal of Jean-François de Galaup de la Pérouse. "The First and Second Discovery of the Gulf of California, and the Sea-coast on the Northwest or Back Side of America by M. John Baptista Ramusio.* In volume IX of R. Hakluyt, (1904) *The Principal Navigations Voyages Traffiques & Discoveries of the English Nation.* James MacLehose and Sons, Glasgow.

31. Lamb, W. K. (ed.) (1984) *A Voyage of Discovery to the North Pacific Ocean and Round the World 1791—1795.* Volumes I–IV. By George Vancouver. Hakluyt Society, London.

32. Scammon, C. M. (1874) *The Marine Mammals of the North-western Coast of North America.* Dover Publications Inc., New York, 1968.

33. Ibid..

34. Bullen, F. T. (1904) *The Cruise of the" Cachalot": Round the World After Sperm Whales.* MacMillan and Co., London.

35. Melville, H. (1930) *Moby Dick.* Random House, New York. Pages 663—664.

36. Barron, W. (1895) *Old Whaling Days.* Conway Maritime Press, London, 1996.

37. Roman, J., and S. R. Palumbi (2003)Whales before whaling in the North Atlantic. *Science* 301: 508—510.

第八章　天涯海角猎海豹

1. William Dane Phelps (1871), quoted in B. C. Busch, (1985) *The War Against the Seals: A History of the North American Seal Fishery.* McGill- Queen's University Press, Kingston and Montreal.

2. Cooke, G. A. (1807) *Modern and Authentic System of Geography.* C. Cooke, London.

3. Lund, N. (ed.) (1984) *Two Voyagers at the Court of King Alfred.* William Sessions Ltd., York.

4. Magnus, O. (1555) *Historia de Gentibus Septentrionalibus.* Volume III. Edited by P. Foote. Hakluyt Society, London, 1998.

5. Busch (1985) *The War Against the Seals.*

6. Cartier, J. (1531) *Certaine Voyages Containing the Discoverie of the Gulfe of Sainct Laurence to the West of Newfoundland...* Pages 183—271 in volume VIII of R. Hakluyt (1904), *The Principal Navigations Voyages Traffiques & Discoveries of the English Nation.* James MacLehose and Sons, Glasgow.

7. De Charlevoix, P. (1744) *Journal of a Voyage to North America.* Reprinted by University Microfilms Inc., Ann Arbor, Michigan, 1966.

8. Hacquebord, L. (2001) Three centuries of whaling and walrus hunting in Svalbard and its impact on the Arctic ecosystem. *Environment and History* 7: 169—185.

9. Micco, H. M. (trans.) (1971) *King Island and the Sealing Trade 1802.* A translation of chapters XXII and XXIII of the narrative by François Péron, published in the *Official Account of the Voyage of Discovery to the Southern Lands.* Roebuck Society, Canberra.

10. The First *Voyage of M. John Davis, Undertaken in June 1585 for the Discoverie of the Northwest Passage, Written by M. John Janes Marchant, Sometimes Servant to the Worshipfull Master William Sanderson.* Pages 381—392 in volume VII of R. Hakluyt (1904), *The Principal Navigations Voyages Traffiques & Discoveries of the English Nation,* James MacLehose and Sons, Glasgow.

11. Amasa Delano, quoted in Busch (1985) *The War Against the Seals.*

12. Micco (1971) *King Island and the Sealing Trade 1802.*

13. Hardin, G. (1968) The tragedy of the commons. *Science* 162: 1243—1248.

14. Hamilton, R. (1839) *Jardine's Naturalist's Library. Mammalia Volume VIII. Amphibious Carnivora Including Walrus and Seals, Also of the Herbivorous Cetacea, &c.* W. H. Lizars, Edinburgh.

15. Campbell, R. J. (2000) *The Discovery of the South Shetland Islands.* Hakluyt Society, London.

16. Stackpole, E. (1955) *The Voyage of the Huron and the Huntress: The American Sealers and the Discovery of the Continent of Antarctica.* Marine Historical Association, Mystic, Connecticut.

17. Credland, A. G. (1995) *The Hull Whaling Trade: An Arctic Enterprise.* Hutton Press, Yorkshire.

18. Busch (1985) *The War Against the Seals.*

19. Ibid..

20. MacDonald, D. (ed.) (2001) *The New Encyclopedia of Mammals.* Oxford University Press, Oxford.

21. Busch (1985) *The War Against the Seals.*

22. *Reports of Agents, Officers, and Persons, Acting Under the Authority of the Secretary of the Treasury, in Relation to the Condition of Seal Life on the Rookeries of the Pribilof Islands, and to Pelagic Sealing in Bering Sea and the North Pacific Ocean, in the Years 1893—1895,* part 1 (1896). Government Printing Office, Washington, DC.

23. Busch (1985) *The War Against the Seals.*

24. Cairncross, F. (2004)What makes environmental treaties work? *Conservation Biology in Practice* 5: 12—19.

25. Barron, W. (1895) *Old Whaling Days.* Conway Maritime Press, London, 1996.

26. Hacquebord (2001) Three centuries of whaling and walrus hunting in Svalbard.

第九章 欧洲大渔业时代

1. Wood, W. (1911) *North Sea Fishers and Fighters*. Kegan Paul, Trench, Trübner & Co. Ltd., London.

2. Bertram, J. G. (1873) *The Harvest of the Sea*. John Murray, London.

3. Ibid..

4. C. Hall (ca. 1940) *The Sea and Its Wonders*. Blackie & Son Ltd., London and Glasgow.

5. Bertram (1873) *The Harvest of the Sea*.

6. Goldsmith, O. (1776) *An History of the Earth and Animated Nature*. Volume VI. James Williams, Dublin.

7. Herubel, M. (1912) *Sea Fisheries: Their Treasures and Toilers*. T. Fisher Unwin, London.

8. Goldsmith (1776) *An History of the Earth and Animated Nature*.

9. Smylie, M. (2004) *Herring: A History of the Silver Darlings*. Tempus Publishing, Stroud.

10. Buckland, F. (1873) *Familiar History of British Fishes*. Society for Promoting Christian Knowledge, London.

11. Holdsworth, E. W. H. (1877) *Sea Fisheries*. Edward Stanford, London.

12. Sir John Boroughs (1633), quoted in H. Schultes, (1813) A dissertation on the public fisheries of Great Britain, explaining the rise, progress, and art of the Dutch fishery, &c. &c. *The Quarterly Review* IX(XVIII): 265—304.

13. Hartwig, G. (1892) *The Sea and its Living Wonders*. Longmans, Green and Company, London and New York.

14. J. Knox. (1784) *View of the Highlands*, quoted in H. Schultes, (1813) A dissertation on the public fisheries of Great Britain, explaining the rise, progress, and art of the Dutch fishery, &c. &c. *The Quarterly Review* IX(XVIII): 265—304.

15. Wilkie Collins, quoted in L. Figuier (1891) *The Ocean World: Being a Description of the Sea and Some of its Inhabitants*. Cassell and Company Limited, London, Paris and Melbourne.

16. Buckland (1873) *Familiar History of British Fishes*.

17. Noall, C. (1972) *Cornish Seines and Seiners: A History of the Pilchard Fishing Industry*. Bradford Barton, Truro.

18. Goldsmith (1776) *An History of the Earth and Animated Nature*.

19. Magnus, O. (1555) *Historia de Gentibus Septentrionalibus. Description of the Northern Peoples*. Translated by P. Fisher and H. Higgens. Hakluyt Society, London, 1996.

20. Pauly, D. (1995) Anecdotes and the shifting baseline syndrome of fisheries. *Trends in Ecology and Evolution* 10: 430. Scott, J. (1936) *Game Fish Records*. H. F. & G. Witherby Ltd., London.

21. *Written by M. John Janes Marchant, Sometimes Servant to the Worshipfull Master William Sanderson.* Pages 381—392 in volume VII of R. Hakluyt (1904) *The Principal Navigations Voyages Traffiques & Discoveries of the English Nation.* James MacLehose and Sons, Glasgow.

22. De Buffon, Goldsmith, and others (1810) *A History of Earth and Animated Nature.* Volume II. Apollo Press, Alnwick.

23. Goldsmith (1776) *An History of the Earth and Animated Nature.*

24. Compagno, L., M. Dando, and S. Fowler (2005) *A Field Guide to Sharks of the World.* Collins, London.

25. Buckland (1873) *Familiar History of British Fishes.*

26. Goldsmith (1776) *An History of the Earth and Animated Nature.*

27. Alheit, J., and E. Hagen (1997) Long-term climate forcing of European herring and sardine populations. *Fisheries Oceanography* 6: 130—139.

28. Hoffmann, R. C. (2002) Carp, cods, connections: New fisheries in the medieval European economy and environment. Pages 3—55 in M. J. Henninger-Voss (ed.) *Animals in Human Histories: The Mirror of Nature and Culture.* University of Rochester Press, New York.

29. Magnus (1555) *Historia de Gentibus Septentrionalibus.*

30. Wood (1911) *North Sea Fishers and Fighters.*

第十章　第一次拖网捕捞革命

1. Alward, G. L. (1932) *The Sea Fisheries of Great Britain and Ireland.* Albert Gait, Grimsby.

2. Ibid..

3. Robinson, R. (1996) *Trawling: The Rise and Fall of the British Trawl Fishery.* University of Exeter Press, Exeter. Notes to pages 125—133 J 397

4. Anonymous (March 19, 1921) The history of trawling: Its rise and development from the earliest times to the present day. *Fishing Trades Gazette and Poultry, Game and Rabbit Trades Chronicle* 38(1974): 21—71.

5. Alward (1932) *The Sea Fisheries of Great Britain and Ireland.*

6. Ibid..

7. Holdsworth, E. W. H. (1877) *Sea Fisheries.* Edward Stanford, London.

8. Buckland, F. (1891) *Natural History of British Fishes.* Society for Promoting Christian Knowledge, London.

9. *The National Cyclopaedia of Useful Knowledge* (1851). Charles Knight, London.

10. *Report of the Commissioners Appointed to Inquire into the Sea Fisheries of the United Kingdom,* volume 1 (1866). Her Majesty's Stationery Office, London.

11. Collins, J. W. (1889) *The Beam Trawl Fishery of Great Britain with Notes on Beam Trawling in Other European Countries.* Government Printing Office, Washington, DC.

12. Wood, W. (1911) *North Sea Fishers and Fighters.* Kegan Paul, Trench, Trübner & Co. Ltd., London.

13. Gosse, P. H. (1845) *The Ocean.* Society for Promoting Christian Knowledge, London.

14. Wood (1911) *North Sea Fishers and Fighters.*

15. Anonymous (1880) *The Great Fisheries of the World.* T. Nelson and Sons, London.

16. Barron, W. (1895) *Old Whaling Days.* Conway Maritime Press, London (1996).

17. Goldsmith, O. (1776) *An History of the Earth and Animated Nature.* Volume VI. James Williams, Dublin.

18. *Report of the Commissioners* (1866).

19. Collins (1889) *The Beam Trawl Fishery.*

20. *Report of the Commissioners* (1866).

21. Ibid..

22. Ibid..

23. Ibid..

第十一章 工业化渔业之开端

1. *Report of the Commissioners Appointed to Inquire and Report Upon the Complaints That Have Been Made by Line and Drift Net Fishermen of Injuries Sustained by Them in Their Calling Owing to the Use of the Trawl Net and Beam Trawl in the Territorial Waters of the United Kingdom 1885.* Eyre and Spottiswoode, London.

2. Ibid..

3. Ibid..

4. Desmond, A. (1997) *Huxley: Evolution's High Priest.* Michael Joseph, London.

5. Holdsworth, E. W. H. (1877) *Sea Fisheries.* Edward Stanford, London.

6. Hérubel, M. A. (1912) *Sea Fisheries, Their Treasures and Toilers.* T. Fisher Unwin, London.

7. Wood, W. (1911) *North Sea Fishers and Fighters.* Kegan Paul, Trench, Trübner & Co. Ltd., London.

8. Holdsworth (1877) *Sea Fisheries.*

9. Ibid..

10. Collins, J. W. (1889) *The Beam Trawl Fishery of Great Britain with Notes on Beam Trawling in Other European Countries.* Government Printing Office, Washington, DC.

11. *Report of the Commissioners* (1885).

12. Ibid..

13. Ibid..

14. Ibid..

15. Ibid..

16. Ibid..

17. Ibid..

18. Wood (1911) *North Sea Fishers and Fighters*.

19. Olsen, O. T. (1883) *The Piscatorial Atlas of the North Sea, English and St. George's Channels*. Taylor and Francis, London.

20. *Report of the Commissioners Appointed to Inquire into the Sea Fisheries of the United Kingdom*, volume 1 (1866). Her Majesty's Stationery Office, London.

21. J. T. Cunningham, (1896) *A Natural History of the Marketable Marine Fishes of the British Islands*. Macmillan and Co. Ltd., London, p. 366.

22. *Report of the Commissioners* (1885).

23. Ibid..

24. *Report of the Commissioners* (1885).

25. Ibid..

26. Ibid..

27. Ibid..

28. Collins (1889) *The Beam Trawl Fishery*.

29. *Report of the Commissioners* (1885).

30. Ibid..

31. *Report of the Commissioners* (1885).

32. Ibid..

33. "A Correspondent" (1899) *Reply to the So-called Criticism and Analysis of Professor M'Intosh on Trawling and Trawling Investigations*. Rosemount Press, Aberdeen.

34. Holdsworth, (1877) *Sea Fisheries*, p.78.

35. *Report of the Commissioners* (1885).

36. Wood (1911) *North Sea Fishers and Fighters*.

37. McIntosh, W. C. (1899) *The Resources of the Sea as Shown in the Scientific Experiments to Test the Effects of Trawling and of the Closure of Certain Areas off the Scottish Shores*. C. J. Clay and Sons, London.

38. Matteson, G. (1979) *Draggermen: Fishing on Georges Bank*. Four Winds Press, New York. Roughly, T. C. (1951) *Fish and Fisheries of Australia*, Angus and Robertson, Sydney. Commission of Conservation, Canada (1912) *Sea-Fisheries of Eastern Canada*. Mortimer Co., Ottawa.

39. Collins (1889) *The Beam Trawl Fishery*.

40. Hérubel (1912) Sea Fisheries. *Their Treasures and Toilers.*

41. D. Pauly (2004) Much rowing for fish. *Nature* 432: 813—814.

第十二章　取之不尽的海洋

1. Schultes, H. (1813) A dissertation on the public fisheries of Great Britain, explaining the rise, progress, and art of the Dutch fishery, &c. &c. *The Quarterly Review* IX(XVIII): 265—304.

2. *Report of the Commissioners Appointed to Inquire into the Sea Fisheries of the United Kingdom,* volume 1 (1866). Her Majesty's Stationery Office, London.

3. Wood, W. (1911) *North Sea Fishers and Fighters.* Kegan Paul, Trench, Trübner & Co. Ltd., London.

4. Garstang, W. (1900) The impoverishment of the sea. *Journal of the Marine Biological Association of the UK* 6: 1—69.

5. Wood (1911) *North Sea Fishers and Fighters.*

6. Cushing, D. H. (1988) *The Provident Sea.* Cambridge University Press, Cambridge.

7. Carson, R. L. (1943) *Food from the Sea: Fish and Shellfish of New England.* U. S. Department of the Interior Fish and Wildlife Service Bulletin 33. Government Printing Office, Washington, DC.

8. Ibid..

9. Ibid..

10. Daniel, H., and F. Minot (1955) *The Inexhaustible Sea.* MacDonald, London.

11. Ibid..

12. Alverson, D. L., and N. J. Wilimovsky (1964) Prospective developments in the harvesting of marine fishes. In *Modern Fishing Gear of the World 2.* Fishing News (Books) Ltd., London.

13. Hardy, A. (1959) *Fish and Fisheries.* Collins, London.

第十三章　捕鲸传奇

1. Krasheninnikov, S. P. (1754) *The History of Kamtschatka and the Kurilski Islands, with the Countries Adjacent.* Translated by J. Grieve. Quadrangle Books, Chicago, 1962.

2. Browning, R. J. (1974) *Fisheries of the North Pacific. History, Species, Gear and Processes.* Alaska Northwest Publishing Company, Anchorage.

3. Ibid..

4. Kenyon, K. W. (1975) *The Sea Otter in the Eastern Pacific Ocean.* Dover Publications Inc., New York.

5. Goode, G. B. (1884) *The Fisheries and Fishery Industries of the United States. Section 1. Natural History of Useful Aquatic Animals.* Government Printing Office, Washington, DC.

6. Marsh, J. (2005)*Walleye Pollock: Theragra chalcogramma.* Seafood Watch Seafood Report. Monterey Bay Aquarium, Monterey. www. seafoodwatch. org.

7. Springer, A. M., J. A. Estes, G. B. van Vliet, T. M. Williams, D. F. Doak, E. M. Danner, K. A. Fornay, and B. Pfister. (2003) Sequential megafaunal collapse in the North Pacific Ocean: An ongoing legacy of industrial whaling. *Proceedings of the National Academy of Science* (USA) 100: 12223—12228.

8. Hardy, A. (1959) *Fish and Fisheries: The Open Sea; Its Natural History, part II.* Collins, London.

9. Rackham, H. (trans.) (1983) *Pliny Natural History Books VIII–XI.* Harvard University Press, Cambridge.

10. Magnus, O. (1555) *Historia de Gentibus Septentrionalibus. Description of the Northern Peoples.* Translated by P. Fisher and H. Higgens. Hakluyt Society, London, 1996.

11. Ibid..

12. Krasheninnikov (1754) *The History of Kamtschatka and the Kurilski Islands.*

13. Goldsmith, O. (1776) *An History of the Earth and Animated Nature.* Volume VI. James Williams, Dublin.

14. Lawson, J. (1709) *A New Voyage to Carolina.* Reprinted by University Microfilms Inc., Ann Arbor, Michigan, 1966.

15. Cooke, E. (1712) *A Voyage to the South Sea and Round the World in the Years 1708 to 1711.* N. Israel, Amsterdam, and Da Capo Press, New York, 1969.

16. Scammon, C. M. (1874) *The Marine Mammals of the North-western Coast of North America.* Dover Publications Inc., New York, 1968. 20. Dudley, P. (1725) An essay upon the natural history of whales, with a particular account of the ambergris found in the spermaceti whale. *Philosophical Transactions of the Royal Society of London (B Biological Science)* 33: 256—269.

17. Dudley, P. (1725) An essay upon the natural history of whales, with a particular account of the ambergris found in the spermaceti whale. Philosophical Transactions of the Royal Society of London (B Biological Science) 33: 256—269.

18. Comment made by William Scoresby dating from 1810—1820, quoted in T. Stamp and C. Stamp (1983) *Greenland Voyager.* Caedmon of Whitby, UK.

19. Hanna, G. D. (1922)What becomes of the fur seals. *Science* 55: 505—507.

20. Williams, T. M., J. A. Estes, D. F. Doak, and A. M. Springer (2004) Killer appetites: Assessing the role of predators in ecological communities. *Ecology* 85: 3373—3384.

21. Hanna (1922) What becomes of the fur seals.

第十四章　清空欧洲的海洋

1. Mitford, W. (1969) *Lovely She Goes!* Michael Joseph Ltd., London.

2. Garstang, W. (1900) The impoverishment of the sea. *Journal of the Marine Biological Association of the UK* 6: 1—69.

3. Graham, M. (1948) *Rational Fishing of the Cod of the North Sea.* Edward Arnold & Co., London.

4. Robinson, R. (1996) *Trawling: The Rise and Fall of the British Trawl Fishery.* University of Exeter Press, Exeter.

5. Reid, C. (2000) From boom to bust: The herring industry in the twentieth century. Pages 188—196 in D. J. Starkey, C. Reid, and N. Ashcroft (eds.), *England's Sea Fisheries: The Commercial Sea Fisheries of England and Wales since 1300.* Chatham Publishing, London.

6. Robinson (1996) *Trawling.*

7. Ashcroft, N. (2000) The diminishing commons: Politics, war and territorial waters in the twentieth century. Pages 217—226 in D. J. Starkey, C. Reid, and N. Ashcroft (eds.) *England's Sea Fisheries: The Commercial Sea Fisheries of England and Wales since 1300.* Chatham Publishing, London.

8. Graham, M. (1943) *The Fish Gate.* Faber and Faber Ltd., London.

9. Russell, E. S. (1942) *The Overfishing Problem.* Cambridge University Press, Cambridge.

10. Robinson (1996) *Trawling.*

11. Mitford (1969) *Lovely She Goes!*

12. Russell (1942) *The Overfishing Problem.*

13. Coull, J. R. (1972) *The Fisheries of Europe: An Economic Geography.* G. Bell & Sons Ltd., London.

14. Ashcroft (2000) The diminishing commons.

15. Russell (1942) *The Overfishing Problem.*

16. Robinson (1996) *Trawling.*

17. Ashcroft (2000) The diminishing commons.

18. Smylie, M. (2004) *Herring: A History of the Silver Darlings.* Tempus, Stroud, UK.

19. Jennings, S., S. P. R. Greenstreet, and J. D. Reynolds (1999) Structural change in an exploited fish community: A consequence of differential fishing effects on species with contrasting life histories. *Journal of Animal Ecology* 68: 617—627.

20. Jennings, S., T. A. Dinmore, D. E. Duplisea, K. J. Warr, and J. E. Lancaster (2001) Trawling disturbance can modify benthic production processes. *Journal of Animal Ecology* 70: 459—475.

21. Christensen, V., S. Guénette, J. J. Heymans, C. J. Walters, R. Watson, D. Zeller, and D. Pauly

(2003) Hundred-year decline of North Atlantic predatory fishes. *Fish and Fisheries* 4: 1—24.

22. Pauly, D. (1995) Anecdotes and the shifting baseline syndrome of fisheries. *Trends in Ecology and Evolution* 10: 430.

23. Lotze, H. K. (2005) Radical change in the Wadden Sea fauna and flora over the last 2000 years. *Helgolander Marine Research* 59: 71—83.

24. Ibid..

第十五章　国王鳕的衰亡

1. Major, K. (2001) *As Near to Heaven by̆ Sea: A History of Newfoundland and Labrador.* Penguin Books, Toronto.

2. Crosbie, J. (1997) *No Holds Barred: My Life in Politics.* McClelland & Stewart Inc., Toronto.

3. Rich, W. (1929) *Fishing Grounds of the Gulf of Maine. Appendix III to the Report of the US Commissioner of Fisheries.* Doc # 1059. Government Printing Office, Washington, DC.

4. Murawski, S. A., R. W. Brown, S. X. Cadrin, R. K. Mayo, L. O'Brian, W. J. Overholtz, and K. A. Sosebee (1999) New England groundfish. In *Our Living Oceans: Report on the Status of U. S. Living Marine Resources.* NOAA, Silver Spring, Maryland. http:// spo. nwr. noaa. gov/fa2. pdf.

5. Bigelow, H., and W. Schroeder. (1953) *Fishes of the Gulf of Maine.* U. S. Fish and Wildlife Service Bulletin 74 (Volume 53). Government Printing Office, Washington, DC.

6. Carson, R. L. (1943) *Food from the Sea: Fish and Shellfish of New England.* U. S. Department of the Interior Fish and Wildlife Service Bulletin 33. Government Printing Office, Washington, DC.

7. Warner, W. W. (1983) *Distant Water: The Fate of the North American Fisherman.* Little, Brown, Boston.

8. Charles Philbrook, quoted in Warner (1983) *Distant Water.*

9. Warner (1983) *Distant Water.*

10. Ibid..

11. Kunzig, R. (1995) Twilight of the cod. *Discover Magazine* 16(4). www. discover. com/ issues/apr—95/features/twilightofthecod489.

12. From S. G. Goodrich (1845). *Enterprise, Industry and Art of Man.* Bradbury, Soden & Company, Boston.

13. Dobbs, D. (2000) *The Great Gulf: Fishermen, Scientists, and the Struggle to Revive the World's Greatest Fishery.* Island Press, Washington, DC.

14. Murawski et al. (1999) New England groundfish.

15. Bourque, B. J., B. Johnson, and R. S. Steneck (2007) Possible prehistoric hunter-gatherer impacts on food web structure in the Gulf of Maine. In J. Erlandson and R. Torben (eds.) *Human*

Impacts on Ancient Marine Environments. University of California Press, Berkeley.

16. Matteson, G. (1979) *Draggermen: Fishing on Georges Bank*. Four Winds Press, New York.

17. Ibid..

18. Bartlett, K. (1997) *The Finest Kind. The Fishermen of Gloucester*. W. W. Norton & Company, New York, 2002.

19. Bennett, F. (1998) Changes to the seafloor in the Chatham area. Pages 115—116 in E. M. Dorsey and J. Pederson (eds.) *Effects of Fishing Gear on the Sea Floor of New England*. Conservation Law Foundation and Massachusetts Institute of Technology, Boston.

20. Kaiser, J. (2000) Ecologists on a mission to save the world. *Science* 287: 1188—1192.

21. Bourque, B. J., B. Johnson, and R. S. Steneck (2007) Possible prehistoric hunter-gatherer impacts on food web structure in the Gulf of Maine. In J. Erlandson and R. Torben (eds.) *Human Impacts on Ancient Marine Environments*. University of California Press, Berkeley.

22. Harris, L. G., and M. C. Tyrrell (2001) Changing community states in the Gulf of Maine: Synergism between invaders, overfishing and climate change. *Biological Invasions* 3: 9—21.

23. Hutchings, J. A., C. Walters, and R. L. Haedrich (1997) Is scientific inquiry incompatible with government information control? *Canadian Journal of Fisheries and Aquatic Sciences* 54: 1198—1210.

24. Rose, G. A. (2004) Reconciling overfishing and climate change with stock dynamics of Atlantic cod (*Gadus morhua*) over 500 years. *Canadian Journal of Fisheries and Aquatic Sciences* 61: 1553—1557.

25. Rosenberg, A. A., W. J. Bolster, K. E. Alexander, W. B. Leavenworth, A. B. Cooper, and M. G. McKenzie (2005) The history of ocean resources: Modeling cod biomass using historical records. *Frontiers in Ecology and Environmen*t 3: 78—84.

26. Carson (1943) *Food from the Sea*.

27. Canadian Broadcasting Corporation (2003) "The Codless Sea. "

第十六章　河口的缓慢死亡——切萨皮克湾

1. Wennersten, J. R. (1981) *The Oyster Wars of Chesapeake Bay*. Tidewater Publishers, Centreville, Maryland.

2. *Scribner's* magazine (1877), quoted in Wennersten (1981) *The Oyster Wars of Chesapeake Bay*.

3. Horton, T. (2003) *Turning the Tide: Saving the Chesapeake Bay*. Island Press, Washington, DC.

4. Wennersten (1981) *The Oyster Wars of Chesapeake Bay*.

5. Captain Davidson, quoted in Wennersten (1981) *The Oyster Wars of Chesapeake Bay.*

6. Wennersten (1981) *The Oyster Wars of Chesapeake Bay.*

7. Kirby, M. X. (2004) Fishing down the coast: Historical expansion and collapse of oyster fisheries along continental margins. *Proceedings of the National Academy of Sciences* 101: 13096—13099.

8. Ibid..

9. Anonymous (1891) Drake's report on the Georgia oyster-beds. *Science* 17: 155.

10. Wennersten (1981) *The Oyster Wars of Chesapeake Bay.*

11. Anonymous (1891) Drake's report on the Georgia oyster-beds.

12. Cooper, S. R., and G. S. Brush (1991) Long-term history of Chesapeake Bay anoxia. *Science* 254: 992—996.

13. Tilp, F. (1978) *This Was Potomac River.* 2nd edition. Frederick Tilp, Alexandria, Virginia.

14. Grettler, D. J. (2001) The nature of capitalism: Environmental change and conflict over commercial fishing in nineteenth-century Delaware. *Environmental History* 6: 451—473.

15. Cooper and Brush (1991) Long-term history of Chesapeake Bay anoxia.

16. Horton (2003) *Turning the Tide.*

17. Cooper and Brush (1991) Long-term history of Chesapeake Bay anoxia.

18. Horton (2003) *Turning the Tide.*

19. Orth, R. J., and K. A. Moore. (1983) Chesapeake Bay: An unprecedented decline in submerged aquatic vegetation. *Science* 222: 51—53.

20. Goode, G. B. (1884) *The Fisheries and Fishery Industries of the United States. Section I. Natural History of Useful Aquatic Animals.* Government Printing Office, Washington, DC.

21. Simmonds, P. L. (1879) *The Commercial Products of the Sea; or Marine Contributions to Industry, and Art.* D. Appleton and Company, New York.

22. Ibid..

23. Goode (1884) *The Fisheries and Fishery Industries of the United States.*

24. Russell, D. (2005) *Striper Wars: An American Fish Story.* Island Press, Washington, DC.

25. Schubel, J. R., and D. W. Pritchard (1971) Chesapeake Bay: A second look. *Science* 173: 943—945.

26. Horton (2003) *Turning the Tide.*

27. Russell (2005). *Striper Wars*

28. Ibid..

29. Uphoff, J. (2003) Predator-prey analysis of striped bass and Atlantic menhaden in upper Chesapeake Bay. *Fisheries Management and Ecology* 10: 313—322.

30. Roberts, C. M., and J. P. Hawkins (1999) Extinction risk in the sea. *Trends in Ecology and Evolution* 14: 241—246.

第十七章　珊瑚礁的崩坏

1. Lowe, P. R. (1911) *A Naturalist on Desert Islands*. Witherby & Co., London.

2. Ibid..

3. Ibid..

4. Ibid..

5. Beebe, W. (1928) *Beneath Tropic Seas: A Record of Diving Among the Coral Reefs of Haiti*. Knickerbocker Press, G. P. Putnam's Sons, New York and London.

6. Ibid..

7. Ibid..

8. Hass, H. (1952) *Diving to Adventure*. Jarrolds Ltd., London.

9. Ibid..

10. Ibid..

11. Ibid..

12. Dampier, W. (1697) *A New Voyage Round the World*. Dover Publications Inc., New York, 1968.

13. Jane, C. (ed.) (1930) *Select Documents Illustrating the Four Voyages of Columbus*. Volumes I and II. Hakluyt Society, London.

第十八章　变动的基线

1. Grey, Z. (1925) *Tales of Fishing Virgin Seas*. Derrydale Press, Lanham and New York.

2. Ibid..

3. Ibid..

4. Grey (1925) *Tales of Fishing Virgin Seas*.

5. Hedges, F. A. M. (1923) *Battles with Giant Fish*. Duckworth, London.

6. Ibid..

7. Ibid..

8. Bancroft, G. (1932) *Lower California: A Cruise; The Flight of the Least Petrel*. G. P. Putnam & Sons, New York and London.

9. Ray Cannon, quoted in G. S. Kira (1999) *The Unforgettable Sea of Cortez*. Cortez Publications, Torrance, California.

10. Ibid..

11. Leopold, A. (1949) *A Sand County Almanac and Sketches Here and There*. Oxford University Press, New York.

12. Kowalewski, M., G. E. Avila Serrano, K. W. Flessa, and G. A. Goodfriend (2000) Dead delta's former productivity: Two trillion shells at the mouth of the Colorado River. *Geology* 28: 1059—1062.

13. Morgan, L., S. Maxwell, F. Tsao, T. A. C. Wilkinson, and P. Etnoyer. (2005) *Marine Conservation Priority Areas: Baja California to the Bering Sea*. Commission for Environmental Cooperation of North America, Montreal, and Marine Conservation Biology Institute, Seattle.

14. Steinbeck, J. (1951) *The Log from the Sea of Cortez*. Viking Press, New York.

15. Morgan et al. (2005) *Marine Conservation Priority Areas.*

16. Ray Cannon, quoted in Kira (1999) *The Unforgettable Sea of Cortez.*

17. Saenz-Arroyo, A., C. M. Roberts, J. Torre, M. Carino-Olvera, and R. R. Enriquez Andrade (2005) Rapidly shifting environmental baselines among fishers of the Gulf of California. *Proceedings of the Royal Society B* 272: 1957—1962.

18. Sala, E., O. Aburto-Oropeza, M. Reza, G. Paredes, and L. G. Lopez-Lemus (2004) Fishing down coastal food webs in the Gulf of California. *Fisheries* 29(3): 19—25.

19. Saenz-Arroyo, A., C. M. Roberts, J. Torre, and M. Carino-Olvera (2005) Using fishers' anecdotes, naturalists' observations, and grey literature to reassess marine species at risk: The case of the gulf grouper in the Gulf of California, Mexico. *Fish and Fisheries* 6: 121—133.

20. Pauly, D. (1995) Anecdotes and the shifting baseline syndrome of fisheries. *Trends in Ecology and Evolution* 10:430.

第十九章　幽灵栖息地

1. Rogers-Bennett et al. (2002) Estimating baseline abundances of abalone in California for restoration.

2. Anonymous 1913 observer, quoted in Rogers-Bennett et al. (2002) Estimating baseline abundances of abalone in California for restoration.

3. Croker, R. S. (1931) Abalones. In *The Commercial Fish Catch of California for the Year 1929*. California Department of Fish and Game, Fisheries Bulletin 30: 58—72.

4. Jones, G., (2005) Restaurant seafood prices since 1850 help plot marine harvests through history. Press release from Texas A&M University.

5. Davis, G. E. (undated) *California Abalone*. U. S. Geological service, http://biology. usgs. gov/ s+t/SNT/noframe/ca166. htm. Haaker, P. L., I. Taniguchi, J. K. O'Leary, K. Karper, M. Patyten, and M. Tegner (2003) Abalones. In C. Ryan and M. Patyten (eds.) *Annual Status of the Fisheries report through 2003*. Calilfornia Department of Fish and Game, www. dfg. ca. gov/MRD/status/report2003/ abalones. pdf.

6. Rogers-Bennett et al. (2002) Estimating baseline abundances of abalone in California for restoration.

7. Thomas Huxley, address to the International Fisheries Exhibition, London, 1883. The Fisheries Exhibition Literature. W. Clowes and sons, London, 1884.

8. Hellyer, D. (1949) Goggle fishing in California waters. *The National Geographic Magazine* 45(5): 615—632.

9. Hellyer (1949) Goggle fishing in California waters.

10. Dayton, P. K., M. J. Tegner, P. B. Edwards, and K. L. Riser (1998) Sliding baselines, ghosts, and reduced expectations in kelp forest communities. *Ecological Applications* 8: 309—322.

11. Crooke, S. J. (1992) History of giant sea bass fishery. Pages 153—157 in W. S. Leet, C. M. Dewees, and C. W. Haugen, (eds.) *California's Living Marine Resources and their Utilization.* Sea Grant Extension Program, University of California Press, Davis.

12. Ray Cannon, quoted in G. Kira (1999) *The Unforgettable Sea of Cortez.* Cortez Publications, California.

13. Cousteau, J. Y. (1953) *The Silent World.* Hamish Hamilton Ltd., London.

14. John Ottaway, quoted in J. Nevill (2006) *The Impacts of Spearfishing,* www. ids. org. au/~cnevill/marineSpearfishing. doc

15. Ray Cannon, quoted in Kira (1999) *The Unforgettable Sea of Cortez.*

16. Dayton et al. (1998) Sliding baselines.

17. Ray Cannon, quoted in Kira (1999) *The Unforgettable Sea of Cortez.*

18. Love, M., M. Yoklavich, and L. Thorsteinson (2002) *The Rockfishes of the Northeast Pacific.* University of California Press, Berkeley.

19. Ibid..

20. Ibid..

21. Ibid..

22. Graham Gillespie, quoted on page 71 of Love et al. (2002) *The Rockfishes of the Northeast Pacific.*

23. Dayton et al. (1998) Sliding baselines.

第二十章 渔猎公海

1. Samuel Taylor Coleridge (undated) The rime of the ancient mariner. Pages 7—35 in *Selected Poems.* Collins' Clear-Type Press, London and Glasgow.

2. Ibid..

3. Pauly, D., and V. Christensen (1995) Primary production required to sustain global fisheries.

Nature 374: 255—257.

4. Edwards, P. (ed.) (1999) *The Journals of Captain Cook*. Penguin Books, London.

5. Dunmore, J. (ed.) (1995) The Journal of Jean-François de Galaup de la Pérouse 1785—1788. Volumes I–IV. Hakluyt Society, London.

6. Ibid..

7. Colnett, J. (1798) *A Voyage to the South Atlantic and around Cape Horn into the Pacific Ocean for the Purpose of Extending the Spermaceti Whale Fisheries and Other Objects of Commerce*. N. Israel, Amsterdam, and Da Capo Press, New York, 1968.

8. Ibid..

9. Beebe, W. (1926) *The Arcturus Adventure*. Knickerbocker Press, New York.

10. Farrington, S. K. (1942) *Pacific Game Fishing*. Coward-McCann Inc., New York.

11. Carson, R. L. (1943) *Food from the Sea: Fish and Shellfish of New England*. U. S. Department of the Interior Fish and Wildlife Service. Government Printing Office, Washington, DC.

12. Tsutsui, W. M. (2003) Landscapes in the dark valley: Toward an environmental history of wartime Japan. *Environmental History* 8(2). www.historycooperative.org/journals/eh/8.2/tsutsui.html

13. Myers, R. A., and B. Worm (2003) Rapid worldwide depletion of predatory fish communities. *Nature* 423: 281—283.

14. Baum, J. K., and R. A. Myers. (2004) Shifting baselines and the decline of pelagic sharks in the Gulf of Mexico. *Ecology Letters* 7: 135—145.

15. Ward, P., and R. A. Myers (2005) Shifts in open ocean fish communities coinciding with the commencement of commercial fishing. *Ecology* 86: 835—847.

16. Worm, B. (2005) Scientists discover global pattern of big fish diversity in open oceans. SeaWeb press release at Communication Partnership for Science and the Sea, http:// www. compassonline. org/pdf_files/PR_2005_7_28. pdf

第二十一章　亵渎最后的伟大荒野

1. Pechenik, L. N. and F. M. Troyanovskii. (1971) *Trawling Resources on the North-Atlantic Continental Slope*. Israel Program for Scientific Translations, Jerusalem.

2. Ibid..

3. Ibid..

4. Roberts, C. M. (2002) Deep impact: The rising toll of fishing in the deep sea. *Trends in Ecology and Evolution* 17: 242—245.

5. Branch, T. A. (2001) A review of orange roughy Hoplostethus atlanticus fisheries, estimation methods, biology and stock structure. *South African Journal of Marine Science* 23: 181—203.

6. Lack, M., K. Short, and A. Willock (2003) *Managing Risk and Uncertainty in Deep Sea Fisheries: Lessons from Orange Roughy*. TRAFFIC Oceania and WWF, Australia.

7. Pechenik and Troyanovskii (1971) *Trawling Resources*.

8. Forbes, E. D. W. and R. Godwin-Austin (1859) *The Natural History of the European Seas*. John van Voorst, London. Pages 26—27.

9. Beebe, W. (1935) *Half Mile Down*. John Lane, The Bodley Head, London.

10. Ibid..

11. Joubin, M. L. (1922) Les coraux de mer profonde:Nuisibles aux chalutiers. *Notes et Mémoires* (18): 5—16. Office Scientifique et Technique des Pêches Maritimes, Paris.

12. Personal e-mail communication from Les Watling, Darling Marine Laboratory (now at the University of Hawaii), 19th May 2006.

13. Anderson, O. (2004) Coral catches in the South Tasman Rise orange roughy fishery. *Waves* 10(1): 7.

14. *Report of the Commissioners Appointed to Inquire and Report Upon the Complaints That Have Been Made by Line and Drift Net Fishermen of Injuries Sustained by Them in Their Calling Owing to the Use of the Trawl Net and Beam Trawl in the Territorial Waters of the United Kingdom* (1885). Eyre and Spottiswoode, London.

第二十二章　无处可躲

1. Alverson, D. L., and N. J. Wilimovsky (1964) Prospective developments in the harvesting of marine fishes. In *Modern Fishing Gear of the World 2*. Fishing News (Books) Ltd., London.

2. Dobbs, D. (2000) *The Great Gulf. Fishermen, Scientists, and the Struggle to Revive the World's Greatest Fishery*. Island Press, Washington, DC.

3. Greenlaw, L. (1999) *The Hungry Ocean: A Swordboat Captain's Journey*. Hyperion, New York.

4. Ibid..

5. Ibid..

6. Rogers, C. S., and J. Beets (2001) Degradation of marine ecosystems and decline of fishery resources in marine protected areas in the US Virgin Islands. *Environmental Conservation* 28: 312—322.

7. Birkeland, C. (2002) Military technologies and increased fishing effort leave no place to hide for fish. SeaWeb press release at Communication Partnership for Science and the Sea, www. compassonline. org/pdf_files/PR_2002_2_17. pdf.

8. Russell, E. S. (1942) *The Overfishing Problem*. Cambridge University Press, Cambridge.

9. Graham, M. (1943) *The Fish Gate*. Faber and Faber Ltd., London.

第二十三章　炭烤水母或剑鱼排？

1. Watson, R., and D. Pauly (2001) Systematic distortions in world fisheries catch trends. *Nature* 414: 534—536.

2. Pauly, D., V. Christensen, J. Dalsgaard, R. Froese, and F. C. Torres (1998) Fishing down marine food webs. *Science* 279: 860—863.

3. Radcliffe, W. (1921) *Fishing from the Earliest Times*. John Murray, London.

4. Graham, M. (1948) *Rational Fishing of the Cod of the North Sea*. Edward Arnold & Co., London.

5. Russell, E. S. (1942) *The Overfishing Problem* Cambridge University Press, Cambridge.

6. Graham (1948) *Rational Fishing of the Cod of the North Sea.*

7. Hutchings, J. (2000) Collapse and recovery of marine fishes. *Nature* 406: 882—885. *Notes to pages 302—323 J 415*

8. Steinbeck, J. (1951) *The Log from the Sea of Cortez*. Viking Press, New York.

9. Rose, G. A. (1993) Cod spawning on a migration highway in the northwest Atlantic. *Nature* 366: 458—461.

10. Ames, E. (1997) *Cod and Haddock Spawning Grounds of the Gulf of Maine*. Island Institute, Rockland, Maine.

11. Bigelow, H. B., and W. C. Schroeder (1953) *Fishes of the Gulf of Maine*. Fishery Bulletin of the Fish and Wildlife Service. Volume 53, Bulletin 74. Government Printing Office, Washington, DC.

12. Ruzzante, D. E., J. S. Wroblewski, C. T. Taggart, R. K. Smedbol, D. Cook, and S. V. Goddard (2000) Bay-scale population structure in coastal Atlantic cod in Labrador and Newfoundland, Canada. *Journal of Fish Biology* 56: 431—447.

13. Hutchinson, W. F., C. van Oosterhout, S. I. Rogers, and G. R. Carvalho (2003) Temporal analysis of archived samples indicates marked genetic changes in declining North Sea cod (Gadus morhua). *Proceedings of the Royal Society B* 270: 2125—2132.

14. Dwyer, M. J. (2001) *Sea of Heartbreak*. Key Porter Books, Toronto.

15. Dwyer (2001) *Sea of Heartbreak.*

16. Hareide, N., D. Rihan, M. Mulligan, P. McMullen, G. Garnes, M. Clark, P. Connolly, P. Tyndall, R. Misund, D. Furevik, A. Newton, K. Hydal, T. Blasdale, O. Brre Humborstad (2005) *A Preliminary Investigation of Shelf Edge and Deepwater Fixed Net Fisheries to the West and North of Great Britain, Ireland, around Rockall and Hatton Bank*. ICES CM 2005/ N:07.

17. Brashares, J. S., P. Arcese, M. K. Sam, P. B. Copolillo, A. R. E. Sinclair, and A. Balmford (2004) Bushmeat hunting, wildlife declines, and fish supply in West Africa. *Science* 306: 1180—1183.

18. Worm, B., E. B. Barbier, N. Beaumont, J. E. Duffy, C. Folke, B. S. Halpern, J. B. C. Jackson, H. K. Lotze, F. Micheli, S. R. Palumbi, E. Sala, K. A. Selkoe, J. J. Stachowicz, and R. Watson (2006) Impacts of biodiversity loss on ocean ecosystem services. *Science* 314: 787—790.

19. Priede, I. G., R. Froese, D. M. Bailey, O. A. Bergstad, M. A. Collins, J. E. Dyb, C. Henriques, E. G. Jones, and N. King (2006) The absence of sharks from abyssal regions of the world's oceans. *Proceedings of the Royal Society B* 273: 1435—41

20. Knowler, D., and E. B. Barbier (2000) The economics of an invading species: A theoretical model and case study application. Pages 70—93 in C. Perrings, M. Williamson, and S. Dalmazzone (eds.) *The Economics of Biological Invasions*. Edward Elgar, Cheltenham, UK.

21. Rabalais, N. N, R. E. Turner, and W. J. Wiseman (2002) Gulf of Mexico hypoxia, a. k. a. "the dead zone." *Annual Reviews of Ecology and Systematics* 33: 235—263.

22. Diaz, R. J. (2000) Overview of hypoxia around the world. *Journal of Environmental Quality* 30: 275—281.

23. Rogers-Bennett, L., P. L. Haaker, T. O. Huff, and P. K. Dayton (2002) Estimating baseline abundances of abalone in California for restoration. *CalCOFI Reports* 43: 97—111.

24. Sadovy, Y., and W. L. Cheung (2003) Near extinction of a highly fecund fish: The one that nearly got away. *Fish and Fisheries* 4: 86—99. 27. Lane, E. W. (1902) *The Arabian Nights' Entertainments*. Sands and Co., London.

25. Lane, E. W. (1902) *The Arabian Nights' Entertainments*. Sands and Co., London.

第二十四章　渔业管理新方向

1. Graham, M. (1948) *Rational Fishing of the Cod of the North Sea*. Edward Arnold & Co., London.

2. Reid, C. (2000) From boom to bust: The herring industry in the twentieth century. Pages 188—196 in D. J. Starkey, C. Reid, and N. Ashcroft (eds.) *England's Sea Fisheries: The Commercial Sea Fisheries of England and Wales since 1300*. Chatham Publishing, London.

3. Okey, T. A. (2003) Membership of the eight regional Fishery Management Councils in the United States: Are special interests overrepresented? *Marine Policy* 27: 193—206.

第二十五章 回复丰富的海洋

1. Roberts, C. M., and J. P. Hawkins (1997) How small can a marine reserve be and still be effective? *Coral Reefs* 16: 150.

2. Hérubel, M. A. (1912) *Sea Fisheries, Their Treasures and Toilers*. T. Fisher Unwin, London.

3. Ibid..

4. Ibid..

5. Ibid..

6. McIntosh, W. C. (1899) *The Resources of the Sea as Shown in the Scientific Experiments to Test the Effects of Trawling and of the Closure of Certain Areas off the Scottish Shores*. C. J. Clay and Sons, London.

7. "A Correspondent" (1899) *Reply to the So-called Criticism and Analysis of Professor M'Intosh on Trawling and Trawling Investigations*. Rosemount Press, Aberdeen, UK.

8. Ballantine, W. J. (1991) *Marine Reserves for New Zealand*. Leigh Laboratory Bulletin No. 25, University of Auckland.

9. Kelly, S., D. Scott, A. B. MacDiarmid, and R. C. Babcock (2000) Spiny lobster, *Jasus edwardsii*, recovery in New Zealand marine reserves. *Biological Conservation* 92: 359—369.

10. Cole, R. G., T. M Ayling, and R. G. Creese (1990) Effects of marine reserve protection at Goat Island, northern New Zealand. *New Zealand Journal of Marine and Freshwater Research* 24: 197—210.

11. Snappers, red moki, and blue cod are, respectively, *Pagrus auratus, Cheilodactylus spectabilis, and Parapercis colias*.

12. Babcock, R. C., S. Kelly, N. T. Shears, J. W. Walker, and T. J. Willis (1999) Changes in community structure in temperate marine reserves. *Marine Ecology Progress Series* 189: 125—134.

13. Ballantine (1991) *Marine Reserves for New Zealand*.

14. Babcock et al. (1999) Changes in community structure in temperate marine reserves.

15. Carlos-Castilla, J. (1993) Humans: Capstone strong actors in the past and present coastal ecological play. Pages 158—162 in G. E. Likens (ed.) *Humans as Components of Ecosystems: The Ecology of Subtle Human Effects and Populated Areas*. Springer-Verlag, New York.

16. Anderson, W. W., and J. W. Gehringer (1965) *Biological-statistical census of the species entering fisheries in the Cape Canaveral area*. U. S. Fish and Wildlife Service Special Scientific Report Series No. 514.

17. Murawski, S. A., R. Brown, H. L. Lai, P. J. Rago, and L. Hendrickson. (2000) Large-scale closed areas as a fisheries-management tool in temperate marine systems: The Georges Bank experience. *Bulletin of Marine Science* 66: 775—798.

18. Gell, F. R., and C. M. Roberts (2003) Benefits beyond boundaries: the fishery effects of marine reserves and fishery closures. *Trends in Ecology and Evolution* 18: 448—455. Gell, F. R., and C. M. Roberts (2003) *The Fishery Effects of Marine Reserves and Fishery Closures*. WWF-US, Washington, DC. 89pp. www. worldwildlife. org/oceans/ pdfs/fishery_effects. pdf

19. Russ, G. R., and A. C. Alcala (2004) Marine reserves: Rates and patterns of recovery and decline. *Ecological Applications* 13: 1553—1565.

20. Maypa, A. P., G. R. Russ, A. C. Alcala, and H. P. Calumpong (2002) Longterm trends in yield and catch rates of the coral reef fishery at Apo Island, Central Philippines. *Marine and Freshwater Research* 53: 207—213.

第二十六章　鱼的未来

1. Gell, F. R., and C. M. Roberts (2003) Benefits beyond boundaries: the fishery effects of marine reserves and fishery closures. *Trends in Ecology and Evolution* 18: 448—455. Gell, F. R., and C. M. Roberts (2003) *The Fishery Effects of Marine Reserves and Fishery Closures*. WWF-US, Washington, DC. 89pp. www. worldwildlife. org/oceans/ pdfs/fishery_effects. pdf

2. Beets, J., and A. Friedlander (1999) Evaluation of a conservation strategy: A spawning aggregation closure for red hind, *Epinephelus guttatus*, in the US Virgin Islands. *Environmental Biology of Fishes* 55: 91—98.

3. Balmford, A., P. Gravestock, N. Hockley, C. McClean, and C. M. Roberts (2004) The worldwide costs of marine protected areas. *Proceedings of the National Academy of Science USA* 101: 9694—9697.

4. Royal Commission on Environmental Pollution (2004) *Turning the Tide*, RCEP, London. www. rcep. org. uk/fishreport. htm.

5. Heyman, W. D., R. T. Graham, B. Kjerfve, and R. E. Johannes (2001) Whale sharks *Rhincodon typus* aggregate to feed on fish spawn in Belize. *Marine Ecology Progress Series* 215: 275—282.